职业院校教师信息化教学能力提升培训丛书

U0747881

信息化教学技能

湖南省教育科学研究院·湖南省教育战略研究中心 编著

XINXIHUA

JIAOXUE JINENG

中南大学出版社
www.csupress.com.cn
·长沙·

内容简介

　　《信息化教学技能》是"职业院校教师信息化教学能力提升培训丛书"之一，面向的读者对象为职业院校教师，全书主要内容包括使用现代教学设备、采集教学素材、编辑和整理文档资料、编辑和整理数据资料、编辑和整理图片资料、编辑和整理音频视频资料、制作动画教学资料、制作PPT教学课件、使用辅助教学软件、制作微课、慕课与翻转课堂教学等。

　　《信息化教学技能》帮助读者熟练运用信息化工具对各类教学资源进行加工处理，熟练运用现代教学设备进行信息化教学工作，独立完成微课、慕课制作。本书配有大量在线资源，包括微课、拓展练习和实践案例等，供读者学习和训练。这些线上资源与线下"信息化教学实施"培训课程配套，形成信息化教学能力培训资源体系。

图书在版编目（CIP）数据

信息化教学技能／湖南省教育科学研究院·湖南省教育战略研究中心编著. —长沙：中南大学出版社，2020.4

　　ISBN 978－7－5487－4029－2

　　Ⅰ.①信… Ⅱ.①湖… ②湖… Ⅲ.①计算机辅助教学－教学研究 Ⅳ.①G434

中国版本图书馆 CIP 数据核字（2020）第 057294 号

信息化教学技能

湖南省教育科学研究院·湖南省教育战略研究中心　编著

□责任编辑　谭　平
□责任印制　周　颖
□出版发行　中南大学出版社
　　　　　　社址：长沙市麓山南路　　　　　　邮编：410083
　　　　　　发行科电话：0731－88876770　　传真：0731－88710482
□印　　装　长沙雅鑫印务有限公司

□开　　本　787 mm×1092 mm　1/16　□印张 26.75　□字数 688 千字
□版　　次　2020 年 4 月第 1 版　□2020 年 4 月第 1 次印刷
□书　　号　ISBN 978－7－5487－4029－2
□定　　价　66.00 元

总序

Preface

　　我国教育信息化已进入 2.0 时代。随着信息技术与教育教学的深度融合，教学环境、教学资源、教学模式、教学管理发生了深刻的变化。教育信息化手段和方法的不断创新，特别是将数字媒体、互联网、大数据、人工智能等新一代信息技术融入教育教学工作的方方面面，打破了传统教学中时间与空间的限制，更加注重学习者的自主性、学习内容的丰富性和教学过程的高效性。如何推动职业院校教师充分利用信息化教学手段，推动教育教学改革，提高教育教学质量，已成为职业院校教师素质提升的重要课题。

　　面对日新月异的信息技术和信息技术与教育教学深度融合带来的教学模式的变化，作为职业教育的教师，在深入学习和研究本专业知识与技能、积累教学经验和实践经验的同时，还必须转变教学观念，掌握新型教学方法，具备信息查找能力、信息筛选能力、信息编辑能力、信息再造能力、信息运用能力，以及信息技术与教育教学结合的能力，努力提升自身的信息化教学素养、信息化教学技能、信息化教学设计和实施水平。为此，湖南省教育科学研究院院组织教育教学和信息化技术专家，开展了"职业院校教师信息技术应用能力提升研究与实践"课题研究，历时三年，开发了一套基于 MOOC 平台的职业院校教师在线信息化教学能力培训系列课程和基于项目案例的线下实战训练课程，并在全省范围内开展信息化教学能力提升培训，取得了良好的效果。

　　通过多年的研究和实践，我们推出这套"职业院校教师信息化教学能力提升培训丛书"，丛书共分三册，即《信息化教学素养》《信息化教学技能》《信息化教学设计》，每册都配有大量的在线微课、练习和案例供读者学习和训练，并与线下"信息化教学实施"培训课程配套，形成适合职业院校教师的、集自学训练和课程实践于一体的信息化教学能力培训资源体系。其中，《信息化教学素养》从认知论角度，按教育信息化之教学素养知识逻辑设置章节，通过对信息化教学的认知、教学模式和方法的理解、教学手段和实效的认同性学习，提升教师的信息化教学意识和运用的自觉性。《信息化教学技能》从技术论角度，按教育信息化之教学技术能力逻辑设置章节，通过对信息化教学操作技能的学习和训练，提升教师的信息化教学工具的操作技能和运用能力。《信息化教学设计》从教学论角度，按教育信息化之教学设计方法逻辑设置章节，通过教育信息化课程案例的教学分析和课程重构设计的学习和训练，提升教师的信息化教学课程开发和设计能力。

"职业院校教师信息化教学能力提升培训丛书"的撰写，得到了湖南省教育厅、市州教（体）育局和部分职业院校及广大教师的大力支持，他们在丛书的编写过程中，提供了很多很好的案例、建议和指导，在此表示衷心的感谢。

我们由衷地希望本套丛书能够帮助广大职业院校教师提高教育信息化能力，提升课程信息化教学水平，提高课堂信息化教学质量，打造一大批职业教育"金课"，为新时代职业教育创新发展贡献微薄之力。

丛书编委会
2020 年 3 月

目录
Contents

第1章

使用现代教学设备

【教学情境】

现代化的教室环境，已经从传统的粉笔＋黑板、桌椅＋讲台的教室，升级为装备了多媒体教学设备、互联网教学平台、互动教学终端、自动化录课和教学管理软件等先进的现代化教学系统，为教师讲课、学生学习、师生互动、教学监管、考核评价等提供了良好的教学环境。在教学活动过程中，教师能够充分发挥先进教学设备的优势，可以形象生动地呈现教学内容和教学过程、增强学生学习的兴趣和师生互动的参与性，从而最大限度地提高课堂教学效率，达到提高教学质量的目的，同时也为课前预习、课后复习、教学分析和评价提供依据。因此，让教师掌握现代化教学设备的功能和操作使用方法，是一项必不可少的教学基本技能。现在和大家一起来了解一下现代教学设备的使用。

【解决方案】

为学习和掌握现代教学设备的操作技能，我们根据课堂教学设备应用场景，以及技术和设备复杂性的差异，分别掌握教室多媒体教学设备、互联网教学平台、虚拟仿真教学系统等操作使用方法，从而按不同课程教学要求在教学实践活动中去灵活运用。

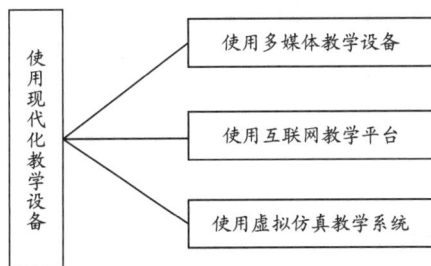

【能力目标】

知识目标：能够运用多媒体信息知识识别和分析现代教学设备的功能、用途和连接方式。

技能目标：能够正确操作和使用计算机、投影机、多媒体中控设备、数字视频展示台、功放主机、交互式电子白板等设备；能够通过互联网、教学管理平台正确使用教学互动软件、虚拟仿真软件和教学资源。

素养目标：能够具备现代化教学意识、创新思维，结合课程特点开展教学改革和创新活动。

任务1.1　使用多媒体教学设备

【任务分析】

罗老师向小王老师介绍了多媒体教学设备的主要功能和使用方法，让小王老师结合《计算机网络基础》课程的特点开展教学，并掌握教室多媒体设备操作程序、交互式电子白板和电子平板的使用，熟练应用于各类教学科研活动。下面我们就跟着罗老师来学习多媒体教学设备的使用。

多媒体教学设备由投影机、计算机（台式机、笔记本）、数字视频展示台（展台）、中控系统、投影屏幕、音响设备（调音台、功放主机、音箱）、交互式电子白板和平板等多种现代教学设备组成，如图1-1所示。

图1-1　多媒体教学设备的组成

【任务资讯】

1. 投影机

投影机是整个多媒体演示教室中最重要，也是最昂贵的设备。它连接着计算机系统、所有的视频输出系统及数字视频展示台，把视频、数字信号输出显现在大屏幕上（图1-2）。

多媒体教学设备的基本组成

图 1 – 2　投影仪

图 1 – 3　计算机系统

2. 计算机系统

计算机系统，是演示系统的核心，教学软件都要由它运行，而且在很大程度上决定演示效果的好坏(图 1 –3)。

3. 中控系统

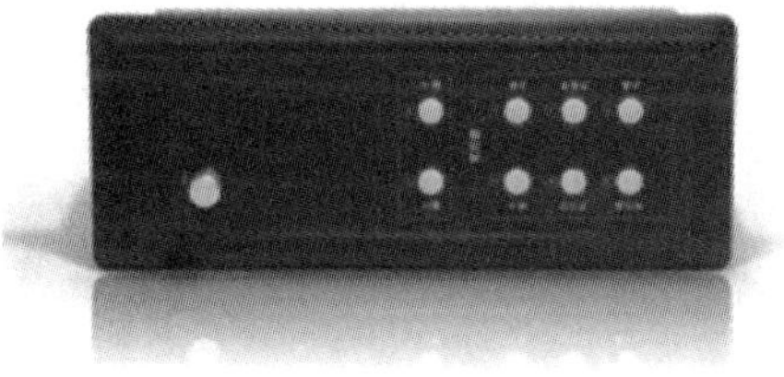

图 1 – 4　中控系统

图 1 – 5　数字视频展示台

中央控制系统简称中控系统，即用系统集成的方法把整个多媒体演示教室的设备操作集成在一个平台上，所有设备的操作均可在这个平台上完成(图 1 –4)。

4. 数字视频展示台

数字视频展示台，也称实物投影是日常教学中非常实用的设备，它可以将教具、作业、实物、照片、图书资料等实物直接反映在投影上(图 1 –5)。

5. 功放主机

图 1 – 6　功放主机

整个多媒体系统的声音信号，都需要通过功放主机放大后，再输出给音箱。功放主机一般放置在机柜内。主机上通常有开关，音源通道选择、音量大小调节等旋钮(图1-6)。

6. 交互式电子白板

交互式电子白板是一种新型教学媒体。它方便地将计算机和实物投影仪、数码投影仪和网络连接起来，并内置了丰富资源。使用这种媒体，教师可以在白板上直接操作计算机，直观地将思维过程呈现给学生，同时学生可以通过它来呈现自己的学习过程，从而把教师受制于讲台前计算机操作的状态中解放出来，增加师生的互动空间(图1-7)。

图1-7　交互式电子白板

【任务实现】

整个多媒体教室中的全部媒体设备都由中控系统集中管理控制。它最大的特点就是让复杂烦琐的操作过程简单化，让使用者在使用过程中轻松、从容。通过几年的发展和使用，集中控制的观念已经广泛地被人们所接受。电教中控系统已经成为多媒体电教室不可或缺的设备，如图1-8所示。

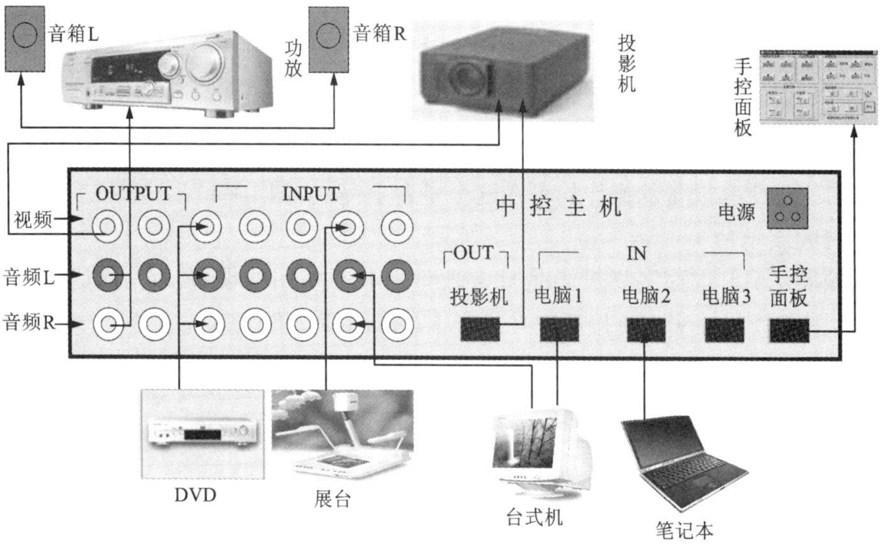

使用中控设备与投影仪(V)

图1-8　中控系统的组成

　　中控系统采用多机通信技术和系统集成技术,将被控设备按用户实际操作要求进行组合,再将其对每台设备的最终操作过程集成为简单的操作。中控系统可以方便地对影碟机、视频展台、投影机、电动屏幕等设备进行集中控制。

　　1. 使用中控设备

　　在日常教学中,我们要使用多媒体系统,下面我们就来介绍一下中控设备的使用方法。

　　(1) 打开和关闭(上课和下课)。

　　上课:在每次打开多媒体设备前,首先要打开中控系统,一般为"上课"按钮。按下该按钮后,系统将自动打开投影机以及为各项设备加电。打开计算机,在计算机进入系统,投影亮度也达到要求后,即可进行日常教学。

　　按"上课"按钮,系统自动打开投影机以及为各项设备加电。打开计算机,在计算机进入系统,投影亮度也达到要求后,即可进行日常教学活动。

图 1 - 9　上课按钮

　　中控设备打开后,如果是电动幕布,这时会自动下拉,耐心等待即可。

　　下课:课程结束后,关闭多媒体设备。首先将计算机关闭,待计算机关机后,再按"下课"按钮。这时,中控系统会自动关闭投影机。如果有电动幕布,也会自动收起。这时,"下课"按钮停止闪烁,表示中控系统已经关闭。

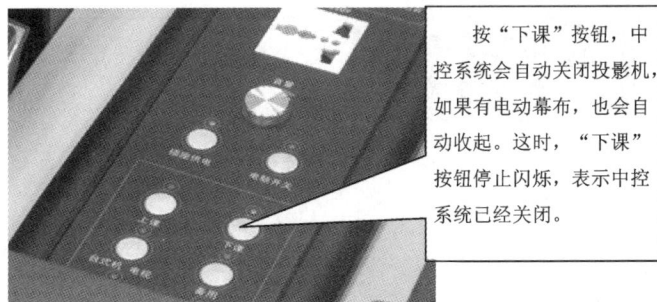

　　按"下课"按钮,中控系统会自动关闭投影机,如果有电动幕布,也会自动收起。这时,"下课"按钮停止闪烁,表示中控系统已经关闭。

图 1 - 10　下课按钮

（2）笔记本电脑连接。

在日常教学中，我们经常需要把笔记本电脑连接到多媒体系统，用来显示笔记本显示屏上的内容。那么，我们如何把笔记本连接入系统中呢？

一般情况下，多媒体系统的中控设备上，都预留有接入笔记本的 VGA 接口（图 1 - 11），我们只需要将输入端和笔记本的 VGA 输出接口连接好，并且切换笔记本的输出显示模式，就可以将画面显示在投影上了。

具体的方法如下：

①将中控设备上的 VGA 视频输入线的一端插在笔记本的视频输出接口上。

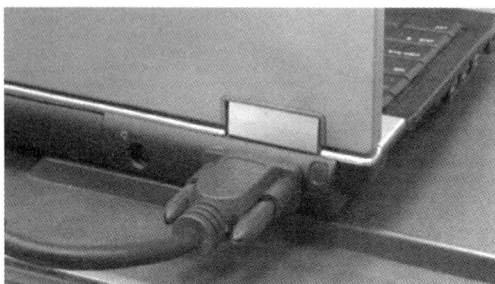

图 1 - 11　连接笔记本 VGA 接口

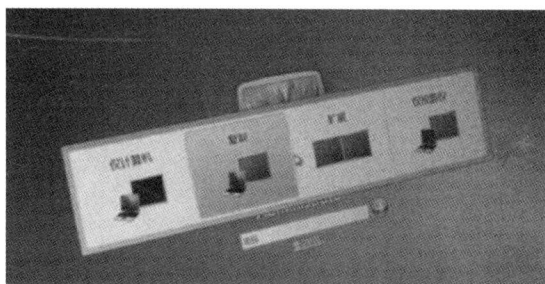

图 1 - 12　改变输出模式

②如果需要，在笔记本上按快捷键（Fn + F4），改变笔记本的画面输出模式为"复制"（图 1 - 12）。

③切换中控台上的信号源为"笔记本"。

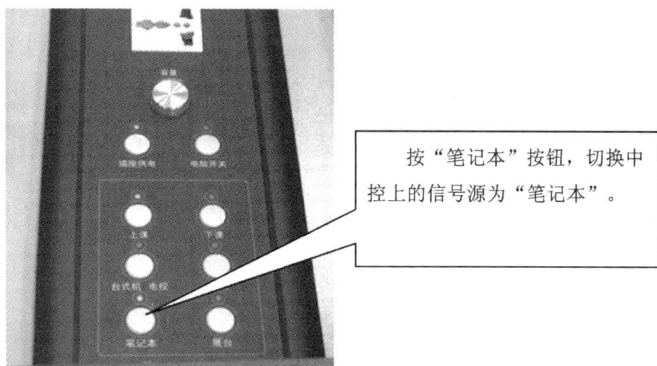

按"笔记本"按钮，切换中控上的信号源为"笔记本"。

图 1 - 13　切换信号

2. 使用投影仪

（1）投影机的简单介绍。

投影机又称投影仪（图 1 - 14），是一种可以将图像或视频投射到幕布上的设备，可以通过不同的接口与计算机、VCD、DVD 相连接播放相应的视频信号。根据工作方式不同，有 CRT、LCD、DLP 等不同类型。

图 1 - 14　投影仪

图 1 - 15　画面投射

投影机是多媒体教室中最常见的视频输出设备，它在多媒体领域中的作用是把图像放大以供人们观赏，它可以把传统的视频信号及电脑的 VGA 信号通过转接口投射到幕布上，以供人们观赏和使用。

如：计算机输出的 VGA 信号接入投影机的输入接口，投影机将画面投射到幕布上。

投影机参数中最主要的是分辨率和亮度（光通量）。分辨率与所连接的电脑密不可分，一般应达到 SVGA（800 px×600 px）以上；亮度则反映了投影机投射画面的明亮程度，一般教育类的投影仪在亮度在 2000～3000 流明。

除此之外，投影机的灯泡寿命、便携性、对比度以及一些特殊功能也是选择投影机时需要关注的参数。投影机需要根据安装位置进行调焦。调焦操作非常简单，初次使用或者需要时左右拨动调焦轴至画面清晰即可。投影仪调焦轴为图 1 - 16 所示。

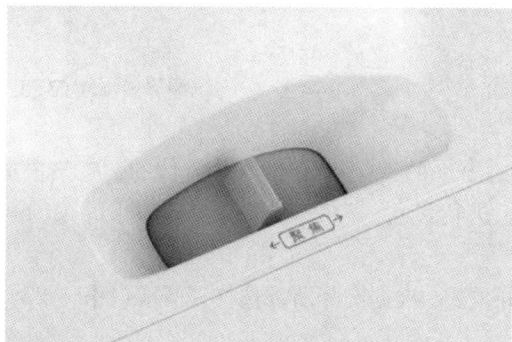

图 1 - 16　投影仪调焦

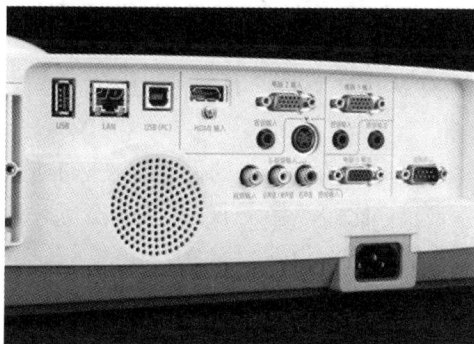

图 1 - 17　投影机背部接口

投影机背部接口有网络接口、HDMI 接口、USB 接口、VGA 接口，音视频端子及音箱孔也在背部，可以直接接入各种相应设备（图 1 - 17）。

投影机面板上的控制按键可以对投影画面进行设置，一般也可通过遥控器操作（图 1 - 18）。

图 1 - 18　投影机控制按键

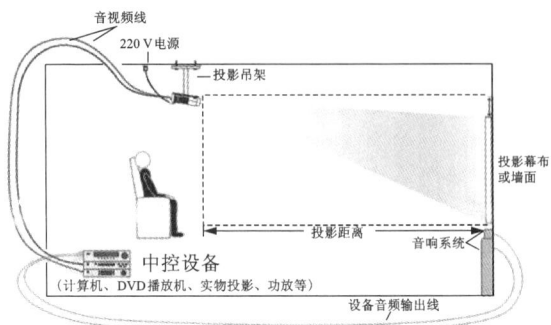

图 1 - 19　投影机吊顶安装示意图

（2）投影机的安装及设置常识。

投影机安装方式分为吊装（图 1 - 19）和正放安装（图 1 - 20），教室里一般采用吊装方式。安装的过程中，工程安装人员也会将投影机和中控的连接做好，平常的使用不会涉及这些问题。

一般在小型会议室的投影机为正放安装（图 1 - 20）。

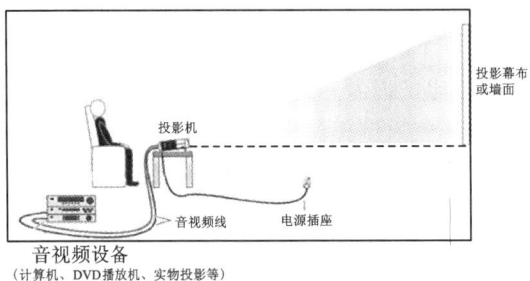

图 1 - 20　投影机正放安装示意图

图 1 - 21　投影机遥控器

刚买回来的投影机的设置都是标准值，所投射出来的效果并不一定是最佳的，应该根据教室环境，比如教室大小、环境亮度等，对投影机进行设置。一般通过遥控器（图 1 - 21）可以对投影机进行设置。

投影机能正确的将视频信号投射到荧幕上十分重要，根据实际所需选择视频源（图 1 - 22）。

图 1 - 22　选择视频源

图 1 - 23　选用合适的屏幕输出方式

如果在有中控的教室，开始前须注意各视频源的选择。使用完毕，按下中控设备的"下课"按钮，设备就会自动关闭投影机等设备。

如视频源是笔记本电脑直连投影机，一般切换方法是同时按下 Fn 键与 F4 键（或 F8 键，不同的笔记本电脑有不同的切换方法，如图 1 - 23）来选用合适的屏幕输出方式（屏幕复制、双屏）。

在没有中控、笔记本电脑直连投影机的情况下，还需要注意投影机的输入选择。投影机有多路输入选择，通过遥控器可以选择投影机的视频源。

在没有中控的情况下，关机时先按一下遥控器上的关机按钮，当屏幕出现是否真的要关机的确认提示时，再按一下关机按钮，随后投影仪控制面板上的绿色信号灯开始闪烁，等到投影仪内部散热风扇完全停止转动、信号灯停止闪烁时，再将投影仪关闭，切断电源。在每次开、关机操作之间，最好保证有 3 min 左右的间隔时间，目的是为了让投影仪充分散热。若开、关机的操作太频繁，容易造成投影仪灯泡炸裂或投影仪内部电器元件损坏。

使用时要关注投影机的参数调整，目前电脑上常用的分辨率为 1024 × 768 或者以上，而投影机的分辨率能达到 1024 × 768 就很不错了。在这种情况下，投影机将自动采用压缩功能显示图像，虽然我们能够正常看见图像，但是画面的显示质量却大打折扣，甚至有的投影机不能正常工作。因此，要根据投影机所支持的分辨率来设定视频源的分辨率，主要是调整电脑上的分辨率（图 1 - 24），使之与投影机的分辨率相吻合以获得最佳效果。

投影机的亮度是可调的，但是一般不要将投影机调到最亮，那样会影响投影机灯泡的寿命，而投影机最重要的部分就是灯泡，更换费用较高。因此，当教室不大、环境亮度能降低的情况下，尽量调整投影机的亮度至大家都能看清为好。

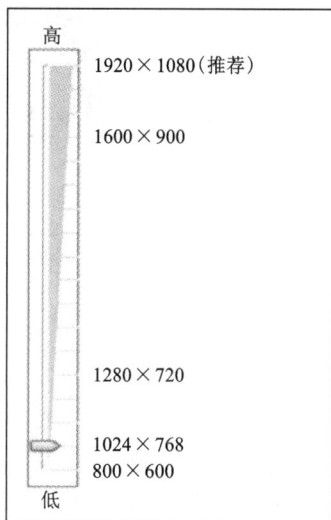

图 1 - 24　调整电脑显示分辨率

（3）投影机使用的注意事项。

①冷却风扇停止运转前，不可强制断电。

②注意使用环境的防尘和通风散热，切勿将投影机的通风口堵住。

③投影机不使用时，必须切断电源。

④投影机的使用要远离潮湿的地方。

⑤投影机在使用中容易受环境光的影响，所在要选好使用的环境。能遮挡掉室外的光，墙壁和地板都不要使用反光的材料。

（4）投影机使用常见问题的处理。

①通常投影机有动作但画面没有投射出来。可能是灯泡出了问题。

②有开机画面没有电脑信号。先检查连接线，再检查投影机信号选择是否与信号源一致；若还是没画面，再检查计算机是否正常传递信号。

③使用过程中突然自动熄灯，但过一会儿可以重新开灯。一般是机器使用过程中散热不良造成过热保护，自动启动了热保护电路，造成断电。

④投影画面出现梯形。可调整面板或功能菜单中相关设置，还可调整投影机的机座或支

腿调试画面效果。

3. 使用数字视频展示台

数字视频展示台是一款用于各类实物、文本、图表、图片幻灯片及透明胶片演示的视频采集设备，可连接电视机、投影机等多种多媒体设备，是多媒体演示、电化教学等信息传播中不可缺少的组成部分。数字视频展示台集多功能于一身，可由前控制按键面板和红外遥控器控制，操作简单方便、功能齐全，尤其在教学当中能起到事半功倍的理想效果，如图1-25所示。

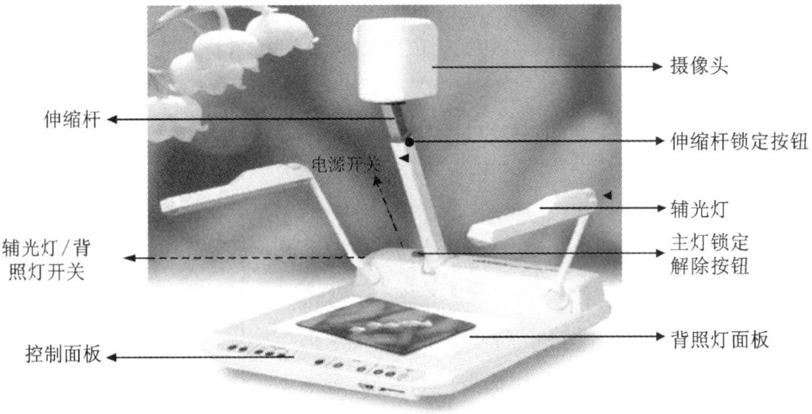

图1-25 数字视频展示台各部件名称

下面我们来介绍一下，数字视频展示台的使用方法。

（1）打开实物投影：由于实物投影的结构都比较轻巧、紧凑，打开实物投影时，请小心用力，抬起镜头和灯光支架（图1-26）。

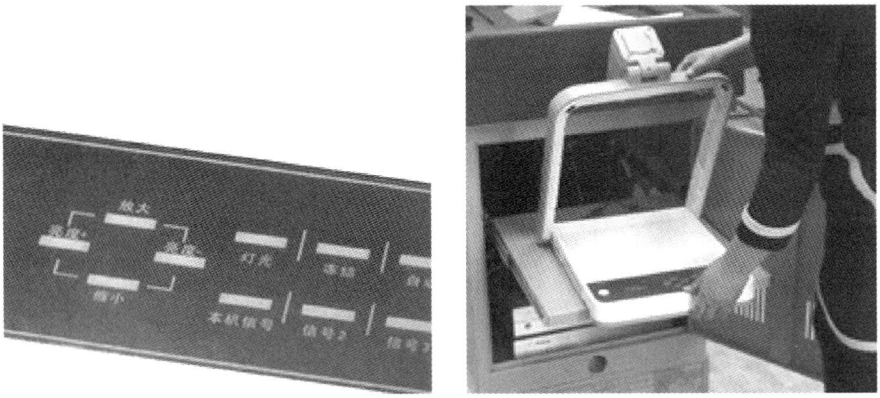

图1-26 打开实物投影

（2）摆放物体：将需要投影的物品放置在投影展示台上。

（3）通过中控切换到投影：实物投影的画面，需要通过中控切换到投影上，按下中控设备上的"投影/展台"按钮，即可切换投影画面（图1-27）。

> 按下中控设备上的"投影/展台"铵钮，即可切换投影画面。

图 1 - 27　通过中控切换到投影

（4）缩放：实物投影可以根据需要对所投影的物体进行放大和缩小操作。

（5）灯光调节：如果光线不理想，可以打开投影自带的补光灯进行补光。实物投影还具有背光功能，可以用来投影底片。

（6）收回实物投影：实物投影使用完毕后，关闭灯光，盖好镜头盖，关闭电源后即可收回。

4. 使用功放主机

在多媒体教学设备中，一般的音响设备是由移频功放机、音箱和界面话筒所组成，如图 1 - 28 所示。功放系统的好坏将直接影响到教学设备的正常使用，因此，能正确使用多媒体的功放系统非常重要。

下面，我们来介绍一下，功放的使用方法。

图 1 - 28　功放系统组成

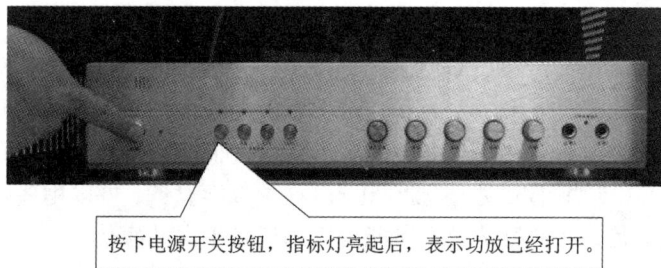

（1）如何打开功放。

要使系统发出声音，我们需要打开功放主机。按下电源开关按钮，指示灯亮起后，表示功放已经打开。

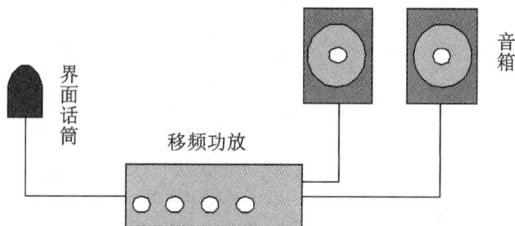

> 按下电源开关按钮，指标灯亮起后，表示功放已经打开。

图 1 - 29　打开功放

（2）根据需要选择声音通道。

多媒体设备中的功放，可以同时为多路声音提供放大。比如：DVD、电脑等。在使用过程中，可以根据需要打开相应音源开关按钮（图1-30）。

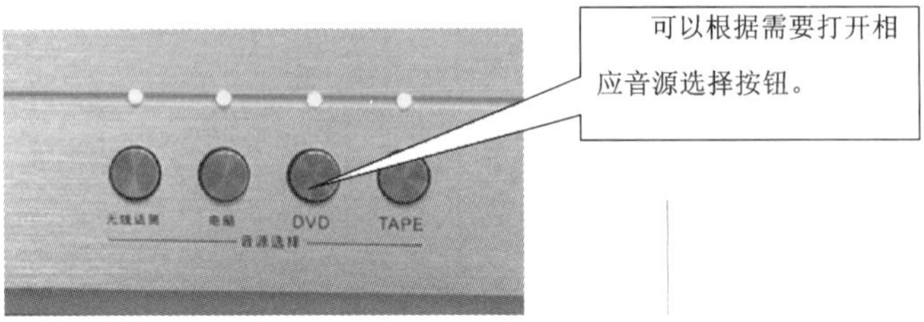

图1-30　选择声音通道

（3）调整音量和音效。

多媒体设备中的功放，可以通过音量旋钮调整系统声音的大小。同时，如果声音的效果不佳，还可以用高低音平衡旋钮进行高低音效果的调节，达到我们满意的声音效果（图1-31）。

图1-31　音量旋钮调整声音音量

（4）通常，功放上都会提供话筒接口，可以根据实际需要，外接话筒使用。

5. 使用交互式电子白板

（1）交互式电子白板介绍。

交互式电子白板是当前常见的信息化教学设备，集传统的黑板、计算机、投影机等多种功能于一身，它利于实现多媒体教学环境下的师生互动和课堂生成，可以认为是黑板的革命。

传统教学设备就是粉笔＋黑板，教师用讲解、书写、肢体动作、声音、手势等方式和途径开展教学，非常考验教师的素养和水平。粉笔黑板教学有它灵活自由的好处，但对于有些过于抽象的教学内容存在困难。

使用交互式电子平板
与电子白板（V）

随着科技的进步，近些年出现了投影（正投）这种教学设备，可以用多媒体技术展示各种复杂的教学内容。但是，这种教学设备所能提供的还是单向的媒体展示，所展示的都是事先准备好的固定内容。

而现在应用广泛的交互式电子白板可以让教师根据（教学情境）灵活调整展示内容，实现人机交互，能更方便地促进课堂生成。

20世纪末,交互式电子白板产品在国外出现。进入21世纪,国内公司开始进行对交互式电子白板硬件与软件的研发。近几年,国内交互式电子白板产品得到广泛应用。

交互式电子白板核心组件由电子感应白板、感应笔、计算机和投影仪组成,在计算机软硬件支持下工作。

电子感应白板:是一块具有相当于黑板尺寸、在计算机软硬件支持下工作的感应白板,其作用相当于投影荧幕并代替传统的黑板。

感应笔:承担电子白板书写和计算机鼠标的双重功用,代替了传统的粉笔。教师或学生可直接用感应笔在白板上操作。

计算机将视频信号传输给投影机,投影机将视频信号投射到感应白板上。通信线缆连接感应白板和计算机,感应笔在感应板上的动作信号传到计算机中,控制计算机的下一步动作。

白板操作系统:是计算机中的一个软件平台,它可以支持感应板与计算机之间的信息交换。电子白板配合投影仪使用,实现投影展示、屏幕标注、白板书写等多种课堂应用。各种品牌的白板软件都自带大量教学素材,可用于各科教学。电子白板品牌众多、技术复杂、功能繁多、价格跨度非常大,选购电子白板时应优先选择能满足实际教学所需的产品。教学用电子白板一般选用交互式电子白板(而非复印式电子白板)。

在技术方面,不必过分追求或者看重采用哪些特别的技术,主要是看产品成熟度和自己的需要。易用性是指产品使用是否简单方便;同时还要关注产品稳定性和灵敏度等。另外,电子感应白板是比较复杂的电子产品,厂家的服务质量也是要关注的重要方面。

(2)交互式电子白板的硬件连接与驱动软件安装(以某品牌为例)。

电子白板通过USB线与计算机相连,连接正常时,控制信号通过该USB线进行互相传递,实现白板与计算机的互动。

投影机则通过VGA线与计算机连接,计算机将视频信号传输给投影机,投影机将视频信号投射到感应白板上。

电子白板的硬件连接完毕后,应先安装相应的驱动程序和软件。将驱动光盘放入光驱,按提示进行安装。整个安装过程无须输入序列号等复杂步骤,软件和驱动安装完毕后计算机桌面上会出现图1-32所示图标。

图1-32 软件图标

驱动和软件安装完毕后,要先进行电子白板的定位,才能使感应笔完成精确的触控操作。双击桌面上的白板定位图标,单击白板定位按钮,用感应笔点击相应的定位点,即可完成定位操作。

定位目的:让感应笔精确地控制计算机。

交互式电子白板在以下情况需要进行定位:

- 第一次安装驱动并连接白板;
- 投影在白板上的区域发生改变后;
- 计算机分辨率改变后,如800×600改为1024×768;
- 笔尖与触控点位置偏离太大。

(3)交互式电子白板功能键和相关软件介绍(以某品牌为例)。

交互式电子白板配备物理功能按键(图1-33左下)和电子白板工具栏(图1-33右下),实现白板标注、书写绘图、制作教学课件、演示PPT课件、直接操控电脑等操作。

物理功能按键：通过物理按键原理可以实现鼠标、笔、板擦等功能操作。按键位于电子白板的左右两侧，按下相应位置就可实现相应功能。

物理功能按键 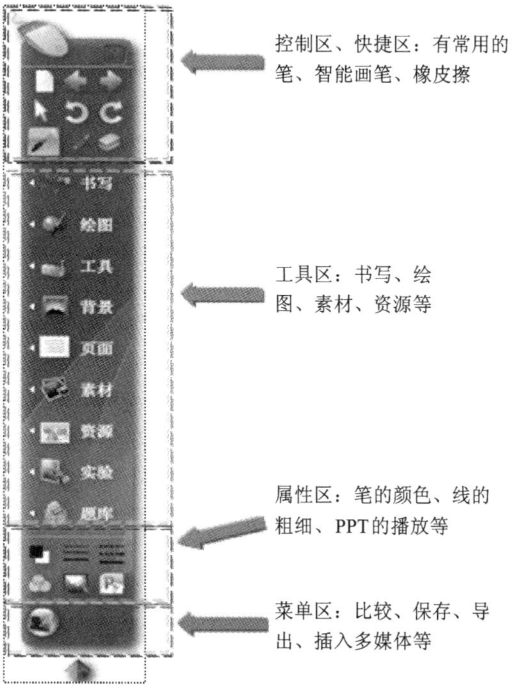　　　　　　　　　　　电子白板工具栏

图 1-33　交互式电子白板功能键

各种电子白板软件均提供了不同学段各学科的教学素材以及数字化的教学工具，还提供了多学科的课件等教学资源。不同电子白板软件产品的功能和操作方法不尽相同，但最基本的功能和实现方法类似。

（4）交互式电子白板使用注意事项。

白板板面是电子白板的主体部分和重要的显示部分，它的保养需从日常的使用维护和清洁两个方面入手。

白板在使用过程中，应尽量使用感应笔进行操作，如果电子干扰的物品与白板接触会造成电子白板上的一些书写操作无法被记录下来；如果与磁铁接触还会发出"嗡嗡"的声音，影响白板的正常使用。

电子白板的板面一般都由高质量耐磨的材料制成，正常使用时一般不易出现破损，但要避免用锐利的器物（如刀子、尖指甲等）毁坏和划破板面。

在对电子白板面板进行清洁之前，交互式电子白板首先应退出系统。退出系统后，将投影仪转入待机模式,这样能更容易地显示出污渍与条纹。移动电子白板时,不能碰触屏幕或对白板进行擦拭。

一般来说,对于电子白板表面的清洁,使用干净的软布即可,不要使用稀释剂和挥发油等溶剂擦拭。

6. 使用交互式电子平板(触控一体机)

(1)交互式电子平板简介。

可用于教学的交互式电子平板(触控一体机)实际上就是超大屏幕的平板电脑,是将触摸屏、液晶屏、计算机主机以及一体机外壳进行组合,最终仅通过一根电源线就可以实现触控操作的计算机教学系统(图1-34)。用户可以直接用手指或其他物体接触触摸屏向计算机输入信息和实现操控。它和鼠标、键盘一样,是一种输入设备。它采用的触摸屏具有坚固耐用、反应速度快、节省空间、易于交流等许多优点。人机交互更为直接。在课堂上使用交互式电子平板,使教学更直观、直接、方便。

普通交互式电子白板,需要连接不同的设备,如PC、投影机等,各种电缆复杂交织,安装和使用都比较麻烦;普通电子白板要配合投影机使用,投影画面的清晰度、分辨率、颜色数都远不及平板电脑;正投光线刺眼,教师面对学生讲解时会对教师眼睛造成伤害,且会在屏幕上出现阴影;投影需要暗室环境,学生看清楚了投影内容却无法看清楚教师的表情,投影和黑板不能同时配合使用,上课效率不尽人意。

交互式电子平板融合了现代计算机先进的多媒体技术和传统黑板(白板)直接、直观的优势。这种教学用平板电脑一般都配有交互式电子白板软件,应用于教学时还可以外接教师自带的笔记本,触屏用笔、用手都可以书写,也可以保存、录制教学时的资料。交互式电子平板也有不足,一方面相对传统教学设备而言,现阶段价格比较贵,另一方面,由于教师离交互式电子平板比较近,屏幕亮度较高,对教师视力健康带来影响。

图1-34 交互式电子平板

（2）设备接口及操作面板。

交互式电子平板一般在前置端口设计有高清 HDMI 接口（high definition multimedia interface，HDMI）、VGA 接口、PC–USB、触摸屏 USB，可便捷的实现教师自带笔记本的前置接口应用（图 1–35）。

图 1–35　前置端口

HDMI 2：前置高清接口，后置的接口还有一个 HDMI 接口，命名为 HDMI 1。

VGA 2：前置 VGA 接口，同样，区别于后置 VGA 接口。

PC–USB：前置 USB 接口，U 盘、移动硬盘等各种 USB 设备接口。

TOUCH 2：触摸控制线接口，可利用触摸控制线连接笔记本电脑的 USB 接口，通过触摸屏触摸实现笔记本电脑的操作。

POWER：一体机开关键。

MENU：菜单键。

INPUT：通道切换键（图 1–36）。

＞：音量增大键（即向"右"选择键）。

＜：音量减小键（即向"左"选择键）。

∧：通道增加键（即向"上"选择键）。

∨：通道减少键（即向"下"选择键）。

图 1–36　前面板按键

按下"INPUT"键，屏幕出现"信号源"菜单，通过"上、下"选择键选择相应通道，选好后按音量增加键确认。

内置电脑选择"电子白板"通道。

前置高清（HDMI）接口选择"HDMI 2"通道。

前置 VGA 接口选择"电脑 2"通道。

一键式开机：交互式电子平板具有一键开机功能，只需按一个按键即能实现整机和内置计算机的同时启动，关闭也同样。

（3）各接口设备的连接。

目前，教学活动中的设备连接，主要是外接笔记本电脑。

首先需要用 VGA 线连接笔记本电脑的输出端和大平板电脑的 VGA 2 端口；然后设置笔记本电脑的输出方式为复制，设置交互式电子平板的信号源为 VGA 2。

图 1 - 37　屏幕切换按钮

不同品牌笔记本电脑的切换方法不同，如图 1 - 37 笔记本的切换键是"Fn + F4"，按下组合键后，弹出"仅笔记本""复制""扩展""仅投影仪"等选项，选"复制"即可在笔记本和交互式电子平板上同时显示，如图 1 - 38 所示。

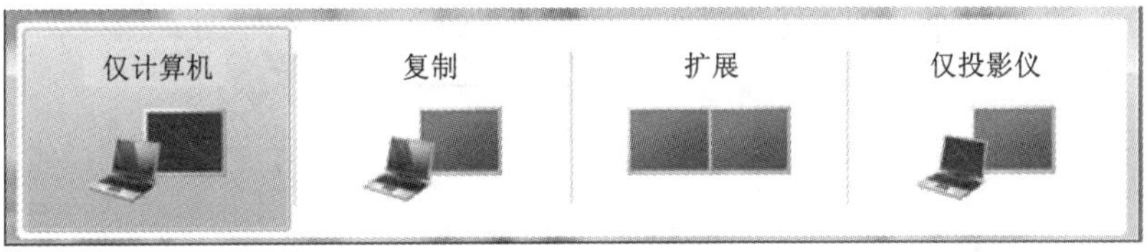

图 1 - 38　切换示意图

每按一次"Fn + F4"，即可在图 1 - 38 所示的选项之间切换。

在交互式电子平板的前面板上按 INPUT 键，弹出可选项，用频道增、减键可以选择不同的信号源通道，选 VGA2，按音量增加键确认。

（4）交互式电子平板内置的电子白板软件介绍。

交互式电子平板内置的电子白版软件可以完全等同于由电脑、投影、交互电子白板组成的多媒体教学环境，配备的感应笔可代替鼠标和粉笔在液晶平板上书写、绘图，甚至直接操控电脑。一切操作均可在电子白板软件实现同步显示、存储，例如调用教学课件、演示 PPT 等也均可实现。

主要功能：

- 可以在任意界面下书写和标注；
- 提供普通笔、荧光笔、毛笔、竹笔、排笔、纹理画笔、铅笔、钢笔等 8 种笔的效果；
- 可随意更换笔的颜色（任意颜色）和笔迹粗细；
- 能按需选择不同大小的板擦进行书写内容的擦除，并提供清屏功能；
- 毛笔字的书写具有笔锋，接近毛笔的实际书写效果；

● 通过乐教白板软件工具栏,可以方便地实现书写与擦除,可以创建多个版面并在多个版面之间切换自如。

各种电子白板软件均提供了不同学段各学科的教学素材以及数字化的教学工具,还提供了多学科的课件等教学资源。不同电子白板软件产品的功能和操作方法不尽相同,但最基本的功能和实现方法类似。本课程仅做最基本的介绍,更详细的内容请参看交互式电子平板的有关专题课程。

【应用拓展】

1. 开关教室多媒体设备操作程序

由于教室多媒体设备种类繁多,使用起来比较麻烦,开关、按钮位置不统一不容易记忆,如果没有统一的操作程序,很容易出现操作上的错误,影响使用效果,因此大家都应该按程序来操作。下面介绍正确开关多媒体教室的操作方法。

(1)接通总电源。

进教室后首先将电源插头插在插座上,此时投影机的指示灯亮起,说明电源已接通,如图1-39所示。

图1-39　接通电源

(2)打开相应开关。

由于各教室的电源开关位置或电闸不一样,在使用时要注意相关操作说明或文字提示。

(3)开投影机、放下幕布。

按中控面板"开"(或"上课")按钮,投影机自动打开,幕布自动下降,投影机下方指示灯由黄变绿。此时投影机已正常开机,30 s后达到亮度。

(4)打开计算机主机。

计算机主机一般在柜子底格里面,一般会在中控主机控制下自动开机,如未自动开机,按要求打开电源即可。使用笔记本电脑时,首先将"VGA"插头插在笔记本电脑上,如图1-40所示,然后启动笔记本电脑。

(5)选择投影机信号。

如老师使用台式机,请按下"台式机"按钮;使用笔记本电脑时,先将VGA线插好,然后按中控面板"笔记本"按钮,切换笔记本视频信号。

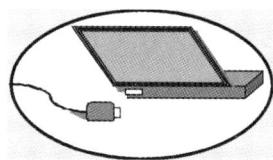

(6)关闭多媒体设备。

使用完设备后应按如下顺序关闭设备:关闭电脑→按

图1-40　连接笔记本视频信号

"下课"按钮(或"关")关闭投影仪→关主机柜门→由两侧向内轻推柜盖自动上锁。

2.多媒体教学设备使用注意事项

在多媒体系统的使用过程中,有一些规则需要注意和遵守。这样才可以保证多媒体系统的正常工作,并延长使用寿命,具体情况总结如下。

(1)多媒体设备的电源开关顺序。

一般情况下,各种设备都要遵循一定的打开顺序,比如:打开时,首先打开中控;然后打开计算机;最后打开功放。关闭时,按顺序首先关闭功放;关闭计算机;最后关闭中控。这样做的目的是避免因为开关设备产生的电流对音箱及功放造成冲击。

(2)功放音量的调整。

为了保护功放和音箱,功放中各路设备的音量,一般设置在三分之一处为佳,待各设备正常工作后,再按情况调整音量大小。

(3)中控设备的复位。

设备的频繁使用,有时候会出现中控系统暂时失灵的情况,这时,我们可以通过复位中控来解决。

中控复位,一般分两种情况:一种是中控上有"复位"按钮。我们直接按下该按钮即可;另一种是中控设备没有这样的按钮,我们就需要将整个系统的电源中断,以达到复位中控设备的效果。

(4)不要长时间空置运行投影机。

投影机在整个多媒体系统中所占价格最高,投影机的灯泡又是易耗品,随着使用时间的增加,亮度和颜色效果会逐步下降。因此在达到厂家规定的标准使用时长后,必须要更换灯泡。而灯泡更换费用不低。所以,我们在课堂上应尽量避免投影机长时间空置运行。在不需要的时候及时关闭,以延长灯泡寿命,降低使用成本。

3.多媒体教学环境下教师的教态

信息技术支撑下的课堂教学,对教师的教态提出了新的要求,在遵循教师教态的常规要求前提下,也应该注意一些使用现代教育教学技术手段中所产生的问题。

(1)讲课时教师的眼睛长时间盯着电脑屏幕。

常见有教师在上课时,眼睛盯着自己的笔记本电脑讲课。很多时候并不是因为操作或演示的需要,而是在念屏幕上的字。这种情形应该尽量避免,无论是用 PPT 还是其他课件,屏幕上的内容都应该仅仅是讲授的关键词或内容要点,而不应该是教师的完整讲稿。教师应该认真备课,不能用技术手段遮掩备课的不充分。

教师的教态是一堂好课的重要组成部分,教师的语言、眼神、形体动作都是达到教学目的的必要因素,眼睛盯着屏幕自然无法有好的教态。

(2)鼠标乱晃,对学生造成了干扰。

常见有些教师在利用投影讲课时,鼠标在屏幕上乱晃,也可能是紧张,也可能是无意识行为,或者是其他原因。但是,可以肯定的是,这会给学生造成非常不好的视觉干扰,作为教师,鼠标的使用必须规范,鼠标的运行轨迹必须清晰、准确和有目的性。

(3)讲授的内容和大屏幕上展示的内容脱节,不能引导学生高效接受。

屏幕上展示的内容一定是配合教师讲授内容的,无效的信息干扰应该避免,无论是视觉干扰还是听觉干扰,都会影响学生的接受效果。不用时可以考虑使用黑屏,以集中学生的注意力。

（4）只关注设备操作和自己的讲解，不注意与学生的眼神和情感交流。

针对设备操作不熟练的问题，教师可在备课时多练，现代教育技术条件下的备课必须包括上课时所用教学设备的熟悉和准备。好教师会关注与学生的思想和情感交流，教师不能只关注多媒体展示效果是否精妙，而应该时刻关注学生。

以上几点是在信息技术支撑下的课堂教学中，经验不足的教师比较容易犯的一些影响教学效果的小毛病。造成这种情况一是教师自己的技术水平不高，注意力集中在设备操作方面，不能有效地利用信息化教学设备和手段提升教学质量；二是有的教师忽视了教学设备的不当使用对学生注意力和课堂效果的不利影响。其实，这些都是使用现代教育技术手段必须解决的问题。

【任务小结】

多媒体教学设备主要包括：教学用多媒体内容呈现设备、多媒体交互设备和多媒体控制设备等。本任务主要介绍了多媒体中控设备、投影仪、数字视频展示台、功放主机、交互式电子白板、交互式触控一体机等现代化教学设备的主要功能、连接方式、使用方法和操作注意事项等。

通过本任务的学习和训练，正确掌握多媒体教学设备的操作和使用方法，在教学过程中熟练运用多媒体教学设备，结合专业课程本身的特点展开教学，达到促进学生兴趣，提高教学质量的目的。

任务1.2　使用互联网教学平台

【任务分析】

互联网教学平台概况

小王老师已经将《大数据技术应用》课程的教学资源整理好，过来请教罗老师——怎么将该课程的教学资源上传到互联网教学平台并应用。罗老师分别介绍了实景课堂、MOOC教学平台和移动教学平台等几类互联网教学平台的应用案例给小王老师。下面我们就跟着罗老师来学习互联网教学平台的使用。

【任务资讯】

互联网教学平台在传统教学系统的基础上，从对教学过程（课件的制作与发布、教学组织、教学交互、学习支持和教学评价）的全面支持，到教学的组织管理（用户与课程的管理），再到与互联网教学资源库及其管理系统的整合，互联网教学平台集成了互联网教学需要的主要子系统，构建了一个比较完整的互联网教学支撑环境。随着互联网技术、数据库技术、多媒体技术的发展，学习者的参与程度需求的增长，对互联网环境下远程学习的理解不断深入，互联网教学平台先后经历了四个发展阶段。

第一阶段：内容管理系统。在网络技术发展的初期，一些高等院校、著名公司和一些培训机构开始有目的地开发专业的网上教学资源库，用内容管理系统来存储和管理教学资源，从而节约成本，学习者可以自主地选择所提供的网络资源进行学习，拓宽了知识的传播方式。但功能上仅限于资源管理，缺乏相关的标准，资源格式不统一，资源共享程度较低。

第二阶段：学习管理系统。它最初来源于教育培训自动化管理系统，一般提供学习者在线注册、教学资源列表管理、用户信息管理、学习过程数据记录、统计等功能模块，但不能实现学习内容的生成。

第三阶段：学习内容管理系统。为了方便没有技术基础的教师和课程资源专家，帮助他们设计、生成、发布和管理维护网络课件，方便教学人员跟踪统计学生的学习过程，人们设计开发了学习内容管理系统(LCMS)。LCMS使学习内容共享和教学交互成为可能。

第四阶段：互联网教学平台。在传统教学系统的基础上，从对教学过程(课件的制作与发布、教学组织、教学交互、学习支持和教学评价)的全面支持，到教学的组织管理(用户与课程的管理)，再到与互联网教学资源库及其管理系统的整合，集成了互联网教学需要的主要子系统，构建了一个比较完整的互联网教学支撑环境。

【任务实现】

下面以实景课堂、MOOC教学平台、移动教学平台等三个互联网教学平台为例分别介绍。

1. 使用实景课堂

(1)"实景课堂"概念。

实景课堂主要是运用现代网络技术和3G、4G、5G等移动通信技术，通过现场专家的讲解和操作，将现场真实作业过程实时引入课堂，并实现现场专家、教师、学生交互，使学生在课堂学习中体验到真实职业场景的同时，达到掌握知识和技能，提高综合能力的目的。

开展实景课堂操作程序：工作人员到达指定的企业现场，教师到达实景课堂教室，拍摄终端设备将现场专家上课的音视频图像信号进行采集存储，经过编码、路由，发送到附近基站，基站将信号传输到相应的网络服务平台，再通过平台传输到互联网或者专网，互联网经过路由、解码到达实景课堂教室，从而实现通过无线网络向实景课堂持续地传送数字音视频图像信号。根据教学需要可以实现现场与教室进行交互，同时向互联网上指定用户共享信息，如图1-41所示。

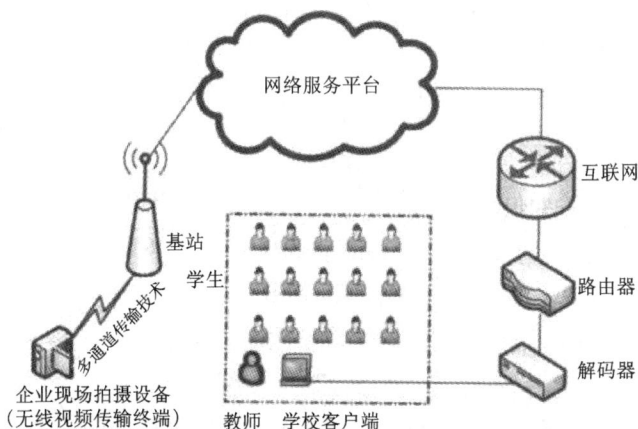

图1-41　实景课堂拓扑图

(2)教学案例。

以铁道交通运营管理专业课程为例，如《铁路行车组织》和《铁路线路与站场》。由于学科的特殊性，理论讲授部分，学生学习起来感觉比较枯燥、乏味。例如教材上涉及接发列车操作流程，文字描述较多，学生课后的问题也很多：列车怎样经过道岔就实现了转线？驼峰又是什么？编组站、区段站、中间站是又是什么样子？上述问题仅依靠理论讲解是不可能解决的。教师们也多次尝试运用现场教学，但是终究受到很多因素干扰，大面积采用不适当。在学院积极推进教育教学改革过程中，独创性提出采用先进的移动通信网络来对接现场和课堂。实景课堂解决了很多铁道交通运营管理专业课程大范围开展现场教学的问题。譬如，在讲解《铁路线路与站场》中的道岔这个内容时，就可以请车站现场专家通过移动通信技术将机车通过道岔实时视频信息切入到实景课堂，安排 20 min 讲解，10 min 的现场与教室学生交互。在现场专家的直观引导下，同学们听得很认真，交互环节提问非常积极。课后，教师布置了作业，要求每个实训小组使用数码照相机拍摄不同类型道岔的照片，并对道岔组成部分进行注释。结果上交的作业都非常好。通过本次实景课堂教学，学生在四个方面较以前有突破。一是对道岔功能和基本原理的理解更深入，巩固前面讲授的轨道功能，轨道组成部分等知识内容；二是深刻理解道岔各组成部分协调运作原理，初步掌握现场作业过程道岔操作要领及注意事项；三是从内心激发学生的学习潜能，不断促进学生学习的原动力，这在后面优质的实训作业就可以说明这一点；四是进一步提高学生铁路职业意识。

（3）"实景课堂"功能。

①解决了现场专家完成专业教学存在的时间、空间矛盾。"在现场"是多年来困扰职业教育的难点问题，一是时间上，现场专家往往工作太忙，没有时间完成教学任务；二是空间上，现场专家分布在全国各地，难以再有闲暇长途奔波到学校开展教学工作。

②解决了新技术、新装备不能及时进课堂的矛盾。就机械制造行业而言，由于制造技术更新速度太快，加之设备购置费用太高，学校永远不可能拥有与现场一致的设备，因此在校内不可能学到与现场完全一致的技术。采用将学生带到现场教学的办法，则由于企业以保障安全作为第一要务，不愿意接受大批学生学习、实习。另外在为数极少的现场教学中，也由于现场工作场所狭小，无法满足教学需求。

③实现了优质教师资源间共享。每次"实景课堂"教学全程录像，优质教师教学视频可以利用职教新干线上传到世界大学城空间，学生与教师都可以利用资源共享进行学习。

④促进了教学组织方式改革。这种教学模式既不同于录像教学，也不同于传统的现场教学。同学们坐在教室里，既学到了理论知识，又清楚地学习到现场的每一个细节和相关技术要点。遇到不懂的问题，学生能在教室里听取老师讲解的同时，还可以实时地向现场的工作人员请教。这种新颖的授课方式不但使学生能够了解自己职业所需的技能和知识，更能直观地认识将来工作岗位的环境，极大地提高了学生的学习兴趣。

2. 使用 MOOC 教学平台

（1）MOOC 教学平台概念。

互联网教学平台的典型应用（V）

MOOC(massive open online courses，慕课，即大规模在线网络开放课程)教学平台是信息技术、网络技术与优质教育的结合，通过这个平台将教育资源送到世界的各个角落，不仅为使用者提供免费的优质资源，还提供完整的学习体验，展示了与现行高等教育体制结合的种种可能。因此，MOOC 教学平台的出现被喻为教育史上的"一场海啸"或"一次教育风暴"，是 500 年来高等教育领域最为深刻的技术变革（图 1-42，图 1-43）。

图 1-42　慕课概念

图 1-43　超星 MOOC 教学平台

（2）超星 MOOC 教学平台。

超星 MOOC 平台是超星尔雅网络通识教育的产品，该平台汇聚了国内外的优质课程，通过听课、作业和考试给予学生学分，为学生提供在线讨论、答疑、学习进度管理等丰富的网络学习环境。通过该平台教师可以定制个性化的课程空间，学校可将本校网络课程上传，利用修学分平台实现本校课程网络修读，并可通过平台的大数据管理监督课程内所有学生的学习进度以及网络学习行为来促进学生的学习；通过课程泛雅，学校可以管理所有课程，全面建立数字学习环境；通过移动泛雅，把所有学习服务变成 App，随时随地进行课程互动及资源管理。平台依托超星强大的资源库，构建起一个深度立体化学习总库，并通过构建大学课程共享联盟，实现高校间的课程资源共享。

（3）超星泛雅 MOOC 学习平台的应用。

泛雅（平台网址为 http://fy. chaoxing. com/portal）是以泛在教学与混合式教学为核心思想，集慕课及精品课程建设、教学互动、资源管理、教学成果展示、教学管理评估于一体的新一代网络教学平台（图 1-44）。在新一代网络教学模式下，实现了个性化、因材施教的高效教学管理模式，是对传统教学模式的重大变革，突破了传统"面授"的教学局限，为学习者提供了一个跨时间、跨地域的互动交流平台，让学习者可以随时随地体验新一代网络教学所带来的高效和便利。

泛雅提供慕课式的课程建设工具，可以方便地实现课程知识单元化，并且每一个知识单元都可以包含丰富的富媒体教学资源：文字、图片、视频、文档、图书等。泛雅支持四步建课：注册登录，创建课程，建设课程，开展教学支持。像编辑 PPT 一样用编辑器制作课程，支持建设慕课、精品课程、视频公开课、微课等多种课程模式。泛雅课程页面高端大气，内容丰富，条理清晰，学生学习起来非常简单，引导性强。

教学互动平台以课程为中心，提供全面的网络教学功能，包括作业、考试、通知、答疑、资料、统计等，充分发挥平台在教与学活动中的作用。知识单元化的慕课课程支持辅助教学、闯关式网络教学、混合式翻转课堂教学等多种教学模式。课程建设过程中可以插入作业、视频、图书作为任务点，通过任务点是否完成从而对学生的学习行为进行监控。详尽的学习统计能够统计出学生的学习进度、作业完成情况、视频观看情况、参与讨论次数、访问详情、学习成绩等数据。教师可以为每个班级制订学习计划，将课程章节定时开放给学生，

图 1 - 44　超星泛雅 MOOC 学习平台

也可以设置闯关式学习,学生必须将章节中全部任务点完成后才能进入下一节,控制学生的学习流程,监控学习结果。

通过该平台,教师可以定制个性化的课程空间,学校可将本校网络课程上传,利用修学分平台实现本校课程网络修读,并可通过平台的大数据管理监督课程内所有学生的学习进度以及网络学习行为来督促学生的学习;学校可以管理所有课程,全面建立数字学习环境;通过移动超星 App,实现学生学习的个性化,课程教学动态化,教学管理的透明化,激活课堂,打造移动学习生态系统,构建本校教学生态圈。

3. 使用移动教学平台

移动教学平台又被称为移动互联网授课软件,是教育工作者必备的教学助手。移动教学平台提供了课件制作、远程视频授课教学、学生选课等多种教学功能。教师可以在线注册开课,上传课程视频,学生们可以随时随地通用手机在线学习,下载需要的学习资料。

本节以腾讯课堂、超星学习通、云班课、雨课堂、中国大学 MOOC 慕课平台和人教智慧教学平台等为例,介绍移动教学平台的应用。

(1)腾讯课堂

腾讯课堂是腾讯推出的专业在线教育平台,聚合了优质教育机构和教师的海量课程资源。腾讯课堂利用 QQ 积累多年的音视频能力,提供流畅、高音质的课程直播效果,同时支持 PPT 演示、屏幕分享等多样化的授课模式,还为教师提供白板、提问等功能(图 1 - 45)。

腾讯课堂特色和亮点:

- 题库功能,手机上也能轻松刷题;
- 录播倍速播放,自由选择学习速度;
- 直播课程,支持签到、提问、举手、送花功能,实现线上教学互动;

图 1-45　腾讯课堂 app 界面

- 推荐、搜索、机构主页、老师主页多种途径发现课程;
- 支持屏幕分享、播放视频、分享 PPT,多种上课形式全面覆盖;
- 直播课课前提醒,有效管理学习计划;
- 课堂内文字聊天,与老师同学互动;
- 离线下载,课后重放,随时随地参与学习;
- 手机 QQ 一键登录,无须重新注册。

(2)超星学习通

超星学习通是超星网推出的一款移动教育学习平台,超星学习通汇集了大量的学习资料,包含专业课程信息、图书馆借阅等功能,为用户学习提供帮助。软件界面简洁精美,操作简单易上手,让用户能够在这里轻松学习到课堂上所学习不到的知识,全面拓展思维,还有创建小组交流圈,方便交流自己近期的学习成果(图 1-46)。

图 1 – 46 超星学习通 app 界面

超星学习通特色和亮点：

* 面向智能手机、平板电脑等移动终端的移动学习专业平台；

* 用户可以在超星客户端上自助完成图书馆藏书借阅查询、电子资源搜索下载、图书馆最新资讯浏览；

* 学习学校专业课程，进行小组讨论，查看本校通讯录，同时拥有超过百万册电子图书；

* 海量报纸文章以及中外文献元数据，为用户提供方便快捷的移动学习服务；

* 资料：课程、图书、期刊、专题等多种类型；

* 课程：签到、任务、讨论、考试等多种教学环节可供选择。

（3）云班课

云班课是一款非常不错的教学云助手，可以轻松组建自己的教学班级，随时随地进行教学和学习，可以直接生成班级课，让教学变得更加方便。云班课 app 能够为学生提供课程订阅、消息推送、作业、课件、视频和资料下载等服务，可以为老师提供管理学生、发送通知、分享资源、布置批改作业、组织讨论答疑、开展教学互动等功能(图1-47)。

图1-47 云班课app界面

蓝墨云班课特色和亮点：

• 教学活动：投票、问卷、讨论、答疑、头脑风暴、测试练习、分组任务、作业、智能标签、智能批改、智能语音加分；

• 教学资源：Word、PPT、EXCEL、PDF、MP4、MP3、图文页面、网页链接、云教材、消息提醒和二次提醒、智能定时推送；

• 过程性激励与评价：学生的经验值激励体系、老师的魅力值激励体系、教学报告、学习报告、汇总报表、明细报表、一键生成平时成绩、挂科预测、学生六维成长勋章激励体系；

• 以学生为中心的教学模式实施：互动课堂、JITT、翻转课堂、混合式教学、BOPPPS、PBL、基于人工智能的个性化教学实施、人工智能助学小蓝、人工智能助教小墨。

（4）雨课堂

雨课堂由学堂在线与清华大学在线教育办公室共同研发，旨在通过雨课堂连接师生的智能终端，将课前 – 课上 – 课后的每一个环节都赋予全新的体验，最大限度地释放教与学的能量，从而推动教学改革。使用雨课堂，教师可以将带有 MOOC 视频、习题、语音的课前预习课件推送到学生手机，师生沟通及时反馈；课堂上实时答题、弹幕互动，为传统课堂教学师生互动提供完美解决方案（图 1 –48）。

图 1 –48　雨课堂手机端界面

雨课堂特色和亮点：

● 便携的智慧教室：实时问答互动，学生难点反馈，幻灯片推送，支持弹幕；

● 简单熟悉的课件制作：名校课程视频资源随时用，ppt 制作、学习零成本，微信贴身推送；

● 立体的教学数据：覆盖课前 – 课上 – 课后每一个环节个性化报表，让教与学更明了，自动任务提醒，真正的数据驱动。

（5）中国大学 MOOC 慕课平台

中国大学 MOOC 慕课平台是由网易公司与爱课程网携手推出的在线教育平台，汇集中国顶尖高校的 MOOC（慕课）课程。课程全部由 985 高校开设，涵盖基础科学、文学艺术、哲学历史、经管法学、工程技术、农林医药等数百门课程；完成课程学习可获得学校讲师签名的证书，证书现已获得猎聘网、Linkedin(领英)等求职招聘渠道的认可(图1-49)。

图 1-49　中国大学 MOOC 慕课平台 app 界面

中国大学 MOOC 慕课平台特色和亮点：

● 贴心的移动学习体验：课件下载与离线观看，第一时间接收课程更新与提醒，随时随地，自主安排学习节奏；

● 教学模式：全新在线教学模式，看视频、做测验、交作业，与同学老师交流互动；

● 丰富的名校名师课程：来自985高校的顶尖课程，从基础科学到文学艺术、哲学历史到工程技术、经管法学到农林医药，内容应有尽有，完全免费；

● 入驻名校：北京大学、浙江大学、复旦大学、西安交通大学、中山大学、同济大学、武汉大学、中国科技大学、中央财经大学、哈尔滨工业大学等；

● 专业权威的认证证书：完成课程学习并通过考核，可获得讲师签名证书。

（6）人教智慧教学平台

人教智慧教学平台是以数字教材为核心，面向中小学教师、学生和教学教研管理人员的智能化教学、学习、管理平台。平台提供教学资源、教与学工具、课堂教学管理、教学数据分析等功能，逐步形成教与学的信息化生态系统(图1-50)。

人教智慧教学平台特色和亮点：

• 作业智能批改，减轻工作负担：一台手机几分钟即可完成全班纸质作业的批改，且实时统计呈现学生作业情况；

• 学情全程跟踪，针对性提升学生学习成绩：记录学生前置学习、课堂、做作业情况，清晰了解学生薄弱点，进行重点教学；

图1-50　人教智慧教学平台实现功能

• 个人专属错题本，让学习变得简单：自动收集个人在每个学科章节的各个时间段错题，实时提醒复习，提供举一反三的练习；

• 智能推送作业帮助资源，培养自主学习习惯：每一道作业、试卷习题配备了解题思路、解题过程微课，学生可自主解决难题。

【应用拓展】

虽然将网络教学平台应用于课程教学中取得了不错的效果，但是在实践中仍然存在一些问题。主要表现在：①学生群体中计算机的普及度不算太高，限制了对网络教学平台的使用；②有些教师和学生对网络教学平台的使用未完全适应，导致一些课程的网络教学平台使用率不高；③不同学科对网络教学平台的适应性不同，使用效果也有一定差异；④网络教学资源的利用率仍然不高；⑤管理以及运行体制有待改善。针对这些问题，本书提出几点建议。

1. 就学生和教师而言

加强教师和学生对网络教学平台的认识，鼓励网络教学平台的使用。尽管网络的发展日新月异，网络教学平台的建设日益完善，其使用度也越来越广。但就目前来说，受传统教学方式的影响，很大一部分教师仍不能很好地利用网络平台来辅助教学。同样，学生受传统学习方式的影响，对网络教学也表现出某些不适应。因此，网络教学平台尽管是教学的一个重要媒介，但其使用率及使用效果都受到一定程度的影响。另外，网络教学平台的应用虽然增加了网络资源的利用率，但其较低的使用率对于丰富的网络资源来说也是一种浪费——知识网络教学平台未能充分实现其应有的价值。就这个问题，学校应采取相应措施(如培训)以加强教师和学生对网络教学平台的认识，同时鼓励使用网络教学平台以充分地适应网络教学的模式。

2. 就学校而言

（1）逐渐改善网络教学平台的管理和运行体制。目前，网络教学平台的功能已经越来越完善，其中的模块设置也都较为合理且实用。但其管理和运行体制都略显不足，如网络的开放性容易致使不安全信息流入，网络教学平台的使用过程中信息反馈不完全准确，有些学科对网络教学平台根本不适应，等等。这些问题的暴露都要求网络教学平台有一个更好的管理和运行体制，这是必要且紧迫的。

（2）加强计算机和网络等设施的建设。一方面，很多学校规定入学新生禁带电脑或笔记本，致使他们对计算机的使用受到一定限制；另一方面，由于各种原因，学生群体的计算机普及度也并不算太高。因而要发展和推广使用网络教学平台，学校就必须加强计算机设施的建设（如信息中心、图书馆等场所都应当设有足够的计算机）。在网络建设方面，学校也应当改善利用网络的条件（如上网环境、网速等），以使学生能更顺利、更积极地使用网络教学平台。

（3）辅助开发相关手机应用程序。网络飞速发展的同时，手机等移动设备的发展速度也让人惊叹，尤其是智能手机的使用已经越来越普遍。事实上，计算机的使用有时会受到时空的限制（比如在户外、在互联网使用受限的地方），而手机的使用几乎不受这种限制，且在学生群体中手机的普及率几乎是100%。因此，对于弥补计算机的这种使用缺陷，学校开发基于网络教学平台的相关手机应用程序是一个不错的选择，这对于提高网络教学平台的使用率及使用效果都有很好的促进作用。

✎【任务小结】

本任务通过实景课堂、MOOC教学平台和移动教学平台等三个互联网教学平台的实际案例，介绍了互联网教学平台的实际应用，并从对教学过程（课件的制作与发布、教学组织、教学交互、学习支持和教学评价），到教学的组织管理（用户与课程的管理），再到与互联网教学资源库及其管理系统的整合，集成了互联网教学需要的主要子系统，构建了一个比较完整的互联网教学支撑环境。

任务1.3 使用虚拟仿真教学系统

⚙【任务分析】

小王老师准备讲授《大数据技术应用》课程，找到罗老师，请教虚拟仿真教学系统应用于教学的情况。罗老师向她介绍了虚拟仿真教学系统的案例及应用情况，现在我们就跟着罗老师来学习吧。

虚拟仿真教学系统
的概况

🌐【任务资讯】

仿真教学也称为模拟教学，就是用计算机、虚拟设备和现场等来模拟真实自然现象或社会现象，学生模拟扮演某一角色进行技能训练的一种教学方法。仿真教学能在很大程度上弥补客观条件的不足，为学生提供近似真实的训练环境，提高学生职业技能。

仿真教学是具有综合作用的教育手段，学生置身于仿真环境中，可以充分调动感觉、运动和思维，极大地提高了学习效率。曾经有教育心理学家对采用仿真教学和传统教学进行比较试验，结果表明：仿真教学模式下，学生可以记忆约70%的内容，而传统的"教师讲，学生听"教学模式下，学生只能记忆约30%的内容。此外，仿真教学可供学生在没有教师参与的情况下自学，并反复试验自行设计的实验方案，极大地提高了学生的学习能动性。

常见的仿真教学方法包括：生产实习、认识实习、课堂演示、课程设计、过程控制、安全教育、以及计算机辅助教学等。其中计算机辅助教学可以设置各种真实系统中无法实现的参数、工艺、以及事故发生等，并且具有成本低廉的特点，因此越来越受到国内外高校、公司及工厂的重视，得到了迅猛的发展。

虚拟仿真教学系统是借鉴于仿真教学方法开发出来的一套应用于国内职业教育领域的教学平台，学生通过在虚拟仿真教学系统中的学习，能够更好地掌握职业技能，提高学生的学习积极性。

虚拟仿真教学系统
的典型应用（V）

【任务实现】

虚拟仿真教学系统可分为软件仿真、设备（硬件）仿真等。

1. 使用软件仿真平台

（1）概述。

软件仿真（software simulation），专门用于仿真的计算机软件。它与设备（硬件）仿真同为仿真的技术工具。软件仿真是从 21 世纪 50 年代中期开始发展起来的。它的发展与仿真应用、算法、计算机和建模等技术的发展相辅相成。1984 年出现了第一个以数据库为核心的软件仿真系统，此后又出现了采用人工智能技术（专家系统）的软件仿真系统。这个发展趋势将使软件仿真具有更强、更灵活的功能，能面向更广泛的用户。目前典型的软件仿真为虚拟现实软件仿真，比如虚拟现实仿真平台（VRP – DigiCity）。

（2）虚拟现实软件仿真的应用（以 VRP – DigiCity 为例）。

VRP – Digicity 是在虚拟现实平台软件的基础上，结合"智慧城市"需求特点，针对智慧城市规划与数字城市管理工作而研发的一款三维数字城市仿真平台软件。该平台软件分为 Digi City Manager、Digi City Designer、Digi City Browser、Digi City Developer 四个子模块，提供了用于建筑设计、城市规划、城市管理等领域的高效、直观、准确的整套三维辅助工具，主要功能有以下几点。

①场景制作：打开 VRP 场景文件，创建 DigiCity 项目，建立场景物体和各项规划指标数据之间的联系，从而实现城市规划数据和三维空间形象的一致性（图 1 – 51）。

图 1 – 51　场景制作

②工程内容：对项目、方案、图层和规划元素进行集中管理和展示，实现操作规划指标数据的各项具体功能(图1-52)。

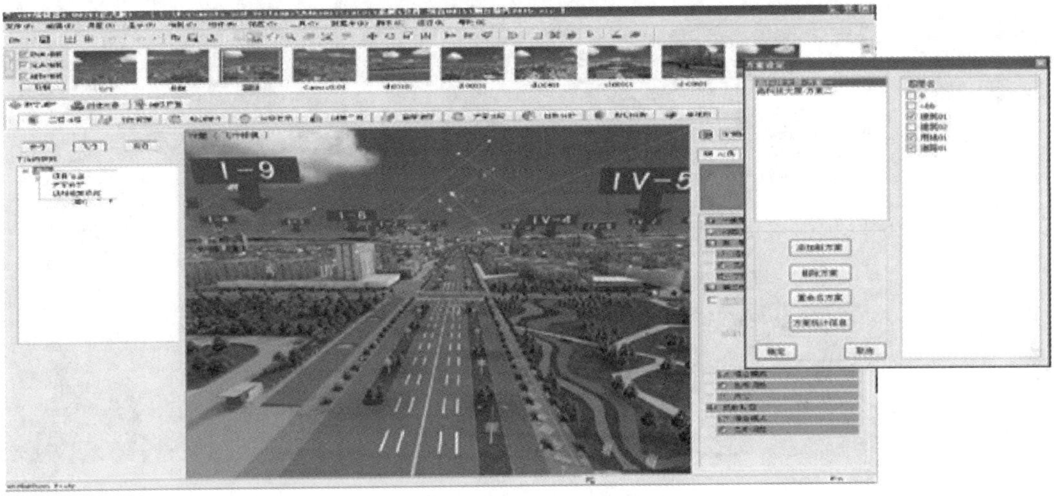

图1-52　工程内容

③大场景支持：支持静态加载和动态调度两种方式来管理大场景的存储，并采用了局部更新、本地缓存、LOD(细节层次)、自动材质优化分类、视锥剔除、八叉树场景分割等多项优化技术来提高场景运行效率(图1-53)。

图1-53　大场景支持

④平面导航图：提供 2D 导航路径功能，实现即点即到（图 1 - 54）。

图 1 - 54 平面导航图

⑤分图层管理：图层是对三维场景物体进行规划分析的关键，是场景物体与规划元素联系的桥梁。场景中的每个物体仅属于某个图层，操作图层可以控制物体的显示或隐藏，能否编辑，等等（图 1 - 55）。

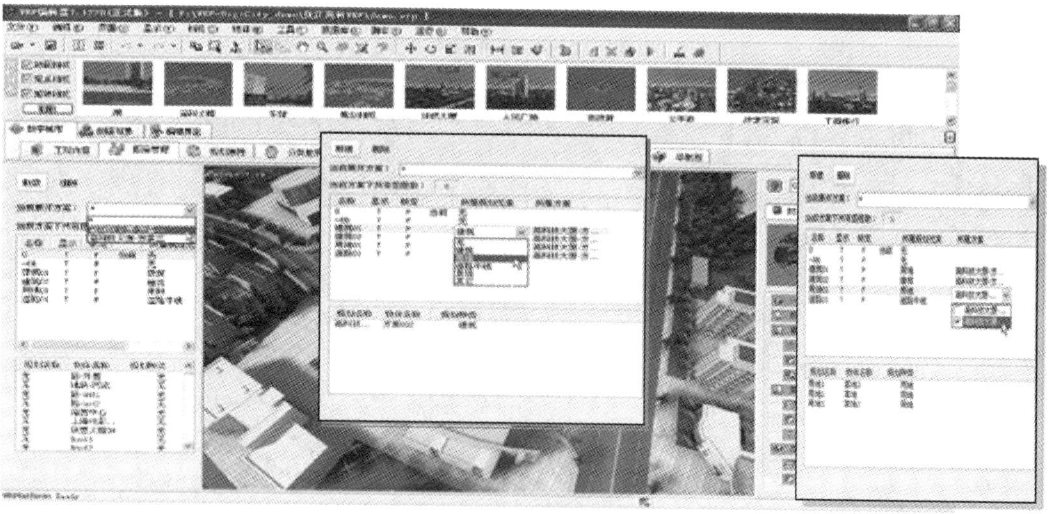

图 1 - 55 分图层管理

⑥分类显示：分类显示功能方便决策者对规划成果进行量化分析。根据规划元素属性数据中某一个属性域的不同属性值，将三维场景中与规划元素相关联的物体用不同种颜色显示出来（图 1 - 56）。

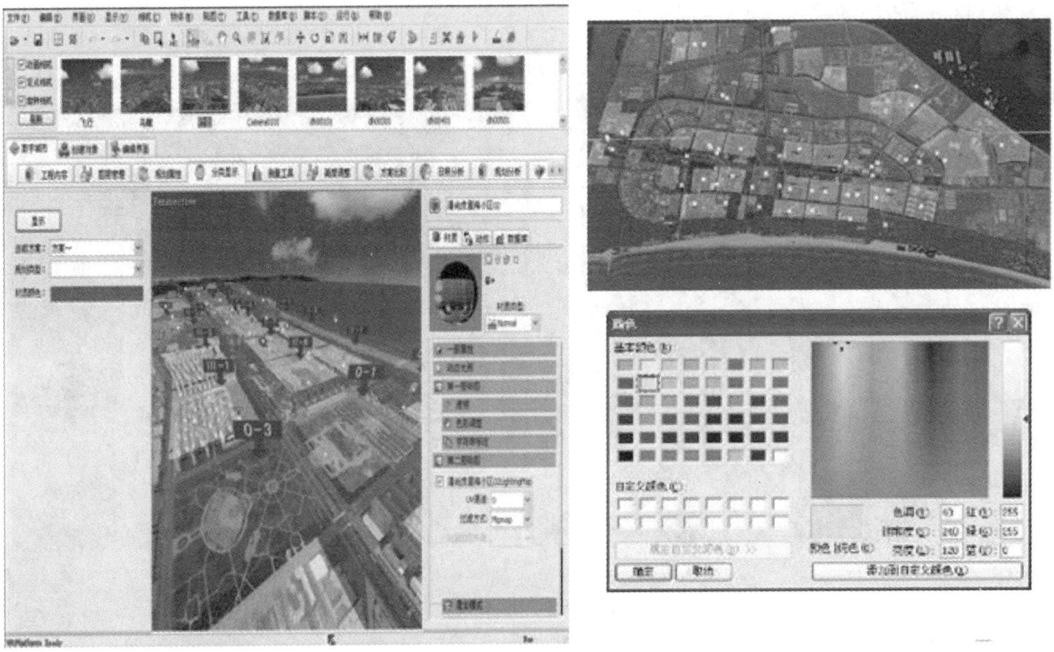

图 1 – 56　分类显示

　　⑦测量工具及坐标捕捉：测量工具主要进行场景中任意点的坐标、点间的水平距离、直线距离、面积以及体积的测算。具体提供点测量、点距离测量、面积测量、体量测量等工具。同时提供坐标点捕捉功能，方便进行精确定位(图 1 –57)。

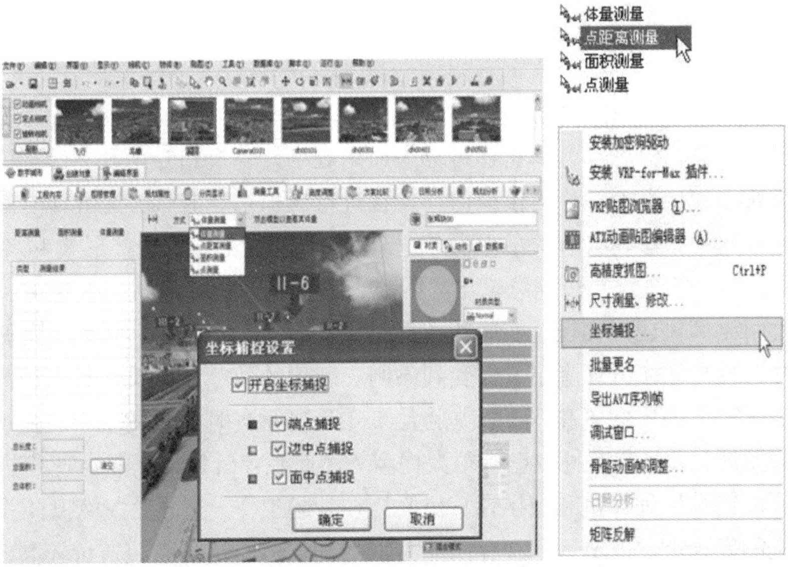

图 1 –57　测量工具及坐标捕捉

⑧方案对比：针对建筑、道路、公共设施、绿化等方案进行双屏或多屏比较，并可设置具体参数（图1-58）。

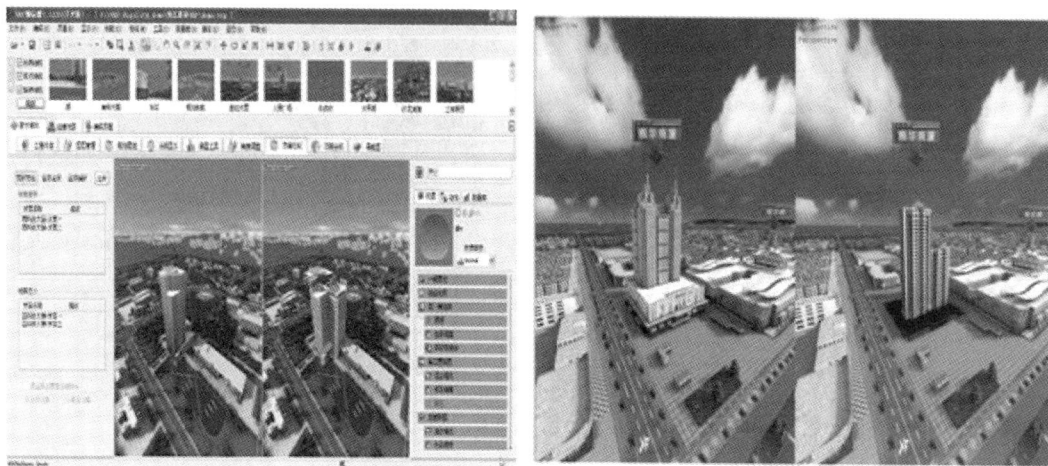

图1-58　方案对比

⑨日照分析：能够选择城市、日期、时间，并演示单体或多个建筑物的阴影变化，直观地看到新建建筑对周边建筑的日照影响。

⑩规划信息查找定位+地域名搜索定位：提供场景物体规划属性互查功能。通过物体能查询到属性，通过属性能查询定位到物体。查找方式支持模糊查询，查询内容可任选某一字段，运算方式可任选一种。选中场景物体，双击鼠标，即可显示场景物体属性。在查找对话框中输入要搜索的地名，即可快速搜索到该地名关联的物体，并定位该地物。

2. 使用设备（硬件）仿真平台

（1）概述。

设备（硬件）仿真中最主要的是计算机。用于仿真的计算机有三种类型：模拟计算机、数字计算机和混合计算机。数字计算机还可分为通用数字计算机和专用数字计算机。模拟计算机主要用于连续系统的仿真，称为模拟仿真。在进行模拟仿真时，依据仿真模型将各运算放大器按要求连接起来，并调整有关的系数器。改变运算放大器的连接形式和各系数的调定值，就可修改模型。仿真结果可连续输出。因此，模拟计算机的人机交互性好，适合于实时仿真。改变时间比例尺还可实现超实时的仿真。20世纪60年代前的数字计算机由于运算速度低和人机交互性差，在仿真应用方面受到限制。现代的数字计算机已具有很高的速度，某些专用的数字计算机的速度更高，已能满足大部分系统的实时仿真的要求，由于软件、接口和终端技术的发展，人机交互性也已有很大提高。因此数字计算机已成为现代仿真的主要工具。混合计算机把模拟计算机和数字计算机联合在一起工作，充分发挥模拟计算机的高速度和数字计算机的高精度、逻辑运算和存储能力强的优点。但这种系统造价较高，只适用在一些要求严格的系统仿真中使用。除计算机外，设备（硬件）仿真还包括一些专用的物理仿真器，如运动仿真器、目标仿真器、负载仿真器、环境仿真器等。

（2）发电层虚拟仿真教学系统的应用。

发电层教学资源是通过虚拟仿真的手段建立大型的、综合的虚拟实训平台，以模拟真实实验教学中成本高、原材料消耗大、污染严重的实验教学资源。发电层的教学资源以热力系统建模与发电厂生产过程、新能源发电及微电网技术等方向的特色研究为支撑，通过实物与虚拟仿真手段相结合的方式构建能够模拟火力发电、风力发电和光伏发电实验过程的教学资源，从而提高教学效果。该系统包含有"火电机组优化控制及安全运行虚拟仿真平台（拟建）"和"风、光发电虚拟仿真实验平台"等两个子平台。

①火电机组优化控制及安全运行虚拟仿真平台。

基于数据的火电机组优化控制及安全运行虚拟仿真实验系统采用紫光（北京）仿真科技有限公司研发的面向对象的全范围仿真支撑平台。该虚拟仿真实验教学平台为学生用户提供了实验选择、虚拟实验操作、实验数据传输、实验综合查询等功能，能够实现数据处理、模型建立、故障诊断与优化控制的整体教学仿真实验，其主要功能有：

● 监视巡视：能按照相关规程规定要求，对火电机组设备各种参数、状态、信号进行监视；能利用三维动态技术完成设备的巡视工作。

● 操作培训：能以集控站和受控站、综自系统和常规等不同方式实现对火电机组仿真对象的操作。如典型操作票中的所有操作，对阀门、隔离器、事故处理回路等一次设备以及二次装置上的各种组态开关、按钮、切换把手、信号端子、保险等的操作；

● 两票办理：能模拟完成操作票和工作票的填写、办理、终结等工作；

● 事故处理演练：能模拟各种事故的故障过程，当事故发生后，仿真系统的动态反应与实际故障后的动态反应一致；

● 控制系统设定值的整定、组态逻辑修改、保护操作（图 1 - 59，图 1 - 60）。

②风、光发电虚拟仿真实验平台。

平台采用硬件和软件结合的"硬件在环"半实物化硬件运行方式，实现对新能源混合发电集群控制系统的虚拟仿真实验。首先，通过调节输入侧风、光等虚拟发电资源的连线接入方式，任意搭配一次能源的混合类型，满足模拟真实情况下资源自然配置的输入条件；其次，在能量储存和变换环节，可以通过软件算法的调整来实现不同类型储能设备及变换器类型的切换，达到优化能量管理策略的目的，真正实现软硬件的紧密结合，完成整体虚拟仿真系统的半实物化。

虚拟可再生能源分布式发电微电网系统总体结构图如图 1 - 61 所示。

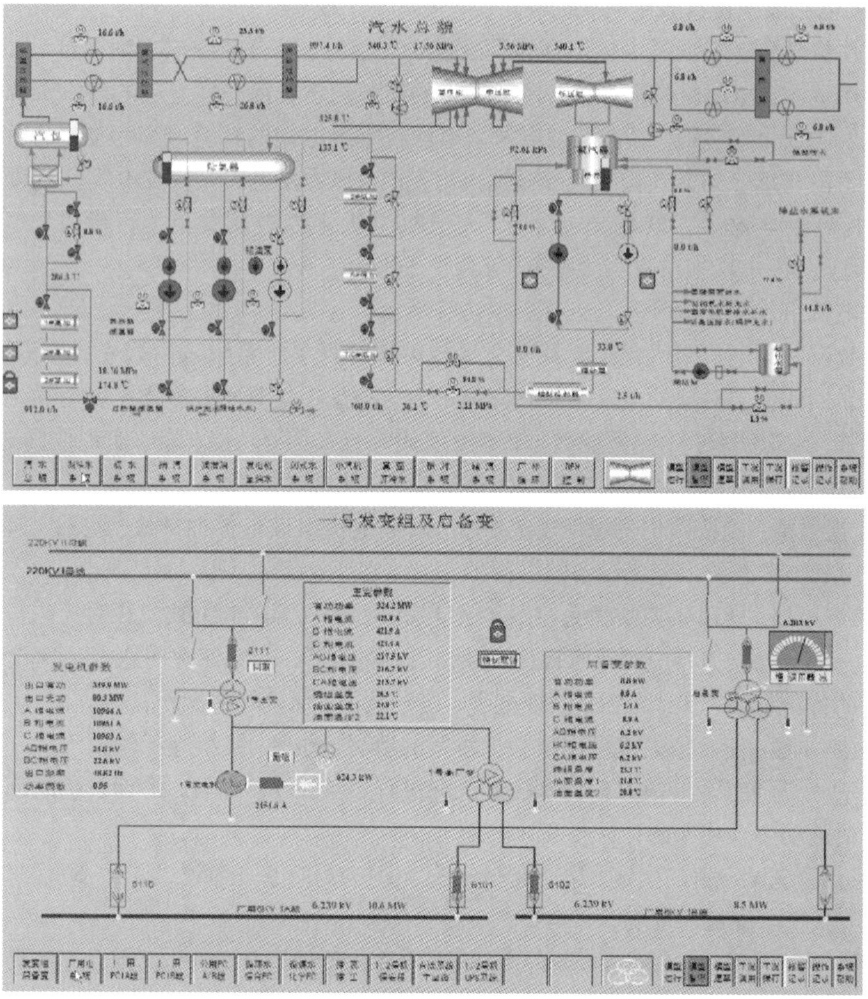

图 1 – 59　发电层仿真平台演示图

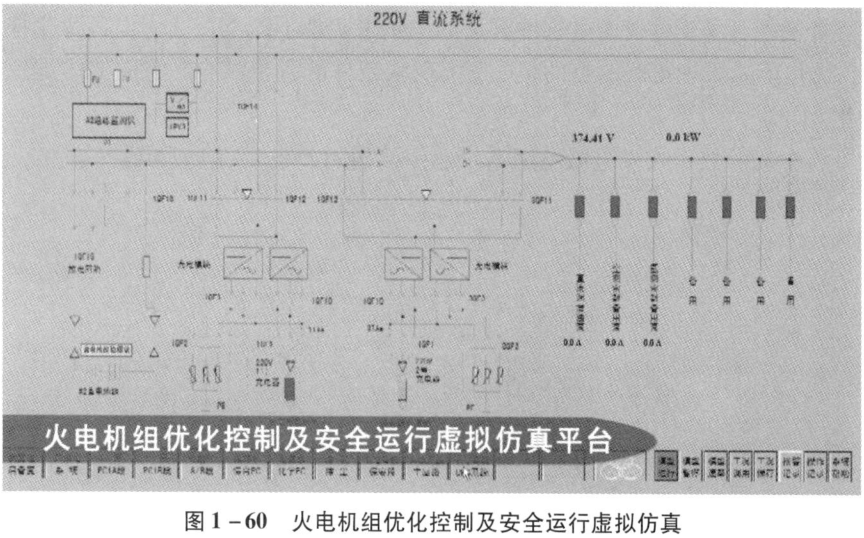

图 1 – 60　火电机组优化控制及安全运行虚拟仿真

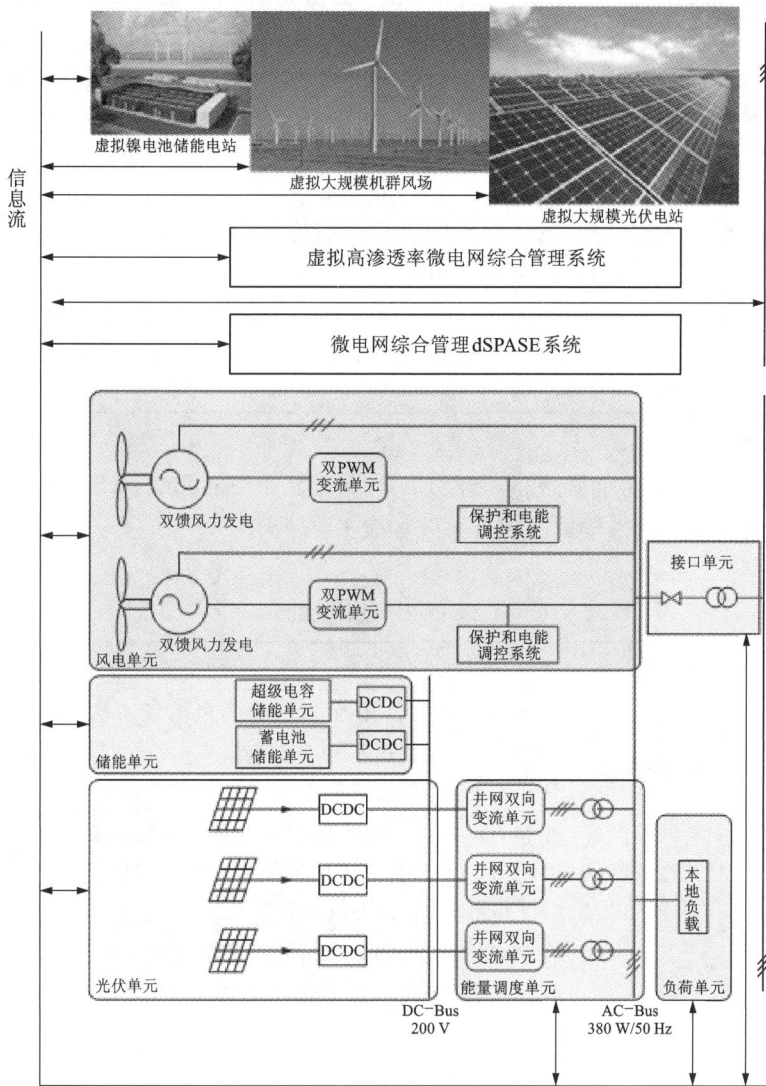

图 1-61 虚拟可再生能源分布式发电微电网系统框图

主要硬件如表 1-1 所示。

表 1-1 硬件功能

硬件名称	功能
5 kW 小型风力发电机系统	2 台 5 kW 小型风力发电机系统和 1 台 11 kW 双馈发电系统用于模拟小型
11 kW 双馈发电系统	风电场运行特性，在 dSPACE 基础上结合 MATLAB 软件，完成硬件在环半实物仿真实验，模拟实际风电场出力特性和风电场集群优化运行特性

续表 1-1

硬件名称	功能
4 kW 光伏发电系统	4 kW 光伏发电系统分别安装于不同位置,用于模拟小型光伏电场运行特性,在此基础上结合 dSPACE 与 MATLAB,模拟实际光伏电场出力特性和光伏电场集群优化运行特性
小容量超级电容和蓄电池组	小容量超级电容和蓄电池组分别安装于上述风力发电机和光伏系统附近,用于模拟小型直流微网运行特性,在此基础上结合 dSPACE 与 MATLAB,模拟实际直流微网运行特性
Chroma 三相交流负载	9 kVA 的可编程电源用于模拟电网运行特性,40 kW 交流负载用于模拟负载运行特性,在此基础上结合 dSPACE 与 MATLAB,模拟实际交直流微网运行特性
Chroma 三相可编程交流源	

软件部分主要包括功能强大的 dSPACE 与 MATLAB/Simulink、PSpice 电路原理仿真系统、网络访问系统等。软件构成的仿真系统如表 1-2 所示。

表 1-2　软件功能

软件仿真系统名称	功能
规模化风电场运行特性模拟系统和风电场集群优化控制模拟系统	在 MATLAB 软件中配置相应的风电场参数,利用通信方式连接 dSPACE 完成硬件在环半实物仿真实验,可以模拟规模化风电场运行特性和风电场集群控制系统
规模化光伏电场运行特性模拟系统和光伏电场集群优化控制模拟系统	在 MATLAB 软件中配置相应的光伏电场参数,利用通信方式连接 dSPACE 完成硬件在环半实物仿真实验,可以模拟规模化光伏电场运行特性和光伏电场集群控制系统
规模化储能模拟系统	在 MATLAB 软件中配置相应的蓄电池和超级电容参数,结合 dSPACE 完成硬件在环半实物实验,可模拟规模化储能系统运行特性
高渗透微电网模拟系统	在 MATLAB 软件中配置相应的微电网参数,结合 dSPACE 软件模拟高渗透微电网系统运行特性
微电网输电网络稳定性分析	利用 PSpice 作为工具研究微电网的系统级数学模型以及运行稳定性分析的理论依据。分析线路阻抗不确定等因素影响,变换器之间、变换器与电网之间的相互作用。研究微电网系统自身稳定性、微电网与市网及储能系统之间的能量优化管理方法。为"电力电子电路仿真"课程提供实践案例
微电网发电单元变换器控制参数设计	利用 PSpice 软件独有的电路仿真系统快速而精准地观察电路特性,测量出基本与衍生的电路特性数据,获得衍生波形数据,譬如波特图、相位边限、迟滞图等。为"电力电子电路仿真"课提供实践案例

③平台的实施效果。

该虚拟仿真实验教学资源既不需要高额的设备成本,也不需要恶劣的风场环境,学生虽然是在虚拟的实验环境之中,同样可以观察仿真实验结果和进行实验操作,大大提高了火电系统以及风、光发电系统实验教学的效率和教学效果，为新能源领域提供了高技术人才，受到国内相关企业的认可与欢迎（图 1 – 62、图 1 – 63）。

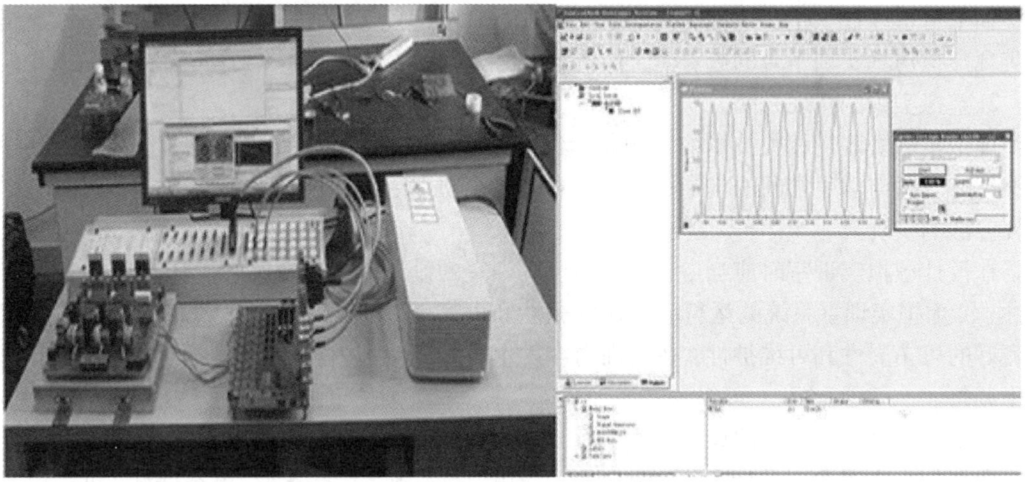

图 1 – 62 基于 dSPACE 硬件在环的微电网仿真平台

图 1 – 63 基于 PSpice 的新能源电力电子变换器仿真平台

【应用拓展】

目前，大多数学校都使用了虚拟仿真实训教学软件，但由于每个专业或课程的情况不同，虚拟仿真实训教学软件所采用的工作环境、体系结构、编程语言、开发方法等也各不相同。由于学校管理工作的复杂性，各院校甚至院校内各专业的虚拟仿真实训教学软件建设大都自成体系，形成了"信息孤岛"。目前主要面临的问题：①管理混乱，各种仿真实训教学软件缺乏统一的集中管理；②使用不规范，缺乏统一的操作模式和管理方式；③可扩展性差，无法支持课程和相应实验的扩展；④各系统的数据无法共享，容易形成"信息孤岛"；⑤缺乏足够的开放性；⑥软件部署复杂，不同的软件不能运行在同一台服务器上。

虚拟仿真教学平台的建设对职业院校实训教学的管理以及实训教学水平的提高有着辅助及推动作用。本书针对虚拟仿真教学平台的建设做了如下探究：

1. 虚拟仿真平台的使用技术

虚拟仿真实训平台中操纵的不是真实的实训设备和仪器，而是使用软件虚拟仿真出来的实训设备。但是虚拟设备与真实设备具有一样的属性及功能特点。基于 Web 方式的虚拟仿真实训平台可以让学生在不同时间、地点通过互联网进行实训，因此，基于 Web 的 B/S 模式是实现虚拟仿真实训平台的趋势。

2. 虚拟实训的实现方法

虚拟实训实现的相关技术内容包括：建立共享型实训教学资源库、建立共享型数据库、能够支持教师与学生之间的沟通交流、可靠的安全机制、协同虚拟环境实现技术、面向对象编程方法的实现。

在设计虚拟实训室时应当考虑：①虚拟实训室的设计应考虑友好的操作页面并且注重交互性；②虚拟实训室系统的运行应遵循安全性和可靠性原则；③虚拟实训室的软件系统应具备良好的可拓展性和可维护性，在实训内容发生改变或实训内容有所增加的情况下能方便地做出调整。

3. 虚拟仿真实训平台的设计原则

虚拟仿真实训平台设计在依据互动性、易用性、实用性、经济性、可拓展性、可维护性的原则来设计，并充分结合三维模型构建技术、虚拟仪器技术、实验场景虚拟构建技术、信息安全技术、网站建设技术。

【任务·小·结】

本任务通过虚拟仿真教学系统的实例，向大家展示了生产实习、认识实习、课堂演示、课程设计、过程控制、安全教育，以及计算机辅助教学等内容，让学生通过在虚拟仿真教学系统中的学习，更好地掌握职业技能，提高学生的学习积极性。

【综合实训】

实训项目：使用多媒体教学设备进行专业课程教学

一、项目目标

1. 掌握中控设备的主要功能和使用方法。
2. 掌握投影仪的主要功能和使用方法。
3. 掌握数字视频展示台的主要功能和使用方法。
4. 掌握功放主机的主要功能和使用方法。
5. 掌握开关多媒体教学设备的操作程序。

二、项目要求

结合自己所教授的一门专业课程，借助多媒体教学设备，进行一次公开课教学。

三、解决方案

1. 进入多媒体教室，接通电源，并打开总开关。
2. 按下中控面板"开"（或"上课"）按钮，启动投影机和幕布。
3. 如果是台式机将自动打开（在进行了第 2 步的基础上）；如果是笔记本电脑，则将 VGA 插头插在笔记本电脑上，然后启动笔记本电脑。

4.若使用台式机，请按下"台式机"按钮；使用笔记本电脑时，先将 VGA 线插好，然后按下中控面板"笔记本"按钮，切换笔记本信号。

5.如果需要使用数字视频展示台，则打开设备开关即可。

6.在第 2 步的基础上，功放已经打开，若需要调节音量，则按要求调节即可。

7.借助此多媒体教学设备进行专业课程授课。

8.课程结束，按如下顺序关闭设备：

关闭电脑→按"下课"按钮(或"关")关闭投影仪→关主机柜门→由两侧向内轻推柜盖自动上锁。

🔍【思考与探索】

一、选择题

1.教学用正投影机亮度的基本单位是( )。

A.流明　　　　　　B.光度　　　　　　C.照度　　　　　　D.反射率

2.教学用正投影机在使用过程中突然熄灯，稍后又自动重新打开，这种现象说明( )。

A.投影机的散热出现问题　　　　　B.投影机的灯泡坏了

C.投影屏幕坏了　　　　　　　　　D.投影机的信号源中断

3.交互式电子白板在第一次安装驱动并连接白板时、投影在白板上的区域发生改变后、计算机分辨率改变后、( )时需要进行定位操作。

A.笔尖与触控点位置偏离太大时　　　B.重启设备后

C.打开白板操作系统后　　　　　　　D.上课前

4.交互式电子白板在实现书写和绘图功能时，要想改变线条的粗细，可以通过( )实现。

A.更改线条粗细属性　　　　　　B.重启设备

C.选择橡皮擦工具　　　　　　　D.选择保存文件

5.对于交互式电子平板(触控一体机)的描述，下列说法正确的是( )

A.实际上就是超大屏幕的液晶电视，最终仅通过一根电源线就可以实现触控操作的教学系统。

B.实际上就是超大屏幕的平板电脑，是将触摸屏、液晶屏、计算机主机以及一体机外壳进行组合，最终仅通过一根电源线就可以实现触控操作的计算机教学系统机。

C.实际上就是可以实现触控操作的液晶电视教学系统，不再需要鼠标、键盘等输入设备机。

D.实际上就是交互式电子白板。

二、填空题

1.互联网教学平台可分为＿＿＿＿＿、＿＿＿＿＿、＿＿＿＿＿和＿＿＿＿＿等四个发展阶段。

2.虚拟仿真教学系统可分为＿＿＿＿＿和＿＿＿＿＿等教学设备。

【本章·小结】

工欲善其事，必先利其器。教师在使用现代教学设备前，有必要了解、掌握这些设备的用途、特性及操作规范。本章以新进教师向老教师请教如何使用多媒体教学设备、互联网教学平台、虚拟仿真教学系统为任务背景，分别介绍了多媒体教学设备中的中控设备、投影仪、数字视频展示台、功放主机、交互式电子白板、交互式电子平板的主要功能和使用方法，介绍了互联网教学平台中的实景课堂、MOOC 教学平台和移动教学平台等典型应用，介绍了虚拟仿真教学系统的应用情况。如何科学合理、安全节能、高效规范地使用这些设备，是本章重点关注的内容，期待读者熟悉现代教学设备的主要功能和使用方法，并结合自己的专业领域和教学需求，充分利用利用现代教学设备开展教育教学活动，不断提高教学效果和教学效率，从而进一步提高教学质量。

电脑、投影仪、幕布就可以组成最简单的多媒体教学环境，近年来，很多学校采用中控主机连接和管理教室的多媒体教学设备，构建覆盖整个学校的网络化多媒体教学系统，很多学校采用了交互式电子白板、交互式电子平板，很多学校开设了网络课程、直播课堂，很多学校采用了云班课、学习通、QQ、微信、钉钉等 App 开展教学活动，需要我们熟悉和掌握的设备和技术会越来越多，对此，我们要有积极主动的学习心态，主动适应现代教育技术的发展。

需要特别指出的是，随着虚拟现实技术、5G 技术、人工智能技术、大数据技术、物联网技术的广泛应用，现代教学设备的种类将更加丰富、功能将更加强大、操作将更加方便，作为教师，我们既要克服对新技术、新设备的恐惧和排斥心理，也要克服对新技术、新设备的依赖和盲从心理，我们要立足课程教学的实际需求，科学合理地选用现代教学设备，并运用这些设备和技术高效地开展教学工作。

第 2 章

采集教学素材

【教学情境】

　　赵老师是一名动画专业的资深教授，学期末收到动漫协会的邀请去做一个关于动画视听语言的讲座。为了让同学们感受到动画电影的视觉之美以及听觉之妙，赵老师需要收集大量的相关素材。比如动画造型的手绘原稿，蒙太奇手法的视频案例以及关于动画电影发展的调查数据等。

【解决方案】

　　在日常信息化教学中我们需要利用网络来收集各类素材。我们安排了五个任务，采集图片、文本、音频、视频和数据等各类素材，来学习和掌握采集教学素材的操作技能，并根据不同类型素材的特点，在教学实践活动中灵活运用。

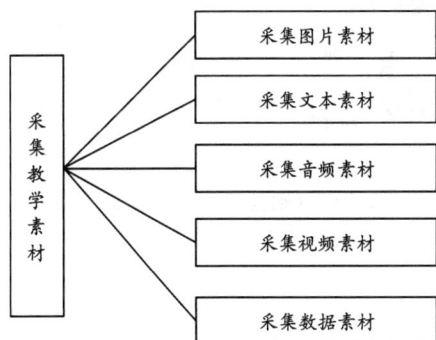

【能力目标】

　　作为一名教师，在日常信息化教学中需要利用网络来收集各类素材，需要具备以下素材采集工作能力：

　　1. 熟悉一个搜索引擎。

　　2. 能根据内容提取关键字查找相关素材。

　　3. 了解各类素材的格式和相应的提取方式。

4.能设计、制作、发布调查问卷。

5.能收集数据并对其进行分析。

任务2.1　采集图片素材

【任务分析】

图形和图像是人们最容易接受的信息媒体，因为它所包含的信息量极其丰富。通过画面可以生动、形象、直观地表达出大量的信息，将抽象的内容转化为较直观的形式，使它们具有文字和声音所不可比拟的优点。在计算机辅助教学中，图形和图像是课件中不可缺少的素材，主要用在以认知为目标的教学活动中，它有助于学生认识、比较、鉴别事物、激发感情和加深对教学内容的理解。图形和图像在计算机中有所不同：图形是以点、线、圆等图元为基本单位，而图像则由像素点组成。图形与相同内容的图像相比所占的存储空间小，但并非所有的画面都能用图形精确地表示出来。而图像却可以精确、直观地表达出几乎所有的画面。所以在一般的教学课件中图片占比率高的会比文字内容多的更容易被接纳。

赵老师的试听讲座中提及到了经典的动画电影——梦工厂出品的《功夫熊猫》，为了更好地让大家了解美国动画在角色造型上的特点，现展示多张该动画创作前期，主创人员手绘角色设定稿，如图2-1所示。

图2-1　《动画视听语言》图片素材

【任务资讯】

通过网络采集教学素材，自然要借助于搜索引擎。百度是世界两大搜索引擎之一，下面我们以百度为例，介绍教学素材的采集方法。百度的网站界面如图2-2所示。

1.logo 区域

百度在每个重大事件和节假日时其图标都会发生相应的变化，让其界面不至于显得过于单调。如图2-3所示，即为2016年五一劳动节时的百度图标。

2.产品功能区

这一区域集合了所有可以搜索的素材，如视频、贴吧、学术等。如果需要查找图片素材

图 2 - 2　百度的工作界面

图 2 - 3　2016 年五一劳动节的百度图标

可以点击"更多"，如图 2 - 4 所示。点击进入后界面如图 2 - 5 所示，在此界面中搜索的任何词条都是图片素材。

图 2 - 4　百度的"更多产品"

图 2 - 5　百度图片搜索界面

3. 搜索输入区

输入任何文字，其会匹配出与此文字相关的各种词条，如图 2 - 6 所示。

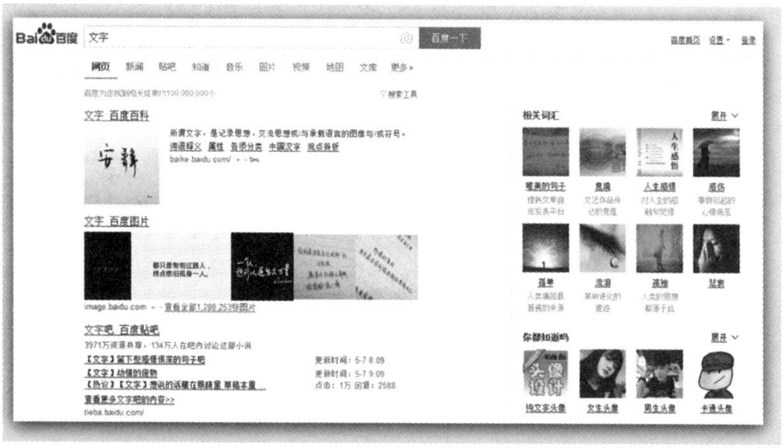

图 2 - 6　进入到已搜索词条界面

【任务实现】

图片素材的查找首先要对其关键字进行提取。比如查找《功夫熊猫》这部动画里的图片前，首先须确保文字中含有"功夫熊猫"这一词条；其次对前期设定稿搜索，需要输入"设定"这一词条；最后想搜寻主创人员亲画原稿，需要再加入"原稿"这一词条，最后实现任务图片的过程如下：

采集图片素材 (V)

1. 输入词条

在搜索栏输入"功夫熊猫 设定 原稿"的字样如图 2 – 7 所示。

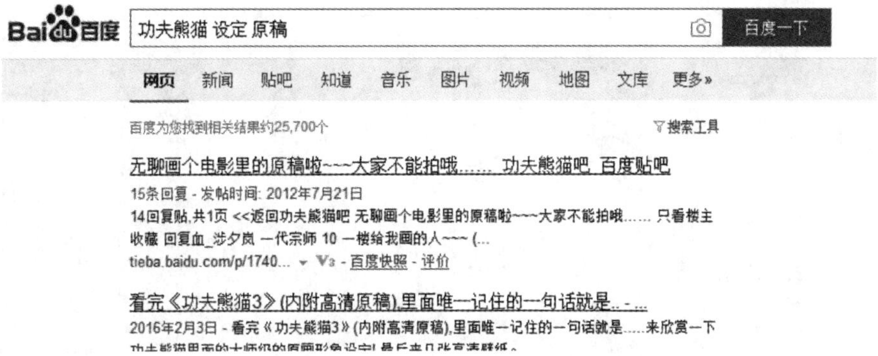

图 2 – 7　词条输入界面

2. 点击素材种类

（1）由于是对图片素材的提取，所以在界面中需要点击"图片"，如图 2 – 8 所示。

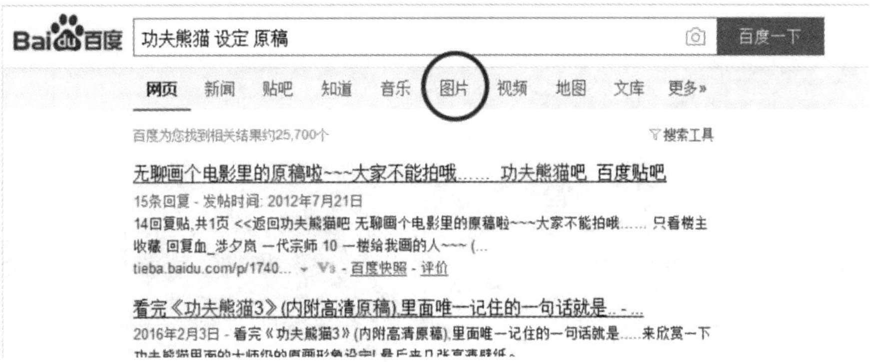

图 2 – 8　点击图片区域

（2）点击进入后即可看到各类关于此词条相关的图片，如图 2 – 9 所示。

3. 选择图片

在大量图片中我们要选择与词条最为接近的图片。功夫熊猫中，主角的造型是最有特点的，所以在图片中有大量的主角阿宝的图片，比如图 2 – 10 所圈①、②、③这三张图片都是主角的角色造型稿。其中①为全身动态设定原稿；②为头部设定 3D 稿；③为带场景动态 3D 稿，最为符合词条的图片即①。

4. 保存图片

（1）当你需要的图片只有图 2 – 10 所显示的大小，可以直接点击鼠标右键，出现快捷菜单栏，点击"图片另存为"选项，如图 2 – 11 所示。

点击完毕后会跳出"另存为"的操作框，如图 2 – 12 所示。

图 2 – 9　百度图片界面

图 2 – 10　百度图片界面

可将图片保存在"桌面"上，在左边对话框区域查找好储存的位置，如图 2 – 12 所示。选择"此电脑"菜单下的"桌面"即可，文件名可以自定义，这里命名为"图片 3"。全部设置完毕后点击"保存"，图片便储存到电脑上了。找到储存图片的位置，便可对其进行后期处理。

（2）缩略图无法满足你对图片尺寸的需求时，以图 2 – 10 中图①为例，点击该图的区域，界面从缩略图跳转到大图界面，如图 2 – 13 所示。

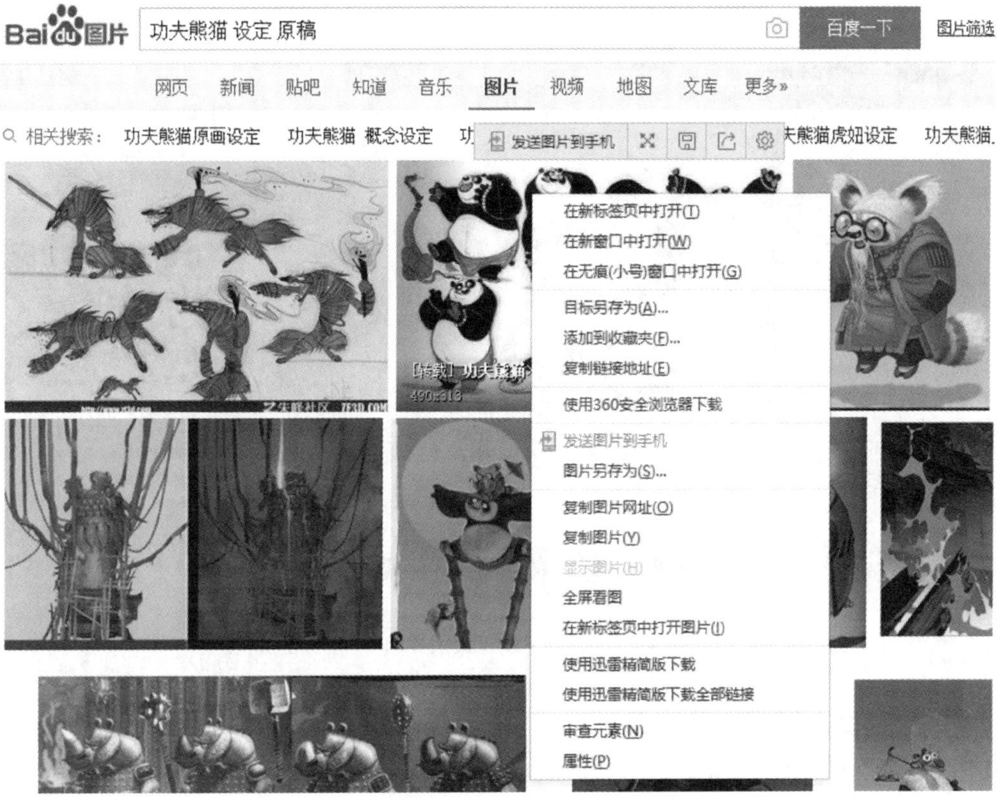

图 2 – 11　百度图片界面

图 2 – 12　另存为界面

图 2 – 13　大图界面

在此界面保存图片可以用(1)中所述方法,同样也可以用更为快捷的方式。如果使用360 浏览器,当鼠标移动到图片区域,图片右上角显示出四个图标按键,如图 2 – 14 所示。其中第二个方形图标即为"快速存图"按键,最后一个图标为设置按键。

图 2 – 14　大图界面

第一次使用360 浏览器这个方法存图时,需要先设置存图位置。点击 ⚙ 设置按钮,进入设置页面,如图 2 – 15 所示。

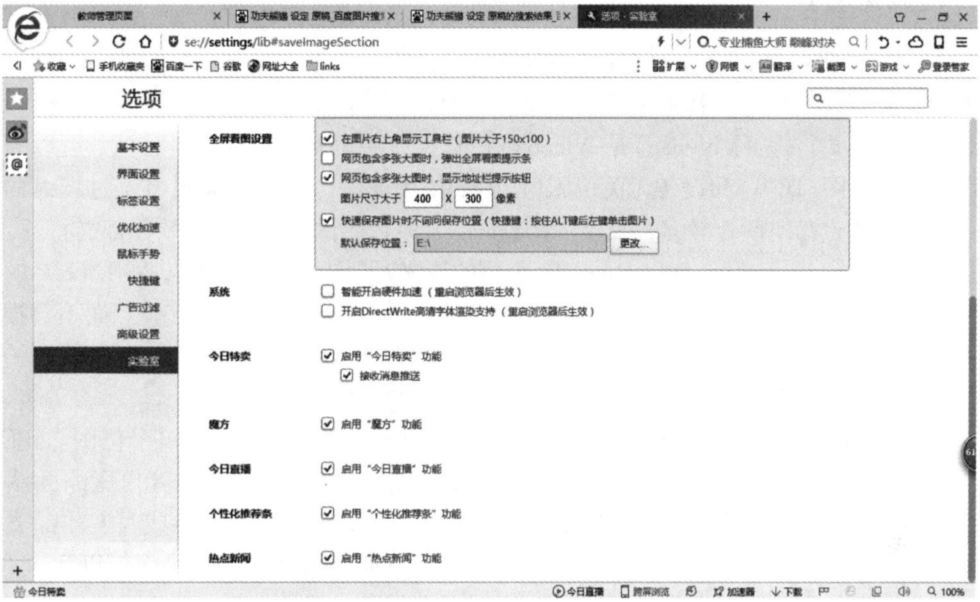

图 2-15 存图设置页面

对"默认保存位置"进行更改,点击"更改"后,选择更容易找到的本地文件夹。比如选择图 1-15 所示的 E 盘,返回大图界面,将鼠标移至图片区域呈现图 2-14 所示的状态,即显示四个图标按钮后点击 ⊟ 储存按钮,便会自动将图片存入刚刚设置的本地文件夹内。此时界面右下角会显示"图片已成功保存",如图 2-16 所示。

图 2-16 大图界面

【应用拓展】

1. 图片的格式是单一的吗，储存方法有何不一样？

图片的格式多种多样，其中常见的有如下七种。

(1)BMP 格式：(全称 bitmap)是 Windows 操作系统中的标准图像文件格式，可以分成两类：设备相关位图(DDB)和设备无关位图(DIB)，使用非常广。BMP 是没有经过压缩的图像格式，它占用的磁盘空间比较多，兼容性比较好，大多数图像浏览、编辑软件都能打开。

(2)GIF 格式：(graphics interchange format)的原义是"图像互换格式"，采用 LZW 的压缩方案对图像文件进行压缩而得到的一种图像。这种文件可被压缩、解压多次，而不会损失图像，不过最多只有 256 色。GIF 文件中可以存多幅彩色图像，如果把存于一个文件中的多幅彩色图像数据逐幅读出并显示到屏幕上，就可构成一种最简单的动画。

(3)JPG/JPEG 格式：JPG 全名是 JPEG，JPEG 图片以 24 位颜色存储单个位图。JPEG 是与平台无关的格式，支持最高级别的压缩。不过，这是一种不可恢复的有损压缩的图像格式，文件容量非常小，是课件制作中最常用的一种格式。优点：摄影作品或写实作品支持高级压缩。缺点：有损耗压缩会使原始图片数据质量下降。编辑和重新保存 JPEG 文件时，JPEG 会混合原始图片数据的质量下降，这种下降是累积性的。JPEG 不适用于所含颜色很少、具有大块颜色相近的区域或亮度差异十分明显的较简单的图片。

(4)TIFF 格式：标签图像文件格式(tag image file format)是一种灵活的位图格式，主要用来存储包括照片和艺术图在内的图像。最早为扫描仪图像设计的，在处理真彩色图像进直接储存三原色 RGB 的浓度值而不使用调色板，图像文件占用的空间也比较大。优点是支持的格式广泛，支持可选压缩，可扩展格式，支持许多可选功能。缺点则在于 TIFF 不受 Web 浏览器支持，可扩展性会导致许多不同类型的 TIFF 图片不兼容，并不是所有 TIFF 文件都与所有支持基本 TIFF 标准的程序兼容。

(5)PSD 格式：(photoshop document)，是著名的 Adobe 公司的图像处理软件 Photoshop 的专用格式。这种格式可以存储 Photoshop 中所有的图层、通道、参考线、注解和颜色模式等信息。在保存图像时，若图像中包含有层，则一般都用 Photoshop(PSD)格式保存。PSD 格式在保存时会将文件压缩，以减少占用磁盘空间。PSD 格式所包含图像数据信息较多(如图层、通道、剪辑路径、参考线等)，压缩后比其他格式的图像文件还是要大得多。由于 PSD 文件保留所有原图像数据信息，因而修改起来较为方便，大多数排版软件不支持 PSD 格式的文件。PSD 是 Photoshop 专用的图像格式，支持真彩色，但占用的磁盘空间相当大。

(6)WMF 格式：它们是属于矢量类图形，是由简单的线条和封闭线条(图形)组成的矢量图，其主要特点是文件非常小，可以任意缩放而不影响图像质量。WMF 是 Windows Metafile 的缩写，简称图元文件。它是微软公司定义的一种 Windows 平台下的图形文件格式，是 Office 中剪贴画的格式。这种格式占用的磁盘空间很小，画面一般都比较简单。与 BMP 格式不同，WMF 格式文件与设备无关，即它的输出特性不依赖于具体的输出设备。

(7)PNG 格式：图像文件存储格式，名称来源于"可移植网络图形格式(portable network graphic)"。其设计目的是试图替代 GIF 和 TIFF 文件格式，同时增加一些 GIF 文件格式所不具备的特性。PNG 格式图片因其高保真性、透明性及文件体积较小等特性，被广泛应用于网页设计、平面设计中。

其中大部分图片格式可以用之前介绍的方法保存,只有 PSD 格式的图片素材与之不同。

2. PSD 图片的获取途径?

PSD 属于源文件,这类图片会涉及版权问题,在百度上找此类素材相对于专业网站比较难。推荐一个免费的源文件网站:站酷。

(1)在百度搜索词条中输入"站酷",如图 2 - 17 所示。

图 2 - 17　百度"站酷"

(2)点击进入第一个词条,进入此网站,如图 2 - 18 所示。

图 2 - 18　站酷首页

(3)在右上角搜索栏中输入"功夫熊猫"字样,点选"素材",点击放大镜按钮进行搜索,如图 2 - 19 所示。

图 2 - 19　搜索素材

（4）从显示的词条中找寻需要的素材，如图 2 - 20 所示。

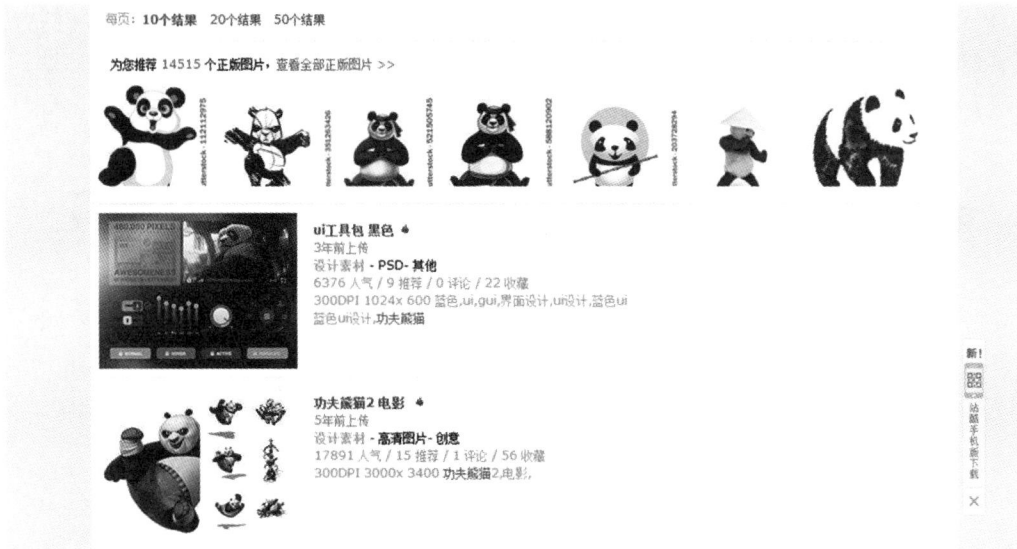

图 2 - 20　筛选素材

（5）选择第一个词条的 PSD 源文件，点击进入，将拖动条拖拽页面底部，如图 2 - 21 所示。

图 2 - 21　下载素材

（6）点击"下载"按钮即可将源文件保存到本地。

✏ 【任务·小·结】

通过图片素材的搜索与保存，了解了从网络图片变成本地图片的全过程，介绍了图片格式的基本类型，以及根据不同的图片采取的不同保存方式。

任务 2.2 采集文本素材

🌸 【任务分析】

文本是人们早已熟知的信息表示方式，如一篇文章、一段程序、一个文件都可用文本描述。它通常以字、句子、段落、节、章为单位，记录自然现象、表述思想感情、传达某种信息。人们在阅读时，通常是一字一句、一行一页顺序地浏览。文本是文字、字母、数字和各种功能符号的集合。在现实生活中，人们对事情的讲述、逻辑的推理、数学公式的表述等都主要用文字和数字来准确地表达。在多媒体应用系统中，虽然有图形、声音、视频影像等多种媒体形式，但是对于一些复杂而抽象的事件，文本表达却有它不可替代的独到之处。

赵老师的讲座中讲述了与动画发展有关的历史，如埃米尔·科尔被称为"当代动画之父"的原因。在制作课件前期，应严谨地进行考证，文字材料除了从书本上获取，也可以从网络中得以证实，最终提取总结得出以下文字结论，制作成课件，如图 2 – 22 所示。

🌐 【任务资讯】

所有的搜索引擎都是通过文字信息获取词条的，百度也不例外，其中有三个功能适合查找文字信息，包括较为权威的百度百科；具有学术性，教师使用最多的百度文库；由兴趣区分，网友讨论式的百度贴吧。

1. 百度百科

百度百科可以满足大部分网民迅速获取知识的需求，而且是向所有人开放的一个免费获取知识的

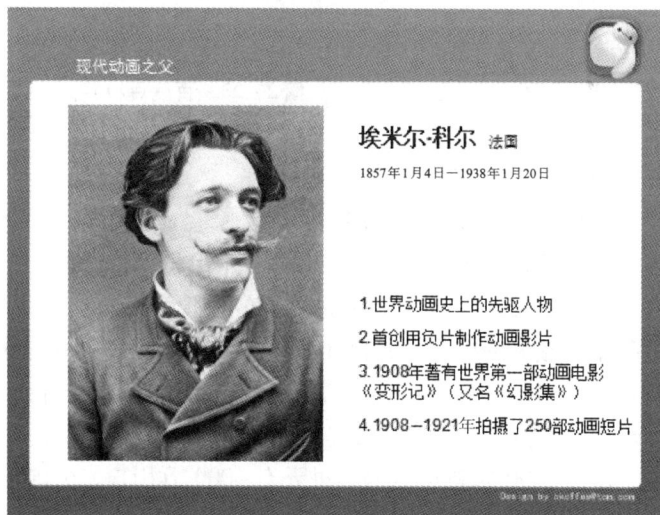

图 2 – 22　动画视听语言课件

途径，实现了互联网时代的"开启民智"。百度百科是一本网络百科全书，互联网百科类产品从技术角度并无门槛，而其强大的内容生产能力、可以为用户提供权威、可信的知识是百度百科的核心竞争力。作为知识平台，节省了人们记忆大量内容的成本，可以做到随用随取且及时准确，不会给大脑造成负担，不会受记忆偏差的影响。在人类从认知黑箱走向科学文明

的过程中，掌握更多学科知识的人，点亮了这个世界。百度百科以互联网工具的形式存在让每个人都有望成为推动文明进化节点到来的那个人。

百度百科，以人人可编辑的模式，将碎片化的知识重新组合起来，在不增加人脑负担的同时，建立起人们与各学科之间互通的触点，以更简单的方式创造跨界的可能性。人人可编辑，意味着人人都在贡献自己的知识，同时也意味着人人都能够轻松从中获取所需。在"百科全书式"人物基本已不可能再出现的情况下，百度百科的人人可编辑模式带来了另一种推动文明发展的方式。如图 2 – 23 所示，百度百科主页面显示截至 2017 年 5 月 7 日 17 点 48 分的词条个数以及编写人数的数据。

图 2 – 23　百度百科界面

2. 百度文库

百度文库是百度发布的供网友在线分享文档的平台。百度文库的文档由百度用户上传，需要经过百度的审核才能发布，百度自身不编辑或修改用户上传的文档内容。网友可以在线阅读和下载这些文档。百度文库的文档包括教学资料、考试题库、专业资料、公文写作、法律文件等多个领域的资料。百度用户上传文档可以得到一定的积分，下载有标价的文档则需要消耗积分。当前平台支持 . docx、. pptx、. xlsx、. pot、. pps、. vsd、. rtf、. wps、. et、. dps、. pdf、. txt 等文件格式。内容涵盖基础教育、资格考试、人文社科、IT 计算机、自然科学等 53 个行业，超过 2600 家机构入驻，每天有 4000 万用户，全国近六成即 800 余万教师通过百度文库分享教育资源。目前百度文库已经与多个省、市、校已有的信息平台融合。百度文库的口号就是"让每个人平等地提升自我"。如图 2 – 24 所示，百度文库主页面左边的分栏第一个词条分类为"教育频道"，全面体现了文库在教育领域的地位。

3. 百度贴吧

百度贴吧是百度旗下独立品牌，全球最大的中文社区。贴吧的创意来自百度首席执行官李彦宏：结合搜索引擎建立一个在线的交流平台，让那些对同一个话题感兴趣的人们聚集在一起，方便地展开交流和互相帮助。贴吧是一种基于关键词的主题交流社区，它与搜索紧密

图 2 - 24 百度文库界面

结合，准确把握用户需求，为兴趣而生。贴吧的使命是让志同道合的人相聚。贴吧的组建依靠搜索引擎关键词，不论是大众话题还是小众话题，都能精准地聚集大批同好网友，展示自我风采，结交知音，搭建有特色的"兴趣主题"互动平台。贴吧目录涵盖社会、地区、生活、教育、娱乐明星、游戏、体育、企业等方方面面，是全球最大的中文交流平台。它为人们提供了一个表达和交流思想的自由网络空间，并以此汇集志同道合的网友，如图 2 - 25 所示。

图 2 - 25 百度贴吧界面

【任务实现】

采集文本素材（Ⅴ）

1. 输入词条

在百度首页搜索栏输入"埃米尔·科尔"的字样，如图 2 – 26 所示。排列最前的两个词条即百度百科与百度贴吧所提供的。

图 2 – 26 词条输入界面

2. 提取有用的文本信息

先点击第一个百度文库中的词条，如图 2 – 27 所示，里面提及埃米尔·科尔的国籍以及出生和逝世的年代，这个信息是课件中要展示的。

图 2 – 27 埃米尔·科尔百度百科界面

3. 复制文本

（1）鼠标左键点选到"出生日期"以及"1857 年 1 月 4 日"之间的位置，持续按住鼠标左键拖动到日期之后，呈现如图 2－28 所示的效果。

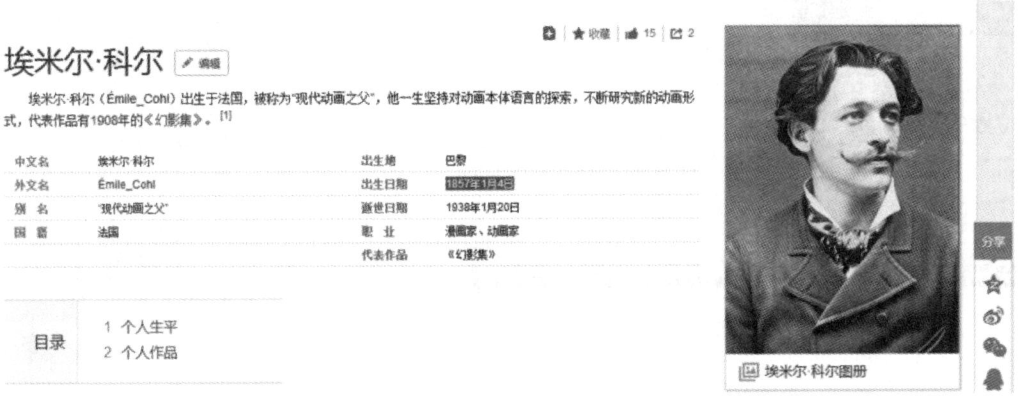

图 2－28　埃米尔·科尔百科界面

（2）词条变成蓝色后，点击鼠标右键，弹出快捷菜单栏，选择"复制"选项，点击鼠标左键，将文本复制到本地，如图 2－29 所示。

图 2－29　埃米尔·科尔百科界面

4. 保存文本

（1）此示例选择用"记事本"工具保存文字信息。点击［开始］—［程序］—［附件］—［记事本］，弹出文本框，如图 2－30 所示。

（2）右键点击"粘贴"命令，文字复制到"记事本"中，如图 2－31 所示。

（3）文字信息输入后则点击"记事本"工具左上角的"文件"命令，对其进行保存，如图 2－32 所示。

（4）将文件保存到本地，设置文件名，点击保存即可，如图 2－33 所示。

图 2 - 30　记事本工具

图 2 - 31　记事本工具

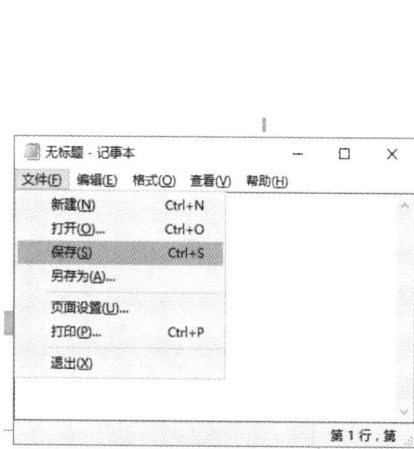

图 2 - 32　保存文本

图 2 - 33　保存文本

5. 其他文本信息的处理

（1）课件其余的文字信息（图 2 - 34）亦可用以上操作保存，如图 2 - 26 中的第二词条，从百度贴吧中提取的"1908 年著有世界第一部动画电影《变形记》（又名《幻影集》）"，得以证实埃米尔·科尔被称为"现代动画之父"的原因。如图 2 - 34 所示。

（2）从各方面收集的文本信息都储存在同一个"记事本"中，以便后期课件制作时对文本进行提取，如图 2 - 35 所示。

【应用拓展】

1. 常见文本格式有哪些？

目前流行的文字处理软件种类繁多，不同的软件生成的文本格式不同。当使用不同的文本编辑软件编辑文本时，系统通常会采用默认的文本文件格式来保存文档。如文字处理软件

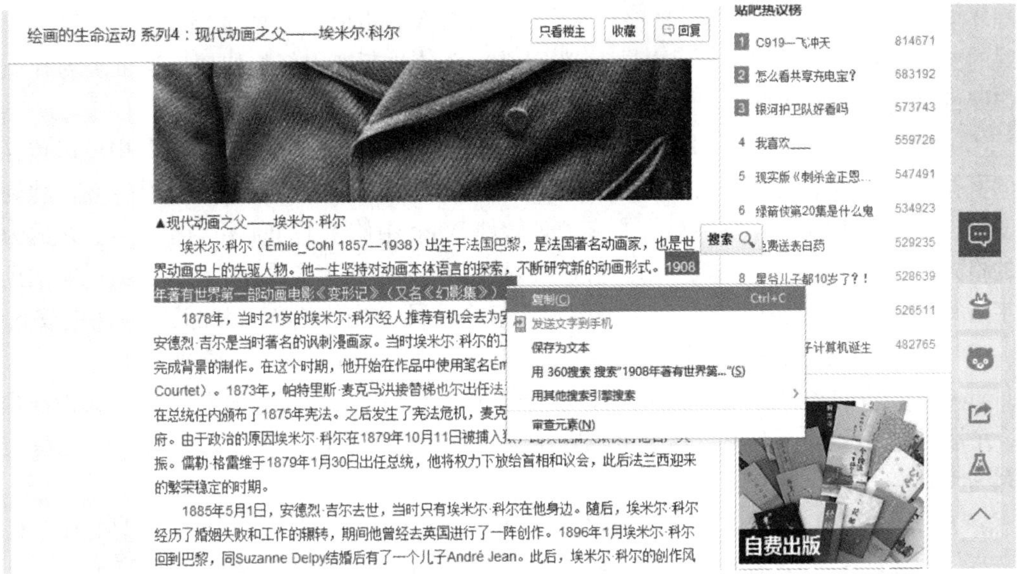

图 2 - 34　其余文本信息

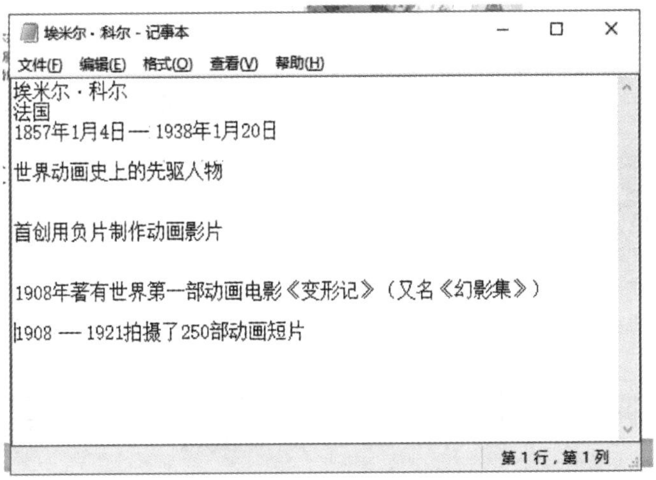

图 2 - 35　其余文本信息

Microsoft Word2003 的默认文档格式为 DOC，当然该软件还支持另外一些流行的文本文件格式，如 TXT、RTF 等（图 2 - 34、图 2 - 35）。

（1）TXT 格式：即图 2 - 35 使用的"记事本"工具存储的文字格式，属于纯文本文件。除了换行和回车外，不包括任何格式化的信息，即文件里没有任何有关文字字体、大小、颜色、位置等格式化信息。所有的文字编辑软件和多媒体集成工具软件均可直接使用 TXT 文本格式文件。

利用纯文本不含任何格式化信息的特点，可以比较方便地实现一些图形表格文字的转换。例如，从网页上下载的文字资料一般都包含有格式控制，如果直接下载到 Word 等文字处理环境中，会带有一些不需要的格式符号，如常含有表格形式。通过"记事本"等工具，将下载的文本资料转换为纯文本后再导入 Word 中，会使排版变得轻松快捷。这也是为什么在制作课件之前，将所有的文本信息储存到记事本的原因。

（2）DOC 格式：是 Microsoft Word 文字处理软件所使用的默认文件格式，其中可以包含不同的字符格式和段落格式。该格式源是纯文本文件使用的，多见于不同的操作系统、软硬件的使用说明。至 1990 年代，微软在文字处理软件 Word 中使用了 .doc 作为扩展名，并成为流行的格式，而前者的纯文字式已几近绝迹。微软的 DOC 格式为专属格式，其档案可容纳更多文字格式、脚本语言及复原等资讯。但因为该格式是属于封闭格式，因此其兼容性也较低。

（3）RTF 格式：是一种可以包含文字、图片和热字（超文本）等多种媒体的文档。在 Macromedia 公司的多媒体开发软件 Authorware 6.0/7.0 中就可以直接对 RTF 格式文档进行编辑，并且通过 RTF 知识对象对其使用。另外，在 Microsoft Word 文字处理软件中也能将文档保存为 RTF 文件格式。

（4）WPA 格式：是金山中文字处理软件的格式，包含特有的换行和排版信息，称为格式化文本，通常只在 WPS 编辑软件中使用。各种文本格式可以通过一定的方法相互转换。

2. 百度文库中的文本如何下载？

百度文库中第一种常见格式为 PPT 格式。以"埃米尔·科尔"为例，输入后点击进入"文库"，跳出的词条中会有不同的标识标注不同的格式，比如 P 开头的 PPT 格式。这一类文本直接下载后打开将其里面的文字进行编辑即可，如图 2 - 36 所示。

图 2 - 36　百度文库 PPT 格式

百度文库中第二种常见格式是 WORD 存储的 DOC 格式，这个文本的处理方式相对简单，既可以直接复制粘贴，也可以正文下载。如图 2 - 37 所示。

第三种 PDF 文件，相对前两种格式的处理方式较为复杂。它必须要满足两个条件才能对其文本进行编辑使用，一是免费文件，二是可以被软件正确转格式。

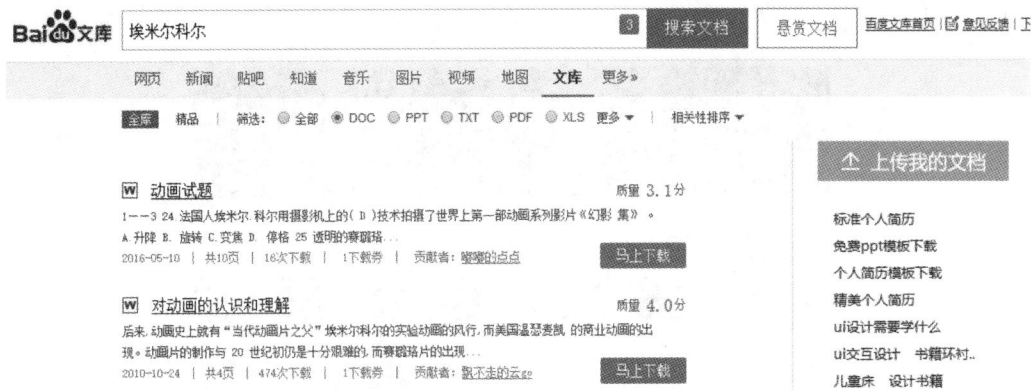

图 2 - 37　百度文库 DOC 格式

【任务实现】

过程如下:

①将 PDF 文本下载到本地电脑上;

②下载 PDF 转换器;

③将 PDF 文档拖入软件中转换即可。

3. 除了百度还有其他的专业网站来搜集文本吗?

百度适合对某一词条进行搜索,如果更专业的教学和研究,百度就不够用了,这里推荐几个适合学术研究的专业文库网站。

(1)中国知网是国家知识基础设施(China National Knowledge Infrastructure,NKI)的概念,由世界银行于 1998 年提出。CNKI 工程是以实现全社会知识资源传播共享与增值利用为目标的信息化建设项目,由清华大学、清华同方发起,始建于 1999 年 6 月。在党和国家领导以及教育部、中宣部、科技部、新闻出版总署、国家版权局、国家发改委的大力支持下,在全国学术界、教育界、出版界、图书情报界等社会各界的密切配合和清华大学的直接领导下,CNKI 工程集团经过多年努力,采用自主开发并具有国际领先水平的数字图书馆技术,建成了世界上全文信息量规模最大的"CNKI 数字图书馆",并正式启动建设《中国知识资源总库》及 CNKI 网格资源共享平台,通过产业化运作,为全社会知识资源高效共享提供最丰富的知识信息资源和最有效的知识传播与数字化学习平台(一般评定职称所说的中国期刊网,是中国知网)。如图 2 - 38 所示。

(2)万方数据库是由万方数据公司开发的,涵盖期刊、会议纪要、论文、学术成果、学术会议论文的大型网络数据库;也是和中国知网齐名的中国专业的学术数据库。其开发公司——北京万方数据股份有限公司是国内第一家以信息服务为核心的股份制高新技术企业,是在互联网领域,集信息资源产品、信息增值服务和信息处理方案为一体的综合信息服务商。如图 2 - 39 所示。

(3)维普网建立于 2000 年,经过多年的商业建设,已经成为全球著名的中文信息服务网站,是中国最大的综合性文献服务网,并成为 Google 搜索的重量级合作伙伴,是 Google

图 2-38　中国知网

图 2-39　万方数据库

Scholar 最大的中文内容合作网站。其所依赖的《中文科技期刊数据库》，是中国最大的数字期刊数据库。该库自推出就受到国内图书情报界的广泛关注和普遍赞誉，是我国网络数字图书馆建设的核心资源之一，广泛被我国高等院校、公共图书馆、科研机构所采用，是高校图书馆文献保障系统的重要组成部分，也是科研工作者进行科技查证和科技查新的必备数据库。维普网现已拥有包括港澳台地区在内 5000 余家企事业集团用户单位，网站的注册用户数超过 300 余万，累计为读者提供了超过 2 亿篇次的文章阅读服务。实践了以信息化服务社会，推动中国科技创新的建站目标。如图 2-40 所示。

【任务小结】

　　文本素材的采集，一般直接用于课件中，需要通过大量的相关文字信息，从中提取并总结归纳。所以能够运用不同的网站搜集不同格式的文本素材，是教学过程中必备的能力之一。

图2-40 维普网

任务2.3 采集音频素材

【任务分析】

音频素材在大部分的学科中不能成为主体,但是完全可以成为画龙点睛之笔。比如文学课中诗朗诵的背景音乐,化学实验中试剂溶液相互反映后发出的音效,都可以让课堂生趣不少。音频的采集途径多种多样,可以从已有的音频视频光盘中直接提取,也可以根据所需现场录制声音,但是最为方便的还是从网络中获取音频素材。毕竟在普通的教学中可以使用的音频素材还是比较常见的:比如"叮"的一声,可以用于强调某一个概念在课件中的出现;比如中国古代文学类PPT中背景音乐可能就是一首古筝曲。从网络中获取是可以省去从光盘上查找或请人弹奏时录制所耗费的大量时间。

赵老师的课件中也需要一段《高山流水》的古筝曲,让大家身临其境的感受音乐与画面融合之美。

【任务资讯】

1. 酷我音乐界面

下载音乐大部分需要下载音乐类软件才能将网络文件转变为本地文件,如图2-41所示。

(1)搜索栏。

用于输入音乐名称,即会匹配出与此文字相关的各种词条,与百度主页面搜索栏同理。

(2)播放器。

此区域功能之一为下载前试听,功能之二为下载后的播放。在此区域可以更换音乐的品质以及音量大小等。如图2-42所示。

(3)音乐信息显示区。

该区显示了有关此类音乐的各种信息,包括歌名、歌手、所属专辑名、搜索热度以及音质等,最关键的是在这个区域可以进行"下载"操作。如图2-43所示。

图 2 – 41　酷我音乐工作界面

图 2 – 42　酷我播放器

图 2 – 43　音乐信息显示区

2. 音效网

与音乐相比,音效的时间短、文件小,直接从网站中提取更为便捷,其功能分区与酷我音乐界面类似,分为搜索栏、信息显示区域,如图 2 – 44 所示。

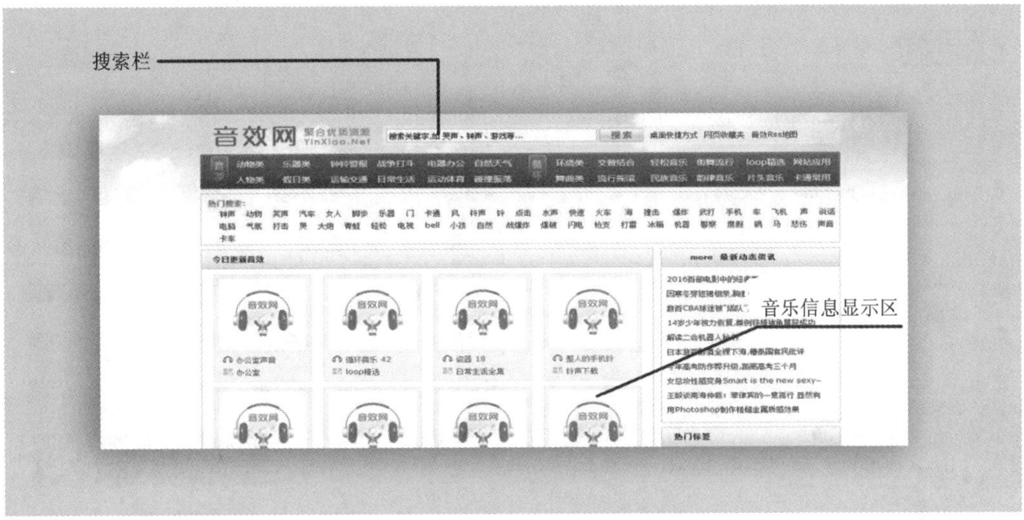

搜索栏

音乐信息显示区

图2-44 音效网界面

（1）搜索栏，输入音效名称用于搜索。

（2）音乐信息显示区，不仅是音效名字，鼠标移至图片区域直接播放音效，点击进入后可下载该音效。

【任务实现】

采集音频素材

为了实现音乐文件从网络文件转换成本地文件，首先要在网络中下载音乐类软件，如"酷我音乐"。

1.查找音乐文件

（1）在搜索栏输入"高山流水"的词条后点击放大镜按钮，如图2-45所示。

图2-45 酷我搜索栏

（2）在信息栏中自动匹配出与词条相关的多首歌曲，如图2-46所示。

2.试听并下载

（1）双击信息区域每个词条进行试听，以确认需要下载的歌曲，如图2-47所示。

（2）确认后准备下载，点击 按钮进入下载界面，如图2-48所示。

（3）选择下载的音乐品质以及更改"保存位置"后即可点击"下载到电脑"，《高山流水》就可以直接从本地文件夹中选取进行后期编辑，如图2-49所示。

图 2 – 46　酷我信息栏

图 2 – 47　酷我界面

图 2 – 48　酷我下载界面

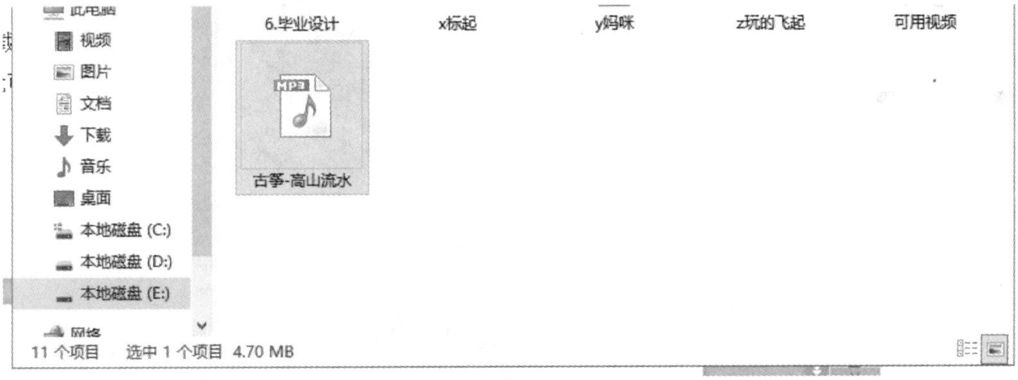

图 2 – 49　本地文件

【应用拓展】

1. 一部分网络音乐需要付费，对于这类文件要怎样处理？

同样以《高山流水》为例，如果觉得下载客户端比较麻烦，还有较为简单的方式，即使用电脑自带的录音设备进行录制。

（1）首先找到"开始"里"所有程序"的"附件"，点击"录音机"，如图 2 - 50、图 2 - 51 所示。

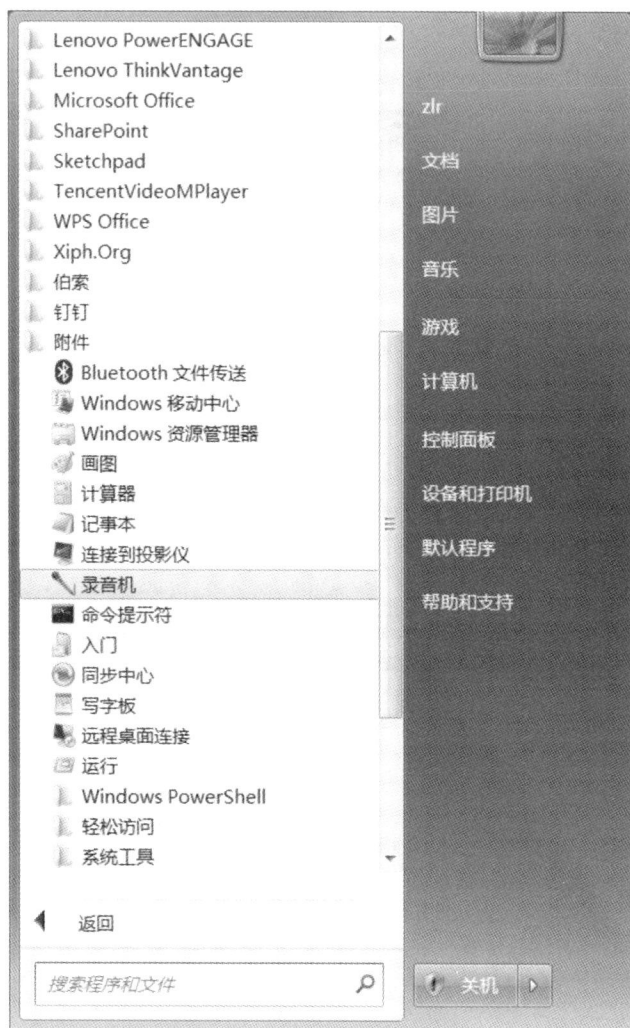

图 2 - 50　查找"录音机"

图 2 - 51　录音机

（2）打开播放设备，播放后迅速打开"录音机"的录制按钮，在播放的同时声音被"录音机"工具记录，如图 2 - 52 所示。

（3）录制完毕后点选"停止录音"即为保存，如图 2 - 53 所示。录制的方式虽然方便，但是会产生很多杂音，比如播放时所点击的鼠标声音，或者说话等杂音都会被同时收录进音

图 2-52　录音过程

频。相对于下载的方式，所得到的音频质量不高，不适合用于教学欣赏类的课程中。

图 2-53　保存录音

2. 视频中的音乐是否可以用录制的方式保存为音频文件？

　　理论上是可以用"录音机"来进行操作的，但是录制过程中会产生杂音，为了确保音质效果，有更好的方式提取视频里的音轨，即利用视频软件"暴风影音"的转码功能得以实现。

（1）选择用暴风影音打开视频，如图 2 – 54 所示。

图 2 – 54　暴风影音

（2）打开暴风影音左下角的工具箱，点击转码，如图 2 – 55 所示。

图 2 – 55　暴风影音

（3）添加所要提取的视频，然后设置输出格式："输出类型"选择"输出音频"，"品牌型号"可以选择音频格式。开始转换。如图 2 – 56 所示。

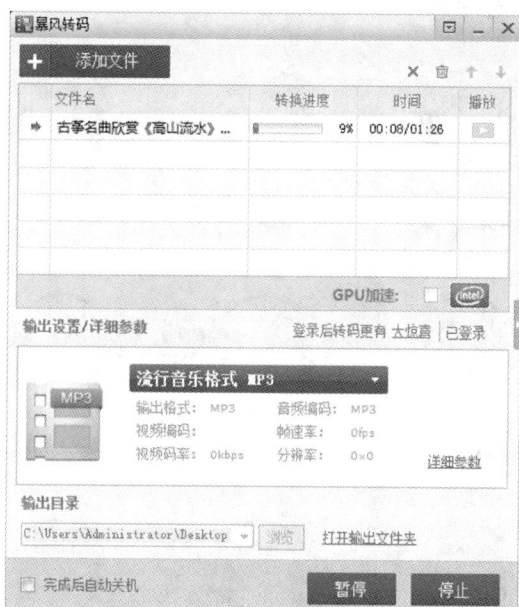

图 2 – 56　转码中

转换成功后在输出目录的地址即可找到转换完毕的音频文件。这种方式比用录音机的方式获得的音质更佳，更为便捷。

3. 音效也是课件中常常出现的素材，那么有哪些专业的音效网站？

音效可以从音乐播放器中查找，也能从专业的音效网站中下载，比如站长素材、音效素材，音效网。以音效网为例，如图 2 – 57 所示。

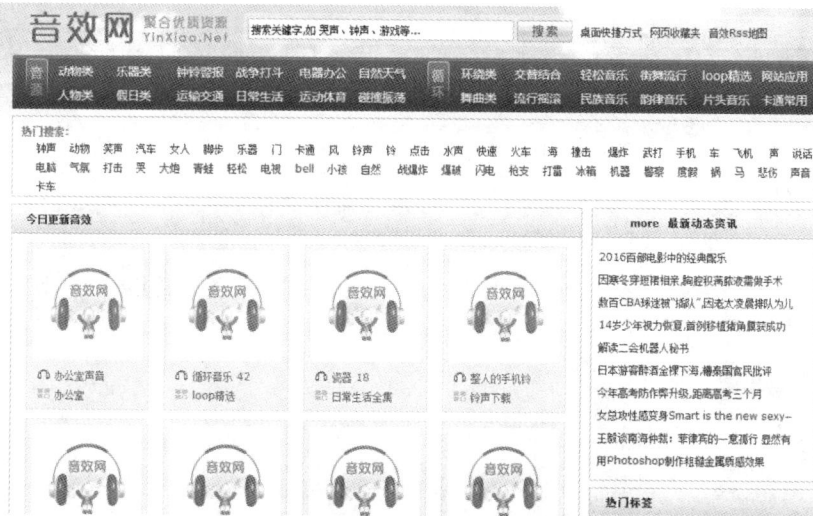

图 2 – 57　音效网

(1)选择"铃"。为给 PPT 重要概念的显示,可添加引人注意的音效。鼠标停放的位置即可加载试听,不需要点击。如图 2-58 所示。

图 2-58　音效网

(2)点击后进入下载界面,即可保存下载,如图 2-59 所示。

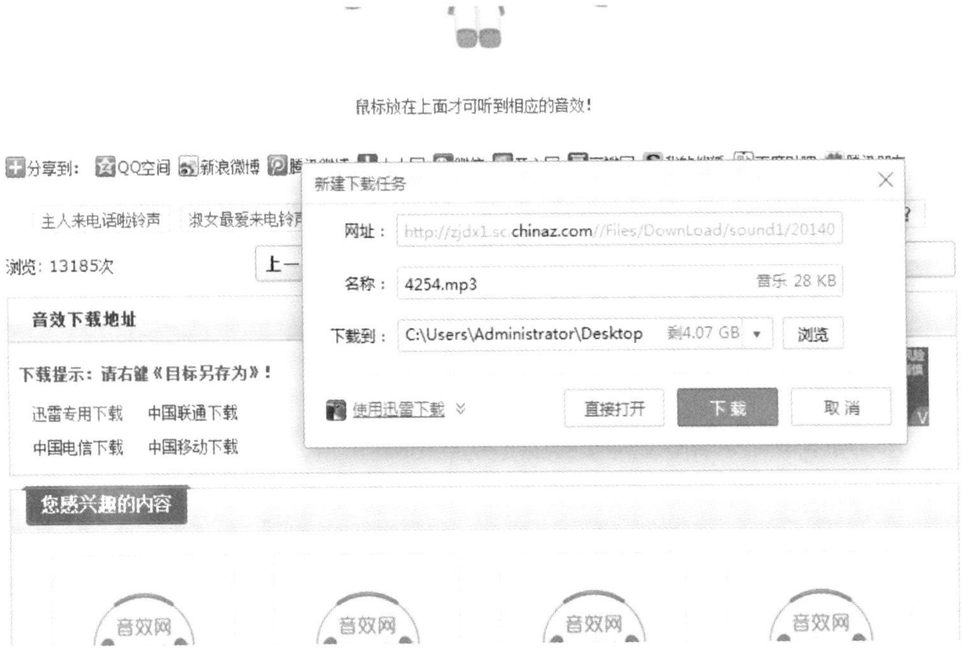

图 2-59　音效网

4. 音频文件格式有很多，比如 MP3、WMA 都有什么区别?

(1) CD。

一般来说，大家能听到的最好的音频格式就是 CD 了。CD 是无损的格式，以能最大限度地还原声音，而且 CD 的解码比起其他格式，如 MP3 等要容易。但 CD 的体积很大，标准 CD 格式为 44.1k 的采样频率，速率 1411kB/s，16 位量化位数。CD 以音轨的形式存在，在电脑上识别为 ∗.cda 文件。这个 ∗.cda 文件只是一个索引信息，并不是真正的包含声音信息，所以不论 CD 音乐的长短，在电脑上看到的"∗.cda 文件"都是 44 字节长。所以直接复制这个文件到硬盘上是没有用的，如果想复制只能通过软件把它转换成其他的格式。

CD 的优点就是能提供无损的音质，CD 唱片随处都能买到;缺点就是不能直接复制，就算直接复制其体积也很惊人。

(2) WAV(WAVE)。

WAV 微软公司开发的一种声音文件格式，它符合 rIFF(resource interchange file format) 文件规范，用于保存 Windows 平台的音频信息资源，被 Windows 平台及其应用程序所支持。其应用范围很广，WAV 格式支持 MSADPCM、CCITTALaw 等多种压缩算法，支持多种音频位数、采样频率和声道。标准格式的 WAV 文件和 CD 格式一样，声音文件质量和 CD 相差无几，所以把 CD 转换成 WAV 是损失最小的选择。但是这种设置下的 WAV 文件体积也是大得惊人，和 CD 一样大，可以在转换的时候选择不同的比特率和采样率，这样转出来的文件体积和音质都不同，根据实际需要选择，这样更实用。WAV 格式是目前 PC 机上广为流行的声音文件格式，几乎所有的音频编辑软件都"认识"WAV 格式。

(3) MP3。

MP3 的全称是 MPEG(moving picture experts group) Audio Layer – 3，1993 年由德国夫朗和费研究院和法国汤姆逊公司合作发明成功。MP3 是一种有损的压缩方式，早期的 MP3 编码采用的是固定编码率的方式(CBR)，我们常看到的 128kB/s，就代表每秒的数据流量有 128kbit，而且是固定的，这个称为比特率。比特率本身是可以改变的，最高可以到 320kbps，比特率越高音质越好，但是文件的体积会相应增大。MP3 的编码方式是开放的，可以在这个标准框架的基础上自主选择不同的声学原理进行压缩处理上，在此基础 Xing 公司推出了可变编码率的压缩方式(VBR)。它的原理就是利用将音乐的复杂部分用高 bitrate 编码，简单部分用低 bitrate 编码，通过这种方式，进一步取得音乐质量和体积的统一。当然，早期编码器的 VBR 算法很差，音质与 CBR(固定码率)相差甚远。但是，这种算法指明了一种方向，其他开发者纷纷推出自己的 VBR 算法，使得音乐效果一直在改进。目前公认比较好的首推 LAME，它完美地实现了 VBR 算法，而且它是完全免费的软件，由爱好者组成的开发团队一直在不断地发展完善。

(4) WMA。

WMA(windows media audio)的缩写，是微软力推的数字音乐格式。微软官方宣布的资料中称 WMA 格式的可保护性极强，甚至可以限定播放机器、播放时间及播放次数，具有相当的版权保护能力。应该说，WMA 的推出，就是针对 MP3 没有版权限制的缺点而来——普通用户可能很欢迎这种格式，但作为版权拥有者的唱片公司来说，它们更喜欢难以复制拷贝的音乐压缩技术，而微软的 WMA 则顾及到了这些唱片公司的需求。可以预见，唱片业可能将全力支持 WMA 标准。除了版权保护外，WMA 还在压缩比上进行了深化，它的目标是在相同音质条件下，其文件体积可以变得更小（当然，只在 MP3 低于 192 kbps 码率的情况下有效，实际上当采用 LAME 算法压缩 MP3 格式时，高于 192 kbps 时普遍的反映是 MP3 的音质要好于 WMA）。

【任务·小·结】

音频格式虽多但常用的格式都可以通过音乐软件下载到本地，随着国家对版权问题的重视，一部分音乐作品需要付费下载，但只是用于教学用途，我们可以采取较为简单的措施应对。总的来说，通过下载、录音、提取等三种方式可以收集网络上各种音频文件。当然录音还可以录制现场演奏或朗诵等方式的音频，也不仅仅只有暴风影音才能从视频中提取音频文件，这还需要各位对其他软件或方法的探知和研究。

任务2.4　采集视频素材

【任务分析】

视频（video）泛指将一系列静态影像以电信号的方式加以捕捉、纪录、处理、储存、传送与重现的各种技术。连续的图像变化每秒超过 24 帧（frame）画面以上时，根据视觉暂留原理，人眼无法辨别单幅的静态画面；看上去是平滑连续的视觉效果，这样连续的画面叫作视频。视频技术最早是为了电视系统而发展，但现在已经发展为各种不同的格式以利于消费者将视频记录下

视频素材

来。网络技术的发达也促使视频的纪录片段以串流媒体的形式存在于因特网之上，并可被电脑接收与播放。视频与电影属于不同的技术，后者是利用照相术将动态的影像捕捉为一系列的静态照片。与动画相比，视频是对现实世界的真实记录。若干有联系的图像数据连续播放便形成了视频。视频容易让人联想到电视，但电视视频是模拟信号，而计算机视频是数字信号。借助计算机对多媒体的控制能力，可以实现视频的播放、暂停、快速播放、反序播放等功能。视频信息量较大，具有更强的感染力，适宜呈现一些学习者感觉比较陌生的事物。通常情况下，视频采用声像复合格式，即在呈现事物图像的时候，伴有解说效果或背景音乐。

赵老师在讲座中会播放一些短视频，让大家理解视听语言中同期录音与后期配音的区别。与音频文件类似，视频素材同样可以从视频光盘中直接提取，也可以根据所需现场录制，但最为方便的仍然是从网络中获取并下载。同样，视频可以通过客户端下载，也可以通过录屏软件截取。

【任务资讯】

视频软件非常多，爱奇艺、新浪视频、芒果 TV 等都是大家常用的观看视频的软件。在这里给大家推荐的是可以下载视频的软件"优酷"和"土豆"，以"优酷"为例，如图 2 - 60 所示。

（1）搜索栏。

用于输入视频名称，会匹配出与此文字相关的各种词条，与百度主页面搜索栏同原理。

图 2 - 60 优酷工作界面

（2）功能区。

这一区域集合了该软件可以执行的各种功能，比如下载、转码以及上传等功能。视频转码技术将视频信号从一种格式转换成另一种格式。它具有两个面向不同领域的重要功能。首先是在传统设备和新兴设备之间实现通信。例如，许多现有的视频会议系统是基于旧的视频编码标准建立，而最新的视频会议系统采用了不同的基线规范。因此，实时视频转码技术是实现两者之间通信的必不可少的因素。

（3）视频信息显示区。

显示了视频相关的各种信息包括视频名字、视频时长、上传视频的用户、播放次数、发布时间等，根据这些信息可以直接点击 ♣ 下载按键。亦可点击播放，确认视频文件是否在进入下载。

【任务实现】

采集视频素材

在这里介绍"优酷"客户端的下载和转码，"土豆"、爱奇艺等都是相似的下载及转码步骤。下载客户端，进入百度搜索即可，这里不予重复操作。

1. 输入词条

下载完毕后，打开客户端，界面都会有一个搜索栏，输入所需的视频关键字，比如"高山流水"。如图 2 - 61 所示。

2. 选择并保存

（1）选择适合的视频点击进入，如图 2 - 62 所示。

（2）这时客户端会播放此段视频，将鼠标放置视频处，显示下载按钮，点击进入。如图 2 - 63 所示。

（3）在跳出的方框中选择存储视频的位置，在这里强调一下记得勾选"下载完成后自动转码"。若没有勾选，则所下载的视频格式可能不被所有的电脑打开显示。所以需要进入"设置"，选择 MP4 格式，这个格式几乎可以在任何视频软件中播放。如图 2 - 64 所示。

图 2 – 61　优酷客户端

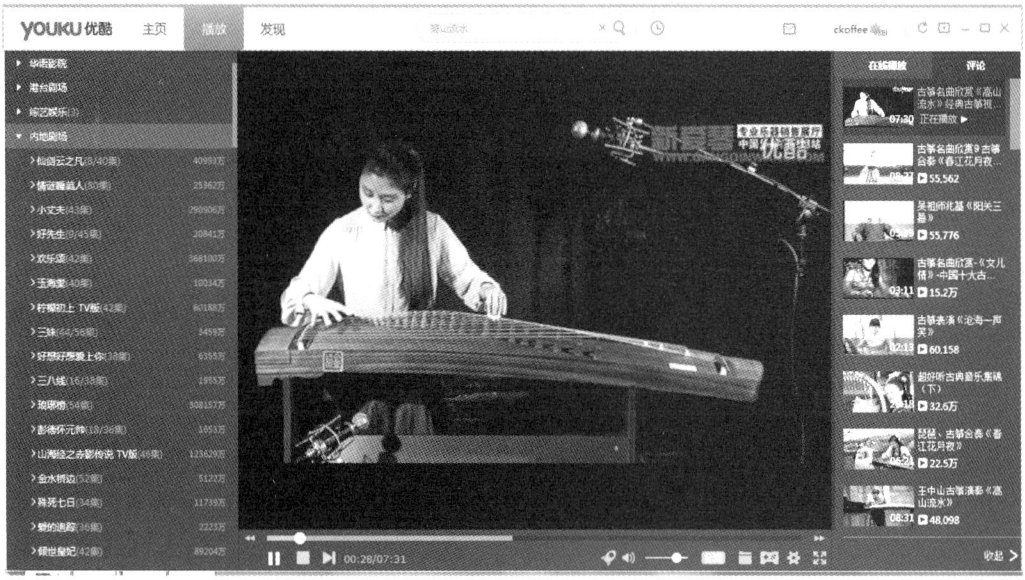

图 2 – 62　优酷播放界面

　　（4）点击保存后即下载完成。下载的位置会显示两个格式的同一个视频，一个是转码之前的，一个是转码之后的。如图 2 – 65 所示。

图 2-63　优酷下载界面

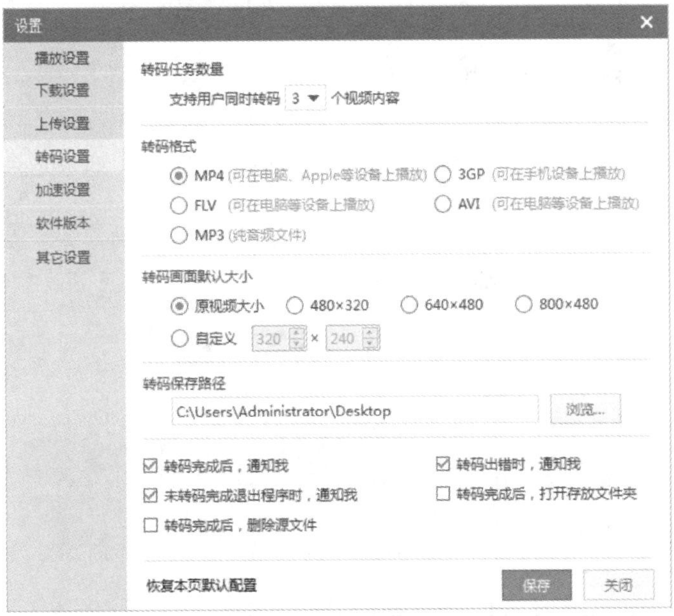

图 2-64　优酷转码设置

图 2-65　下载完毕

【应用拓展】

1. 非视频类网站中也有值得学习的视频素材，这类视频要如何获取？

与录音一样，可以采用录制屏幕的方法截取不能下载的视频文件。录屏软件非常多，比如大家熟悉的会声会影，其缺点是软件很大，下载时间较长。又比如专业的录屏软件

Camtasia Studio，下载后需要汉化，才能无障碍使用，安装过程比较烦琐。这里给大家推荐"屏幕录像专家"，该软件专业，体积小，操作简单，非常容易上手，直接从百度中下载软件即可。

（1）在录屏之前我们首先要找到被录制的视频。如在优酷或土豆等网站中，找到《高山流水》的演奏视频，缓存备用。如图 2 - 66 所示。

图 2 - 66　演奏视频界面

（2）打开录屏软件，勾选"同时录制声音"，当然也要去掉"同时录制光标"。如果是录制操作视频，这个"光标"选项可以勾选。如图 2 - 67 所示。

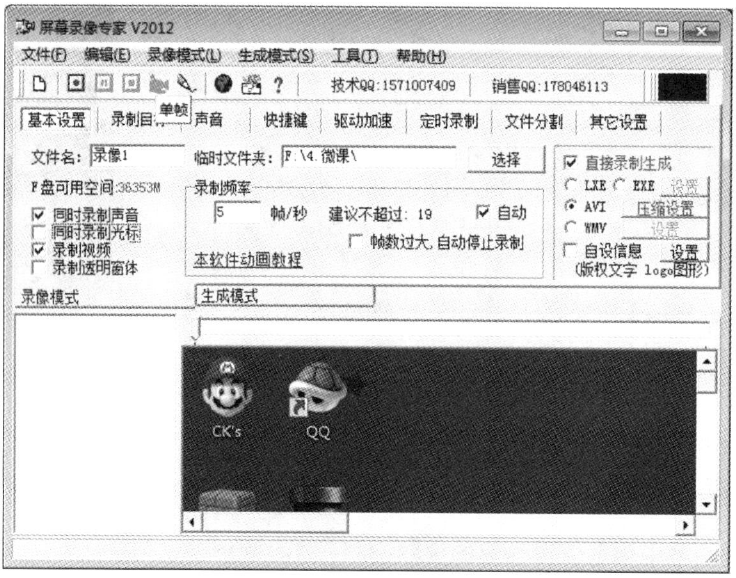

图 2 - 67　录屏软件界面

（3）在这里给大家介绍一个小窍门，该软件的开始录制和停止录制的快捷键都是 F2，当我们将视频全屏打开后，可以直接点击快捷键 F2，进行录制。如图 2-68 所示。

图 2-68　优酷播放界面

（4）再一次按 F2，即刻跳转到停止录制的界面，如图 2-69 所示。

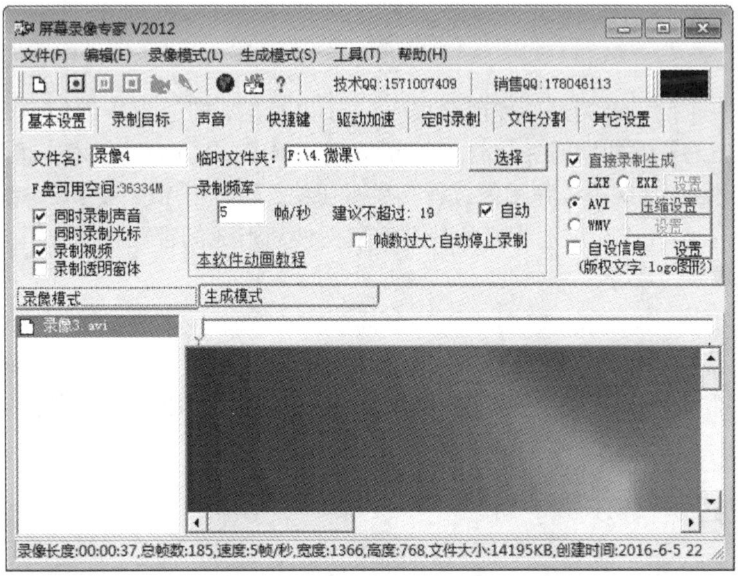

图 2-69　停止录制界面

点击右键"浏览文件夹"即可找到视频存放的位置，但是录制的视频和音频一样，会经过压缩，其质量相对来说较差，并且中间出现的任何操作电脑的过程都会被录制下来，所以在视频翻录的过程里是尽量不能操作电脑的。

2. 视频素材的采集牵涉到转码功能，那么到底有哪些视频格式呢？

（1）AVI。

英文全称为 audio video interleaved，即音频视频交错格式。它于 1992 年被 Microsoft 公司推出，随 Windows 3.1 一起被人们所认识和熟知。所谓"音频视频交错"，就是可以将视频和音频交织在一起进行同步播放。这种视频格式的优点是图像质量好，可以跨多个平台使用；缺点是体积过于庞大，而且更加糟糕的是压缩标准不统一。因此经常会遇到高版本 Windows 媒体播放器播放不了采用早期编码编辑的 AVI 格式视频，而低版本 Windows 媒体播放器又播放不了采用最新编码编辑的 AVI 格式视频。其实解决的方法也非常简单，我们将在后面的视频转换、视频修复部分中给出解决方案。

（2）DV。

英文全称是 digital video，是由索尼、松下、JVC 等多家厂商联合提出的一种家用数字视频格式。目前非常流行的数码摄像机就是使用这种格式记录视频数据的。它可以通过电脑的 IEEE 1394 端口传输视频数据到电脑，也可以将电脑中编辑好的视频数据回录到数码摄像机中。这种视频格式的文件扩展名一般为".avi"，所以我们习惯地叫它为 DV - AVI 格式。

（3）MPEG。

英文全称为 moving picture expert group，即动态图像专家组格式，家里常看的 VCD、SVCD、DVD 就是这种格式。MPEG 文件格式是运动图像压缩算法的国际标准，它采用了有损压缩方法从而减少运动图像中的冗余信息。MPEG 的压缩方法说得更加深入一点就是保留了相邻两幅画面绝大多数相同的部分，而把后续图像和前面图像中有冗余的部分去除，从而达到压缩的目的。目前 MPEG 格式有三个压缩标准，分别是 MPEG - 1、MPEG - 2 和 MPEG - 4，另外，MPEG - 7 与 MPEG - 21 仍处在研发阶段。

（4）DiVX。

是由 MPEG - 4 衍生出的另一种视频编码（压缩）标准，即通常所说的 DVDRip 格式。它采用 MPEG - 4 压缩算法的同时又综合了 MPEG - 4 与 MP3 各方面的技术，通俗地说，就是使用 DiVX 压缩技术对 DVD 的视频图像进行高质量压缩，同时用 MP3 或 AC3 对音频进行压缩，然后再将视频与音频合成并加上相应的外挂字幕文件而形成的视频格式。其画质堪比 DVD，并且体积只有 DVD 的数分之一。

（5）MOV。

美国 Apple 公司开发的一种视频格式，默认的播放器是苹果的 Quick Time Player。具有较高的压缩比率和较完美的视频清晰度等特点，但是其最大的特点还是跨平台性。即不仅能支持 MacOS，同样也能支持 Windows 系列。

【任务·小·结】

通过视频素材的搜索与保存，了解了从网络视频变成本地视频的全过程，介绍了视频格式的基本类型，以及根据不同的视频格式采取的不同保存方式。

任务 2.5　采集数据素材

【任务分析】

数据(data)是事实或观察的结果，是对客观事物的逻辑归纳，是用于表示客观事物的未经加工的原始素材。数据是信息的表现形式和载体，可以是符号、文字、数字、语音、图像、视频等。数据和信息是不可分离的，数据是信息的表达，信息是数据的内涵。数据本身没有意义，数据只有对实体行为产生影响时才成为信息。治学的严谨性决定了教师必须具备查找数据和生产数据的基本能力。

数据素材

赵老师的讲座中对于中国国产动画现状的发展有所介绍，其中就包括针对《喜洋洋》和《龙之谷》的相关数据分析，经过调查后得出以下课件中的结论，如图 2 - 70 所示。

图 2 - 70　调查问卷

(1)图 2 - 70 左图是中国国产动画成功案例，根据问卷调查中某一题数据分析得出。

(2)图 2 - 70 右图是国产动漫整体的缺点，根据整张问卷分析总结得出。

【任务资讯】

网络中有许多专业的问卷调查网站。

1. 问卷星

我们熟知的问卷星是一个专业的在线问卷调查、测评、投票平台，专注为用户提供功能强大、人性化的在线设计问卷、采集数据、自定义报表、调查结果分析系列服务。与传统调查方式和其他调查网站或调查系统相比，问卷星具有快捷、易用、低成本的明显优势，已经被大量企业和个人广泛使用。学术研究中经常会出现数据作为佐证，而二手资料相对范围较为局限，这个网站的诞生意味着数据制作变得轻松，调研方式在空间和时间上得以节约。如图 2 - 71 所示。

问卷星使用流程分为下面几个步骤。

图 2-71 问卷星界面

（1）在线设计问卷：问卷星提供了所见即所得的设计问卷界面，支持多种题型以及信息栏和分页栏，可以给选项设置分数（可用于量表题或者测试问卷），设置跳转逻辑，同时还提供了数十种专业问卷模板以供选择。

（2）发布问卷并设置属性：问卷设计好后可以直接发布并设置相关属性，例如问卷分类、说明、公开级别、访问密码等。

（3）发送问卷：通过发送邀请邮件，或者用 Flash 等方式嵌入到贵公司网站，或者通过 QQ、微博、邮件等方式将问卷链接发给好友填写。

（4）查看调查结果：可以通过柱状图和饼状图查看统计图表，卡片式查看答卷详情，分析答卷来源的时间段、地区和网站。

（5）创建自定义报表：自定义报表中可以设置一系列筛选条件，不仅可以根据答案来做交叉分析和分类统计（例如统计年龄在 20~30 岁之间女性受访者的统计数据），还可以根据填写问卷所用时间、来源地区和网站等筛选出符合条件的答卷集合。

（6）下载调查数据：调查完成后，可以下载统计图表到 Word 文件保存、打印，或者下载原始数据到 Excel 导入 SPSS 等调查分析软件做进一步的分析。

2. 问卷网

与问卷星只有一字之差，但是界面完全不一样，如图 2-72 所示。

问卷网是由上海众言网络科技有限公司创办，相比于问卷星较为年轻，是中国最大的免费网络调查平台，能够为企业提供问卷创建、发布、管理、收集及分析服务。

问卷网具有以下几个特点。

（1）用户可在线设计调查问卷，并可自定义主题。

（2）拥有多种调查问卷模板，只需简单修改即可制作一份调查问卷。

（3）支持十余种常见题型，其专业逻辑跳转功能可保证用户快速完成调研流程。

图 2－72 问卷网界面

（4）多渠道多方式推送发布，快速到达样本，便捷收获调研数据。

（5）提供图形分析界面，支持导出为 Excel 文件。

采集数据素材（V）

【任务实现】

　　数据素材的收集要经过至少三步：前期设置问卷、中期收集数据、后期分析答案。而这三步用较为古老的方式，相对需要消耗更多的财力来打印问卷，花费大量的时间在各处做现场问卷作答，以及人力后期对每一张问卷进行采集数据。而现在有了互联网的信息时代，这一切变得简单了许多。

　1.编写调查问卷

（1）登录问卷网，点击首页登录按钮，如图 2－73 所示。

（2）选择微信登录，对话框自动跳出二维码，用手机微信扫一扫即可登录。这样省去了注册的烦琐，如图 2－74 所示。

图 2－73 登录界面

登录问卷网

用微信"扫一扫"登录，10分钟内有效。

图 2－74 登录二维码

（3）微信扫描关注公众号即会跳转编写页面，如图 2 – 75 所示。

图 2 – 75　新建页面

（4）点击"新建"开始在线建立问卷。如图 2 – 76 所示。

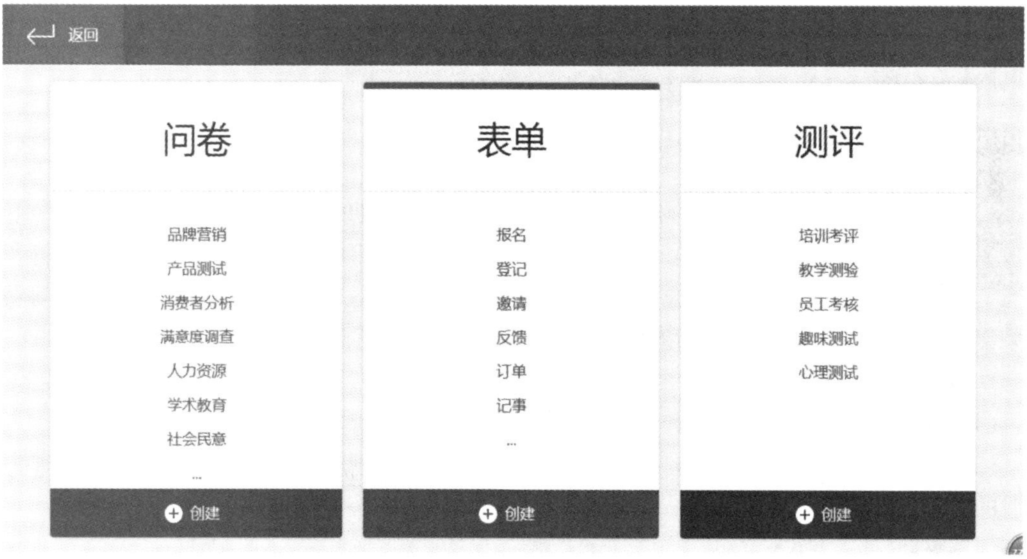

图 2 – 76　建立问卷

（5）在问卷栏下点击"从空白创建"即可，如图 2 – 77 所示。

（6）填写问卷标题"中国国产动画现状调查"，选择类别为"学术教育"，点击"从空白创建"，如图 2 – 78 所示。如果选择导入文本创建，则需要先在本地文本软件中编写好问卷再导入上传，前期花费的时间较长，上传的时间较短。因为没有编写好问卷，在线编写需要稳定的网络环境和耐心。

（7）进入编辑页面后开始编写。第一步是要对受访者的年龄进行了解，所以是单选题。在页面左侧的提醒选择中点击"单选题"，则会在问卷显示区域出现单选题格式的空白栏。如图 2 – 79 所示。

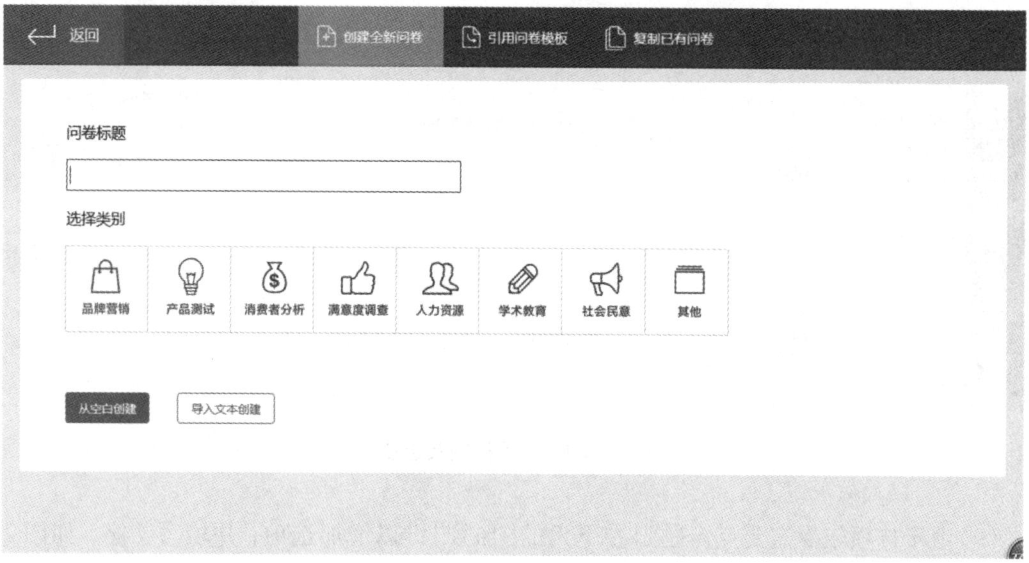

图 2 - 77　创建页面

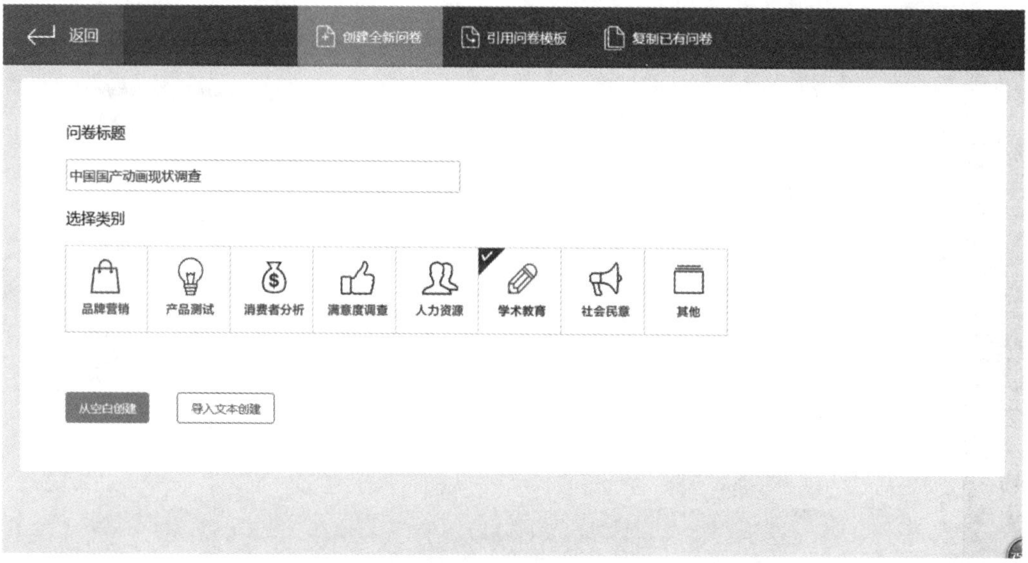

图 2 - 78　填写问卷标题

图 2 - 79　编辑问卷

（8）在编辑页面填写标题以及前两个选项，如图 2－80 所示。

图 2－80　填写标题及选项

（9）由于选项较少需要点击题目左下角的"加号"键以增加选项，并填写文字，如图 2－81 所示。

图 2－81　增加选项

（10）第一题编写完毕后，第二题是针对接触动画的时间做调查，同样是单选题。点击左边题型中的"单选题"即可继续编辑，如图 2－82 所示。

（11）第三题仍然是一道单选题，重复以上的操作即可完成，如图 2－83 所示。

（12）第四题是一道多选题，点击"多选题"，即可继续编辑，所有的问卷内容编辑完毕后，点击置顶右上角的"发布问卷"，如图 2－84 所示，即完成问卷的编写，如图 2－85 所示。

（13）可以点击右上角的"导出问卷"，将在线编写的调查问卷下载成本地 Word 文件，如图 2－86 所示。

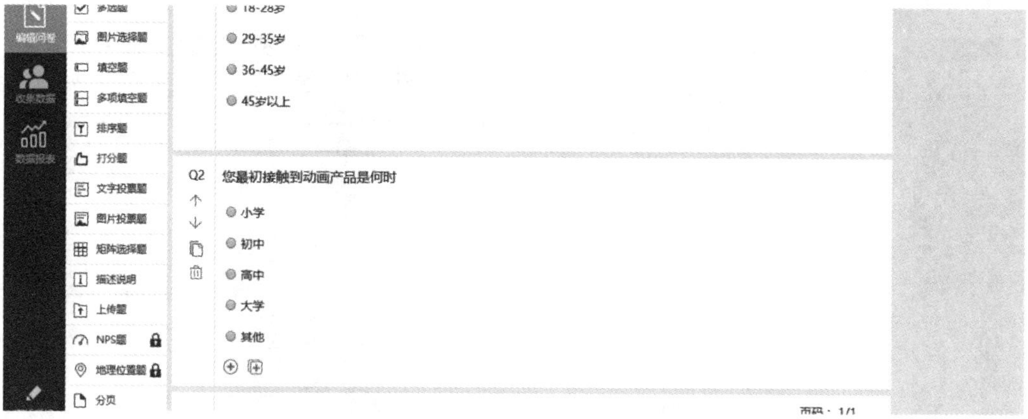

图 2 – 82　编辑问题

图 2 – 83　编辑选项

图 2 – 84　发布问卷

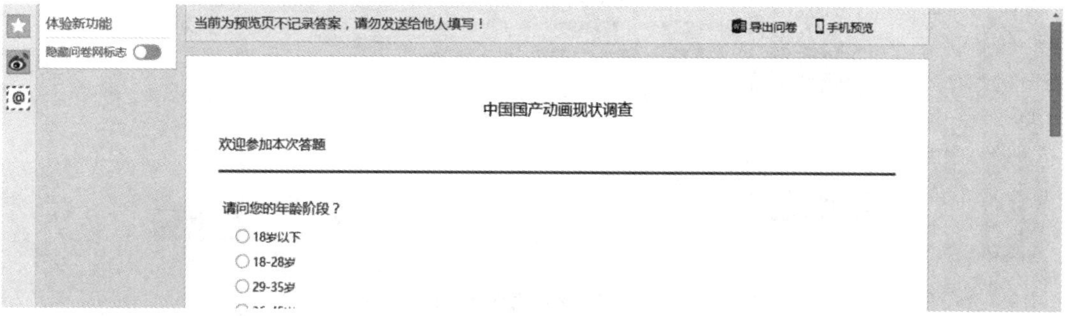

图 2 – 85　完成问卷

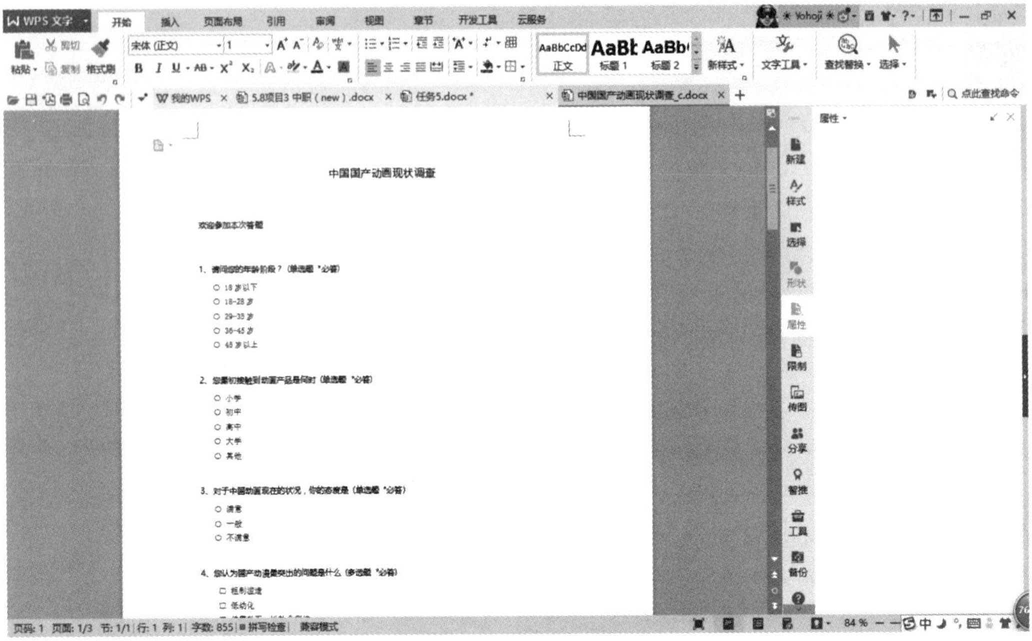

图 2－86　Word 页面

4. 发送问卷收集数据

发布之后会显示以下页面，如图 2－87 所示。可以复制链接发送到 QQ、微信、微博，请网友填写问卷。

图 2－87　发布页面

3. 分析数据提取有用信息

（1）通过一段时间的等待，已有人填写了调查问卷，这时可以查看数据情况。重新进入新建界面，点击调查问卷下的第三个图标"数据报表"，如图2-88所示。

图2-88 数据报表

（2）进入数据分析界面，调查结果一目了然，如图2-89所示。从饼状图中可以了解这次的调查人群分布在中青年，他们的认知较为成熟，看法较为全面，这次调查数据的可靠性较高。此信息在课件中并不需要体现，只是对此次调查问卷数据可信度的证实。

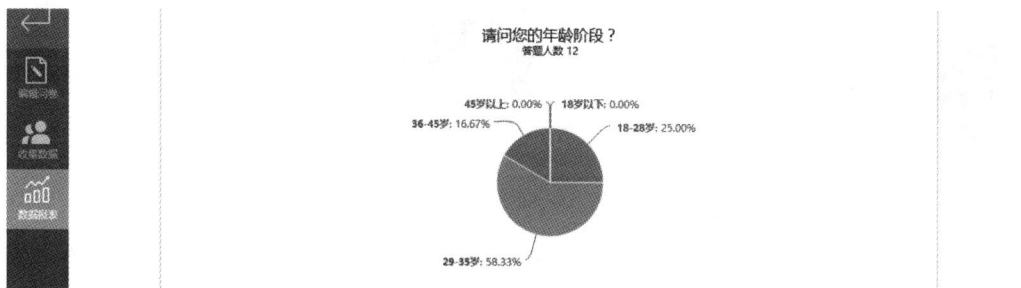

图2-89 年龄数据页面

（3）出现的数据不仅有饼状图的呈现，也有文字信息百分比表述，当图片表达不清晰可以查看百分比数据得以证实。如图2-90所示，高中或以上接触动画的被调查者为0。

（4）呈现的饼状图可以进行更改，当鼠标点击一道题目数据区域，点击右上角的"图表类型"，选择要更改图标显示的形式，如图2-91所示。

（5）多选题的数据图无法用圆形图或环形图表现，用折线图或柱形图可以很轻易地了解哪一个选项是大家都支持的，如图2-92所示。由图可知，一半以上的受访者认为中国动画的缺点在于创新意识，其次是制作的精良度无法满足观众需求。这两点是通过数据所得出的结论，这一观点是可以放入课件中的。

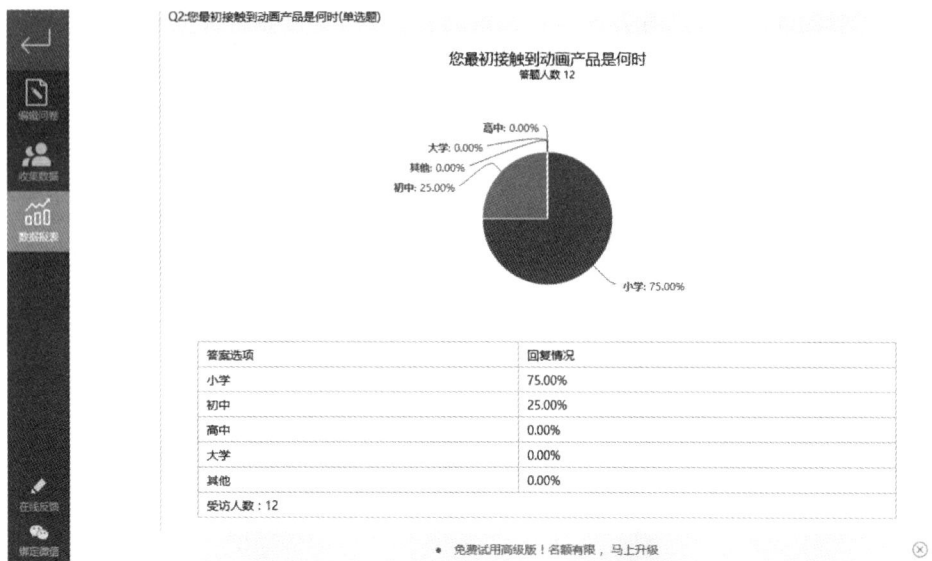

图2-90　饼状图与文字信息百分比

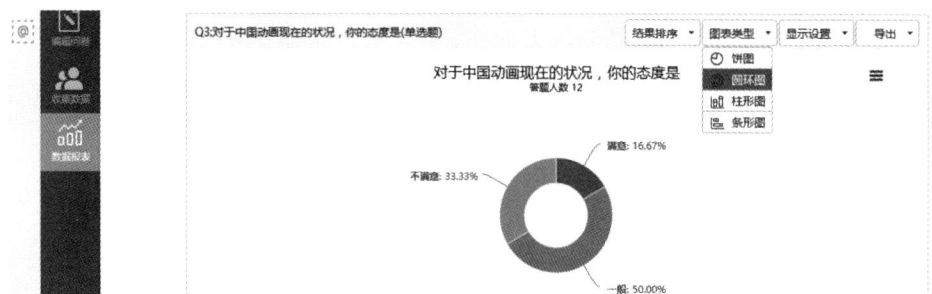

图2-91　圆环图

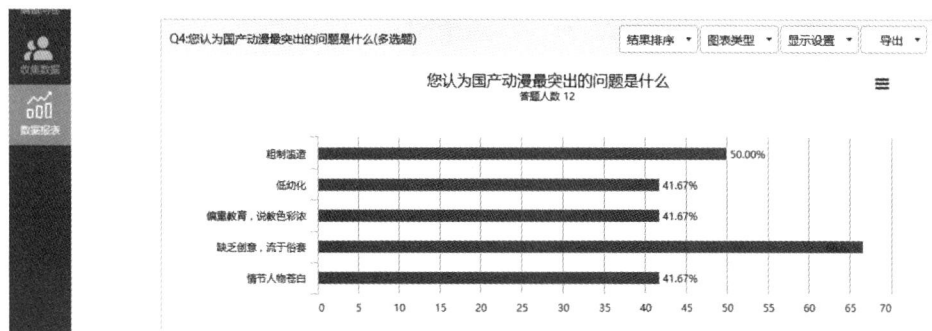

图2-92　柱形图

(6)与此同时每一个数据都可以单独导出成为本地文件,如图 2 – 93 所示。

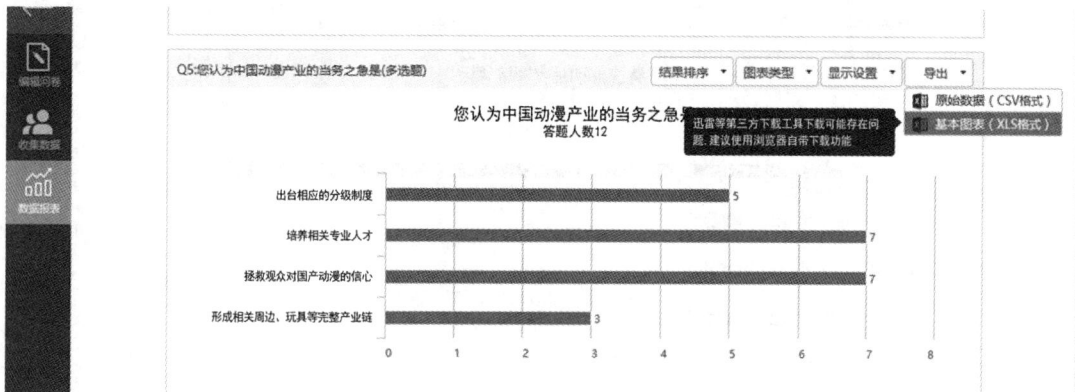

图 2 – 93 导出数据

(7)问卷中有一题是"对于成功的国产动画《喜羊羊》,您认为其最大价值在于哪里",大部分受访者选择的都是喜羊羊的商业运作模式,说明我国动漫要求发展就必须重视,并建立全面整体的产业化运作模式。如图 2 – 94 所示,图中数据呈现了图 2 – 70 左图的结果。

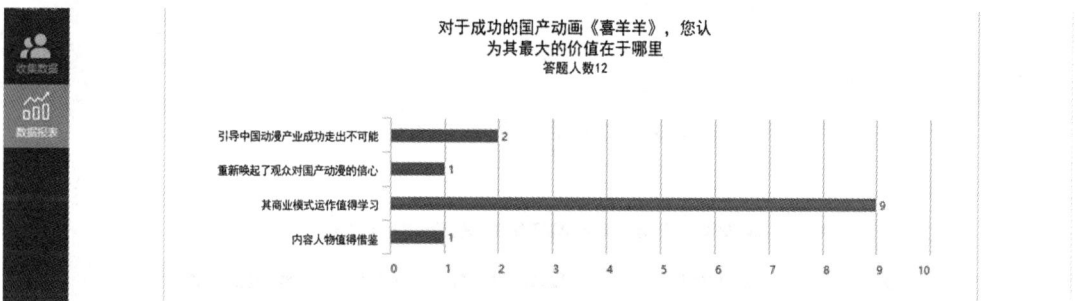

图 2 – 94 喜羊羊数据页面

(8)由调查问卷结果可知,看过《龙之谷》这部动画的占少数,如图 2 – 95 所示。其原因之一是宣传力度不到位,很大一部分人没有看这部动画是因为不知道有这么一部动画,如图 2 – 96 所示。从而得出中国动画产业第一个弊端,宣传力度不到位。

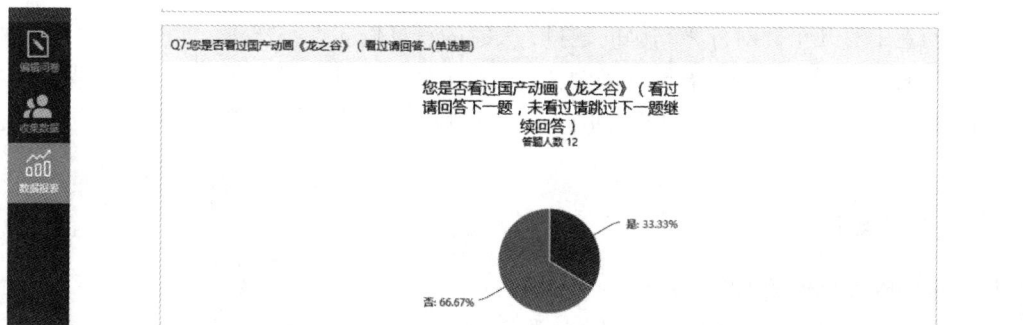

图 2 – 95 龙之谷数据页面

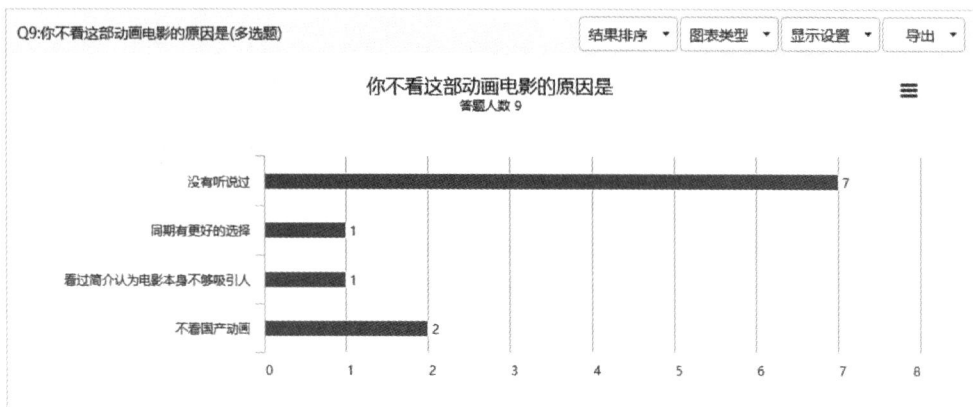

图 2 – 96　分析数据

(9)其中一题是"您认为中国动漫产业的当务之急",如图 2 – 97 所示。绝大多数人都选择了培养和分级制度,由此可得出动漫教师团队人才的缺乏以及社会对动漫产业的关注度之低。从而得出中国动画产业第二个弊端,动画行业重视度不够。

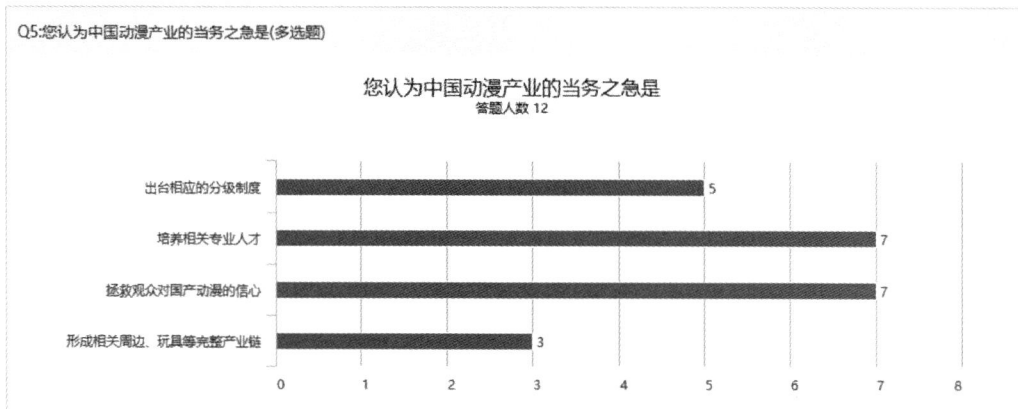

图 2 – 97　数据页面

(10)问卷中有几个针对外来动画的题目,大家的意见偏向性很严重,如图 2 – 98、图 2 – 99 所示。所有受访者都是经常看国外动画片的,对于外来动画也是比较支持,这就得出了国产动画的第三个弊端,外来动画的冲击瓜分了一部分市场。最终总结成图 2 – 70 右图的课件结论。

【应用拓展】

1. 有哪些图表呈现数据?

数据素材的可视化一般以图片呈现,最常见的是柱状图、折线图和饼状图,而每一种不同的图形有不同的特点和适用场合。

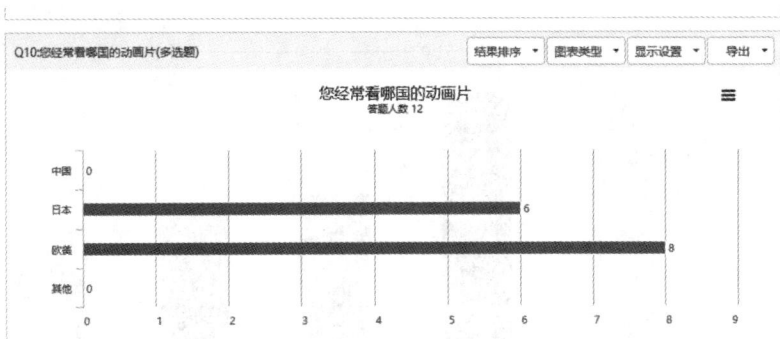

图 2 - 98　常看动画数据柱状图

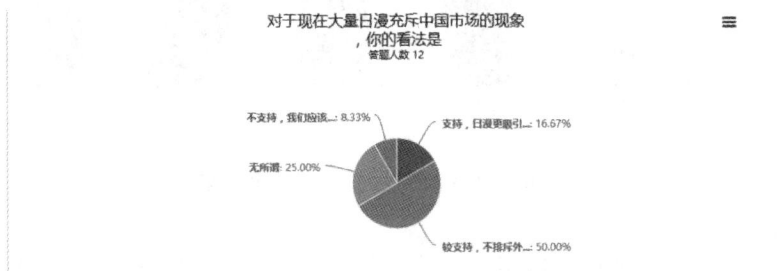

图 2 - 99　看法数据饼状图

（1）柱状图是最常见的图表，也最容易解读，如图 2 - 100 所示。它最适合的场合是二维数据集，但只有一个维度需要比较。分年度销售额就是二维数据，年份和销售额就是它的两个维度，但只需要比较"销售额"这一个维度。柱状图利用柱子的高度，反映数据的差异。肉眼对高度的差异很敏感，则意味着所示效果非常好。柱状图的局限在于只适用于小规模的数据集。通常来说柱状图的 x 轴是时间维，用户习惯性地认为存在时间趋势。如果 x 轴不是时间维的情况，建议用颜色区分每根柱子，改变用户对时间趋势的关注。图 2 - 101 是某足球联赛一年度内各球队赢球的场数，x 轴代表不同的球队，而 y 轴代表赢球数量。

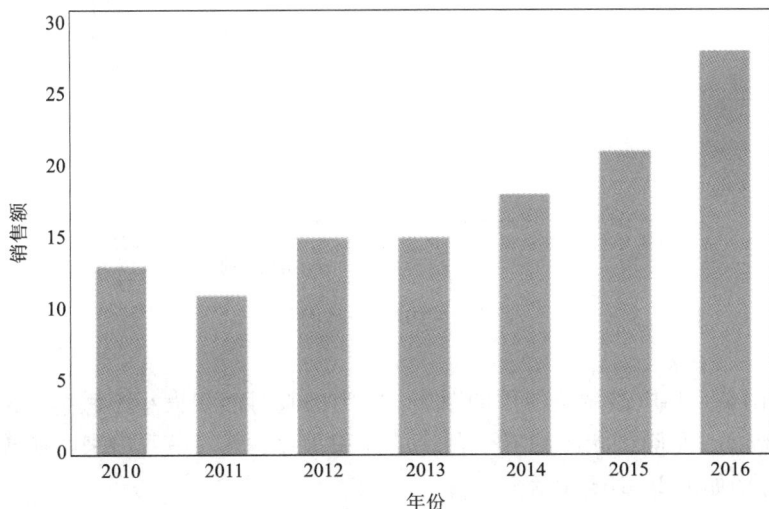

图 2 - 100　柱状图

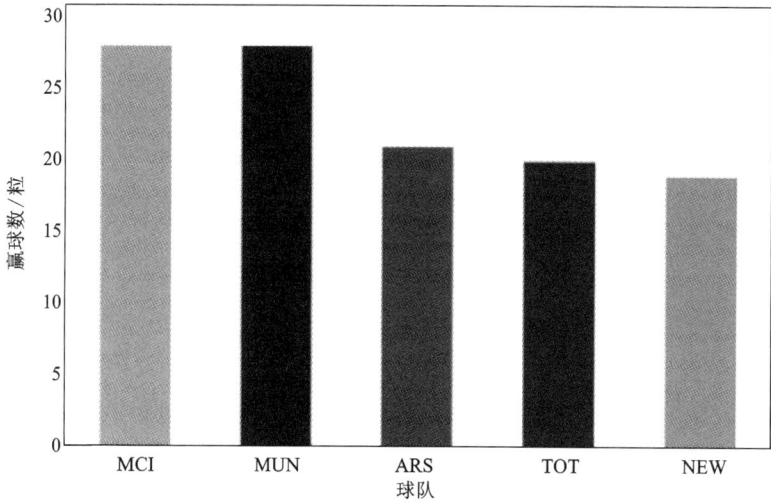

图 2 - 101　柱状图 (2011—2012 年)

(9)折线图适合二维的大数据集,尤其是那些趋势比单个数据点更重要的场合。如图 2 - 102 所示。它还适合多个二维数据集的比较,如图 2 - 103 所示。

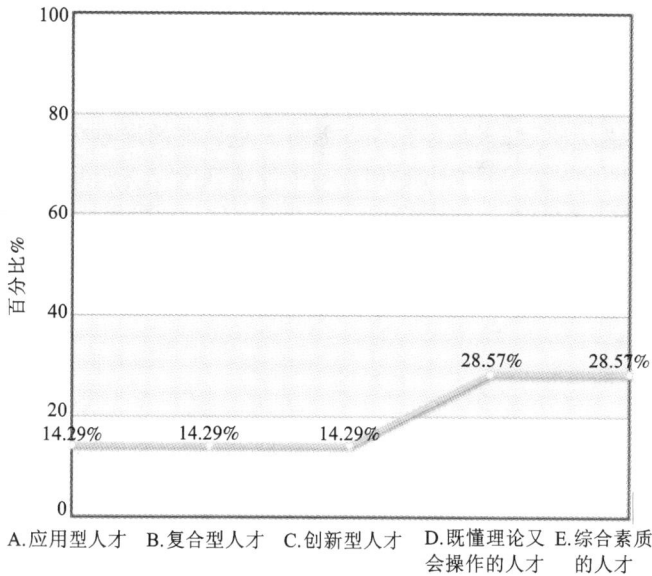

图 2 - 102　折线图

(10)饼状图是一种应该避免使用的图表,因为肉眼对面积大小不敏感。图 2 - 104 中,呈现的是统一数据,左侧饼状图的五个色块的面积排序,不容易看出来。换成右侧的柱状图,就容易多了,如图 2 - 105 所示。

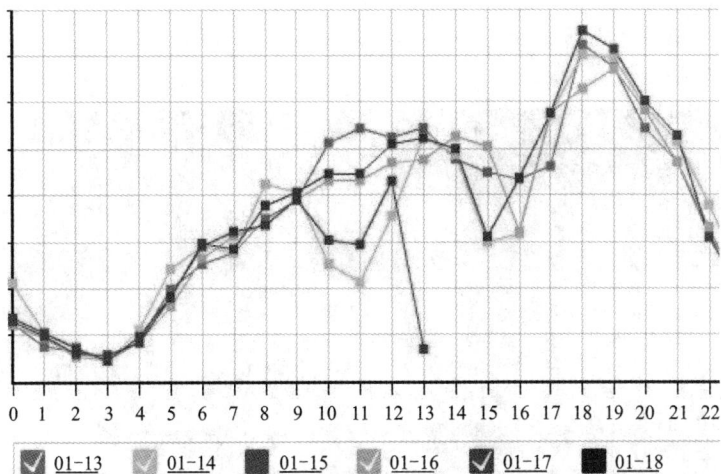

图 2 - 103　折线图

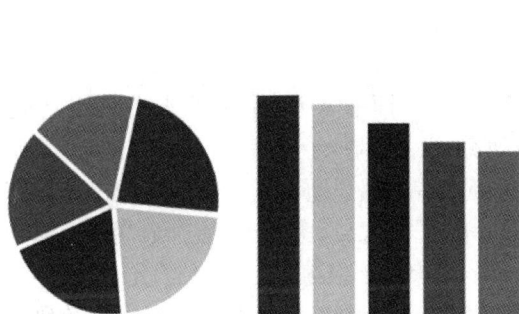

图 2 - 104　饼状图

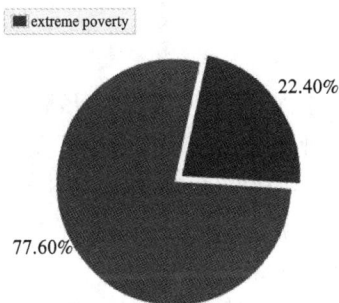

图 2 - 105　饼状图

2. 除了百度还有其他的专业网站吗?

(1)索福瑞。

中国广视索福瑞媒介研究(CSM)(原名:央视—索福瑞媒介研究,2015 年更为现中文名;行业内多简称为"索福瑞")是中国最大的市场研究机构,是央视市场研究(CTR)与世界领先的市场研究集团 Kantar Media 等共同建立的中外合作企业。自 1997 年 12 月 4 日成立以来,致力于专业的电视收视市场研究,为中国大陆地区和香港传媒行业提供可信的、不间断的电视观众调查服务。拥有世界上最大的电视观众收视调查网络,推及全国 11 亿 8000 多万 4 岁以上电视观众的收视行为。全国调查样本地区达到 225 个市(县)、调查网覆盖 3.6 万余户家庭、超过 12.2 万样本人口,对全国 23 个省和 124 个城市的 1000 多个主要电视频道的收视情况进行全天候不间断地监测。如图 2 - 106 所示。

(2)中国行业研究网

中国产业研究院,简称中研网(the chinese academy of industry economy research)是我国专门从事产业经济、地区经济、宏观经济及企业研究的权威研究机构,运营总部位于北京,现

图 2 – 106　索福瑞网

在香港和上海具有分支机构。该院现在共有 22 个研究所，即中国产业研究院能源研究所、电气设备产业研究所、汽车产业研究所、冶金产业研究所、医药产业研究所、信息技术产业研究所、房地产研究所、化工产业研究所、矿业研究所、造纸产业研究所、通用机械产业研究所、专用机械产业研究所、农副食品及食品产业研究所、服装纺织产业研究所、交通运输产业研究所、金融产业研究所、公共事业产业研究所(含：教育、卫生、文化、体育与娱乐)、环保产业研究所、物联网与传感网研究所、区域规划研究所、宏观经济研究所和日本商社研究所。中国产业研究院咨询集团致力于行业研究、企业研究、企业发展战略咨询、宏观经济研究、市场调查、投资咨询、营销咨询和信息技术服务等项业务，帮助客户了解中国市场、发现市场机会、提出市场切入战略、保证客户竞争优势并且扩大客户利益。用户可以通过加入中国产业研究网会员来获取中国产业研究网提供的信息服务资源。中国产业研究网免费为会员提供的栏目有：中研视点、产经要闻、产业预警、数据中心、专题报告、企业动态等。这些栏目涵盖了各个行业最新的行业发展动态，经济运行形势，国内外企业发展动态，区域市场、区域政策、区域规划等研究，技术进展，产品或行业应用案例，权威人士对行业发展的观点，等等。这些资讯将帮助用户了解行业最新动态，掌握市场动态。如图 2 – 107 所示。

(3)艾瑞网。

作为国内最早进行网民行为研究和网络广告监测的市场研究机构，艾瑞咨询集团(iResearch)通过自主开发，建立并拥有国内数据累积时间最长、规模最大、最为稳定的各类数据库，通过多种指标研究帮助行业建立评估和衡量的标准。其中，网民行为研究涵盖家庭办公用户、网吧用户以及无线手机网民用户等各种应用平台；广告投放监测涵盖网络品牌广告、无线品牌广告、搜索关键词广告等多种媒体类型和多种广告形式；此外，基于市场需求，艾瑞建立了针对网络媒体和无线媒体流量审计、网络广告和无线广告投放效果认证，推动行业健康持续发展。如图 2 – 108 所示。

图 2 - 107　中研网

图 2 - 108　艾瑞网

【任务·小·结】

　　问卷调查是社会调查中的一种数据收集手段。当一个研究者想通过社会调查来研究一个现象时，他可以用问卷调查的方式收集数据，也可以用访谈或其他方式收集数据。问卷调查假定研究者已经确定所要问的问题。这些问题被打印在问卷上，编制成书面的问题表格交由调查对象填写，然后收回整理分析，从而得出结论。通过问卷调查收集数据，可以得到一手的数据资料，其结论真实可靠并且可以随课程需要，了解不同方面的数据，从网络上获取方便快捷。

【综合实训】

实训项目一：收集本专业说课 PPT 素材

一、项目目标

掌握各素材采集方法。

二、项目要求

为某一门课程制作说课 PPT，准备前期素材。

1. 图片素材要求。

准备至少五张以上的图片，使课件图文并茂。

2. 文本素材要求。

从百度文库或中国知网中找两篇相关论文，要求转换成可编辑的 Word 文件。

3. 音频素材要求。

下载一首悠扬的音乐为课件增色。

4. 视频素材要求。

收集至少两个与课程相关的视频，下载其一并放入课件。

5. 数据素材要求。

有针对性地制作行业调查问卷，并收集数据得出结论。

三、解决方案

1. 右键另存为。

2. PDF 转 Word 软件。

3. 录音机。

4. 优酷。

5. 问卷星。

【思考与探索】

一、选择题

1. 以下属于图片素材的格式的是（　　　）。

A. JPEG　　　　　　B. MOV　　　　　　C. MP3　　　　　　D. TIFF

2. 常用的文本格式包括（　　　）。

A. TXT　　　　　　B. DOC　　　　　　C. WPS　　　　　　D. WORD

3. 文本素材包括以下哪些内容（　　　）。

A. 文字　　　　　　B. 字母　　　　　　C. 数字　　　　　　D. 符号

4. 常用的音频格式包括（　　　）。

A. CD　　　　　　B. WAV　　　　　　C. MP3　　　　　　D. WMA

5. 视频即有每秒（　　　）帧以上静态图片的不断变化，所产生的平滑连续的视觉效果。

A. 8　　　　　　　B. 12　　　　　　　C. 24　　　　　　　D. 30

6. 以下哪种格式是美国 Apple 公司开发的一种视频格式，默认的播放器是(　　)Quick Time Player。

A. MP4　　　　　　　B. MOV　　　　　　　C. MPEG　　　　　　D. AVI

7. 数据可视化图表中哪一种图表是应该避免使用的？(　　)。

A. 折线图　　　　　　B. 气泡图　　　　　　C. 柱状图　　　　　　D. 饼状图

二、判断题

1. 图片素材是人们最容易接受的信息媒体，因为它将抽象的内容转化为较直观的形式。

(　　)

2. JPG 图片支持高级压缩，并且不会受到任何影响保持其清晰度。(　　)

3. DOC 格式是 Microsoft Word 文字处理软件所使用的默认文件格式。(　　)

4. QAV 是微软公司力推的数字音乐格式，并称此格式的可保护性极强，具有相当的版权保护能力。(　　)

5. 比特率越高音质越好，文件的体积会越大。(　　)

6. 家里常看的 VCD、SVCD、DVD 等是 MPEG 格式。(　　)

7. 柱状图最适合二维数据集，且 x 轴必须是时间维。(　　)

【本章小结】

根据学习金字塔理论，运用视频、声音、图片、动画等形式，可以显著提高教学效果。在我们备课过程中、制作课件过程中，我们往往需要使用很多图片、文本、音频、视频、数据等方面的教学素材，而收集这些素材的最好途径，是借助网络。本章从熟悉百度搜索引擎入手，介绍如何采集图片素材、采集文本素材、采集音频素材、采集视频素材、采集数据素材，从而使读者掌握采集教学素材的操作技能。

本章通过搜索功夫熊猫动画设计原稿、查找埃米尔.科尔生平资料、查找《高山流水》古筝曲、《高山流水》演奏视频、《喜羊羊》和《龙之谷》动画片调研数据分析等案例，介绍了百度搜索引擎的图片搜索技巧、站酷网站的素材搜索技巧、百度百科、百度文库、百度贴吧的搜索技巧、中国知网、维普网查找相关学术资料的方法和技巧、问卷星使用技巧等，介绍了图片文件、文本文件、音频文件、视频文件的常见格式。

除了通过网络收集相关资料，我们还可以通过软件截屏的方式，收集部分软件操作方面的图片及视频资料，还可以自己制作部分 GIF 小动画。可以通过扫描仪、手机将书稿扫描成电子档，可以通过录音笔、摄像机、手机等设备，自己录制或采集一些音频、视频资料。

需要特别说明的是：我们要遵守知识产权有关的法律法规，要尊重和维护自己、他人的知识产权。在下载或引用别人的素材之前，一定要留意网站的相关版权声明，不能侵犯他人的知识产权。

数据素材的采集，例如开展问卷调查，如果我们沿用传统思维，实现起来确实不太容易。现在，我们可以借助网络手段和问卷星平台，快速高效地完成调查问卷的设计、分发、收集、统计分析，整个流程非常方便、快捷、智能，调研数据可以导出，数据统计分析可以直观展示。

第3章

编辑和整理文档资料

🖼 【教学情境】

　　小王是一名新入职的教师，在本学期教授《面向对象分析与设计》课程中，需要使用计算机来撰写、排版和打印各种教学相关文档，比如教案、试卷、成绩通知书、试卷分析报告、活动策划方案等。

常见的教学文档

　　如果不熟悉计算机的操作，就会影响工作效率，很难发挥计算机在教学工作中的作用。

🔧 【解决方案】

　　通过编写教案、编制试卷、制作成绩通知单、整理文档资料、审阅和打印文档资料等工作任务，来学习和掌握文档资料的编辑和整理技能，并按不同类型的文档要求在教学实践活动中灵活运用。

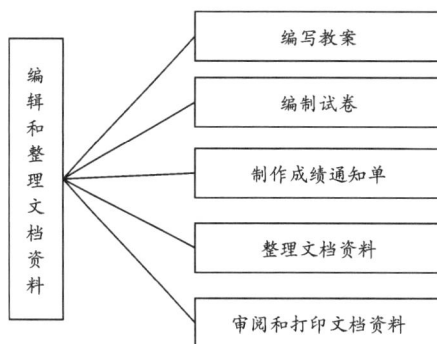

- 编辑和整理文档资料
  - 编写教案
  - 编制试卷
  - 制作成绩通知单
  - 整理文档资料
  - 审阅和打印文档资料

📋 【能力目标】

　　作为一名教师，在日常工作中常常需要使用计算机来撰写、排版和打印各种教学相关文档，在文档编辑与整理方面需要具备以下工作能力：

　　1.能运用文档结构和编辑排版知识对不同格式的教学文档进行录入与排版。

　　2.能编辑排版长文档类型的教案。

3. 能编辑制作文档中的各种表格。

4. 能利用文档中的审阅功能批阅、修改文档。

任务 3.1　编写教案

【任务分析】

教案是具体的教学实施方案。它是教师为有效地开展教学活动，根据课程标准的要求，以课时或课题为单位，对教学内容、教学步骤、教学方法等所做的具体的安排。

小王老师在本学期教授《面向对象分析与设计》课程，每次上课之前需要完成课教案的编写。新学期在教学过程中将使用计算机来编写教案，具体效果如图 3-1 所示。

《面向对象系统分析与设计》教案

课题	第1讲：软件工程和建模	课时	2
课型	理论课 ☑　实验课 □ 习题课 □ 实践课 □　其他 □		
教学目的	(1) 了解软的特点、软件的分类、软件危机产生的原因及解决途径。 (2) 掌握软件工程的基本原理、软件生存周期。 (3) 掌握各种软件开发模型。		
重点	比较常用的软件开发模型、典型的软件开发方法		
难点	各种软件开发模型		
教学内容			
课程介绍 　•→课程名称：面向对象分析与设计 　•→课时计划：(2理论+2实验)×16周 课程目的：充分理解软件工程的概念、原理和典型方法学，掌握软件项目的设计以及管理技术。 课程要求：在充分理解软件工程的概念、原理和典型方法学的基础上，结合软件项目实例的开发与开发过程进行分析，逐步达到能熟练运用的目的。 　•→教材名称：《UML面向对名胜系统分析与设计教程》 　•→这门课学什么？ 　•→学了这门课能干什么？ 　•→学完之后老师怎样给成绩？			

图 3-1　《面向对象分析设计》教案效果图

（1）教案标题设置为宋体、二号；居中显示；设置下划线，线型为双线。

（2）教案主体为一个表格，对照样文对表格进行拆分和合并。

（3）教案要素标题的字体格式设置为小四号宋体、加粗，段落格式设置为分散对齐、左侧右侧各缩进 0.3 字符。

（4）在理论课后插入一个带对勾的方框，在其他课型后插入不带勾的方框。

（5）在教学目的中插入自动编号。

（6）将设计好的教案格式保存为模板。

【任务资讯】

1. Word 2010 的工作界面

Word 2010 的工作界面主要由选项卡、快速访问工具栏、标题栏、功能区命令按钮、文档编辑区和状态栏等部分组成，如图 3 - 2 所示。

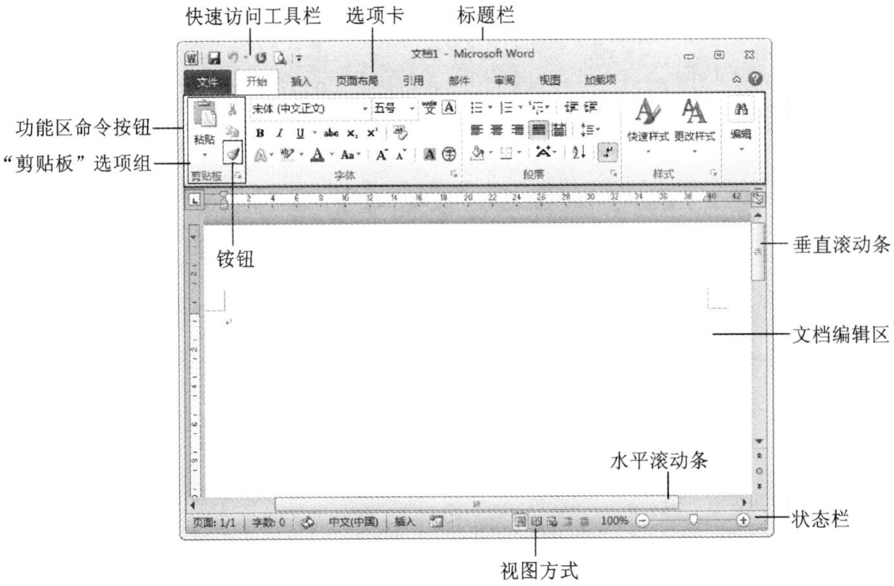

图 3 - 2　Word 2010 的工作界面

（1）"文件"选项卡。

在 Word 2010 的工作界面中，"文件"选项卡位于 Word 窗口的左上角，包含"保存""另存为""打开""关闭""信息"等命令，同时也提供了关于文档的信息以及最近使用的文档信息等，如图 3 -3 所示。

（2）快速访问工具栏。

快速访问工具栏在 Word 窗口顶部标题栏的左侧，用户可以在快速访问工具栏根据使用需求自定义功能，也可快速使用常用的功能，如保存、撤销、恢复、打印预览和打印等，如图 3 -4 所示。快速访问工具栏的左侧是 Word 控制图标 [W]，单击 Word 控制图标可以打开窗口控制菜单。通过菜单选项可以操作窗口，如还原、移动、大小、最小化、最大化和关闭等。

图 3-3　"文件"选项卡

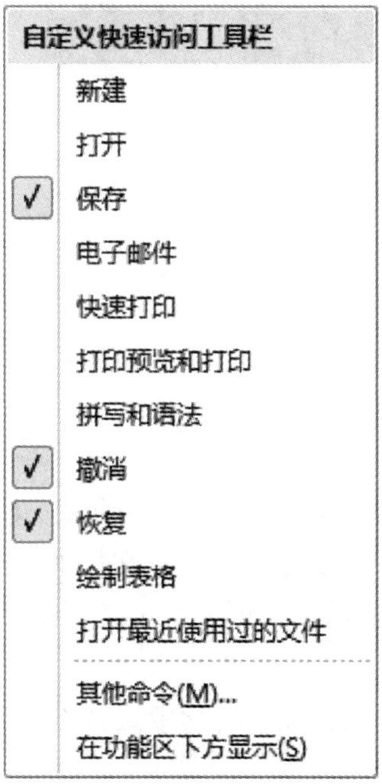

图 3-4　快速访问工具栏

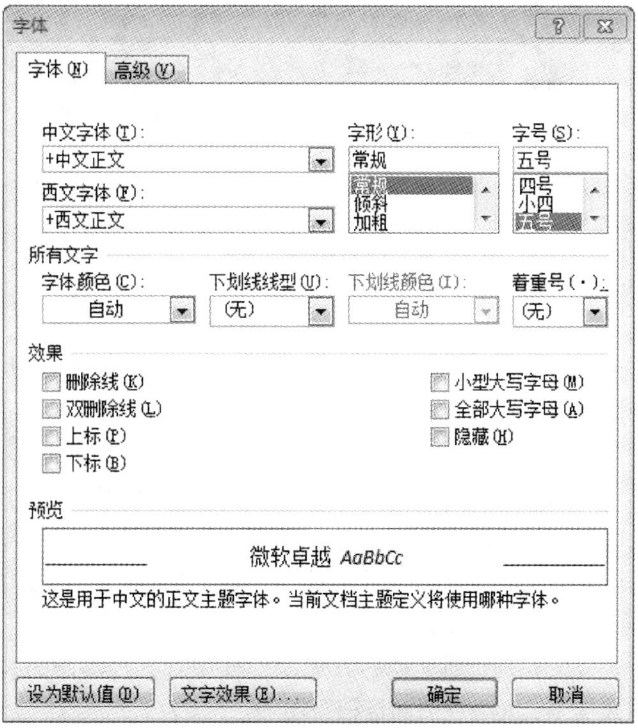

图 3-5　"字体"对话框

（3）标题栏。

标题栏在窗口的顶端，可显示当前文件的文件名和应用程序名，如"文档 1 – Microsoft Word"。在标题栏的右侧有 3 个窗口控制按钮，分别为"最小化"按钮 ⏴ 、"最大化"按钮 ⏹ 和"关闭"按钮 ⏹ 。另外，用户还可以在标题栏上用鼠标右键单击，打开窗口控制菜单。

（4）选项卡与功能区命令按钮。

Word 2010 的功能区由各种选项卡和包含在选项卡中的各种命令按钮组成，功能区基本包含了 Word 2010 中的各种操作需要用到的命令。利用它可以轻松地查找以前隐藏在复杂菜单或工具栏中的命令和选项，给用户提供了极大的便利。Word 文档默认选择的选项卡为"开始"选项卡。使用时，可以通过单击来选择需要的选项卡。每个选项卡中包括多个选项组，例如，"开始"选项卡中包括"剪贴板""字体"等选项组，每个选项组中又包含若干相关的命令按钮，如图 3 – 2 所示的"剪贴板"选项组中的命令按钮。

如果选项组的右下角有个 ⏷ 图标，单击此图标，可以打开相关的对话框。例如，单击"字体"选项组右下角的 ⏷ 按钮，可以打开"字体"对话框，如图 3 – 5 所示。

某些选项卡只在需要使用时才显示出来。例如，在文档中插入图片并选择图片后，才会出现"格式"选项卡，如图 3 – 6 所示。"格式"选项卡包括"调整""图片样式""排列""大小"4 个选项组，这些选项组为插入图片后的操作提供了命令。

图 3 – 6　"格式"选项卡

（5）文档编辑区。

文档编辑区位于 Word 窗口的中央，用来实现文档的编辑和显示。在进行文档编辑时，闪烁着竖线形光标，称为插入点，是用来指示输入文本或插入其他对象的位置。

（6）状态栏。

状态栏位于窗口底部，提供了页面、字数统计、拼音、语法检查、改写、视图方式、显示比例和缩放滑块等辅助功能，以显示当前文档的各种编辑状态，方便用户查看文档的内容。可以在状态栏上单击鼠标右键，在弹出的快捷菜单中选择需要显示的选项来自定义状态栏。

（7）文档视图工具栏。

视图就是查看文档的方式，Word 中有五种不同的视图：页面视图、阅读版式视图、Web 版式视图、大纲视图和草稿视图等。

①页面视图。

页面视图适用于概览整个文章的总体效果。它可以显示出页面的大小、布局，编辑页眉和页脚，查看、调整页边距，处理分栏及图形对象。在页面视图下，文档按照与实际打印效果一样的方式显示。

②阅读版式视图。

阅读版式视图方式适合阅读长篇文章。它隐藏了功能区和选项卡，并在屏幕的右上角显示"视图选项"按钮和"关闭"按钮。单击"视图选项"按钮将显示阅读版式视图菜单，如图 3 - 7 所示。从中可以选择显示页数等功能，单击"关闭"按钮将退出阅读版式视图。在该视图下，按"Enter"键和"Space"键都可以翻页，方便用户阅读。

③Web 版式视图。

使用 Web 版式视图可以预览具有网页效果的文本，在这种方式下，原来需要换行显示的文本，经重新排列可在一行中全部显示出来。使用 Web 版式可以快速预览当前文本在浏览器中的显示效果，以便进行调整。

④大纲视图。

在大纲视图中，能查看文档的结构，可以通过拖曳标题来移动、复制和重新组织文本。还可以通过折叠文档来查看主要标题，或者展开文档查看所有标题和正文。大纲视图同样不显示页边距、页眉和页脚、图片和背景。

⑤草稿视图。

在草稿视图只显示文档的标题和正文，不显示页边距、页眉和页脚、背景、图形图像，适合编辑内容、格式简单的文档等。

图 3 - 7　阅读版式视图的"视图选项"菜单

2. 滚动条

滚动条分为水平滚动条和垂直滚动条，拖动滚动条中的滑块或查击按钮可以滚动文档编辑区中的文档内容。

【任务实现】

教案的编写(V)

教案分为两部分，教案的标题和教案的主体。现要编排一份《面向对象分析与设计》课程教案，过程如下：

（1）新建并保存教案文档。

①新建文档：依次单击【文件】—【新建】—【空白文档】—【创建】按钮创建一个空白的 Word 文档。

②保存文档：依次单击【文件】—【保存】按钮，因此处是新建文件的第一次保存，会弹出"另存为"对话框，选择保存路径并命名，单击"确定"按钮。

（2）教案标题设置为宋体、二号，居中显示，设置下划线，线型为双线。

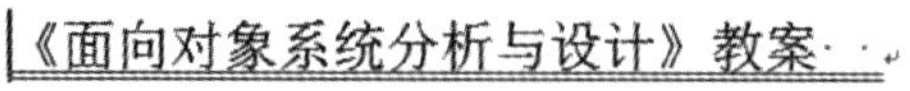

<u>《面向对象系统分析与设计》教案</u>

①输入文字：在文档中输入教案标题："《面向对象分析与设计》教案"，回车。

②选择文字：选择教案标题。

③设置文字格式：依次单击【开始】—【字体】选项组右侧下三角对话框启动器▣，打开如图3-8所示的"字体"对话框；单击【字体】—【中文字体】—【宋体】，单击【字号】—【4二号】，在"下划线线型"中选择双线。

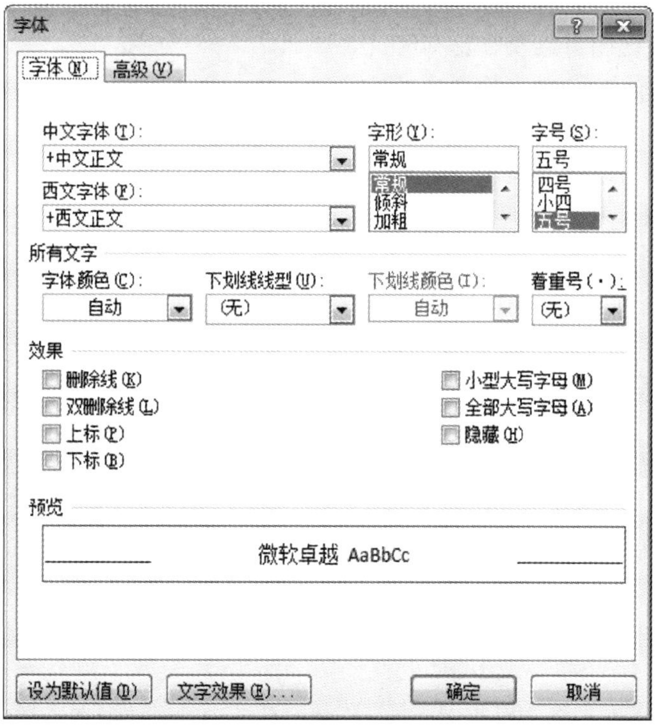

图3-8　"字体"对话框

④设置段落格式：依次单击【开始】—【段落】—【居中】按钮使标题居中。

（3）教案主体为一个表格，对照样文新建表格并对表格进行拆分和合并。

①新建表格：插入点定位到标题的下一行，依次单击【插入】—【表格】—【插入表格】按钮，在弹出的"插入表格"对话框中设置行数和列数，插入一个七行二列的表格。

②合并单元格：选择表格的第六行和第七行，出现"表格工具"栏，点击【布局】—【合并】—【合并单元格】命令。

③拆分单元格：对照样文，选中第一行第二列单元格，依次单击【布局】—【合并】—【拆分单元格】命令，在弹出的"拆分单元格"对话框中输入需要拆分成的行数和列数，将所选单元格拆分成一行三列。

（4）输入教案要素标题，将字体格式设置为小四号、宋体、加粗，将段落格式设置为居中对齐、左侧右侧各缩进 0.3 字符。

课题
课型
教学目的
重点
难点

①输入教案要素标题：将插入点定位到各个单元格，输入课题、课型、教学目的、重点、难点、教学内容等要素标题。

②选择不连续文字：按住 Ctrl 键不放，点选表格中教案要素标题。

③设置文字格式：在"字体"对话框中设置"字体"为"小四"，"字形"为"加粗"。

④设置段落格式：在"段落"对话框中设置"对齐方式"为"居中对齐"，设置"缩进"左侧和右侧均为 0.3 字符。

接着完成教案中所有文字的录入，再对格式做进一步设置。

（5）在理论课等选项后插入一个带对勾的方框，在其他课型后插入不带勾的方框。

课型	理论课 ☑ 实验课 □ 习题课 □ 实践课 □ 其他 □

①插入点置于"理论课"文字之后。

②依次单击【插入】—【符号】按钮，在弹出的下拉菜单中选择"其他符号"命令，弹出"项目符号"对话框。

③在对话框中的"字体"下拉列表中选择 Wingdings 2，选择带勾方框之后单击"插入"按钮完成带勾的方框的插入。

④空心方形在普通文本的几何图形符组中。

⑤插入一个符号之后，可以通过复制粘贴来完成剩下的符号，Ctrl + C 和 Ctrl + V 的快捷键可以帮助我们快速进行复制粘贴。

（6）在教学目的中插入自动编号

(1) 了解软件的特点、软件的分类、软件危机产生原因及解决途径。
(2) 掌握软件工程的基本原理、软件生存周期。
(3) 掌握各种软件开发模型。

①选择教学目的的内容。

②在"开始"选项卡"段落"组中选择"编号"，在弹出的编号库下拉菜单中选择一种编号样式。

取消编号样式的方法：整体选中已编号的文本，再次单击编号按钮即取消成功。

（7）将设计好的教案格式保存为模板。

①找到本机中的模板默认保存路径：依次单击【文件】—【新建】—【我的模板】，在弹出的"新建"对话框中的空白模板上点击右键，在弹出的菜单栏中选择"属性"，模板的默认保存路径显示在 Normol 属性对话框的"位置"上。将默认模板路径复制下来。

②把搭建好框架的教案模板另存为模板：依次单击【文件】—【选项】—【另存为】—【保存类型】—【Word 模板】格式，键入"教案模板"作为模板文件的文件名即为完成。

【应用拓展】

1. 如何让教案的表格根据内容的长短自动在下一页上继续？

首先选择表格，在"布局"选项卡的"表"选项组中单击"属性"，在弹出的"表格属性"对话框中设置文字环绕方式为"无"，在"行"选项卡中选中"允许跨页断行"的复选框。

2. 表格后没有文字，但是最后一页为空白页，手动删除并不能去掉这个空白页。此时该如何操作？

单击【开始】—【段落】—【段落对话框按钮】，打开段落对话框，设置行距为"固定值"，值为"1"。

将鼠标移至表格右下角位置，按住鼠标左键往上方拖动直到空白页消失。

3. 如何在教案中插入教学 PPT？

有两种方法实现不同的效果，如果是想在教案中插入 PPT 的页面，首先将 PPT 保存为 JPEG 的格式，然后将每个页面作为图片将其插入到文档中，可以按住 Ctrl 或 Shift 键选择多个图片一起插入。

如果是想在 Word 文档中插入 PPT 本身，也就是在浏览文档的时候可以打开 PPT 文件，就需要在"插入"选项卡的"文本"组中选择"对象"按钮，打开"对象对话框"；因为教学 PPT 是一个存在的文档，所以切换到由"文件创建"选项卡，单击"浏览"，选择要插入的 PPT 即可，如果选中了"链接到文件"复选框，那么源 PPT 中所做的修改都会反映到文档中。

4. 如何使用模板创建新教案？

选择"文件"选项卡中的"新建"选项，在可用模板中选择"我的模板"，在弹出的"新建"窗口的"个人模板"中选择"教案模板.dotx"，单击确定即可由教案模板创建新文档。

【任务小结】

本任务通过制作一次课的教案，介绍了 Word 文档中字符格式、段落格式的设置，以及表格的基本操作和保存为模板。

通过本任务的学习和训练，使大家能够掌握学习报告、教学总结、试卷分析报告、工作计划等文档编辑排版的方法。

任务 3.2　编制试卷

【任务分析】

完成本任务，主要涉及的文档编辑技术包括：文档页面设置、文档文本框的操作（主要涉及文本框的格式和文本框内的文本设置等）和文档特殊页码的设置。具体如下：

（1）页面设置：纸张宽度为 36.8 cm、高度为 26 cm；横向分两栏，设置上边距为 2 cm、下边距为 2 cm、左边距为 4 cm、右边距为 2.5 cm，设置页眉、页脚的奇偶页不同。

（2）文本框设置：设置文本框格式将填充颜色和线条颜色都设置为"无"；在文本框中输入学校、班级、姓名等相应的文字信息，需要考生填写的地方用带下划线的空格来完成；调整各段文字的位置，设置字体格式为小四号宋体。

（3）设置密封线：设置线条的虚实为圆点虚线形，粗细设为 1.5 磅。

（4）竖排文本框设置：设置文字方向为竖向且自下而上，输入"装订线"三个字，分散对齐，设置文本框形状填充颜色和形状轮廓颜色均为无，调整文本框的位置和大小，使其位于虚线的上面，再组合左侧考生信息区。

（5）设置奇数页自动出现左侧试卷头。

（6）将试卷的卷名设置为楷体四号，居中显示，插入一个计算分数的三行七列的表格，并设置表格格式；设置行间距为 1.5 倍行距。

（7）在试卷的每一个版面设置页码。

（8）增加试题：试题的字体为宋体，英文、数字字体为 Times New Roman（新罗马字体），五号字。每一个大题题目为了醒目设置为加粗，各大题号依次为"一、二、三"等，小题题号依次为"1/2/3"等，整个试卷小题的编号使用连续编号。页内段落行间距，段落间距段前段后设为 0，行间距设为固定值，18 磅。

【任务资讯】

1. 页面设置

页面设置通常是通过"页面设置"对话框来完成的。点击"页面布局"选项卡中"页面设置"组右侧下三角对话框启动器，打开"页面设置"对话框。"页边距"选项卡用于设置页边距、纸张方向等；"纸张"选项卡可以设置纸张大小；"版式"选项卡可以设置页眉和页脚、分节符、垂直对齐方式和行号等选项。"文档网格"选项卡可以设置每页包含的行数和每行包含的字数。

2. 插入文本框

将插入点定位到文档中要插入文本框的位置，单击"插入"选项卡"文本"选项组的"文本框"按钮，在弹出的"文本框"下拉列表中选择一种样式插入，删除文本框中的示例文字输入自己的文字。如果选择"绘制文本框"或"绘制竖排文本框"命令，则在文档编辑区中按住鼠标左键拖动鼠标绘制文本框，最后在文本框中输入文字。

3. 文本框的设置

选择文本框，单击"格式"选项卡"形状样式"选项组右侧下三角对话框启动器，在弹出的"设置形状格式"对话框中进行设置。

(1)选择左侧的"填充""线条颜色""线型"等选项,分别设置对应文本框格式效果。

(2)选择"文本框"选项,在"内部边距"组中设置文本框内的文字与文本框四周边框之间的距离。

(3)在"文字版式"组的"垂直对齐方式"下拉列表中选择文字在文本中的垂直对齐方式,包括"顶端对齐""中部对齐"和"底端对齐"三个选项。

4.插入页码

为文档添加页码一般分为两步:第一步,设置页码格式;第二步,指定在什么位置插入。具体方法是:

(1)单击"插入"选项卡"页眉和页脚"选项组的"页码"按钮，从下拉列表中选择"设置页码格式"　设置页码格式,在弹出的"页码格式"对话框中进行设置。

(2)在"页码格式"对话框中的"编号格式"下拉列表中选择一种编号格式,单击"确定"按钮。

(3)设置好页码格式之后,再次单击"插入"选项卡"页眉和页脚"选项组的"页码"按钮，在下拉列表中选择要在文档何处显示页码,如"页面底端"　页面底端,再在弹出的样式列表中选择所需样式,Word 会自动切换到页脚编辑状态,并在页脚处插入页码。

5.域

"域"是 Word 中的一种特殊代码,应用非常广泛,可以在文档中自动插入字符、图形、公式、页码和其他资料。每个域都有一个唯一的名字,它具有的功能与 Excel 中的函数非常相似。域可以在无须人工干预的条件下自动完成任务,例如:编排文档页码并统计总页数;按不同格式插入日期和时间并更新;通过链接与引用在活动文档中插入其他文档;自动编制目录、关键词索引、图表目录;实现邮件的自动合并与打印;创建标准格式分数、为汉字加注拼音;等等。

【任务实现】

(1)页面设置:纸张高度为 26 cm、宽度为 36.8 cm;横向分两栏;设置上边距为 2 cm、下边距为 2 cm、左边距为 4 cm、右边距为 2.5 cm,设置页眉页脚的奇偶页不同。

试卷的编排(V)

①新建一个文档并保存为"试卷. docx"。

②打开文件,依次单击【页面布局】—【页面设置】组—【页面设置】—【纸张】—【纸张大小】—【自定义大小】,分别在"宽度"和"高度"文本输入框中输入具体的纸张尺寸:宽度为 36.8 cm、高度为 26 cm。

③在"页边距"选项卡的"页边距"区域相应文本输入框中设置:上边距为 2 cm、下边距为 2 cm、左边距为 4 cm、右边距为 2.5 cm;单击"确定"按钮返回完成设置。

④在"版式"选项卡页眉和页脚组中勾选"奇偶页不同"。单击"确定"关闭页面设置对话框。

⑤设置分栏:单击页面设置组的"分栏"按钮,在下拉列表中选择"两栏"。

(2)完成版面设置后,接下来制作试卷左侧的试卷头,包括考生信息和密封线。绘制一

个文本框并设置文本框格式将填充颜色和线条颜色都设置为"无"，在文本框中输入学校、班级、姓名等相应的文字信息，需要考生填写的地方用带下划线的空格来完成，调整各段文字的位置，设置字体格式为小四号、宋体。

完成版面设置后，通过文本框架制作试卷左侧的试卷头，包括考生信息和密封线。

①依次单击【插入】—【文本框】—【会制竖排文本框】按钮，按住鼠标左键在页面上拖动出一个矩形框。

②光标在文本框中闪烁，单击鼠标右键，点击"文字方向"，弹出"文字方向—文本框"对话框，选择由上至下的文字方向，确定即可。

③录入文字：输入学校、班级、姓名等相应的文字信息，需要考生填写的地方可以使用带下划线的空格来完成，而且长度、各段文字的位置可以灵活调节。设置字体格式为小四号宋体。

④选择文本框，点击【绘图工具—格式】选项卡中的"形状轮廓"和"形状填充"，设置填充颜色和线条颜色为"无颜色"。

（3）绘制密封线：设置线条的虚实为圆点虚线形，粗细设为 1.5 磅。

依次单击【插入】—【线条】—【直线】。

注意：在试卷左侧绘制一条直线，在画直线时按住 Shift 键，可以使画出来的线不倾斜。选择直线，单击【绘图工具—格式】选项卡，在"形状样式"中的"形状轮廓"的"虚线"中设置线条的虚实为圆点虚线形，粗细设为 1.5 磅。

（4）竖排文本框设置：设置文字方向为竖向且自上而下，输入"装订线"三个字，分散对齐，设置文本框"形状填充"颜色和"形状轮廓"颜色均为无，调整文本框的位置和大小，使其位于虚线的上面，再将组合为左侧考生信息区。

①在试卷中插入竖排文本框，设置文字方向为竖向且自下而上。

②输入"装订线"三个字并选中文字，单击"开始"选项卡"段落"选项组右下角的对话框启动器按钮，在弹出的"段落"选项卡中设置对齐方式为"分散对齐"。

③选中文本框，点击【绘图工具—格式】选项卡中的"形状轮廓"和"形状填充"，设置填充颜色和线条颜色为"无颜色"。

④调整文本框的位置和大小，使其位于虚线的上面，再将它们两个组合。

⑤选中左侧考生信息区的文本框和虚线，单击鼠标右键，在右键菜单中选择"组合"命令，这样将左侧试卷头组合在一起。

（5）让奇数页自动出现左侧试卷头。

①选中已组合的试卷头，使用快捷键 Ctrl + X 将其"剪切"。

②选择"插入"选项卡"页眉和页脚"选项组的"页眉"按钮，在下拉菜单中选择"编辑页眉"，在光标闪烁处执行"粘贴"命令。

③在"页面布局"选项卡"页面设置"选项组中，单击"页面设置"选项组右下角对话框启动器，弹出"页面设置"对话框，在版式选项卡中，选中"奇偶页不同"的复选框，即可让每一张奇数页试卷左侧都出现试卷头。

（6）将试卷的卷名设置为楷体四号，居中显示，插入一个计算分数的三行七列的表格，并设置表格格式；设置行间距为 1.5 倍行距。

①录入试卷名，在"字体"和"段落"选项卡中设置为楷体四号，居中显示。

②在试卷名的下一行插入一个三行七列的表格。

③录入表格内的文字，可以根据题量插入列，拖动单元格边框调整单元格大小，也可以选择单元格对象之后，点击鼠标右键，在弹出的右键菜单中选择平均分布各列。

④选中表格，在"段落"选项卡中设置行间距为1.5倍行距。

（7）给试卷的每一个版面设置页码。

试卷分成两栏后，原来的每页变为两栏，而插入"页眉和页脚"时，仍然只有一个页码，那么如何将两栏设置为两个不同的页码呢？

①单击"插入"选项卡中"页眉和页脚"选项组的"页脚"按钮，在弹出的下拉列表中选择"空白（三栏）"，删除"键入文字"和之后的Tab，居中。

②分别在键入文字处输入"第 页 共 页"。

③将光标定位在"第 页"之间，单击"插入"选项卡"文本"组的"文档部件"按钮，在下拉菜单中选择"域"，在弹出的"域"面板中，选择域名"=（Formula）"，单击"确定"按钮。

④此时文本框中的文字会变为"！异常的公式结尾"，其实这并非错误，只是一行域代码而已，在域代码上单击右键，选择"切换域代码"。

⑤将光标定位在"="的后面，再次插入"文档部件"中的"域"，在编号类别中，选择域名为"PAGE"，选择域格式之后，单击确定。

⑥左侧栏的页码数可以由公式"当前页码×2－1"得到，所以在1之后输入乘号2减号1，单击鼠标右键选择快捷菜单中的"更新域"。

⑦将光标定位在"共"和"页"之间，单击"插入"选项卡"文本"选项组的"文档部件"按钮，在弹出的下拉列表中选择"域"，在弹出的"域"面板中，选择域名"=（Formula）"，单击"确定"按钮。

⑧在"！异常的公式结尾"的域代码上单击右键，选择"切换域代码"。

⑨将光标定位在"="的后面，再次插入"文档部件"中的"域"，在文档信息类别中，选择域名为"NumPages"，选择域格式之后，单击"确定"。因为原来的一页变成了两页，所以总页数需要乘以2。单击鼠标右键选择快捷菜单中的"更新域"。

⑩右侧栏的页码数可以由公式"当前页码×2"得到，复制左侧的页码数，在"切换域代码"之后将－1删除即可完成。总页数可以直接通过复制粘贴而得。

⑪因为设置了奇偶页不同，所以需要选择页脚的所有页码，在偶数页上进行粘贴，这样就完成了试卷页码的设置。

（8）增加试题：试题的字体为宋体，英文、数字字体为Times New Roman（新罗马字体），五号字。每一个大题题目为了醒目设置为加粗，各大题号依次用"一、二、三"等，小题题号依次用"1/2/3"等，整个试卷小题的编号使用连续编号。页内段落行间距、段落间距段前段后设为0，行间距设为固定值18磅。

按要求增加试题即可，添加试题中可能会遇到这些问题：

问题1：选择题的ABCD如何对齐？

选择题答案选项ABCD备选答案，可以按Tab键使字母对齐。

问题2：插入图片之后不想影响到试卷的编排格式那么如何设置？

如果插入图片后不想影响到试卷的编排格式，可以设置图片布局为"浮于文字上方"。

【应用拓展】

1. 如果发现页眉下面多了一根细横线。怎么去掉这条横线呢?

单击"开始"选项卡"样式"选项组中右下角的"样式"按钮,在弹出的"样式"窗口中选定 "页眉",在下拉菜单中选择"修改"命令打开"修改样式"对话框。单击下方"格式"按钮,在 弹出的菜单中选"边框"命令,弹出"边框和底纹"对话框,点击"边框"选项卡,在"设置"选 项组中选定"无"。

【任务小结】

本任务通过制作一份试卷,介绍了 Word 文档中文档页面设置、文档文本框的操作和文 档特殊页码的设置。

通过本任务的学习和训练,使大家能够掌握调查问卷、考试试卷、单元检测等文档编辑 排版的方法。

任务3.3　制作成绩通知书

【任务分析】

使用邮件合并技术批量完成制作学生成绩通知单的过程包括:
(1)制作主文档。
(2)制作数据源。
(3)将文档链接到数据源。
(4)插入邮件合并域。
(5)预览并完成合并。

【任务资讯】

1. 邮件合并

邮件合并是将多份文档中的相同内容部分制作为一个主文档,将多份文档中的不同内容 部分制作为数据源,然后将主文档和数据源进行合并,快速批量地生成主体相同,关键内容 不同的多份文档。使用邮件合并可以高效地批量制作完成录取通知书、成绩单、准考证等。 邮件合并之前需要制作主文档和数据源。

2. 主文档

主文档是包含有合并文档中保持不变的文字和图形的文档。制作主文档包括:设置文 本、段落格式、添加页眉和页脚。如果在主文档中设置了页面背景图片,合并之后背景图片 不会显示在合并文档中,需要在合并之后重新设置背景图片。

3. 数据源

数据源包含了要合并到文档中以表格形式存储的数据信息。数据源表格的第一行必须为 标题行,不能留空。除第一行之后的每一行为一个完整信息,也称为一条数据记录。

📀➔【任务实现】

成绩通知单是主文档；所有同学的信息存放在另一个 Excel 表格中，是数据源，现在我们将数据源合并到主文档中，生成主文档的多个副本，每个副本都是一个同学的成绩信息。现在来将前面制作好的成绩通知单通过邮件合并的方式完成属于每个同学自己的成绩单。

成绩通知书的制作(V)

先将文档链接到数据源。

打开学生成绩单主文档，在右键选项卡的"开始邮件合并"组中，选择"开始邮件合并"列表中的"邮件合并分步向导"，如图 3 – 9 所示。在 Word 窗口右侧出现"邮件合并"任务窗格，可以根据提示进行邮件合并操作。

1. 选择文档类型

在"选择文档类型"选项区域中，选择一个创建输入文档类型，如"信函"，如图 3 – 10 所示。单击"下一步：正在启动文档"。

2. 选择开始文档

在"选择开始文档"区域"想要如何设置信函"中选择"使用当前文档"，如图 3 – 11 所示。单击"下一步：选取收件人"。

图 3 – 9　"邮件合并"下拉列表　　　图 3 – 10　选择文档类型　　　图 3 – 11　选择开始文档

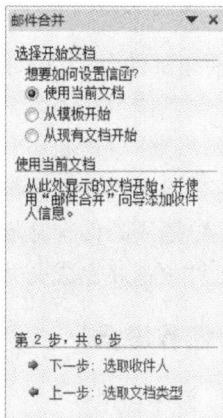

3. 选择收件人

(1)在"选择收件人"区域选择"使用现有列表"，如图 3 – 12 所示。

(2)单击"浏览"打开"选择数据源"对话框，如图 3 – 13 所示。

(3)选择成绩单的 Excel 文件，单击"打开"按钮，弹出"选择表格"对话框，如图 3 – 14 所示。

(4)在对话框中选择保存收件人信息的工作表名称，单击"确定"按钮，弹出"邮件合并收件人"对话框，如图 3 – 15 所示。

(5)在对话框中可以对收件人信息进行修改，单击【确定】—【下一步：撰写信函】。

图 3 – 12　选择收件人

图 3 – 13　"选择数据源"对话框

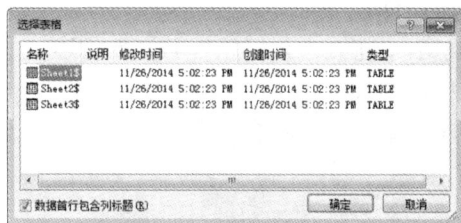

图 3 – 14　"选择表格"对话框

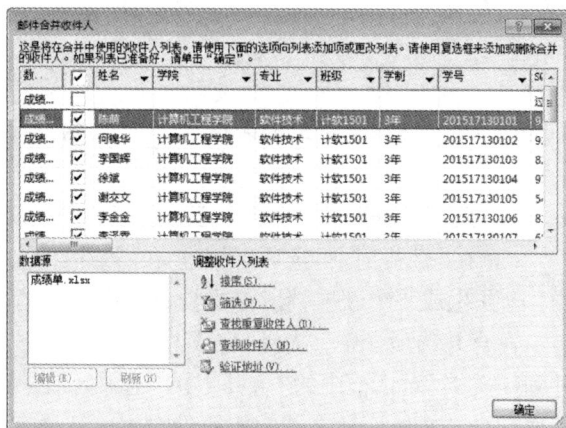

图 3 – 15　"邮件合并收件人"对话框

4. 撰写信函，主文档中插入邮件合并域

（1）在当前文档中撰写信函内容，完成后将插入点定位在第二行"姓名"后面。

（2）在"邮件合并"任务窗格中选择"其他项目"，弹出"插入合并域"对话框，如图 3 – 16 所示。

（3）从对话框中选择域名"姓名"，单击"插入"按钮。

（4）将光标定位在姓名、学号等之后的单元格中，在"邮件"选项卡的"插入合并域"下拉菜单中分别插入相应的域名。

（5）完成之后单击"下一步：预览信函"。

5. 预览信函

在"预览信函"选项区域内单击"《"或"》"按钮可以查看合并好的每个人的成绩单。如图

3 - 17 所示。合并完成后单击"下一步：完成"。

6.完成合并

（1）在"合并"选项区域中，可以根据需要选择"打印"或"编辑单个信函"进行合并工作，如图 3 - 18 所示。

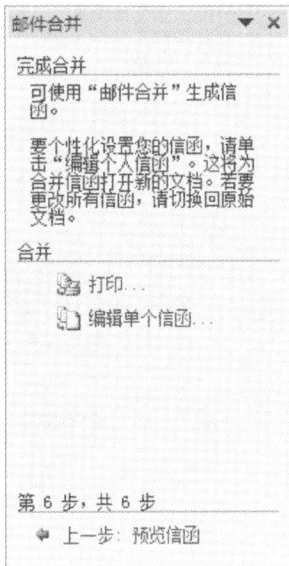

图 3 - 16　"插入合并域"对话框　　　图 3 - 17　预览信函　　　图 3 - 18　完成合并

（2）选择"编辑单个信函"，弹出"合并到新文档"对话框。

（3）在"合并记录"选项区域选择"全部"，单击"确定"，将收件人信息自动添加到邀请函中，合并生成一个新文档。该文档每页中的邀请函信息均由数据源自动创建生成。

在合并选项卡中，选择"完成并合并"，在下拉菜单中选择"编辑单个信函"，在弹出"合并到新文档"对话框中的"合并记录"选项区域中选择"全部"，单击"确定"将所有学生信息合并成一个新文档。新文档中的每份学生成绩通知书都是由数据库源自动创建而成的。

【应用拓展】

1.在制作邀请函或会议信函时，如何根据数据源的性别"男""女"显示为"先生"或"女士"？

（1）在第四步撰写信函插入域名之后，单击"邮件"选项卡上的"编写和插入域"选项组中"规则" 规则 按钮，在下拉列表中选择"如果…那么…否则…"命令，弹出"插入 Word 域：IF"对话框，如图 3 - 19 所示。

（2）在"域名"下拉列表框中选择"性别"，在"比较条件"下拉列表框中选择"等于"，在"比较对象"文本框中输入"男"，在"则插入此文字"文本框中输入"先生"，在"否则插入此文字"文本框中输入"女士"。

（3）设置完毕后单击"确定"按钮。

（4）单击"下一步：预览信函"。

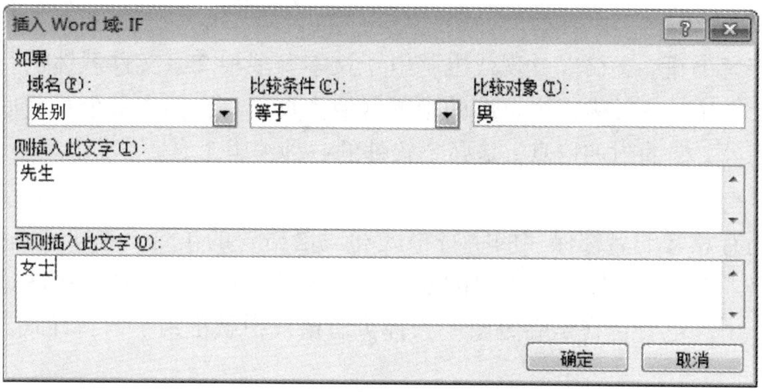

图 3-19　"插入 Word 域：IF"对话框

✏️【任务·小·结】

本任务通过使用邮件合并技术批量制作学生成绩通知单。介绍了 Word 文档中邮件合并技术。

通过本任务的学习和训练，使大家能够高效率地批量制作成绩单、准考证、录用通知书，或给客户发送会议信函、新年贺卡等。

任务 3.4　整理文档资料

🌀【任务分析】

资料归档整理方法

将多份教案整理成一个文档步骤包括：
（1）将多个文档合并为一个文档。
（2）使用分节符。
（3）设置页眉页脚。
（4）使用样式。
（5）自动生成目录。
（6）制作封面。

🌐【任务资讯】

1. 节

Word 文档中的最小单位为字，许多字组成行，许多行组成段，许多段组成页，在许多页的基础上，整个文档可以分隔成一个节或许多节。节是 Word 文档设计中页面设置的基本单位。

2. 分节符

分节符是为表示节的结尾插入的标记。分节符包含节的格式设置元素，如页边距、页面的方向、页眉和页脚，以及页码的顺序。单击【开始】—【段落】—【显示/隐藏编辑标记】，可以看见分节符用一条横贯屏幕的虚双线表示。

3.页眉页脚

页眉是对传统书籍、文稿以及现代电脑电子文本等多种文字文件载体的特定区域位置的描述。在电子文档中，一般称每个页面的顶部区域为页眉。文档中每个页面底部的区域称为页脚，常用于显示文档的附加信息，是办公软件的一种编辑工具。

4.样式

样式是指用有意义的名称保存的字符格式和段落格式的集合，这样在编排重复格式时，先创建一个该格式的样式，然后在需要的地方套用这种样式，就无须一次次地对它们进行重复的格式化操作了。笔者曾在试卷编辑中去掉页眉横线中就用到了编辑样式。

5.目录

目录通常是长文档不可缺少的部分。通过目录可以快速地掌握和查找文档内容。在Word 2010中可以自动生成目录，使目录的制作变得简单、方便，而且在文档发生改变后，还可以利用更新目录功能及时调整目录的内容。

在长文档中插入目录的过程主要分为两个环节：标记目录和创建目录。标记目录项就是将相应的章节标题段落设置为一定的标题样式，创建目录就是将章节标题样式的内容提取出来制作为目录。

6.封面

完成编辑之后还可以为长文档增加一个封面，Word提供了许多预定义的封面格式，含有预设好的图片、文本框。单击【插入】—【页】—【封面】按钮，在下拉列表中选择一种封面，就为文档插入了封面页，再在封面页的对应区域中输入相应的内容就可以了。

【任务实现】

课程教案的整理（V）

1.将多个文档合并为一个文档

（1）新建一个空白文档。

（2）在"插入"选项卡的"文本"选项组中点击插入"对象"按钮，在下拉菜单中选择"文件中的文字"。

（3）在"插入文件"对话框中选择所有要插入的教案文档，可以用Ctrl进行不连续选择，或用Shift进行连续选择。

（4）单击"插入"，即完成所有文档的插入。

2.使用分节符

在未使用分节符的情况下，所有文档是连续的。若希望每次教案的第一页是由新的一页开始，则需要用到分节符。

（1）将插入点定位在每一单元教案标题之前。

（2）单击【页面布局】—【页面设置】—【分隔符】，在下拉菜单中单击"分节符"中的"下一页"命令。

3.新建样式及使用样式

为使教案自动生成目录，需要新建一个样式用以区别标题和正文。

（1）单击"开始"选项卡"样式"选项组中右下角"显示样式"按钮，在弹出的"样式"窗口中单击"新建样式"按钮，弹出"根据格式设置创建新样式"对话框。"样式基准"栏显示为正

文，表明列表框中的正文样式是处于选中状态。

（2）为新建的样式取名为"教案单元标题"。

（3）在"格式"选项组中，进行字体、字号、段落的设置，将字体加粗，将段落设置的"缩进和间距"选项卡中常规组的"大纲级别"设置为"一级"其他保持不变。

设置完成后，"样式"窗格中将出现新设置的"教案单元标题"的样式。

选中文档中的各个单元教案课题，单击样式组中的"教案单元标题"样式即可将相应文字应用为样式。

4. 自动生成目录

目录是文档中不可缺少的部分，创建目录之前需要对文档中的各级标题实现样式的应用。上文所创建的教案标题样式就是为了创建目录做准备。

（1）在教案的第一页前插入"分节符"的"下一页"。

（2）单击【引用】选项卡—【目录】组—【目录】—【自动目录 1】，即可在第一页中自动生成目录。

5. 设置页码

我们看到第一讲是从第二页开始编号的，若希望目录从第一页开始编号，该怎么做呢？

（1）在第一讲页面的页眉处双击进入页眉页脚编辑状态，在"页眉页脚设计"选项卡中取消"链接到前一条页眉"。

（2）单击"插入"选项卡，在"页眉页码"选项组"页码"下拉菜单中选择"设置页码格式"，在编号格式组中选择一种编号格式，在页码编号组中设置从第一页开始编号，单击"确定"。

（3）插入页码，在选项卡"页码"下拉菜单中选择"页面底端"的"普通数字 2"，此时页码的添加完成。

6. 为教案文档添加一个封面。

封面可以自己设计，也可以使用 Word 自带的内置封面。若选择使用 Word 自带的封面，单击"插入"选项卡"封面"按钮，选择"内置封面"的"字母表型"封面，然后在适当位置修改封面的文字内容。修改结束，封面完成。

【应用拓展】

1. 重新修改了页码之后目录就不准确了，怎么操作才能使页码恢复正确？

（1）在生成的目录上单击"右键"，在右键菜单中选择"更新目录"命令。

（2）在弹出的对话框中选择"只需更新页码"即可完成。

2. 在页眉和页脚的设置中，如何设置"首页不同"或"奇偶页不同"或者在分节的情况下同时设置特殊页眉页脚？

首先"链接到前一条页眉"按钮要是高亮选中状态，这样，修改后一节的页眉/页脚，前一节的页眉/页脚也会被同时修改。

如果在【页眉和页脚工具—设计】选项组中勾选了"奇偶页不同"复选框，那么要分别对文档奇数页和偶数页进行设置；如果文档中既存在分节，也勾选了"奇偶页不同"复选框，就需要对不同节的奇偶页分别设置不同的页眉/页脚而且既要在后一节的奇数页页眉/页脚取消"链接到前一条页眉"按钮的选中状态之后设置（奇数页）页眉页脚，也要在后一节的偶数页页眉/页脚取消"链接到前一条页眉"按钮的选中状态，再设置（偶数页）页眉页脚。

【任务小结】

本任务通过将课程单元教案合并为整个课程的完整教案，介绍了 Word 文档中分节符、样式、目录和封面的设置。

通过本任务的学习和训练，使大家能够掌握处理长文档资料，比如一篇调查报告、一份书稿、一本教案等的操作。

任务3.5　审阅和打印文档资料

【任务分析】

教师们在批阅电子文档材料时候，有时需要对文档中的某些内容提出针对性的意见，或者发表自己对这些内容的看法，有时需要对文档做出修改。完成本任务需要掌握以下操作。

文档资料的审校
和打印（V）

（1）进入修订状态。

（2）添加批注。

（3）显示隐藏批注。

（4）审阅修订意见。

（5）文档的打印。

（6）保存为 PDF 格式。

【任务资讯】

1. 批注

在批阅学生电子文档材料时，使用批注可以很清晰地告诉对方错误在哪里，或者提出更好的想法。

2. 修订

Word 中修订是指显示文档中所做的诸如删除、插入或其他编辑更改的位置的标记。

3. PDF 格式文件

PDF（portable document format，便携式文档格式），是由 Adobe Systems 用于与应用程序、操作系统、硬件无关的方式进行文件交换所发展出的文件格式。PDF 文件以 PostScript 语言图像模型为基础，无论在哪种打印机上都可保证精确的颜色和准确的打印效果。即 PDF 会忠实地再现原稿的每一个字符、颜色以及图像。

可移植文档格式是一种电子文件格式。这种文件格式与操作系统平台无关，也就是说，PDF 文件不管是在 Windows、Unix 还是在苹果公司的 Mac OS 操作系统中都是通用的。这一特点使它成为在 Internet 上进行电子文档发行和数字化信息传播的理想文档格式。越来越多的电子图书、产品说明、公司文告、网络资料、电子邮件开始使用 PDF 格式文件。

【任务实现】

教师们在批阅电子文档材料时候，有时需要对文档中的某些内容提出针对性的意见，或者发表自己对这些内容的看法，有时需要对文档做出修改。Word 提供的批注和修订是两项非常有用的功能，它们都是修改文稿进行标注的方法，文档的原作者对审阅者的批注和修订意见可以逐条处理，决定是否采纳。对于不同审阅者的意见，Word 将以不同颜色笔迹加以显示。

一、进入修订状态

在"审阅"选项卡"修订"组中单击"修订"下面的小三角形，选择"修订"选项，进入修订状态。

对修订状态的文档进行的所有插入、删除和格式的修改都将以修订方式标注出来。

二、添加批注

（1）选中需要进行批注的文字。

（2）在"审阅"选项卡的"批注"选项组中单击"新建批注"图标，此时被选中的文字会添加一个用于输入批注的编辑框，并且该编辑框和所选文字显示为粉色。在编辑框中可以输入要批注的内容。

通过"审阅"选项卡的"修订"选项组中的"显示标记"，在下拉菜单中选择将当前的修订和批注显示和隐藏。

四、审阅修订意见

将鼠标移到当前修订的位置，单击"右键"，在弹出的快捷菜单中选择"接受修订"或者"拒绝修订"。

如果要接受所有的修订，可以在"审阅"选项卡"更改"分组中接受对文档所有的修订。

五、文档的打印

文档编辑、格式化完成之后就可以对文档进行打印预览和打印输出了，打印预览用于预先查看文档的打印效果。

（1）单击"文件"按钮，选择"打印"选项，窗口分为左右两部分。在左侧可以进行相关的打印设置，右侧显示了文档的打印预览效果。通过份数微调按钮设置打印份数。

（2）单击"设置打印所有页"按钮，在弹出的下拉菜单中设置打印内容：打印所有页、打印当前页面、打印所选内容或者打印自定义范围。在打印自定义范围内需要输入指定的页码，页码之间用逗号分隔，也可用连字符表示页码的范围，如输入 1，3，5 ~ 8 将打印文档的第 1 页、第 3 页以及 5 ~ 8 页。

（3）通过"页数"文本框下面的"单面打印"按钮，在弹出的菜单中选择"单面打印"。

（4）单击窗口左上方的"打印"图标按钮就可以打印了。

若对预览效果不满意，则需要重新进行相关设置。如果需要修改纸张方向、纸张大小和边距，可以在窗口左侧直接设置。如需修改更多的页面设置选项，则可单击下面的"页面设置"按钮，并在打开的"页面设置"对话框中进行设置。

六、保存为 PDF 格式

有时整理资料时候需要将文件保存为 PDF 文件。PDF 文件可防止他人无意触碰键盘导致的文件内容损坏。而且 PDF 不会出现因为不同版本的 Office Word 可能会产生的格式错乱情况。当文档转换成 PDF 格式后，所占用的内存空间将会减少，更便于传输。PDF 格式的文件还可以避免其他软件产生的不兼容和字体替换等问题。

可以直接使用 Word 软件保存为 PDF 文件。单击"文件"选项卡中的"另存为"，弹出"另存为"对话框，在"保存类型"中选择 PDF 格式，单击"确定"按钮，即为完成保存。

【应用拓展】

如果是多个人对同一份电子文档进行修订，如何辨别出哪个地方是谁修改的呢？

可以通过"修订"下面的小三角形中选择"更改用户名"来记录不同用户的修订记录，这个功能为我们以电子方式审阅书稿、总结归纳大家的意见提供了很大的方便。

【任务小·结】

本任务通过对电子文档的审阅、批注和打印，介绍了 Word 文档的审阅、批注和打印方法。

通过本任务的学习和训练，使大家能够更容易地批阅和修改电子文档材料，根据需要打印文档。

【综合实训】

实训项目一：编辑论文

一、项目目标

掌握长文档编辑排版的操作方法。

二、项目要求

根据自身教学情况撰写一篇教学的论文，按照如下要求对论文进行编辑排版。

1. 版面设置

使用 A4 纸打印，可双面使用，设置版面上边距 2.5 cm，下边距 2.5 cm，左边距 2.5 cm，右边距 2.5 cm。

2. 字体规范

封面：题目用小二号、黑体，其余信息栏及日期用小三、仿宋。

目录："目录"用黑体小三，中间空四格，居中，段后 1 倍行距；目录内容用宋体小四，1.25 倍行距。

摘要、关键词："摘要"用黑体小三，中间空四格，居中，段后 1 倍行距；摘要内容另起一行，用宋体小四，首行缩进二个字符，1.25 倍行距。"关键词"用黑体五号；关键词写 3 ~ 5 个，字体为宋体五号。

正文：一级标题用黑体小三，段后 1 倍行距，新起一页；二级标题用黑体四号，左对齐；三级标题用黑体小四，左对齐；正文内容用宋体小四，1.25 倍行距。

结束语(致谢)："结束语(致谢)"用黑体小三，新起一页，居中；内容用宋体小四，1.25 倍行距。

参考文献："参考文献"用黑体小三，字间空一格，新起一页，居中；内容用宋体(英文用 Times New Roman)小四，1.25 倍行距，左对齐。

附录："附录"用黑体小三，中间空四格，新起一页，居中。

三、解决方案

1. 撰写论文。

2. 编辑论文。

实训项目二：设计创作迎新晚会的邀请函

一、项目目标

1. 设计邀请函的版面。

2. 获取和处理相关素材。

3. 利用 Word 制作封面、封底及相关内容。

4. 在文档中根据需要插入图片和文字，并能处理好相互之间的关系。

5. 掌握双面打印的方法。

二、项目要求

要求通过网络学习并查阅图书，请教行业人士制作迎新晚会邀请函，整体要求如下：

1. 邀请函外观应大方美观，要有整体感，大气、清新、典雅。

2. 邀请函应包括封面、封底和内页，为了方便打印，应将内页控制在 2 个版面。

3. 邀请函没有固定的尺寸要求，一般成品尺寸为大 16K(尺寸为 210 mm × 285 mm)。

4. 语言简单明了，内容要有特色，建议内页附上节目单。

5. 邀请函的设计需要以简洁的文字形式告知受邀请者年会主题与内容，并以背景图片点缀邀请函。

6. 利用邮件合并功能进行批量制作。

7. 打印文档。

三、解决方案

1. 搜集迎新晚会策划所需要的资料，包括学校图片、晚会宣传相关照片等。

2. 从网络或筹备组查看相应的通知、海报、策划书、节目单和邀请函的样式，了解文档的元素和设计的版式等。

3. 撰写文档并编排文档。

4. 打印预览并打印文档。

【思考与探索】

一、选择题

1. 要在 Word 2010 编辑状态下进行文字效果的设置，应打开(　　)。

A. "字体" 对话框　　　B. "段落" 对话框　　　C. "格式" 对话框　　　D. "编辑" 对话框

2. 在 Word 2010 的默认状态下，将鼠标指针移到某一行左端的文档选定区，鼠标指针变成反向的箭头，此时单击鼠标左键，则(　　)。

A. 该行被选定　　　　　　　　　B. 该行的下一行被选定

C. 该行所在的段落被选定　　　　　D. 全文被选定

3. "页眉/页脚" 命令在哪个功能区中？(　　)。

A. 页面布局　　　B. 视图　　　　C. 插入　　　　D. 引用

4. Word 2010 的打印设置中没有提供下面哪种功能(　　)。

A. 打印到文件　　　　　　　　　B. 人工双面打印

C. 按纸型缩放打印　　　　　　　D. 设置打印页码

5. 在 Word 中关于样式有下列两种说法,其中( )是正确的。

①样式是格式的统称。

②样式可分为段落样式和字符样式,段落样式对选定段落起作用,而字符样式只对选定文本起作用。

A. ①正确②错误　　B. ①错误②正确　　C. ①②正确　　　　D. ①②错误

二、判断题

1. 在 Word 2010 标准模板中,正文默认的中文字体是黑体。( )

2. 在 Word 2010 中,可以自动生成目录。( )

3. 在 Word 2010 中,"格式刷"按钮的作用是复制文本和格式。( )

4. 样式是格式的统称。( )

5. 可以在文档中插入超链接。( )

三、填空题

1. 在 Word 2010 中,若要计算表格中某行数值的总和,可以使用的统计函数是( )。

2. 在"表格属性"对话框中,包含( )、( )、( )三种对齐方式。

3. 在 Word 文档的编辑状态下,闪动的竖型光标表示( )。

4. 在 Word 中,查看文档的统计信息(如页数、段落数、字数和字节数等)和一般信息,可以单击"审阅"选项卡中的( )命令。

5. 为看清文件的打印输出效果,应该使用( )视图。

四、问答题

1. 如何使文档中相邻的两页显示不同的排版效果,比如上一页横向,下一页纵向。

2. 如何为 Word 文档添加密码?

3. 什么是样式?使用样式的优点有哪些?

4. 在编辑文档时,发现最后一页没有文字,有哪些方法可以删除最后一页?

5. 编辑文档时,最后一页只有一行文字,如何将这行文字提到上一页?

五、操作题

1. 制作求职简历。

(1)新建文档,保存为自己学号的后两位 + 姓名(简历),如:"18 张三(简历).docx"。

(2)输入标题"自荐书",华文新魏、一号、加粗、字符间距(加宽 12 磅)。"尊敬的领导:""自荐人:×××","××年××月××日",设置为幼圆、四号,正文文字,即"您好!……敬礼",楷体_GB2312、小四。

(3)段落设置。标题"自荐书"居中对齐。正文"您好!……敬礼",两端对齐、首行缩进 2 个字符。1.75 倍行距,"敬礼"利用水平标尺取消首行缩进。"自荐人:×××","××年××月××日"右对齐,"自荐人:×××"段前间距 20 磅。

(4)输入标题"个人简历",华文行楷、初号、加粗。插入表格,加入班级、姓名、学号、性别、个人兴趣爱好等内容,用表格直观地分类列出。如果愿意,可插入一张本人的照片。表格的样式见下列样文。文字格式为仿宋、小四、加粗。在表格中输入个人信息。

(5)为"自荐书"制作封面。插入图片"校标.jpg",在图片下插入竖排文本框,输入"求职简历",华文琥珀、100、"深蓝,文字 2,淡色 40%",文本框线条颜色为"无线条"。插入横排文本框,输入"姓名:×××","专业:××××","联系电话:××××××××××",文字格式为宋体，二号，加粗，文本框线条颜色为"无线条"。

（6）插入分节符，共分 3 节，封面一节，自荐书一节，个人简历一节。

2.《青年文摘》杂志排版。

打开素材文件夹中"青年文摘（素材）.docx"，并将其"另存为"新的文件［文件名为"学号＋姓名（读者）.docx"］，如"10402041 张三（读者）.docx"。在新文件的基础上进行以下操作。

（1）对文档进行页面设置，纸张大小为 16 开，页边距为上、下 2 cm，左、右 1.8 cm。

（2）设置样式。

样式名称	字体	字体颜色	字体大小	段落格式	多级编号
标题 1	宋体	红色	二号、加粗	段前、段后 18 磅、单倍行距	部分名
标题 2	黑体	蓝色	三号、加粗	段前、段后 13 磅、单倍行距	篇名
标题 3	宋体	黑色	小四、常规	段前、段后 0 磅、1.25 倍行距 首行缩进 2 字符	正文

（3）在"写给母亲的诗篇"前插入一行，输入"卷首语"。将一级标题"卷首语"和二级标题"写给母亲的诗篇"居中，在"卷首语"页插入"艺术型"页面边框。将"卷首语"分成两栏（注：标题行和作者行不参与分栏），插入图片"mother.jpg"，环绕方式为"紧密型"。

（4）制作"青年文摘"封面。"青年文摘"四个字用艺术字，选择艺术字库中第三行、第一列的艺术样式，格式为华文行楷，96，段前 1 行，段后 2 行。插入图片"封面.jpg"，调整大小，居中，在"青年文摘"下插入"文本框"，输入"2014 年 7 月"，文字格式为华文琥珀，28 磅。

（5）添加目录。

要求：目录中含有"标题 1""标题 2"，将目录放在"卷首语"之后、正文之前，并使目录成为独立的一节。"目录"字体为宋体，磅数为小二，字符间距 10 磅，段落居中对齐、段前 2 行、段后 3 行。

(6)插入分节符，共分4节，封面一节，卷首语一节，目录一节，其他正文一节。

(7)插入页眉和页脚。

要求：封面、摘要和目录页上没有页眉。在正文开始页插入页眉和页脚（奇偶页不同），其中：奇数页页眉的左侧为"🐝+标题"（Title），右侧为"青年文摘"。偶数页页眉的左侧为"青年文摘"，右侧为"🐝+标题"（Title）。页脚：在页脚正中插入"页码"，其中封面、目录页没有页码。"卷首语"页的页码位置为底端，外侧；格式为 A。正文页码位置为底端，外侧；起始页码为1，格式为 1、2、3、4……

【本章小结】

本章以刚入职的小王老师处理教学工作中所需要的教案、试卷、成绩通知书等文档为应用场景，安排了编写教案、编制试卷、制作成绩通知书、整理文档资料、审阅和打印文档资料任务环节，使读者熟悉有关排版的基础知识，以及 Word 的各项应用技术和排版技巧。

通过编写教案这一具体工作任务，制作一次课的教案，熟悉 Word 文档的工作界面、字符格式设置、段落格式设置、表格制作、文档模板设计，通过本案例任务的学习和训练，进而使读者掌握学习报告、教学总结、试卷分析报告、工作计划等日常教学工作文档的编辑排版方法。

通过制作试卷这一具体工作任务，在完成一份试卷的过程中，介绍 Word 文档的页面设置、分栏、文本框的操作、文档特殊页码的设置，通过本案例任务的学习和训练，进而使读者掌握调查问卷、考试试卷、单元检测卷等日常教学工作文档的编辑排版方法。

通过制作学生成绩通知单这一具体工作任务，介绍 Word 文档邮件合并技术，通过本案例任务的学习和训练，进而使读者掌握高效率批量制作成绩单、准考证、录用通知书、会议通知函、新年贺卡等日常教学工作文档的编辑排版方法。

通过整理文档资料这一具体工作任务，将课程单元的教案合并为一门课程的完整教案，介绍 Word 文档分节符、样式、目录、封面的设置，通过本案例任务的学习和训练，进而使读者掌握调查报告、书稿、教案等长文档的设计和制作。

通过审阅和打印文档资料这一具体工作任务，介绍 Word 文档的审阅、批注和打印方法，进而使读者掌握多人合作编辑文档的方法和技巧，掌握文档输出的方法和技巧。

本章所引用的案例任务，涵盖了教师教学业务工作相关的主要文档，有助于提升教师信息技术应用能力和水平，有利于提升教师的工作效率，教师可以根据自己学校的具体规范和要求，对案例中的文档格式和内容进一步调整和优化，使这些文档更加符合自己岗位工作的实际需求。

第4章

编辑和整理数据资料

【教学情境】

小王老师在本学期期末考试结束后，需要收集与编制学生信息、成绩等相关数据资料，还需要对这些数据资料进行统计分析，提炼有价值的信息，编制数据分析报表或图表，为学生的后续学习提供指导。

【解决方案】

安排了制作学生成绩电子表格、打印输出成绩表、计算成绩数据、制作学生成绩统计表、制作学生成绩汇总分析表、制作成绩分析图表等六个任务，来学习和掌握数据资料的编辑和整理技能，并按不同类型的数据要求在教学实践活动中灵活运用。

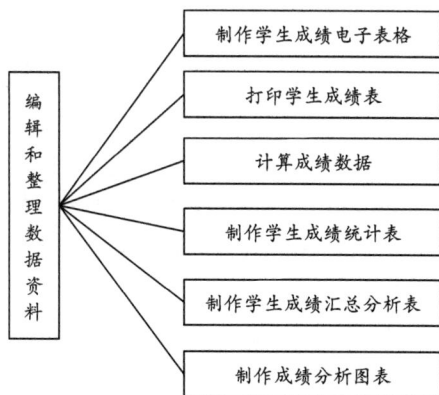

编辑和整理数据资料
- 制作学生成绩电子表格
- 打印学生成绩表
- 计算成绩数据
- 制作学生成绩统计表
- 制作学生成绩汇总分析表
- 制作成绩分析图表

【能力目标】

作为一名教师，在数据统计与分析方面必须具备以下工作能力：

1. 能用 Excel 软件编辑、排版以及打印数据表格。

2.能用公式和函数统计分析表格数据。

3.能用数据筛选、分类汇总方法查询并处理数据。

4.能用数据透视表统计分析数据关系。

5.能用图表法分析表达数据分析结果。

任务4.1　制作学生成绩电子表格

【任务分析】

Excel 是目前应用最为广泛的一种电子表格，通过它可以方便地进行各种数据的处理、统计分析等操作。在办公应用中，经常需要使用电子表格。期末考试过后，小王老师需要使用 Excel 软件将所有学生成绩录入到学生成绩汇总表中。

创建学生成绩表（V）

具体效果如图 4-1 所示。

图4-1　学生成绩汇总表

（1）新建一个工作簿，并在工作簿中创建一个名为"学生成绩"的工作表。

（2）录入学生成绩并将学生的分数统一保留1位小数：选择所有的分数单元格，单击鼠标右键，在弹出的菜单中选择"设置单元格格式"，弹出"设置单元格式"窗口。在"数字"选项卡的分类中选择"数值"，小数位数设置为1。

（3）设置字体格式：在第一行之前插入一行，选取 A1：R1 合并后居中，录入标题，将标题格式设置为：仿宋、16 号字，中部居中。

（4）条件格式：将小于60分的成绩设置为浅红填充深红色文本的格式。SQL数据库应用课程分数最高的成绩设置为黄色填充深黄色文本格式。

【任务资讯】

4.1.1　Excel 2010 的工作界面

Excel 2010 的工作界面主要由快速访问工具栏、选项卡与功能区命令按钮、标题栏、编辑栏、工作簿窗口和状态栏等部分组成，如图 4 - 2 所示。

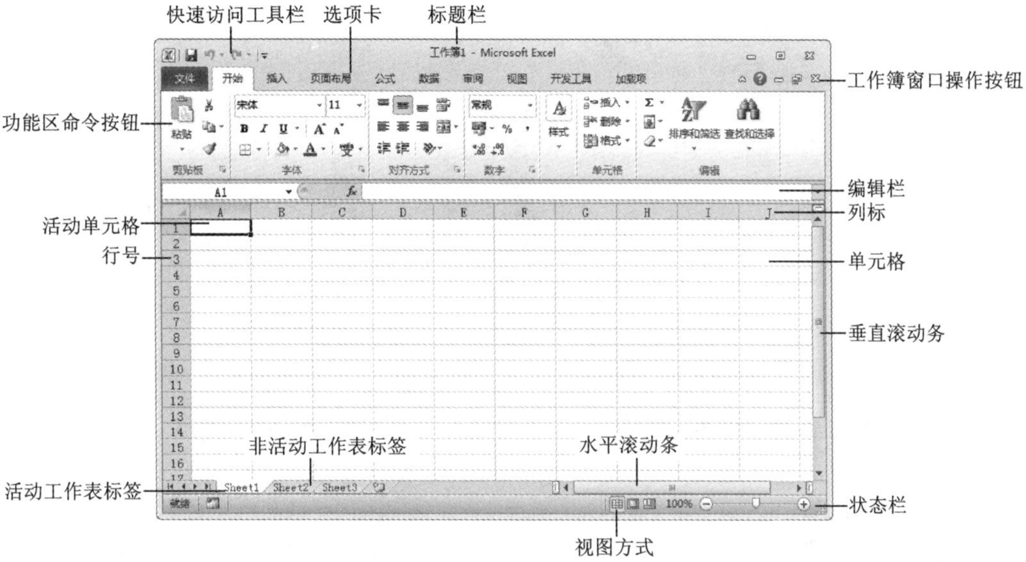

图 4 - 2　**Excel 2010 工作界面**

1. 快速访问工具栏

快速访问工具栏位于 Excel 窗口顶部标题栏的左侧，一些命令按钮单独设置在工具栏中。功能和使用方法与 Word 2010 类似。快速访问工具栏的左侧是 Excel 控制图标。

2. 选项卡与功能区命令按钮

Excel 2010 的功能区是由各种选项卡和包含在选项卡中的各种命令按钮组成的，功能区基本包含的是 Excel 2010 中的各种操作需要用到的命令。默认选择的选项卡为"开始"选项卡。使用时，可以通过单击鼠标左键来选择需要的选项卡。每个选项卡中包括多个选项组，每个选项组中又包含若干个相关的命令按钮。如果选项组的右下角有一个图标，单击此图标，可以打开相关的对话框。与 Word 2010 类似，某些选项卡只在需要使用时才显示出来。

3. 标题栏

标题栏位于窗口的顶端，显示了工作簿的名称(默认为"工作簿 1")和应用程序名，即 Microsoft Excel。标题栏的右边是 Excel 的 3 个控制按钮，分别为"最小化"按钮 、"还原或最大化"按钮 和"关闭"按钮 。

4. 编辑栏

编辑栏位于选项卡功能区的下方，从左至右分别由名称框、工具栏按钮和编辑栏三部分组成。名称框用于显示当前单元格的地址和名称。当选择单元格或区域时，名称框中将出现相应的地址名称(如 A1)；在名称框中输入地址名称时，也可以快速定位到目标单元格中。例如，在名称框中输入"B8"，按"Enter"键即可将活动单元格定位在第 B 列第 8 行，如图 4 - 3 所示。

编辑框主要用于向活动单元格中输入、修改数据或公式。向单元格中输入数据或公式时，在名称框和编辑框之间会出现 ✗ 和 ✔ 两个按钮，单击按钮 ✗，取消对该单元格的编辑；单击按钮 ✔，确定输入或修改该单元格的内容，同时退出编辑状态。如图 4 - 4 所示。

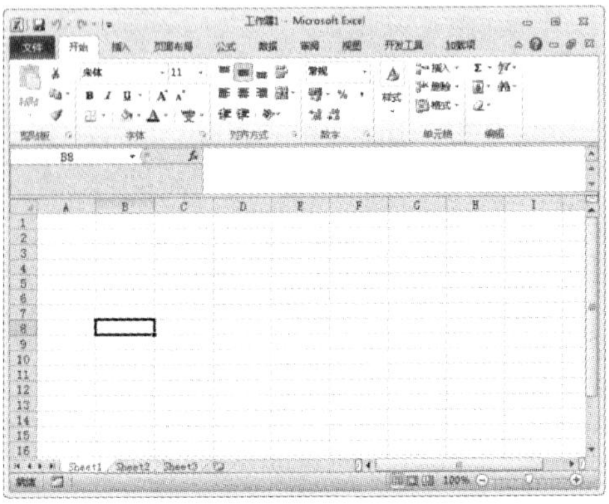

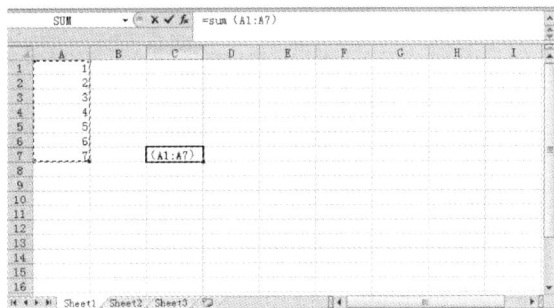

图 4 - 3　快速定位到"B8"单元格

图 4 - 4　公式框

5. 工作簿窗口

工作簿窗口位于编辑栏的下方。工作簿是 Excel 用来处理和存储数据的文件，扩展名为".xlsx"，其中可以含有一个或多个工作表。工作簿相当于工作表的容器，刚启动 Excel 2010 时，打开一个名为 Book 1 的空白工作簿，在保存时可以重新命名。工作簿窗口主要包含以下几个部分。

(1)工作簿标题栏。位于工作簿窗口顶部，用于显示工作簿的名称。其左端为工作簿控制菜单图标。单击标题栏右侧"最大化"按钮，此时工作簿窗口最大化，工作簿标题栏自动并入 Excel 标题栏。

(2)工作表工作区。工作表也称电子表格，其名称分别显示在底部的工作表标签上。工作表工作区指的是位于工作簿标题栏和工作表标签之间的区域，表格的编辑主要在这一区域完成。一张工作表是一个二维表格，其中行号以数字命名，列标以字母或字母组合命名。工作表中的表格又称单元格，其地址由列标和行号组成，如 D5 单元格就是位于工作表中第四列第五行的单元格。

(3)工作表标签。工作表标签位于工作簿窗口底部，用于显示工作表名称，默认情况下，一个新的工作簿中含有 3 个工作表，分别为 Sheet 1、Sheet 2 和 Sheet 3。通过鼠标单击工作表标签可以切换工作表。最后一个工作表标签的右侧是插入工作表标签，单击该标签可以插入一个新的工作表。

6. 状态栏

状态栏位于窗口底部，其功能主要是显示当前数据的编辑状态、切换视图模式及调整页面显示比例等，使用户查看文档内容更方便。如需要自定义状态栏，可以在状态栏上单击鼠标右键，在弹出的快捷菜单中选择所需的选项即可。

4.1.2　工作簿和工作表

工作簿是计算和存储数据的文件，一个工作簿就是一个 Excel 文件，扩展名为".xlsx"。一个工作簿可以包含多个工作表，范围是"1～255"，默认情况下有 3 个工作表，表名称分别为 Sheet1、Sheet2 和 Sheet3。这样就可以将若干相关工作表组成一个文件，操作时不必打开多个文件而直接在同一个文件的不同工作表中切换。

4.1.3　条件格式

条件格式是指单元格满足某种或某几种条件时，显示为设定的单元格格式。条件可以是公式、文本、数值。

4.1.4　自动套用格式

自动套用格式只针对特定的单元格设置内置的表格样式，它包括了预定义的边框和底纹、文字格式、文字的对齐方式等，可以使用这些样式快速美化表格。

【任务实现】

制作学生成绩总汇表的工作共分为两步：

第一，创建一个成绩总汇的工作表。

第二，美化这个工作表。

创建学生成绩总汇表首先得新建一个工作簿，然后在这个工作簿中新建工作表，最后在工作表的单元格中输入数据。

1．新建一个工作簿，并在工作簿中创建一个名为"学生成绩"的工作表

（1）启动 Excel 2010，进入工作界面并自动创建一个空白工作簿"工作簿 1"。工作簿 1 有 3 个默认的工作表 Sheet 1、Sheet 2、Sheet 3。

（2）右键单击 Sheet 1 工作表标签，并在弹出的快捷菜单中选择"重命名"命令，将 sheet1 工作表重命名为"学生成绩"。

2．录入学生成绩并将学生的分数统一保留 1 位小数

（1）在 Sheet 1 中录入学生成绩数据。

（2）选择所有的分数单元格，单击右键，在弹出的菜单中选择"设置单元格格式"，弹出"设置单元格格式"对话框。

（3）在对话框的"数字"选项卡的分类中选择"数值"，小数尾数设置为 1。

3．为学生成绩汇总表添加一个标题并为标题设置格式

（1）单击第一行行标，以选中第一行。单击鼠标右键，在右键菜单中选择"插入"命令，则可在第一行之前插入一行。

（2）选中单元格区域 A1：R1，单击"开始"选项卡"对齐方式"选项组的"合并后居中"按钮 ，在合并后的单元格内录入标题。

（3）选中标题，在"开始"选项卡"字体"组中将标题设置为仿宋，16 号字，中部居中。

4.将小于60分的成绩设置为浅红填充深红色文本的格式。SQL数据库应用课程分数最高的成绩设置为黄色填充深黄色文本格式。

(1)选择所有的分数。

(2)选择"开始"选项卡"样式"选项组中的"条件格式",在下拉菜单中选择"突出显示单元格规则",在二级菜单中选择"小于",弹出"小于"对话框,如图4-5所示。

图4-5 "小于"对话框

(3)在对话框中为小于60的单元格设置浅红填充深红色文本的格式。

重复步骤(1)~(3),将SQL数据库应用课程分数最高的成绩以特殊格式显示。在条件格式下拉列表中,选择"项目选取规则",在二级菜单中选择"值最大的10项",为值最大的1个单元格设置黄色填充深黄色文本格式。

5.为表格设置边框和底纹

(1)选择表格,单击鼠标右键,在右键菜单中选择"设置单元格格式",弹出"设置单元格格式"对话框。

(2)在对话框的"边框"选项卡中选择要设置的线条样式和颜色。

(3)单击预置或者边框下面的按钮,可以将对应位置的边框设置为这种格式的边框。

6.为表格自动套用格式

(1)选择要应用样式的单元格区域,在"开始"选项卡"样式"工具组中单击"套用表格格式"按钮,从下拉列表中选择一种需要的样式,弹出"套用表样式"对话框。

(2)在对话框中确认表数据来源和是否包含标题后单击"确定"按钮。

【应用拓展】

取消套用表格样式该如何操作?

(1)选择套用表格的表格区域。

(2)单击"表格工具""设计"选项卡,在功能区的"工具组"中单击"转换为区域"按钮,弹出确认转换对话框;

(3)在对话框中单击"是"按钮,再在"开始"选项卡对应的功能区的"编辑"选项组中,单击"清除"下方的"清除格式"命令,即可取消套用的表格格式。

【任务小结】

本任务通过制作学生成绩总汇表,介绍了Excel中新建工作表、设置单元格格式、条件格式、为表格套用格式等操作。

通过本任务的学习和训练,使大家能够掌握工作表数据的输入和编辑排版的方法,具备数据表制作与处理的能力，如独立完成学生考勤表、会议议程表、值班安排表等数据表格的录入与制作。

任务4.2　打印学生成绩表

【任务分析】

一张创建完成的工作表，进行相应的修饰之后可以通过打印机打印输出。在工作表打印之前，还需要做一些必要的设置。比如设置打印区域、设置打印标题行等。小王老师需要将学生成绩总汇表打印成纸质文档交至教务处。

基本打印操作包括：设置纸张的大小和方向、设置纸张边距、设置页眉页脚、设置打印区域、设置打印标题行等。

有以下三种方法来进行调整：

（1）适当调整页面的页边距。

（2）适当调整文本字体的大小。

（3）调整行高和列宽。

【任务资讯】

1. 分页预览

分页预览可以在窗口直接查看工作表分页的情况。它的优越性还体现在分页预览时，仍可以像平常一样编辑工作表，直接改变设置的打印区域大小，还可以方便地调整分页符的位置。

2. 工作表窗口的拆分

工作表的拆分就是将工作表分为几个窗口，每个窗口都可以使用滚动条来显示工作表的每一部分。由于屏幕的大小有限，当工作表很大时，会出现只能看到工作表部分数据的情况，如果希望比较工作表中相距甚远的数据，用户可以将窗口分为几个部分，在不同窗口中显示工作表的不同部分。拆分可以分为：水平拆分、垂直拆分、水平和垂直同时拆分。

3. 工作表窗口的冻结

工作表窗口的冻结是指将工作表窗口的上部或左端固定，不随滚动条的滚动而移动，通常用于固定行标题和表标题。

如果工作表的数据比较多，使用垂直或水平滚动条查看数据时，将出现标题行或列无法显示的情况，使得查看数据很不方便。窗口冻结的目的就是固定窗口左侧的几列或上端的几行。窗口冻结分为：水平冻结、垂直冻结、水平和垂直同时冻结。

【任务实现】

1. 设置成绩单的纸张大小和方向

（1）在"页面布局"选项卡，"页面设置"组中单击"纸张大小"下拉按钮。

（2）在下拉列表中选择纸张类型为 A4。

（3）单击纸张方向下拉按钮_{纸张方向}，在下拉列表中选择纵向。

2.设置页边距

（1）单击"页面设置"组中的"页边距"下拉菜单，选择"自定义边距"，打开"页面设置"对话框；

（2）在对话框的"页边距"选项卡中设置成绩单表的上下左右边距分别为：2.5 cm、2.5 cm、2 cm、2 cm。

3.设置页眉和页脚

（1）切换到"页眉/页脚"选项卡，单击"自定义页眉"按钮，打开"页眉"对话框。

（2）在打开的"页眉"对话框中将光标定位在"中"文本框，输入"红旗中学"，单击"确定"。

（3）单击"自定义页脚"按钮，在"右"文本框中输入"制表人：李刚　时间：2017 年 4 月 26 日"。单击"确定"。

4.打印工作表

（1）单击"打印"按钮即可对工作表进行打印。

（2）如果希望根据需要打印内容，首先选择要打印的区域，再选择"打印选定区域"即可完成设置。

5.打印预览

选择"文件"选项卡的打印选项，在右侧可以进行打印效果预览。

【应用拓展】

1.如果想要打印整个工作簿中所有的工作表，该如何操作？

在 Excel 中除了可以打印选定的工作表外，还可以一次打印整个工作簿的所有工作表。在"文件"选项卡下的打印命令中选择设置，在右边窗口中选择"打印整个工作簿"命令。

2.在实际工作中如果遇到一张工作表数据很多，打印出来除了第一页可以看到每行的标题外，其他页均未有表头，使得表格阅读不方便，该怎么办？

可通过设置"打印标题"使每页都打印的标题行。具体操作是：在"页面布局"选项卡的"页面设置"选项组中，单击"打印标题"按钮，在弹出的"页面设置"对话框的"工作表"选项卡中设置打印区域和打印标题操作。

3.冻结可以用来解决记录比较多，阅读数据不方便的问题，具体该如何操作呢？

比如在学生成绩表中，要定位 G3 单元格，则 G3 的上方是需要冻结的行标识，左侧是需要冻结的列标识。在"视图"选项卡"窗口"组中单击"冻结窗格"按钮右侧的三角形按钮，显示"冻结窗格"下拉菜单，选择"冻结拆分窗格"命令。此时工作表中出现两条互相垂直的黑色线，表明列和上方的行被冻结了。

取消冻结窗格，选定工作表中的任意单元格，打开冻结窗格下拉菜单，选择"取消冻结窗格"命令。

【任务小结】

本任务通过将学生成绩总汇表打印介绍了在 Excel 中打印文件的页面设置、预览和打印方法。

通过本任务的学习和训练，让大家掌握工作表的打印方法，能打印出合乎规范和阅读习惯的纸质文档。

任务4.3　计算成绩数据

计算成绩数据（V）

【任务分析】

Excel 不但可以输入数据，还可以使用公式对数据进行各种统计计算。通过 Excel 提供的函数，可以方便地对数据进行常用计算。

为了准确显示每个同学的成绩，小王老师需要将全班同学的成绩进行汇总和计算。如图 4－6 所示。

	A	B	C	D	E	F	G	H	I	J	K	L	M	N	O	P	Q	R	S	T
1	2015-2016学年第一学期红旗学院软件专业学生成绩表																			
2	姓名	学院	专业	班级	学制	学号	SQL数据库应用	网页设计与制作	JavaScript	项目实训	大学体育	大学生职业素养	大学英语	毛泽东思想和中国特色社会主义理论体系	Java程序设计基础	数学建模	大学生就业指导	大学生心理健康	总分	排名
3	陈韬	计算机工程学院	软件技术	计软1501	3年	201517130101	79	74	70	68	73	71	71	70	80	72	82	96	906	18
4	何伟华	计算机工程学院	软件技术	计软1501	3年	201517130102	65	86	82	88	79	83	85	82	86	76	67	85	984	1
5	李国辉	计算机工程学院	软件技术	计软1501	3年	201517130103	76	83	72	64	85	65	68	72	91	66	68	85	893	23
6	徐斌	计算机工程学院	软件技术	计软1501	3年	201517130104	90	84	68	63	90	86	62	68	74	73	66	93	917	15
7	谢文文	计算机工程学院	软件技术	计软1501	3年	201517130105	58	86	88	28	83	83	53	88	78	79	69	91	885	25
8	李金金	计算机工程学院	软件技术	计软1501	3年	201517130106	75	83	86	83	81	87	68	86	82	85	70	92	978	2
9	李泽英	计算机工程学院	软件技术	计软1501	3年	201517130107	66	80	86	77	84	88	71	86	71	79	84	70	943	9
10	郑耀强	计算机工程学院	软件技术	计软1501	3年	201517130108	63	77	89	71	87	96	60	89	45	76	79	78	911	17
11	王涛	计算机工程学院	软件技术	计软1501	3年	201517130109	86	86	83	85	65	88	71	83	62	75	75	85	947	8
12	张燕燕	计算机工程学院	软件技术	计软1501	3年	201517130110	83	80	78	62	69	67	71	78	66	83	79	90	903	19
13	杨传文	计算机工程学院	软件技术	计软1502	3年	201517130201	84	79	91	83	67	86	67	91	76	80	76	80	960	4
14	袁辰	计算机工程学院	软件技术	计软1502	3年	201517130202	86	62	87	80	64	84	72	87	88	71	84	90	955	6
15	刘欣	计算机工程学院	软件技术	计软1502	3年	201517130203	83	81	61	60	76	79	50	61	76	79	91	88	885	26
16	陈旭	计算机工程学院	软件技术	计软1502	3年	201517130204	80	84	81	54	82	86	64	82	78	67	80	87	903	22
17	林皓	计算机工程学院	软件技术	计软1502	3年	201517130205	77	83	87	69	81	73	69	87	63	60	68	86	904	20
18	周阳东	计算机工程学院	软件技术	计软1502	3年	201517130206	86	71	89	55	73	53	86	88	78	71	84	87	925	14
19	李永青	计算机工程学院	软件技术	计软1502	3年	201517130207	80	60	75	93	66	94	80	75	30	71	84	72	881	28
20	米婷	计算机工程学院	软件技术	计软1502	3年	201517130208	79	71	74	86	68	92	70	74	77	67	87	83	927	12
21	杨梦媛	计算机工程学院	软件技术	计软1502	3年	201517130209	62	71	81	86	81	90	69	81	26	72	61	79	858	30
22	熊万成	计算机工程学院	软件技术	计软1502	3年	201517130210	81	67	82	82	81	80	78	82	80	63	35	80	891	24
23	罗正中	计算机工程学院	软件技术	计软1502	3年	201517130211	60	72	72	87	79	90	74	72	33	70	38	83	831	31
24	周静涛	计算机工程学院	软件技术	计软1503	3年	201517130301	94	89	76	63	60	89	79	78	76	45	87	96	933	10
25	何洪源	计算机工程学院	软件技术	计软1503	3年	201517130302	86	83	85	86	71	83	75	85	75	62	76	88	958	5
26	戴灿文	计算机工程学院	软件技术	计软1503	3年	201517130303	80	78	62	83	71	78	79	90	83	66	69	78	916	16
27	刘萍	计算机工程学院	软件技术	计软1503	3年	201517130304	79	91	83	84	67	91	76	80	80	76	77	86	970	3
28	沈家祺	计算机工程学院	软件技术	计软1503	3年	201517130305	62	87	80	86	65	87	84	90	71	88	64	84	948	7
29	钟盛勤	计算机工程学院	软件技术	计软1503	3年	201517130306	81	61	60	83	50	61	91	88	79	76	76	79	885	26
30	曾昕凯	计算机工程学院	软件技术	计软1503	3年	201517130307	84	81	55	80	64	56	80	87	67	78	82	66	878	29
31	赵敏婷	计算机工程学院	软件技术	计软1503	3年	201517130308	83	87	69	77	69	87	68	86	60	63	81	75	904	21
32	刘俊平	计算机工程学院	软件技术	计软1503	3年	201517130309	71	89	57	86	86	88	84	87	71	78	73	59	931	11
33	邓敏茜	计算机工程学院	软件技术	计软1503	3年	201517130310	71	74	86	79	70	74	87	83	67	77	68	92	927	13

图 4－6　成绩汇总和计算

【任务资讯】

1. Excel 中的公式

Excel 中的公式由以下元素构成：运算值，要进行运算的原始数据，可以手工输入也可以单元格引用。运算符，对运算值进行各种加工处理的运算符号，包括加减乘除比较文本引用等运算符。

2. Excel 中的函数

Excel 中的函数是为了方便输入公式对数据进行计算而预设的公式。函数由函数名和参数组成，函数名说明了函数要执行的运算，参数是函数用来完成运算的数值或单元格区域地址。

3. 单元格的引用

单元格引用的作用是指明计算所用数据在工作表中的哪一个单元格或者哪些单元格内。

4. 单元格的相对引用

通过公式的复制和粘贴，以及公式自动填充，公式中的单元格引用能够智能地随着变化而变化，使各行都能够得到对应的正确的计算结果。这种情况是单元格的相对引用。相对引用的行号、列号都是相对的，如果公式的位置发生了变化，则公式中应用的单元格的地址也会随之改变。

5. 单元格的绝对引用

绝对引用就是指在自动填充公式的时候，无论公式在哪个单元格，公式都引用了固定位置的单元格。绝对引用的公式中的单元格地址的行号和列号前加上了 $ （doller）符号，表示这个单元格在公式填充的过程中是不变的。

6. 混合引用

在平时应用中也有单元格的混合引用。符号" $ "表示引用是否为绝对引用，如果它在行号前，行号是绝对的。如果它在列号前，列号是绝对的。

【任务实现】

1. 将过程考核和综合考核以 40% 和 60% 的比例计算每个同学各门功课总评成绩

（1）首先完成第一个同学的第一门课程的总评成绩的计算。先在 I3 单元格中输入等号，在 G3 单元格输入乘号再输入 0.4，继续选择 H3 单元格，输入乘号再输入 0.6，单击编辑栏前面的对勾按钮完成公式。

（2）公式的复制和粘贴：复制 I3 单元格，配合键盘上的"Ctrl"键同时选择陈萌同学的其他各门功课的期末总评成绩单元格，在右键菜单中选择公式粘贴。

（3）公式的自动填充：将光标移动到 I3 单元格的右下角，指针变成黑色十字架形状时，按住鼠标左键向下拖动完成填充，也可双击完成填充。

计算学生成绩表中的个人总分。

（1）在学生成绩工作表中 S2 单元格录入"总分"。

（2）选中 S3 单元格，在"文件"选项卡、"编辑"选项组的"自动求和"下拉列表中选择"自动求和"，Excel 会自动选择 G3 到 R3 中所有单元格作为求和的数据。

（3）单击"Enter"键或单击编辑栏前的对勾完成编辑。

（4）选中 S3 单元格，可以看到编辑框中显示" = SUM（ G3： R3 ）"。SUM 为函数，表示求和。小括号中的 G3： R3 是函数参数，它表示在这次计算中要对 G3 到 R3 的所有单元格求和。

（5）显示在 S3 单元格的数据是函数的计算结果，也叫函数的返回值。

（6）在个人总分计算中的单元格引用也是相对引用的，将鼠标移至单元格右下角，双击完成自动填充个人总分列的计算。

对学生的总成绩进行排名操作。

（1）光标定位到 T3 单元格，对陈萌同学的总成绩进行全年级排名。

（2）单击插入函数按钮 fx，在弹出的"插入函数"对话框"搜索函数"文本框中输入 Rank。在下方"选择函数"弹出的函数中，选择"Rank. EQ"，单击"确定"，弹出"函数参数"对话框。

（3）在对话框中需要指定三个参数，设置如下：

Number，这里是陈萌同学的总分。在 S3 单元格，单击 Number 后面的拾取按钮，单击 S3，再单击一次拾取按钮回到函数参数对话框。

Ref，即指定区域。说明 S3 在那个数据区域的排名，显然是所有学生的总成绩。单击 Ref

后面的拾取按钮,选择 S3 到 S33 中所有的单元格这是因为待会在公式填充时候这个区域是固定不变的,所以我们在选中之后按一下键盘上的 F4 键指定 S3 到 S33 区域为绝对引用,让行号和列号前都出现美元符号,

Order,即排名的方式,可用它表示按降序进行排序,单击"确定",可以看到陈萌同学排在 18 位。

(4)通过自动填充公式得到所有同学的排名。

【应用拓展】

排名公式有两个,Rank.EQ 和 Rank.AVG,它们有什么区别吗?

Rank.EQ 表示如果遇到同样的排名,显示的是最佳排名。如排名结果中有两个 26 名,没有 27 名,26 是最佳排名,如果选择 Rank.AVG 平均排名,则单元格内会显示 26.5 作为排名结果。

【任务小结】

本任务通过对学生成绩表的数据计算,介绍了电子表格 Excel 中的公式和简单函数的运用。

通过本任务的学习和训练,让大家掌握工作表数据计算和加工的一般方法,掌握 Average、Sum、Rank 等常用函数的使用方法,具备数据计算的一般能力,能独立完成日常统计表、学生资料管理表等表格的计算和分析。

任务4.4　制作学生成绩统计表

【任务分析】

在 Excel 中通过 Excel 提供的函数,可以方便地对数据进行常用计算。小王老师需要对所有同学的成绩制作学生成绩的统计表。

制作学生成绩统计表(V)

【任务资讯】

1.运算符号

公式中的运算符,见表 4–1。

表 4–1　Excel 公式运算符

符号类型	功能	符号
算术运算符	完成基本的数学运算,返回值为数值	+(加)、-(减)、×(乘)、/(除)、%(百分比)和^(指数)
比较运算符	用来比较两个数大小的运算符,返回值只有两种:TRUE 和 FALSE	=(等于)、>(大于)、<(小于)、>=(大于等于)、<=(小于等于)和<>(不等于)

续表 4 – 1

符号类型	功能	符号
文本运算符	用来连接两个文本数据,返回值为组合的文本	&
引用运算符	用于合并多个单元格区域	:

2. 运算错误信息

在 Excel 中使用公式或函数时,经常会出现错误信息,这是由于执行了错误的操作导致的。Excel 会根据不同的错误类型给出不同的错误提示,便于用户检查和排除错误,如表 4 – 2 所示。

表 4 – 2　Excel 常见公式和函数错误

错误提示	错误原因
####	单元格中的数值太长,单元格显示不下
#DIV/0!	公式里含有分母为 0 的情况
#N/A	在公式或函数中引用了一个暂时没有数据的单元格
#NAME?	公式中有无法识别的文本,或引用了一个不存在的名称
#NUM!	公式或函数中包含无效数值
#REF!	公式或函数中引用了无效的单元格
#VALUE	使用了错误的参数或运算对象类型

【任务实现】

1. 使用函数 Countif 完成学生成绩统计表中课程成绩大于等于 90 的人数

(1)首先将单元格定位在 B3 单元格,表示现在要统计《SQL 数据库应用》课程的 90 ~ 100 分人数。

(2)单击 fx 插入函数按钮,在搜索函数中输入"Countif",单击转到按钮,选择 Countif 函数,单击"确定",弹出"Countif 函数参数"对话框。

(3)在对话框中,Range 表示要计算非空单元格数目的区域,这里是 SQL 数据库应用的所有成绩。单击选择学生成绩工作表,然后框选 G3 到 G33。第二个参数是条件参数直接输入" > =90",单击确定。

2. 使用 Countifs 函数统计《SQL 数据库应用》课程成绩在 80 ~ 89 之间的人数

(1)选择 B4 单元格,选择 Countifs 公式。

(2)在弹出的函数参数对话框中选择第一个参数,条件区域设置为学生成绩表的 G3 到 G33 单元格,表示《SQL 数据库应用》课程的所有成绩,条件设置为" > =80",第二个条件区域也是《SQL 数据库应用》课程的所有成绩,条件输入为" <90",单击"确定"。

3. SQL 数据库应用课程的 70~79 人数可以通过复制 B4 单元格的公式来进行修改

（1）将光标定位在 B4 单元格，单击编辑栏的单元格引用处，按 F4，使 $ 符号出现在区域的行号之前（成为 G $ 3： G $ 33）。

（2）此时选择 B4 单元格，按"Ctrl + C"快速复制，在 B5 的单元格单击右键，在粘贴选项中选择公式粘贴。

（3）因为条件由 80~89 改到了 70~79，这里只需在编辑栏中修改条件就可以了。

用同样的方法进行 SQL 数据库应用课程的其他分数段的统计，完成之后，选择所有已计算的分数段人数单元格，对其他课程的统计人数单元格进行自动填充，即可完成所有课程的分数段人数统计。

4. 使用最大值函数 Max( ) 来计算最高分

（1）将光标定位在 B7 单元格。

（2）点击"开始"选项卡"编辑"选项组中"自动求和"下拉按钮，出现下拉列表。

（3）在下拉列表中选择最大值 Max 函数，Excel 会自动选择 B3 到 B6 单元格作为参数。此时单击学生成绩工作表标签切换到学生成绩工作表，框选成绩表中的 SQL 数据库应用课程的所有分数。

（4）单击编辑栏前的对勾完成操作。

用同样的方法使用最小值函数 Min( ) 求出《SQL 数据库应用》课程的最低分。

5. 计算 SQL 数据库应用的及格率和优秀率

（1）将要显示及格率及优秀率的单元格格式设置为百分比，保留两位小数形式。

（2）计算及格率。即计算及格的人数占总人数的比率，定位在 SQL 数据库应用的及格率单元格上，插入 Counti 函数，确定参数。计算及格的学生人数，手动输入除号，再录入 Count 函数、函数括号，将光标定位在括号之间，单击 fx 按钮，弹出 Count 函数参数的对话框，确定参数为《SQL 数据库应用》课程的所有学生成绩。

（3）计算优秀率，即 90 分以上的人数占总人数的比例，方法和及格率是相同的。

6. 将函数进行嵌套来完成对成绩进行分析。

（1）复制成绩汇总表到 Sheet3，修改工作表名称为学生成绩等级表，将标题改为等级表。

（2）删除所有分数，在显示分数的单元格中显示学生成绩对应的级别：>90 优秀、80~90 良好、70~79 中等、60~69 及格、<60 不及格。

（3）将光标定位在 G3 单元格，表示要判断陈萌的 SQL 数据库应用课程的等级，单击插入函数 fx，插入 IF 函数，弹出 IF 函数的参数设置对话框。

（4）在函数参数对话框中的第一个参数是一个逻辑表达式，单击参数后面的拾取按钮，选择学生成绩表，在学生成绩表中单击陈萌的 SQL 成绩所在单元格，键盘录入" > =90"，表示如果成绩 >90；在第二个参数中录入"优秀"；第三个参数表示如果判断的单元格不满足≥90 时，该单元格的显示结果。录入 IF 函数和括号( )，将光标移动到编辑栏中的 IF 和括号之间，弹出嵌套 IF 的函数参数设置对话框。

（5）用同样的方法设置逻辑表达式，表示成绩≥80 显示良好，否则继续 IF。如果成绩≥70，显示中等。如果不满足≥70，继续 IF。如果成绩≥60，显示及格，否则显示不及格。

（6）单击确定。

（7）最后完成所有单元格的自动填充。

【应用拓展】

1. 函数的种类主要有文本函数、日期时间函数、统计函数、财务函数、逻辑函数、数学函数和其他类型，常用的函数按类归纳如下。

(1)常用数学函数。

函数名称	主要功能	使用格式
SUM	计算所有参数数值的和	SUM(number1, 【number2】, ... 】)
AVERAGE	求出所有参数的算术平均值	AVERAGE(number1, 【number2】, ...)
MOD	求出两数相除的余数	MOD(number, divisor)
ABS	求出相应数字的绝对值	ABS(number)
PRODUCT	求各参数的乘积值	PRODUCT(number1, 【number2】, ...)
INT	将数值向下取整为最接近的整数	INT(number)
TEXT	根据指定的数值格式将相应的数字转换为文本形式	TEXT(value, format_text)

(2)常用统计函数。

函数名称	主要功能	使用格式
SUMIF	计算符合指定条件的单元格区域内的数值和	SUMIF(range, criteria, 【sum_range】)
SUMIFS	用于对一组给定条件指定的单元格进行求和	SUMIFS(sum_range, criteria_range1, criteria1, 【criteria_range2, criteria2】, ...)
AVERAGEIF	计算给定条件指定的单元格的算术平均值	AVERAGEIF(range, criteria, 【average_range】)
AVERAGEIFS	返回满足多个条件的所有单元格的平均值（算术平均值）	AVERAGEIFS(average_range, criteria_range1, criteria1, 【criteria_range2, criteria2】, ...)
MAX	求出一组数中的最大值	MAX(number1, 【number2】, ...)
MIN	求出一组数中的最小值	MIN(number1, 【number2】, ...)
COUNT	计算包含数字的单元格个数以及参数列表中数字的个数	COUNT(value1, 【value2】, ...)
COUNTA	计算范围中不为空的单元格的个数	COUNTA(value1, 【value2】, ...)
COUNTIF	统计某个单元格区域中符合指定条件的单元格数目	COUNTIF(range, criteria)
COUNTIFS	将条件应用于跨多个区域的单元格，然后统计满足所有条件的次数	COUNTIFS(criteria_range1, criteria1, 【criteria_range2, criteria2】···)
RANK	返回某一数值在一列数值中的相对于其他数值的排位	RANK(number, ref, 【order】)

（3）常用的条件函数和逻辑函数。

函数名称	主要功能	使用格式
IF	根据对指定条件的逻辑判断的真假结果，返回相对应的内容	IF（logical_test，【value_if_true】，【value_if_false】）
AND	检查是否所有的参数都为 TRUE，如果所有参数值为 TRUE，则返回 TRUE	AND（logical1，【logical2】，…）
OR	在其参数组中，任何一个参数逻辑值为 TRUE，即返回 TRUE；任何一个参数的逻辑值为 FALSE，即返回 FALSE	OR（logical1，【logical2】，…）

（4）常用日期时间函数。

函数名称	主要功能	使用格式
DAY	求出指定日期或引用单元格中的日期的天数	DAY（serial_number）
MONTH	求出指定日期或引用单元格中的日期的月份	MONTH（serial_number）
WEEKDAY	给出指定日期的对应的星期数	WEEKDAY（serial_number，return_type）
NOW	给出当前系统日期和时间	NOW（）
TODAY	给出系统日期	TODAY（）
DATE	给出指定数值的日期	DATE（year，month，day）
DATEDIF	计算返回两个日期参数的差值	DATEDIF（date1，date2，【"y"｜"m"｜"d"】）

（5）常用文本函数。

函数名称	主要功能	使用格式
CONCATENATE	将多个字符文本或单元格中的数据连接在一起，显示在一个单元格中	CONCATENATE（Text1，Text……）
MID	从一个文本字符串的指定位置开始，截取指定数目的字符	MID（text，start_num，num_chars）
LEFT	返回文本最左边的字符	LEFT（text，num_chars）
RIGHT	返回文本最右边的字符	RIGHT（text，num_chars）
TRIM	删除指定文本或区域中所有的空格	TRIM（text）
VALUE	将代表数字的文本字符串转换成数字	VALUE（text）
LEN	统计并返回指定文本字符串中的字符个数	LEN（text）
VLOOKUP	在数据表的首列查找指定的数值，并由此返回数据表当前行中指定列处的数值	VLOOKUP（lookup_value，table_array，col_index_num，range_lookup）

2.如果知道使用哪个公式但是不知道公式的用法，或者干脆不知道使用哪个公式怎么办？

如果知道使用哪个公式，点击公式函数参数对话框的左下角 有关该函数的帮助 ，在弹出的Excel帮助文档中进行公式语法及示例查看；如果不知道使用什么公式完成操作，可以在插入函数对话框的搜索函数文本框中输入简短说明描述函数的特点，比如"字符""排序""日期"等，单击"转到"按钮，在"选择函数"结果中选择函数即可。

【任务小结】

本任务通过制作学生成绩的统计表，介绍了 COUNTIF、COUNTIFS、MAX、MIN、IF 等函数的使用方法，具备数据计算与分析的一般能力，能独立完成成绩统计和答卷自动评分等表格的计算和分析。

任务4.5　制作学生成绩汇总分析表

【任务分析】

通过 Excel 提供的函数，可以方便地对数据进行常用计算。小王老师需要在学生成绩的统计表中对学生成绩做进一步分析。

学生成绩管理
综合运用(V)

【任务资讯】

1.排序

排序是根据数据清单中的一列或多列数据的大小重新排列记录的顺序。

2.数据筛选

数据筛选：只在数据表中显示符合条件的数据，把不符合条件的数据隐藏起来的操作。

主要的数据筛选方式有三种：自动筛选结果在原区域显示，适合简单的筛选规则筛选数据；自定义自动筛选可以扩展筛选范围；高级筛选可指定筛选的数据区域，筛选结果可在指定区域显示，适合复杂筛选条件。

3.分类汇总

分类汇总就是把工作表中的数据按照某一列的内容分类，并逐级进行求和、求平均值、最大最小值或者成绩等的汇总运算，将结果自动分级显示。在分类汇总之前必须对分类字段进行排序。

4.分级显示数据

在建立了分类汇总的工作表中，数据是分级显示的。第 1 级数据是汇总项的平均值，第 2 级数据是分类汇总数据组各汇总项的平均值，第 3 级数据是数据清单的原始数据，利用分组显示可快速地显示汇总信息。

一级数据按钮①：只显示数据表格中的列标题的汇总结果，该级为最高级；

二级数据按钮②：显示分类汇总结果，即二级数据；

三级数据按钮③：显示所有的详细数据，即三级数据；

分级显示按钮⊞：表示由高一级向低一级展开显示；

分级显示按钮 🔲：表示由低一级折叠为高一级数据显示。

分级显示是相对汇总数据而言的，位于汇总数据的上面，即数据表格中的原始记录。

【任务实现】

1. 将"大学英语"课程的成绩按照降序排序

"大学英语"课程成绩相同时，"SQL 数据库应用"课程成绩较高者排在前面；"SQL 数据库应用"课程成绩相同时，"网页设计与制作"课程成绩较高者排在前面。

（1）在学生成绩工作表中选定任意一个数据单元格。

（2）在"数据"选项卡"排序和筛选"组中单击"排序"按钮，打开"排序"对话框。

（3）在"排序"对话框中"主要关键字"右侧的下拉列表中选择"大学英语"列作为要排序的第一级关键字，在中间"排序依据"中选择"数值"，右侧的"次序"下拉列表中选择"降序。

（4）在"排序"对话框中，单击"添加条件"按钮，在增加的"次要关键字"行中的次要关键字下拉列表中选择"SQL 数据库应用"作为排序字段，分别选择"数值"和"降序"作为排序依据和次序。

（5）再次添加"次要关键字"，排序字段、排序依据和次序分别选择"网页设计与制作""数值""降序"，"单击"确定按钮完成排序。

2. 自动筛选出"大学英语"为 71 分的学生记录

（1）选定要筛选的任何一个数据单元格。

（2）单击"开始"选项卡"编辑"组中的排序和筛选按钮，在弹出的下拉菜单中选择"筛选"命令。此时工作表每一个列标题旁边都将显示自动筛选按钮。

（3）单击大学英语列旁边的自动筛选按钮，在弹出的菜单窗口下方列表框中取消全选选项，选中 71，单击"确定"。

工作表只显示了"大学英语"成绩为 71 分的学生的记录。同时 Excel 隐藏了所有不含所选择值的行。

3. 自定义自动筛选出大学英语成绩在 90 分以上或者 60 分以下的学生

（1）单击在"大学英语"字段旁边的自动筛选按钮，在弹出的窗口中选择数字筛选的二级菜单，选择大于；在打开的"自定义自动筛选方式"对话框中进行设置，大学英语大于等于 90，选中或单选按钮。

（2）在单选按钮下方的下拉按钮，选择条件"小于"，在列表中录入 60。单击"确定"完成筛选。

4. 高级筛选出 SQL 数据库应用成绩在 80 分以上，或者网页设计与制作成绩在 85 分以上的学生

（1）首先确定条件区域，条件区的第一行必须包含筛选数据的列标题，且条件区域的列标题下面至少要有一行用来定义筛选条件。

（2）在空白单元格如 A35 输入"SQL 数据库应用"，在 B35 单元格输入"网页设计与制作"，在 A36 单元格输入" >80"，B37 单元格输入" >85"；因为条件是"或"关系，所以需要将条件放在不同行。

（2）选定筛选数据的任何一个单元格，单击"数据"选项卡"排序和筛选"组中的高级按钮，在弹出的"高级筛选"对话框中选择"在缘由区域显示筛选结果"，在"列表区域"框中指

定要筛选的区域，在条件区域框中指定筛选条件，单击拾取按钮之后拖动鼠标选择条件区域。单击"确定"完成操作。

5.使用分类汇总计算班级各科平均分

（1）分类依据的字段是班级，首先对班级进行升序排序。

（2）选定数据中的任意单元格。

（3）单击数据选项卡分级显示组中的分类汇总按钮，在弹出的分类汇总对话框中单击分类字段框右侧的下拉按钮，在列表中选择"班级"。单击汇总方式右侧按钮，选择"平均值"汇总方式，在选定汇总项列表框中选择课程名称和总成绩作为汇总项。

（4）单击"确定"。

【应用拓展】

1.通过筛选之后要想灰度显示全部数据，该如何操作？

要想恢复显示全部数据，需要单击"排序和筛选"组中的"筛选"按钮。

2.清除分类汇总该如何操作？

在分类汇总后的数据表格中任选一个单元格，打开分类汇总对话框，在分类汇总对话框中单击"全部删除"按钮。

【任务小结】

本任务通过在学生成绩的统计表中对学生成绩做进一步分析，介绍了排序、筛选和汇总的操作方法和技巧。

通过本任务的学习和训练，让大家掌握工作表的统计分析方法，能独立完成日常费用统计表、学生管理表等表格的计算和分析。

任务4.6　制作成绩分析图表

【任务分析】

处理电子表格数据时，有时需要对大量数据进行分析和研究，而工作表的视觉效果不直观，处理起来费时费力，这就需要建立数据图表将表格数据直观地表示出来。本节通过对学生成绩表的操作向大家介绍 Excel 中的图表的运用。

制作学生成绩分析
图表（V）

【任务资讯】

1.数据透视表

数据透视表是一种对大量数据快速汇总和建立交叉列表的交互式表格，可以轻松排列和汇总复杂数据，并可以查看详细信息，从而快速帮助我们分析/组织数据。利用它可以快速地从不同角度对数据进行分类汇总。

数据透视表可以自动产生相应的报表，省去了设计表格的麻烦；同时调整了行标签和列标签等，可以很方便地创建不同要求的报表，还可以自动进行排序和筛选等操作。

2.数据透视图

数据透视图是能够提供交互式数据分析的图表,它可以更加形象地呈现数据透视表中的汇总数据。在数据透视图中可以通过拖动字段/显示/隐藏字段重新组织图表布局,更改数据的视图以查看不同级别的明细数据。

3.图表组成元素

图表组成	说明
图表区	包含图表图形及标题、图例等所有图表元素的最外围矩形区域
绘图区	图表区的绘图区包含图表主体图形的矩形区域
图表标题	说明图表内容的标题文字
数据系列	同类数据的集合,在图表中表示为描绘数值的柱状图、直线或其他元素。例如,在图表中可用一组红色的矩形条表示一个数据系列
坐标轴	在一个二维图表中,有一个 x 轴(水平方向),有一个 y 轴(垂直方向),分别用于对数据进行分类和度量。x 轴包括分类和数据系列,也称分类轴或水平轴;y 轴表示值,也称数值轴或垂直轴
图例	表示图表中不同元素的含义。例如,柱形图的图例说明每个颜色的图形所表示的数据系列
网格线	网格线强调 x 轴或 y 轴的刻度,可以进行设置

【任务实现】

1.根据"学生成绩"工作表,创建一个数据透视表,要求数据透视表中按照成绩表中课程的顺序统计各班各科成绩的平均分,其中行标签为班级

(1)选择"学生成绩"工作表数据区域中的任意单元格。

(2)单击"插入"选项卡"表格"组中的"数据透视表"按钮,在下拉菜单中选择"数据透视表",在弹出的"创建数据透视表"对话框中选择"新工作表"单选按钮。单击"确定"按钮即可新建一个工作表。

(3)双击新工作表标签,使其成为可编辑状态,将新工作表重命名为"班级平均分"。在标签上单击鼠标右键,在弹出的快捷菜单中选择"工作表标签颜色"选项,弹出的级联菜单中选择"标准色红色"。

(4)在"数据透视表字段列表"中将"班级"拖拽至"行标签",将"SQL 数据库应用"拖拽至"∑ 数值"。

(5)在"∑ 数值"字段中选择"值字段设置"选项,在弹出的对话框中将"计算类型"设置为"平均值"。使用同样的方法将其他课程拖拽至"∑数值",并更改计算类型。

2.美化数据透视表:为数据透视表自动套用表格格式,所有列的对齐方式设为居中,成绩的数值保留 1 位小数

(1)选中 A3:M7 单元格,进入"设计"选项卡,在"数据透视表样式"组选择一种数据透视表样式。

(2)确定 A3:M7 单元格处于选择状态,单击鼠标右键,在弹出的快捷菜单中选择"设置单元格格式"选项,弹出"设置单元格格式"对话框。

（3）在弹出的对话框"数字"选项卡中，选择"分类"选项下的"数值"选项，将"小数位数"设置为1。切换至"对齐"选项卡，将"水平对齐""垂直对齐"均设置为居中，单击"确定"按钮。

3. 在学生基本信息表中要求按照班级实际，统计不同籍贯的男生和女生的人数，在这里需要汇总3个字段，即班级、籍贯和性别，下面为其创建数据透视表

（1）单击"学生基本信息表"数据中的任意单元格。

（2）单击"插入"选项卡"表格"组中的"数据透视表按钮"，在下拉菜单中选择"数据透视表"。打开的"创建数据透视表"对话框，指定要分析数据所在的区域，在"选择放置数据透视表"的位置中选择"新工作表"，单击"确定"按钮，一个空的数据透视表将添加到选定位置，同时显示"数据透视表字段列表"窗口。

（3）在"数据透视表字段列表"窗口中将班级和籍贯字段拖动到下方布局部分的行标签区域，将性别字段拖动到下方布局部分的行标签区域，继续将性别字段拖动到数值区域，这时成功创建一个数据透视表。

（4）单击"数值"区域中"性别"标签右侧的三角按钮，在弹出的菜单中选择"值字段设置"命令，显示"值字段设置"对话框，采用性别字段的计算类型"计数"。

（5）清除数据透视表单击数据透视表，单击"选项"选项卡的操作组的"清除"按钮，在下拉菜单中选择"全部清除"命令。

4. 下面以班级为报表筛选项，生成汇总不同籍贯的男生和女生人数的数据透视图

（1）单击"学生基本信息表"数据区域中的任意单元格。

（2）单击"插入"选项卡上"表格"组中的"数据透视表"按钮，在下拉菜单中选择"数据透视图"，打开"创建数据透视表及数据透视图"对话框。

（3）对话框中指定要分析的数据所在区域，Excel 自动选择了表中的所有区域。在"选择防止数据透视表及数据透视图的位置"中选择"新工作表"，单击"确定"按钮。

（4）在一个新工作表中同时显示一个空数据透视表和空数据透视图，并在工作表的右侧显示"数据透视表字段列表"窗口。

（5）将"班级"字段拖到"报表筛选"区域，"籍贯"字段拖到"轴字段区域"，将性别字段拖到"图例字段"区域，继续将性别字段拖到"数值区域"。

（6）单击"数值"区域中"性别"标签右侧的三角按钮，在弹出的菜单中选择"值字段设置"命令，在显示的"值字段设置"对话框中选择"计算类型"为计数，此时数据透视图被成功创建，同时也建立了一个数据透视表。

（7）在数据透视图中，分别单击"班级""籍贯""性别"右侧的下拉按钮，可以选择不同的班级、籍贯和性别以满足不同的查询需求。

5. 在"班级平均分"工作表中，针对各课程的班级平均分创建二维的簇状柱形图

（1）选择班级平均分 A3：M7 单元格。

（2）单击"插入"选项卡中"图表"组中的"柱形图"下拉列表按钮。

（3）在弹出的下拉列表中选择"二维柱形图"下的"簇状柱形图"，即可插入簇状柱形图。

（4）适当调整柱形图的位置和大小。在图表中，水平簇标签为班级，图例项为课程名称。

此时创建的图表选择的数据是表格中汇总数据所在单元格区域。当展开数据汇总的详细数据后，图表也会发生变化。

6. 制作何锦华同学的成绩折线图

（1）在表中选择创建图表的数据区域，配合 Ctrl 键选择学生成绩工作表中 A2，G2：F2 和 A4，G4：F4 单元格作为数据区域。

（2）单击"插入"选项卡"图表"组"折线图"按钮。

（3）在下拉菜单中选择"折线图"就可以创建何锦华同学的成绩折线图。

图表既可以与表格数据共同位于同一张工作表中，也可以单独位于一张工作表中。图表都与创建它的原始数据相连接，可以随原始数据的更改而自动变化更新。

下面我们根据学生成绩表中的各班平均分来创建图表。

【应用拓展】

1. 如何根据生成的数据透视表生成数据透视图？

在生成的数据透视表中，单击数据透视表内任意位置，在打开的"数据透视表工具"中单击"选项"选项卡，在功能区"工具"组中单击"数据透视图"按钮，就可以插入以此数据透视表中的数据为依据的不同类别的数据透视图。

2. 制作图表时，如何针对不同的分析目标，选择合适的图表类型？

Excel 还提供了很多内部自定义图表类型，如条形图、面积图、XY 散点图、气泡图和股价图等。这些图标类型分别使用于不同的领域。

图表类型	说明
柱形图	用于描述不同时期数据的变化情况，注重数据之间的差异，便于人们进行横向的比较
折线图	将同一数据序列的数据点在图上用直线连接起来，通常用于分析数据随时间的变化趋势
饼图	通常用于描述比例和构成等信息，可以显示数据序列项目相对于项目综合的比例大小，但一般只能显示一个序列的值，因此适于强调重要元素
条形图	显示各项目之间的比较情况，纵轴表示分类，横轴表示值。条形图强调各个值之间的比较，不太关注时间的变化
雷达图	通常用于对两组变量进行多种项目的对比，反映数据相对中心点和其他数据点的变化情况

3. 如何选定图表项？

选定图表项的一个常见的方法是：单击图表的任意位置将其选中，在"图表工具""格式"选项卡"当前所选内容"工具组中单击"图表元素"右侧的向下箭头，选择下拉列表中的图表项即可。

4. 如何调整图表项？

调整图表项的方法有很多，可以将鼠标指针移动到图表的浅色边框中的控制句柄上，等指针变为双向箭头时的拖动鼠标，也可以在"图表工具格式"选项卡"大小"工具组中精确设置图表的高度和宽度。

5. 如何修改图表项？

修改图表标题可通过设置图表布局来完成。

添加图表标题选中图表，在"布局"选项卡"标签"工作组中单击"图表标题 "，在下拉菜单中选择放置标题的方式并输入标题文字。

设置坐标轴和坐标轴标题：在"布局"选项卡"坐标轴"工具组中单击"坐标轴"，选择坐标轴，再在图表坐标轴标题文本框内输入文字。

设置图例：图例是每个图表代表数据系列的标识。选中图表后在"布局"选项卡"标签"工作组中单击"图例"按钮，在下拉列表中选择图例显示的位置。

添加数据标签：数据标签是指将数据表中的具体数值添加到图表的分类系列上。选中图表，在"布局"选项卡"标签"工作组中单击"数据标签"按钮，选择一种标签的位置即可。

更改图表类型：选择图表，单击"图表工具""设计"选项卡"类型"工具组的"更改图表类型"按钮，在弹出的"更改图表类型"对话框中进行选择。

设置图表区和绘图区格式：单击选中图表，在"图表工具""布局"选项卡"当前所选内容"工具组的"图表元素"下拉框中选择"图表区"，然后单击同一工具组的"设置所选内容格式"按钮在弹出的"设置图表区格式"对话框中进行选择。

设置图表布局和样式：选中图表，在"图表工具""设计"选项卡"图表布局"工具组中选择布局类型，再在"图表样式"工具组中选择一种颜色搭配方案。

【任务小结】

本任务通过帮助小王老师制作成绩分析图表分析学生成绩，介绍了数据透视表和图表的操作方法。

通过本任务的学习和训练，使大家掌握数据透视表和图表灵活地改变源数据表的布局结构，能够从多个角度观察表中数据间的关系，从而得出有用的结论的能力，能够独立完成如考核表、成绩数据分析表等数据信息表的分析工作。

【综合实训】

实训项目一：学生信息查询系统

一、项目目标

1. 能进行工作表数据的输入及快速填充。

2. 能熟练编辑工作表并格式化工作表。

3. 能利用 Excel 中常用的函数进行数据统计。

4. 能利用 Excel 进行数据分析和管理。

二、项目要求

要求制作学校某协会学生信息查询系统。在学生信息表中选择任何一个学生学号，该生相应信息将显示在信息查询表中。学生信息查询系统制作效果如图 4 - 7 所示。

三、解决方案

1. 以任务 5.1 中制作的学生信息表为蓝本，制作学生通讯录。

2. 设计学生信息查询系统界面，并进行格式的修饰和美化。

3. 用 VLOOKUP 函数和 IF 函数进行信息检索。

环保协会成员信息详情表			
协会编号	HB2016002 ▼	务	财务部干事
姓名	陈敬波	联系电话	18xx2981995
班级	信息1602	QQ号	931828896
身份证号	420401199311109514	住址	南1-203
性别	男	电子邮箱	chen@126.com
入会年份	2016		
时间	2017-5-2		

图 4 – 7　学生信息查询系统制作效果

实训项目二：PM2.5 分析空气质量指数图表

一、项目目标

1. 能对数据进行分析和管理的操作。

2. 能掌握 Excel 中数据图表的操作。

二、项目要求

分析每个月的 PM 2.5 数据。

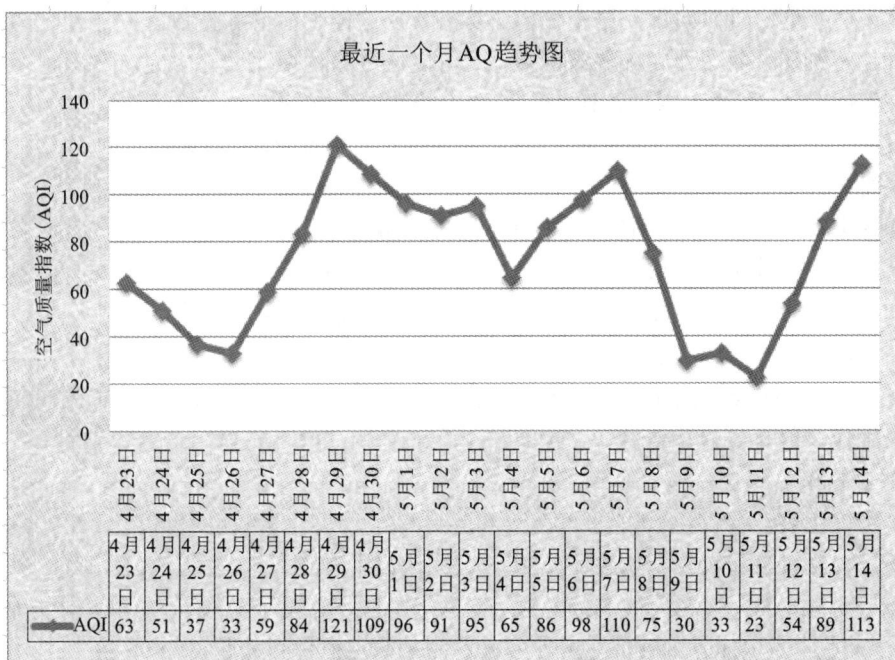

	4月23日	4月24日	4月25日	4月26日	4月27日	4月28日	4月29日	4月30日	5月1日	5月2日	5月3日	5月4日	5月5日	5月6日	5月7日	5月8日	5月9日	5月10日	5月11日	5月12日	5月13日	5月14日
AQI	63	51	37	33	59	84	121	109	96	91	95	65	86	98	110	75	30	33	23	54	89	113

三、解决方案

1. 利用 PM 2.5 分析空气质量指数。

2. 创建图表。

【思考与探索】

一、选择题

1. 当向 Excel 工作表单元格输入公式时,使用单元格地址 D＄2 引用 D 列 2 行单元格,该单元格的引用称为(　　)。

A. 交叉地址引用　　　B. 混合地址引用　　　C. 相对地址引用　　　D. 绝对地址引用

2. 在 Excel 工作表中,在某单元格内输入数值 123,不正确的输入形式是(　　)。

A. 123　　　　　　　B. ＝123　　　　　　　C. ＋123　　　　　　　D. ×123

3. 在 Excel 工作表中,正确的 Excel 公式形式为(　　)

A. ＝B3×Sheet3　　　　　　　　　　B. ＝B3×Sheet3＄A2

C. ＝B3×Sheet3：A2　　　　　　　　D. ＝B3×Sheet3％A2

4. 在 Excel 中,按某一字段内容进行归类,并对每一类做出统计的操作是(　　)。

A. 分类排序　　　　B. 表单处理　　　　C. 筛选　　　　D. 分类汇总

5. 在 Excel 中进行高级筛选中,如果两个条件定义在同一行,则表示这两个条件是(　　)关系。

A. 与　　　　　　　B. 或　　　　　　　C. 非　　　　　　　D. 相同

二、判断题

1. 删除整行可以先选定该行,然后按键盘上的 Delete 键。　　　　　　　　　　(　　)

2. 输入数据时,可以向单元格中输入整数或小数,但不能输入分数。　　　　　(　　)

3. 等比序列、日期序列和等差序列数据,可以通过序列填充功能填充。　　　　(　　)

4. 在 Excel 中,图表是根据工作表中被选中的数据建立的。　　　　　　　　　(　　)

5. 设置 Excel 工作表"打印标题"的作用是在每一页上都打印出标题。　　　　(　　)

三、填空题

1. 如果 Excel 中某单元格显示为"#####",这表示(　　)。

2. 新建一个工作簿后,默认的第一张工作表的名称和扩展名是(　　)。

3. 如果要在 Excel 中对数据进行分类汇总,则首先要对分类字段进行(　　)。

4. 在 Excel 中,单元格的引用地址主要有(　　)两种形式。

5. 在 Excel 工作表中,同时选择多个不相邻的工作表,可以在按住(　　)键的同时依次单击各个工作表的标签。

四、操作题

1. 学生成绩表。

打开素材文件夹中的"学生成绩表.xlsx",完成以下操作。

(1)在 Sheet1 表头行之前插入标题行,输入"学生成绩统计表",合并单元格并居中,字号为 18 号,字体为黑体,加粗。平均分列设置为小数点后保留 2 位。

(2)用公式计算每个学生成绩的总分和平均分。

(3)根据每个学生的总分,利用公式统计出每个学生的名次[Rank( )]。

(4)将语文、数学、英语这三门课程出现不及格情况的分数用红色、加粗的字体显示出来,将生物、地理、历史、政治这四门课程出现不及格的情况用蓝色、加粗的字体显示出来。

(5)设置表格的纸张大小为 A4,方向为纵向,页边距为:上、下 2 cm,左 1.5 cm,右

1 cm，适当调整各单元格的大小。

（6）将 Sheet1 表格中的数据复制到 Sheet2 工作表中，并将 Sheet2 工作表按总分降序排序，在总分相等的情况下，按语文科目的成绩升序进行排序。

（7）在 Sheet2 工作表中，按平均分项自定义筛选出平均分在 85 分以上，名次在前 8 名的学生。

（8）创建数据透视表，统计语文课程各班各分数段人数。

（9）在 Sheet1 工作表中，以班级为单位为平均分插入图表，类型为自定义类型簇状条形图，图表的标题为"班级平均分统计表"。

（10）在 Sheet1 工作表中标题行插入批注，内容为自己的学号、姓名。

2. 销售数据统计。

根据素材文件夹中的"销售数据报表.xlsx"，按照如下要求完成统计和分析工作。

（1）对"订单明细"工作表进行格式调整，通过套用表格格式方法将所有的销售记录调整为一致的外观格式，并将"单价"列和"小计"列所包含的单元格调整为"会计专用"（人民币）数字格式。

（2）根据图书编号，在"订单明细"工作表的"图书名称"列中，使用 VLOOKUP 函数完成图书名称的自动填充，"图书名称"和"图书编号"的对应关系在"编号对照"工作表中。

（3）根据图书编号，在"订单明细"工作表的"单价"列中，使用 VLOOKUP 函数完成图书单价的自动填充。"单价"和"图书编号"的对应关系在"编号对照"工作表中。

（4）在"订单明细"工作表的"小计"列中，计算每笔订单的销售额。

（5）根据"订单明细"工作表中的销售数据，统计各个书店在 2011 年和 2012 年的总销售额，将其填写在"销售额统计"工作表中。（使用函数 SUMIFS）

（6）以"销售数据汇总表"中的数据建立簇状柱形图，图表标题为"书店销售额统计图"，显示"类别名称"和"值"。

【本章小·结】

本章以小王老师对学生期末考试成绩进行统计分析为案例任务，介绍了 Excel 电子表格软件的基础知识、工作表的编辑和美化、公式和函数的应用、图表制作、数据统计及数据分析等方面的方法和技巧，使读者熟悉 Excel 的各项应用技术和技巧。

通过制作学生成绩电子表格这一具体工作任务，介绍 Excel 中新建工作表、设置单元格格式、条件格式、为表格套用格式等操作。通过本任务的学习和训练，使大家能够掌握工作表数据的输入和编辑排版的方法，具备数据表制作与处理的能力，如独立完成学生考勤表、会议议程表、值班安排表等数据表格的录入与制作。

通过打印输出成绩表这一具体工作任务，介绍 Excel 中打印文件的页面设置、预览和打印方法。通过本任务的学习和训练，让读者掌握工作表的打印方法，能打印出合乎规范和阅读习惯的纸质文档。

通过计算成绩数据这一具体工作任务，介绍 Excel 的公式和简单函数的运用，通过本任务的学习和训练，让读者掌握工作表数据计算和加工的一般方法，掌握 Average、Sum、Rank 等常用函数的使用方法，具备数据计算的一般能力，能独立完成日常统计表、学生资料管理表等表格的计算和分析。

　　通过制作学生成绩统计表这一具体工作任务,介绍 Countif、Countifs、Max、Min、if 等函数的使用方法,具备数据计算与分析的一般能力,能独立完成成绩统计和答卷自动评分等表格的计算和分析。

　　通过制作学生成绩汇总分析表这一具体工作任务,介绍排序、筛选和汇总的操作方法和技巧。通过本任务的学习和训练,让读者掌握工作表的统计分析方法,能独立完成日常费用统计表、学生管理表等表格的计算和分析。

　　通过制作成绩分析图表这一具体工作任务,介绍数据透视表和图表的操作方法。通过本任务的学习和训练,使读者掌握数据透视表和图表灵活地改变源数据表的布局结构,能够从多个角度观察表中数据间的关系,从而得出有用的结论的能力,能够独立完成如考核表、成绩数据分析表等数据信息表的分析工作。

　　本章结合业务工作的需要,选取 Excel 在教学工作中最常用的功能和常见应用场景,介绍 Excel 的实用方法和技巧,读者可以根据案例任务及课后拓展项目开展学习和训练,达到举一反三的学习效果。

第 5 章

编辑和整理图片资料

📋【教学情境】

　　小王是一家电商网站的平面设计实习生，实习期的第一个星期，为了让小王掌握基本的图片编辑与处理，实习指导老师从图像水印处理、图像背景更换、图像拼接、修改图像尺寸大小、图像调色、美化、去斑点、调色以及图像的批量处理、图像合成等角度安排布置了几个任务，使用的处理软件为 Adobe Photoshop（简称 Ps）。

👉【解决方案】

　　安排处理图片污点、合成人物图像、美化人物图像、批量处理图片、制作风景明信片等五个任务，来学习和掌握图片资料的编辑和整理技能，可以根据不同类型的图片要求在教学实践活动中去灵活运用。

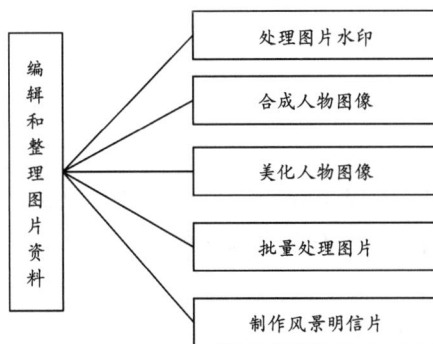

```
                        ┌──────────────┐
                    ┌──▶│  处理图片水印   │
                    │   └──────────────┘
                    │   ┌──────────────┐
                    ├──▶│  合成人物图像   │
┌───────┐           │   └──────────────┘
│编 辑 和 │          │   ┌──────────────┐
│整 理 图 │──────────┼──▶│  美化人物图像   │
│片 资 料 │          │   └──────────────┘
└───────┘           │   ┌──────────────┐
                    ├──▶│  批量处理图片   │
                    │   └──────────────┘
                    │   ┌──────────────┐
                    └──▶│  制作风景明信片  │
                        └──────────────┘
```

📖【能力目标】

　　小王作为一名电商网站的未来平面设计师，在日常的平面设计过程中，经常会对图片进行处理、合成。在图片资料编辑与整理过程中需要具备以下几个方面的工作能力：

　　1. 图片的基本水印处理、图片尺寸大小更改、格式转化。

2.图片的基本裁剪、抠图、拼接。

3.图片的美化与修复,去除图片斑点、瑕疵、调整图片的光线明暗度。

4.批量快速处理相同效果的批量图片。

5.图片的合成:利用现有图片资源,完成从单一图片到设计作品的转变。

任务5.1　处理图片污点

【任务分析】

小王作为一名实习学徒,师傅安排了一个实习任务,学会利用 Adobe Photoshop 软件对图片进行污点的处理。本案例是练习污点的去除与相应的文字信息添加(图5-1,图5-2)。

图片水印处理(V)

运用 Photoshop 完成上述案例,常见去除污点工具有:修补工具、内容感知和移动工具、污点修复工具。

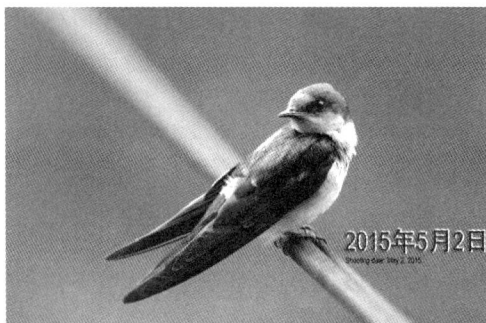

图5-1　原始图片　　　　　　　　　图5-2　最终效果

【任务资讯】

1. Adobe Photoshop 简介

Adobe Photoshop,简称"PS",是由 Adobe Systems 开发和发行的图像处理软件。Photoshop 主要处理以像素所构成的数字图像。使用其众多的编修与绘图工具,可以有效地进行图片编辑工作。

2. Adobe Photoshop 的应用领域

Photoshop 软件是一个功能很强的图像编辑软件,它的应用领域已经广泛分布于我们的工作与生活中。不论是平面设计、3D 动画、图形、网页制作、矢量绘图、多媒体制作、出版等,Photoshop 在每个领域中都有着无法取代的地位。

在平面设计中的应用:平面设计是 Photoshop 应用最为广泛的领域,时尚的杂志封面,随处可见的招贴、包装、海报等,这些具有丰富图像的平面"印刷品",基本上都需要用 Photoshop 进行图像处理(图5-3)。

图5-3　海报设计

在界面设计中的应用：界面设计是一个新兴的领域，已经受到越来越多的软件企业及开发者的重视。从软件界面到手机操作界面、网络及电子产品的普及等都离不开界面设计。界面设计是使用 Photoshop 的渐变、图层的样式和滤镜等功能制作出真实的画质(图5-4)。

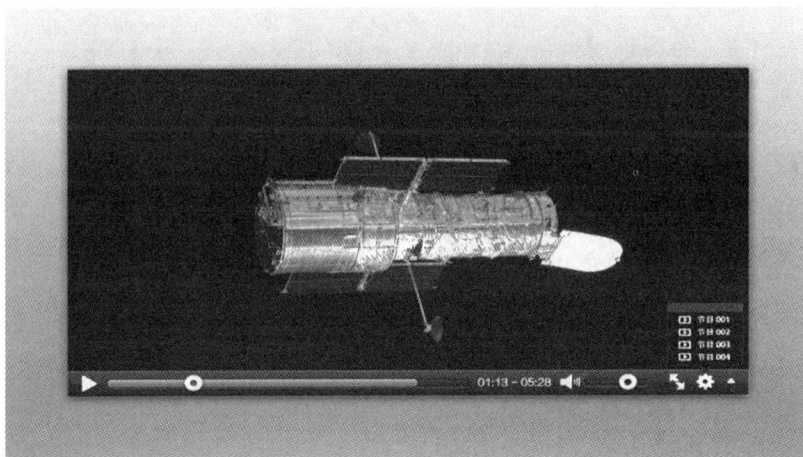

图5-4　工业产品界面设计

在数码摄影后期中的应用：随着数码相机的普及，很多摄影爱好者由于没有摄影基础，在摄影过程中对构图、光线、色彩运用技巧不足，致使作品不佳。而 Photoshop 可以对数字化的图像进行色彩校正、调色等专业化的图像处理。

在网页设计中的应用：随着网络的普及，网站已成为最大的信息聚集地，也是商业公司的形象标志，成为推广公司产品、收集市场信息的新渠道。在全球共享资源的网络上，如何创建独特的网站，是网页设计者们追求的目标。而 Photoshop 成为制作网页页面时必不可少的图像处理软件，将制作好的页面导入 Dreamweaver 软件中进行处理，再用 Flash 软件添加动画内容，就能制作出网页页面(图 5 – 5)。

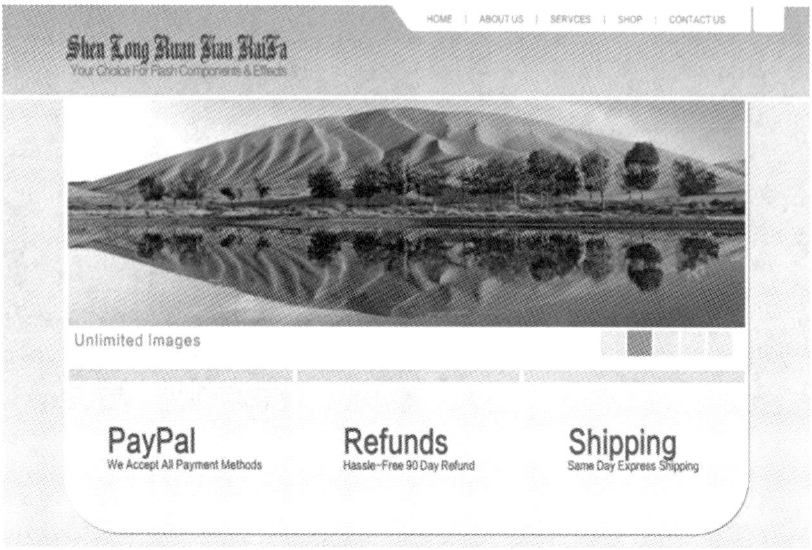

图 5 – 5　网页效果图

3. Adobe Photoshop 的工作界面介绍(图 5 – 6)

图 5 – 6　Photoshop 工作界面

4. 矩形选框工具

在使用 photoshop 做设计中使用最频繁的工具之一，选框工具可以选择某一个对象，或者某一个点的东西，然后进行移动。选框工具：矩形选框工具，椭圆选框工具，还有"单行选框工具"和单列选框工具，快捷键是 M 键，按住 SHIFT + M 键，可实现在四个选框工具中来回切换(图 5 – 7)。

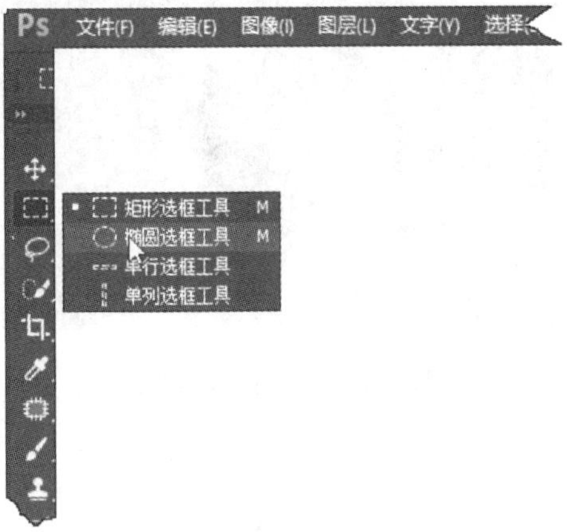

图 5 - 7　Photoshop 工作界面

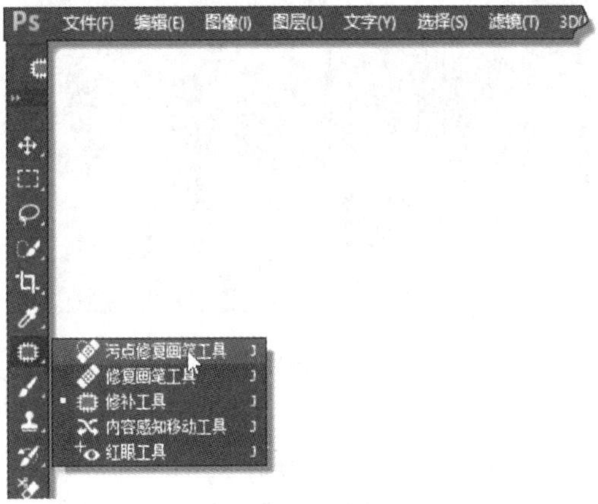

图 5 - 8　修复工具

5. 污点修复画笔工具

Photoshop 中处理照片常用的工具之一。利用污点修复画笔工具可以快速移去照片中的污点和其他不理想部分，图中红框选中的工具。

6. 修补工具

修改有明显裂痕或污点等有缺陷或者需要更改的图像。选择需要修复的选区，拉取需要修复的选区拖动到附近完好的区域方可实现修补。一般用对于修复照片，可以用来修复一些大面积的皱纹（图 5 - 8）。

【任务实现】

1. 去除污点：利用内容识别工具，抠除污点信息

步骤一：打开素材文件。如图 5 - 9 所示。

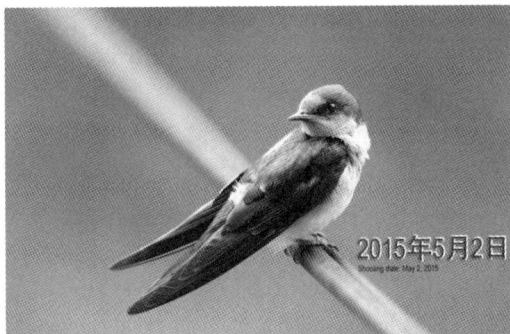

图 5 - 9　原始素材图

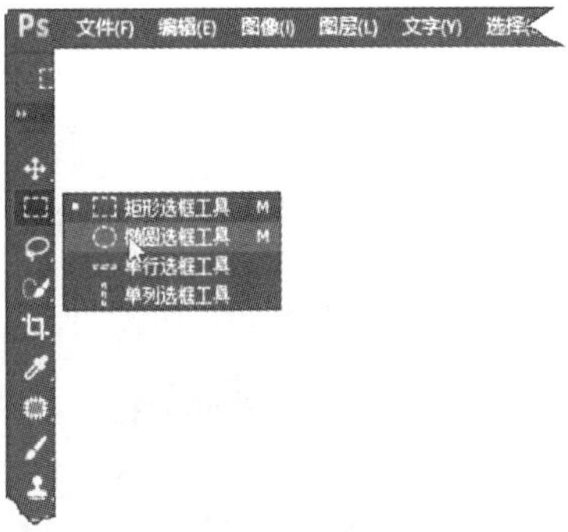

图 5 - 10　椭圆选框工具

步骤二：单击"矩形选框工具"（图 5 - 10）。框选污点信息，按住 delete 键，弹出一个颜色填充（图 5 - 11），单击确定，得到了最终效果（图 5 - 12）。

图 5－11　内容识别

图 5－12　污点除去效果图

2. 添加日期信息：利用文字工具

步骤一：输入文字。单击文字工具，输入一段文字：字号 100 点、字体为"Arial Narrow"颜色等基本信息(图 5－13)。

图 5－13　设置字体基本属性

步骤二：对文字添加白色"描边效果"(如图 5－14)。同时添加斜面浮雕的效果，深度为 280(图 5－15)。

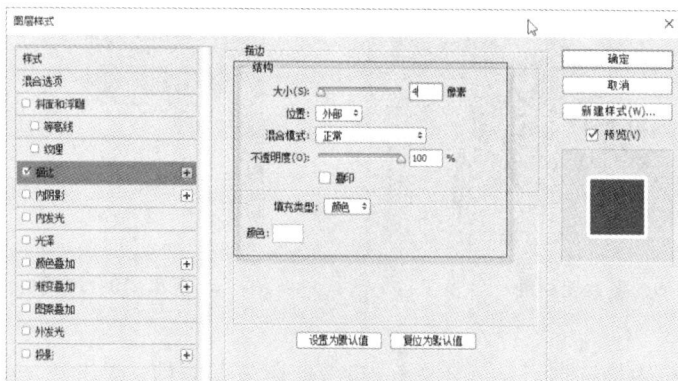

图 5－14　字体描边

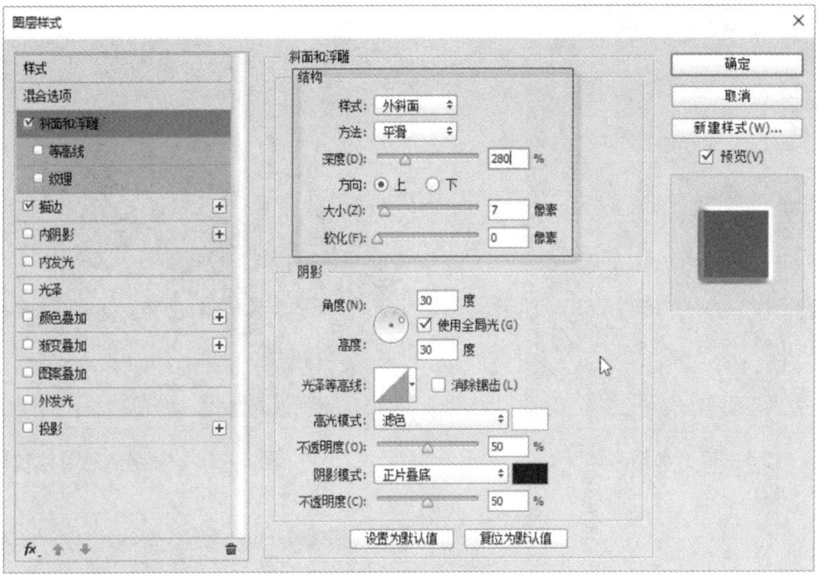

图 5 – 15　添加字体浮雕效果

步骤三：得到文字效果。文字的效果如图 5 – 16 所示。

图 5 – 16　文字效果图

步骤四：制作一段英文文字。复制一段文字，选中文字图层，修改文字的大小以及文字的颜色，颜色为黑色(图 5 – 17)，将文字移动到合适的位置，制作完成。(图 5 – 18)。

步骤五：合并图层。选中两个图层(图 5 – 19)，执行"合并图层"操作(快捷键 CTRL + E)，并将文字移动到合适位置(图 5 – 20)。

图5-17　加粗字体

图5-18　文字信息最终效果

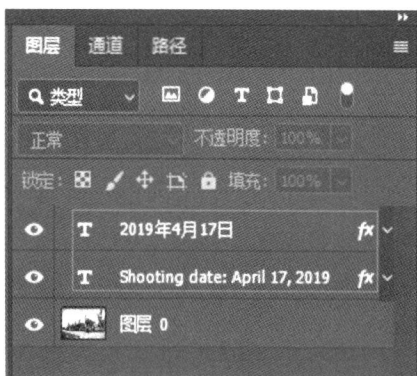

图5-19　选中图层

图5-20　合并图层

【应用拓展】

1. 利用污点修复画笔工具去除污点

单击污点修复画笔工具(图5-21),选中图层,选中空白处进行单击,只需将文字污点进行擦除即可(图5-22)。

图 5-21　污点修护画笔工具

图 5-22　擦除污点

2. 利用修补工具进行去除污点

选择修补工具（图 5-23）围绕文字污点区域绘制一个圈，将选区进行闭合（图 5-24），选中图层，将选区拖动至其他位置即可。

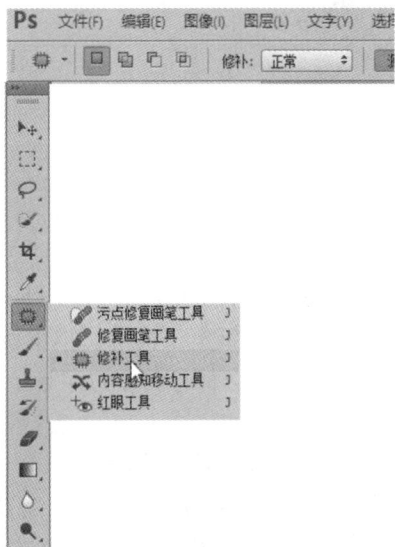

图 5-23　修补工具

图 5-24　擦除污点

【任务小结】

本案例的通过内容识别填充。工具原则上是在 Adobe Photoshop CS4 及以上版本才支持；同时 Photoshop 工具箱中修补工具、污点修复工具、魔棒工具等均可以实现污点去除处理。相对来说内容识别填充工具可以让设计人员提高工作效率，操作步骤相对简单易学。

任务 5.2　合成人物图像

【任务分析】

人物抠图(V)

　　电商网站平面设计广告中的产品形象展示广告制作要经过如明星代言的产品平面广告制作，前期的人物宣传照拍摄与后期的人物抠图、产品图像合成处理等，才能形成某个产品的形象展示广告宣传图。利用现有素材完成电商网站活动海报设计，效果如图 5 – 25 所示。

图 5 – 25　效果图

【任务资讯】

　　完成本案例，运用 Photoshop 进行海报设计，其中最重要的环节是抠图。而在 Photoshop 中可以运用的方法有：自动识别填充、快速选择工具、魔棒工具、钢笔工具等。本案例通过魔棒工具进行人像抠图，扣除纯色背景，对人像进行合成；同时学会保存图片的存储格式。

　　1. 图片存储格式：哪些存储最常用？

　　Photoshop 提供了很多种存储格式，介绍一下在实际工作中最常用的存储格式。

　　(1)PSD：PSD 格式是 Photoshop 的默认储存格式，能够保存图层、蒙版、通道、路径、未栅格化的文字、图层样式等。在一般情况下，保存文件都采用这种格式，以便随时修改。

　　(2)BMP：BMP 格式是微软开发的固有格式，这种格式被大多数软件所支持。BMP 格式采用了一种叫 RLE 的无损压缩方式，对图像质量不会产生什么影响。

　　(3)GIF：GIF 格式是输出图像到网页最常用的格式。GIF 格式采用 LZW 压缩，它支持透明背景和动画，被广泛应用在网络中。

　　(4)JPEG：JPEG 格式是平时最常用的一种图像格式。它是一个最有效、最基本的有损压缩格式，被绝大多数的图形处理软件所支持。

　　(5)PDF：PDF 格式是由 Adobe Systems 创建的一种文件格式。PDF 文件还可被嵌入到

Web 的 HTML 文档中。

（6）PNG：PNG 格式是专门为 Web 开发的，它是一种将图像压缩到 Web 上的文件格式。PNG 格式与 GIF 格式不同的是，PNG 格式支持 244 位图像并产生无锯齿状的透明背景。

（7）TIFF：TIFF 格式是一种通用的文件格式，所有的绘画、图像编辑和排版程序都支持该格式，而且几乎所有的桌面扫描仪都可以产生 TIFF 图像。TIFF 格式支持具有 Alpha 通道的 CMYK、RGB、Lab、索引颜色和灰度图像，以及没有 Alpha 通道的位图模式图像。Photoshop 可以在 TIFF 文件中"存储图层和通道"，但是如果在另外一个应用程序中打开该文件，那么只有拼合图像才是可见的。

2. 魔棒工具

Photoshop 提供了一种比较快捷的图形抠图工具，对于一些分界线比较明显的图像，通过魔棒工具可以很快速地将图像抠出。魔棒的作用区别所选区域的颜色，并自动获取附近区域相同的颜色，使它们处于选择状态。

（1）"魔棒工具"不需要描绘出对象的边缘，就能选取颜色一致的区域，在实际工作中使用的频率相当高，其选项栏如图 5 - 26 所示。

图 5 - 26　魔棒工具菜单

（2）取样大小：用于设置"魔棒工具"的取样范围。选择"取样点"选项，可以对光标单击位置的像素进行取样；选择"3 × 3 平均"选项，可以对光标单机位置 3 个像素区域内的平均颜色进行取样。其他的选项也是如此。

（3）容差：决定所选像素之间的相似性或差异性，其取值范围为 0 ~ 255。数字越低，对像素的相似程度的要求越高，所选的颜色的范围就越小。

（4）连续：当勾选该选项时，只选择颜色连接的区域；当关闭该选项时，可以选择与所选像素颜色接近的所有区域，当然也包含没有连续的区域。

（5）对所有图层取样：如果文档包含多个图层，当勾选该选项时，可以选择所有可见图层上颜色相近的区域；当关闭该选项时，仅选择当前图层上颜色相近的区域。

3. 钢笔工具

用来创造路径的工具，创造路径后，还可再编辑。钢笔工具属于矢量绘图工具，其优点是可以勾画平滑的曲线，在缩放或者变形之后仍能保持平滑效果。钢笔工具画出来的矢量图形称为路径，矢量的路径是不封闭的开放状，如果把起点与终点重合绘制就可以得到封闭的路径。

Photoshop 提供了多种钢笔工具（图 5 - 27）。标准的"钢笔工具"主要用于绘制高精度的图；"自由钢笔工具"，可以像使用铅笔在纸上绘图一样来绘制路径；如果在选项栏中勾选了"磁性的"选项（图 5 - 28），则"自由钢笔工具"将变成磁性钢笔，使用这种钢笔可以像使用"磁性套索工具"一样绘制路径。

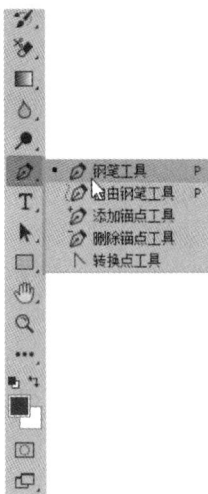

图 5 - 27　钢笔工具

图 5 - 28　路径工具菜单

【任务实现】

步骤一：素材导入。打开一张背景素材，在背景素材中置入人像素材(图 5 - 29)，置入人像素材以后，对人像素材进行栅格化(图 5 - 30)。

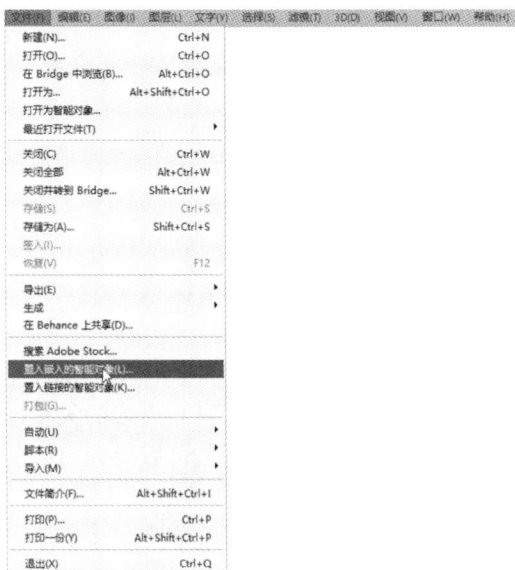

图 5 - 29　嵌入智能对象

图 5 - 30　栅格化图层

步骤二：抠除人像背景。选择魔棒工具，在图像背景图进行单击，直到所有灰色区域被选中（图 5-31），按住 Delete 键删除背景。

图 5-31　选中背景

步骤三：调整人像大小及位置。

对人像进行大小调整并移动到合适位置，按住 Ctrl + T 选中选区，再按住 Shift 键对图像进行等比例缩放，并将图像移动到合适的位置。如图 5-32 所示。

图 5-32　调整图层位置

步骤四：添加图层蒙版。为了使人像和背景更加柔和，使用椭圆选框工具（图 5-33），绘制一个椭圆，使椭圆与背景素材相吻合。单击椭圆选框工具，绘制椭圆，将椭圆移动到合适位置，同时为椭圆添加蒙版(图 5 – 34)，去除人像多余部分。

图 5 – 33　绘制椭圆选区　　　　　　　　　　图 5 – 34　添加蒙版

步骤五：置入装饰素材。置入一张装饰素材，单击，选择置入，最终效果如图 5 – 35 所示。

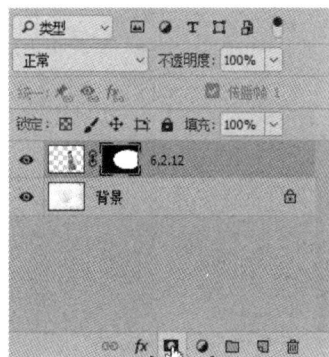

图 5 – 35　效果图

步骤六：图像保与格式转换。单击"文件""存储"(图 5 – 36)，选择存储路径，保存为 PSD 文件，以便下次可以进行修改，同时可以输出为一张图片；单击"文件存储为"，在"保存类型"下拉菜单中选择 JPG，单击"保存"，如图 5 – 37 所示。

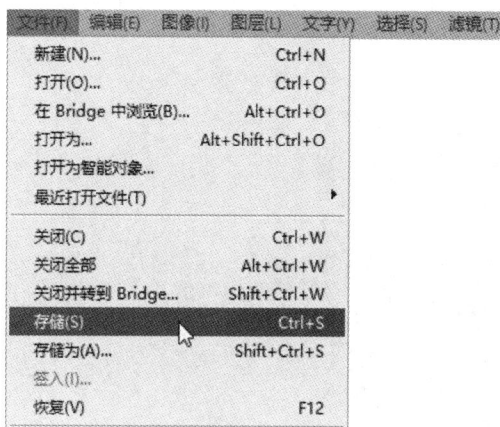

图 5-36 存储菜单

图 5-37 选择存储格式

【应用拓展】

快速选择工具和魔棒工具的用法非常相似,它可以很巧妙的适用于抠图,且操作简单,快速。但是它只适合抠一些背景单一,色彩反差大,细节比较少的图片,对于一些比较复杂的图片还应采取相应的方法。

快速选择工具选项介绍(图 5-38)。

图 5-38 快速选择工具选项

(1)新选区:激活该按钮,可以创建一个新的选区。

(2)添加到选区:激活该按钮,可以在原有选区的基础上添加新创建的选区。

(3)从选区减去:激活该按钮,可以在原有选区的基础上减去当前绘制区域。

（4）画笔选择器：单击按钮，可以选择在弹出的"画笔"选择器中设置画笔的大小、硬度、间距、角度以及圆度。在绘制选区的过程中，可以按右括号键"】"扩大画笔直径，或者按左括号键"【"缩小画笔直径。

（5）对所有图层进行取样：如果勾选了该选项，Photoshop 会根据所有图层建立选区范围，而不是只针对当前图层。

快速选择工具：可以利用调整的圆形笔尖迅速地绘制出选区，当拖拽笔尖时，选区范围不但会向外扩张，而且还可以自动寻找并沿着图像的边缘来绘制边界。本案例中也可以通过选择工具快速建立选区，实现人物抠图（图 5 - 39）。

图 5 - 39　快速建立选区

✏️【任务小结】

通过本案得出在使用 Photoshop 图形抠图时，需要根据图像背景的色彩反差大小与色彩复杂程度选择不同工具的结论。魔棒工具仅为颜色单一与简单的图像进行抠图；选择工具、修复工具、套索工具、钢笔工具、橡皮擦工具等均可实现颜色替换与擦除，从而实现抠图；根据实际需求与实际展示媒体与终端来对图像存储与格式转换。

任务5.3　美化人物图像

【任务分析】

日常的人像照片处理中，经常遇到需要对人像面部肌肤美白、祛斑点、去眼袋、调整光线明暗度等。本节案例为处理人像肌肤美白。本案例对比效果如图 5 - 40 与图 5 - 41 所示。

照片美化（V）

图 5-40　原始素材图　　　　　　　　图 5-41　最终效果图

【任务资讯】

完成本案例主要是通过对人像皮肤的祛斑点、肌肤美颜。去除皮肤斑点可以运用 Photoshop 的污点修复画笔工具与仿制图章工具，关键在画笔取样；完成肌肤美颜则是通过磨皮（滤镜—高斯模糊）与亮度（色阶与曲线）调整来实现。

1. 去斑点

污点修复画笔工具。自动将需要修复区域的纹理、光照、透明度和阴影等元素与图像自身进行匹配，快速修复污点。污点修复画笔工具取样图像中某一点的图像，将该点的图像修复到当前要修复的位置，并将取样像素的纹理、光照、透明度和阴影与所修复的像素相匹配，从而达到自然的修复效果。

污点修复工具选项介绍（图 5-42）。

图 5-42　污点修复画笔工具

（1）模式：用来设置修复图像时使用的混合模式。除"正常""正片叠底"等常用模式以外，还有一个"替换"模式，这个模式可以保留画笔的边缘处的杂色、胶片颗粒和纹理。

（2）类型：用来设置修复的方法。选择"近似匹配"选项时，可以使用选区边缘周围的像素来查找要用作选定区域修补的图像区域；选择"创建纹理"选项时，可以使用选区中的所有像素创建一个用于修复该区域的纹理；选择"内容识别"选项时，可以使用选区周围的像素进行修复。

　　2. 肌肤美白

　　调整曲线（图 5 - 43）。曲线命令是调整图像亮度最强大的命令，也是实际工作中使用频率最高的调整命令之一。它具备了"亮度/对比度""阀值""色阶"等命令的功能。通过调整曲线的形状，可以对图像的色调进行非常精确的调整。

图 5 - 43　曲线对话框

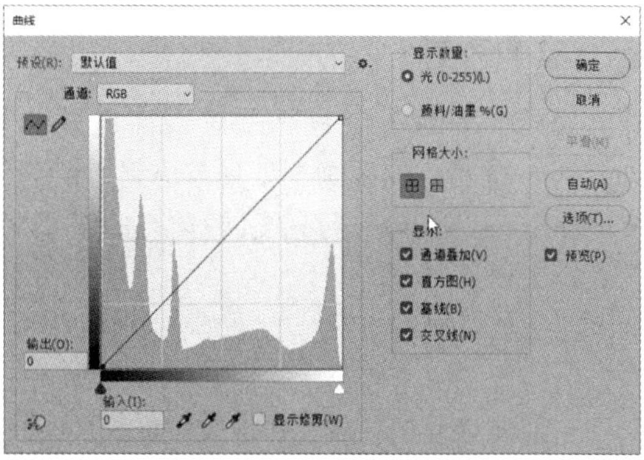

图 5 - 44　调整曲线

　　曲线对话框选项介绍如图 5 - 44 所示。

　　（1）预设：在"预设"下拉列表中共设有 9 种曲线预设效果。

　　（2）预设选项：单击该选项，可以对当前设置的参数进行保存，或载入一个外部的预设调整文件。

　　（3）通道：在通道下拉列表中可以选择一个通道来对图像进行调整，以校正图像的颜色。

　　（4）编辑点以修改曲线 ∿：使用该工具在曲线上单击，可以添加新的控制点。通过拖拽控制点可以改变曲线的形状，达到调整曲线的目的。

　　（5）通过绘制修改曲线 ✎：以手绘的方式自由绘制出曲线，绘制好曲线以后单击"编辑点以修改曲线"按钮 ∿ 可以显示出曲线上的控制点。

　　（6）平滑 ▭ 平滑(M)：使用"通过绘制来修改曲线" ✎ 绘制出曲线以后，单击"平滑"按钮，可以对曲线进行平滑处理。

　　（7）在曲线上单击并拖动可修改曲线 ✍：使用该工具以后，将光标放在图像上，曲线会出现一个圆圈，表示光标处的色调在曲线上的位置。在图像上单击并拖拽鼠标左键可以添加控制点以调整图像的色调。

　　（8）输入/输出："输入"即"输入色阶"，显示的是调整前的像素值；"输出"即"输出色阶"，显示的是调整以后的像素值。

　　（9）自动 ▭ 自动(A)：单击该按钮，可以对图像应用"自动色调""自动对比度"或"自动颜色"校正。

（10）显示数量：包含"光（0～255）"和"颜料/油墨%"两种显示方式。

（11）以四分之一色调增量显示简单网格/以 10% 增量显示详细网格：单击"以四分之一"色调增量显示简单网格，以 1/4（即 25%）的增量来显示网格，这种网格比较简单；单击"以 10% 增量显示详细网格按钮，以 10% 的增量来显示网格，这种网格更加精细。

（12）通道叠加：勾选该选项，可以在符合曲线上显示颜色通道。

（13）基线：勾线该选项，快快游戏那是基线曲线值的对角线。

（14）直方图：勾选该选项，可以在曲线上显示直方图作为参考。

（15）交叉线：勾选该选项，可以显示用于确定点的精确位置的交叉线。

3. 肌肤美颜

高斯模糊是 Photoshop 中常见且重要的模糊滤镜。它可以向图像中添加低频细节，使图像产生一种朦胧的模糊效果（图 5 - 45）。

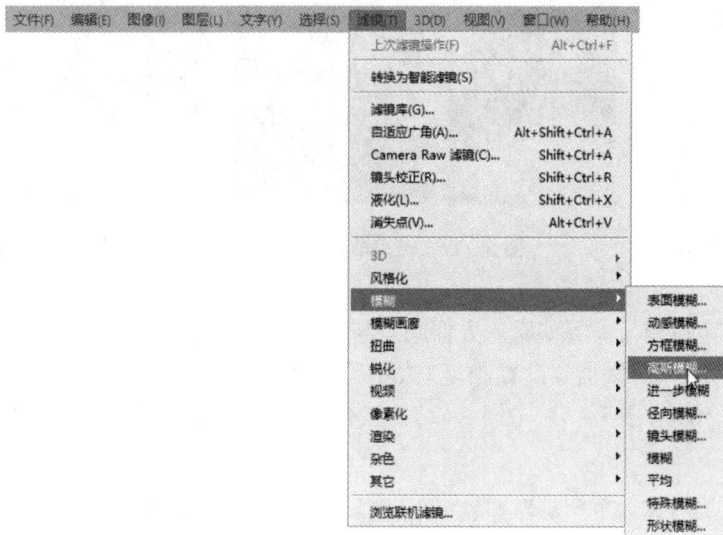

图 5 - 45　高斯模糊对话框

4. 去除眼袋

使用"仿制图章工具"。可以将图像的一部分绘制到同一个图像的另一个位置上，或绘制到具有相同颜色模式的任何打开文档的另一部分。当然也可以将一个图层的一部分绘制到另一个图层上。其选项栏如图 5 - 46 所示。

图 5 - 46　仿制图章工具

5. 人像美白

运用"历史记录画笔工具"。可以将标记的历史记录状态或快照作用作为源数据对图像进行修改。可以理性、真实的还原某一个区域的某一步操作。"历史记录画笔工具"选项框如图 5 - 47 所示。

图 5 – 47　历史记录画笔工具

【任务实现】

步骤一：祛除斑点。首先选择"污点修复画笔工具"，在选项栏中打开"画笔"选取器，调整画笔"大小"为 12 像素，"硬度"为 0%，"间距"为 25%，如图 5 – 48 所示。单击面部斑点处将斑点去除，如图 5 – 49、图 5 – 50 所示。

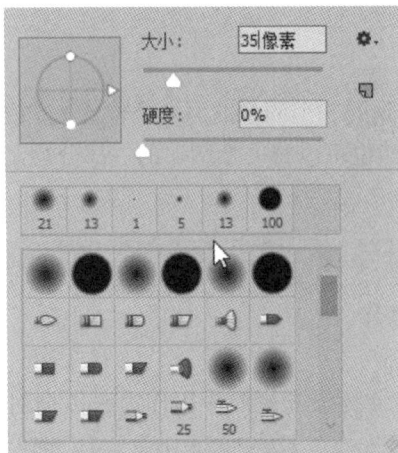

图 5 – 48　设置画笔硬度　　　　图 5 – 49　斑点取样　　　　图 5 – 50　去除斑点

步骤二：去除眼袋与鼻翼偏暗。人像眼袋与鼻翼部分偏暗，使用"仿制图章工具"在选项栏中单击"画笔预设"拾取器，设置画笔"大小"为 35 像素，"硬度"为 0%，"不透明度"为 50%，"流量"为 50%（图 5 – 51、图 5 – 52）。按住 Alt 键吸取源，然后对眼袋与鼻翼处进行涂抹（图 5 – 53）。

图 5 – 51　设置流量大小

图 5 – 52　设定像素大小　　　　图 5 – 53　斑点区域涂抹

步骤三：对人像进行磨皮操作。使肤色更加均匀。执行"滤镜">"模糊">"高斯模糊"命令，在弹出的"高斯模糊"对话框中设置"半径"为 5 像素（图 5 - 54）。此时画面整体呈现模糊效果（图 5 - 55）。

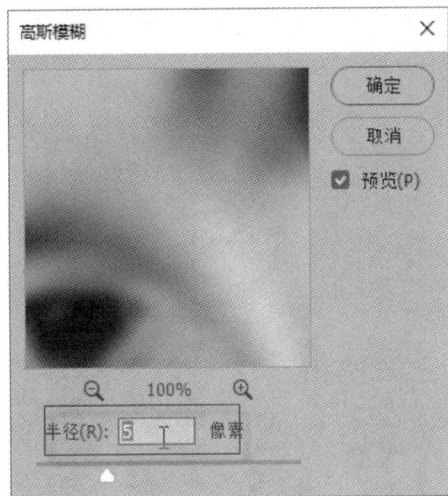

图 5 - 54　设置像素半径

图 5 - 55　模糊效果图

步骤四：高斯模糊后，面部皮肤细腻了很多，但是其他地方也被模糊了，所以需要打开"历史记录"面板，标记"高斯模糊"操作，并回到步骤三。选择"历史记录画笔"步骤，回到人像图层，对皮肤部分进行回执涂抹。

步骤五：图像整体提亮。创建新的"曲线"调整图层，在 RGB 模式下，单击"建立两个控制点"，设置"输入"为 104，"输出"为 68。另一个"输入"为 188，"输出"为 142。

步骤六：按"Ctrl + Alt + Shift + E"组合键盖印图层，然后执行"滤镜">"液化"命令。在弹出的"液化"对话框中，使用"向前变形工具"，设置"画笔大小"为 200，"画笔密度"为 8，"画笔压力"为 80（图 5 - 56）。对人像面部进行调整，得到最终的效果（图 5 - 57）。

图 5 - 56　设置画笔压力

图 5 - 57　最终效果图

【应用拓展】

　　本案例在调整人像肌肤的时候，运用到曲线工具调整人像肌肤的明暗光泽度，在日常人像肌肤处理工作中可以适当调整曲线中的"可选颜色"来调整图层。

　　运用本案例所学技能点，结合素材（图 5 - 58）完成人像肌肤颜色调整，效果图如图 5 - 59 所示。

图 5 - 58　原始效果图　　　　　　　　图 5 - 59　最终效果图

【任务小结】

　　本案例着重运用的知识与技能点分别是：图像污点修复、仿制图章工具、高斯模糊与液化滤镜、曲线，调整透明度、饱和度对图片进行修复与美化。同时在运用仿制图章工具取样涂抹的过程当中，人物的面部肌肤变得更加的光滑，同时也会变得模糊。适当的调整画笔大小，以适应不同地区的皮肤，同时随着涂抹的时间的长短，发现人物皮肤的模糊程度不一。所以在涂抹人物轮廓的时候要适当地控制好涂抹的时间。

任务 5.4　批量处理图片

图片批量处理（V）

【任务分析】

　　本案例中的图片均存在一个共同的特点就是饱和度偏低，需要批量进行处理，意味着需要运用到批量处理的技能。在 Photoshop 中可以通过录制"动作"来进行批处理。

【任务资讯】

　　完成本案例的主要技术点为：动作的录制、图像饱和度调整。

1. 关于动作

动作可以包含相应的步骤，并且可以执行无法记录的任务（如绘画）。Photoshop 中，动作是快捷批处理的基础，而快捷批处理则是一些小的应用程序，可以自动处理一些文件。

2. 调整图像饱和度

可以调整整个图像或者选区内图像的色相、饱和度、明度，同时也可以对单个通道进行调整。该命令在实际工作中是使用的频率最高的调整命令之一（图 5-60）。下面介绍色相/饱和度对话框选项。

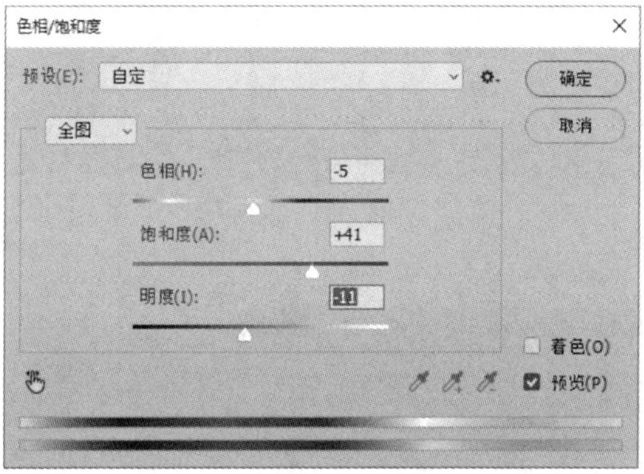

图 5-60　设定色相与饱和度

（1）预设：在预设下拉列表中提供了 8 种"色相/饱和度"预设。

（2）预设选项：单击该选项可以对当前的参数进行保存，或载入一个外部的预设调整文件。

（3）通道下拉列表：在通道下拉列表中可以选择全图、红色、黄色、绿色、青色、蓝色和洋红通道进行调整。选择好通道以后，拖曳下面的"色相""饱和度""明度"的滑块，可以对该通道的色相、饱和度和明度进行调整。

（4）着色：勾选该选项以后，图像会整体偏向于单一的色调。

批处理：可以对一个文件夹中的所有文件运行同一动作（图 5-61）。

批处理对话框选项介绍（图 5-62）。

（1）播放：选择要用来处理文件的动作。

（2）源：选择要处理的文件。选择"文件夹"并单击下面的"选择"按钮，在弹出的对话框中选择一个文件夹；选择"导入"选项时，可以处理来自扫描仪、数码相机、PDF 文档的图像；选择"打开的文件"选项时，可以处理当前所有打开的文件；选择"Bridge"选项时可以处理 Adobe Bridge 中选定的文件。

（3）目标：设置完成批处理以后文件的保存位置。选择"无"选项时，表示不保存文件，文件仍处于打开状态；选择"存储并关闭"选项时，可以将文件保存在原始文件夹中，并覆盖原始文件；选择"文件"选项并单击下面的"选择"时，可以指定保存文件的文件夹。

（4）文件命名：当设置"目标"为"文件夹"选项时，可以在选项组下设置文件的命名格式，以及文件的兼容性。

图 5 – 61　批处理对话框

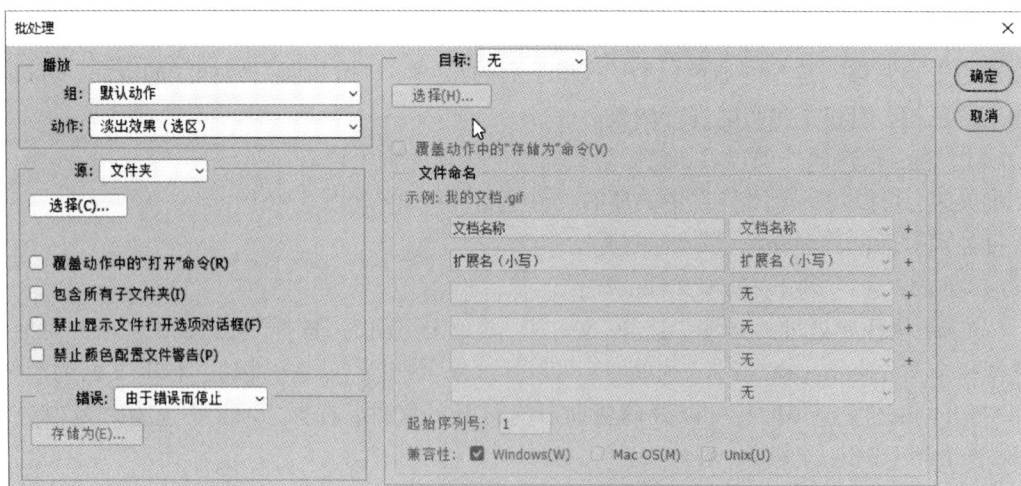

图 5 – 62　设定动作

【任务实现】

步骤一：批处理动作录制。打开一副图像，执行"制图＞动作"命令，打开"动作"面板，单击"新建组"按钮，在弹出的对话框中选择新建的组，命名为"组1"，如图5-63所示。

图5-63　新建组

步骤二：单击"创建新图层"，在弹出的对话框中将新建的动作命名为"动作1"（图5-64），此时进行的操作都会被记录到"动作"面板。

图5-64　命名动作

步骤三：按住"Ctrl＋U"组合键，在弹出的"色相/饱和度"对话框中设置"饱和度"如图5-65所示，此时可以看到图像的饱和度明显提高。

步骤四：执行"文件＞存储"命令，并关闭该文件，在"动作"面板中单击"停止记录"按钮，如图5-66所示。此时红色的记录按钮变成了灰色，表示当前记录已停止。

图5-65　设定饱和度值

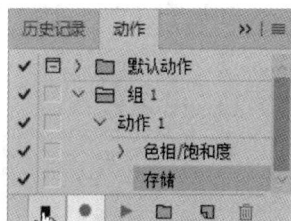

图5-66　停止动作记录

步骤五：执行"文件 > 自动 > 批处理"命令（图 5-67），打开"批处理"对话框，在"播放"选项栏中选择要播放的动作。单击"选择"按钮，弹出"浏览文件"对话框，找到刚才创建的文件（图 5-68）。

图 5-67　自动批处理

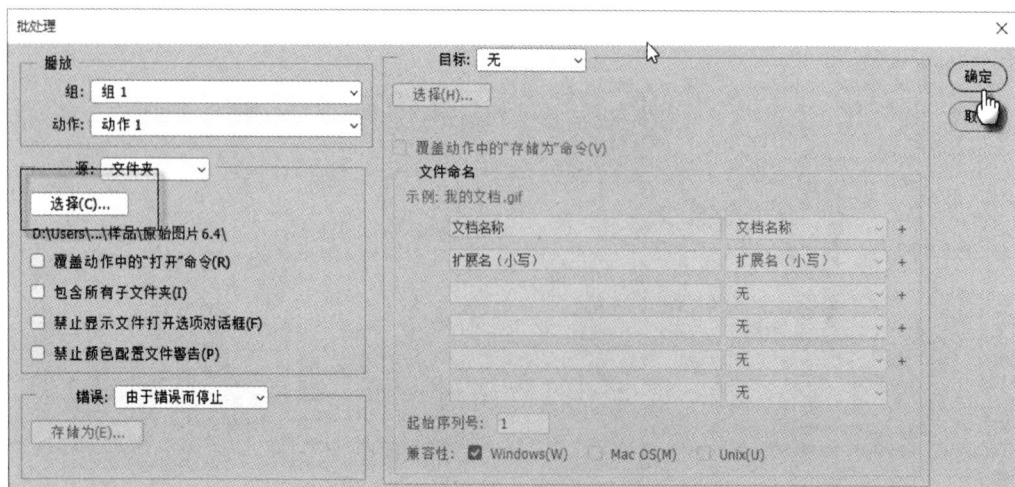

图 5-68　设定批处理文件存储路径

【应用拓展】

快速调整图像的颜色与色调的命令有很多，除"色相/饱和度"之外，还有自动色调、自动对比度、亮度/对比度、色彩平衡、照片滤镜、取色及色调均衡。

(1)自动色调(对比度、颜色)：根据图像的色调(对比度、颜色)自动进行调整，着重于自动化，软件程序自动设定；

(2)色彩平衡：更改图像总体颜色的混合程序；

(3)照片滤镜：模仿在相机镜头前面添加色彩滤镜的效果；

(4)变化：调整图像的色彩、饱和度和明度；

(5)去色：去掉图像中的颜色，使其成为灰度图像；

(6)色调均化：重新分布图像中像素的亮度值。

【任务小结】

整理数码相片的时候，经常会遇到一些问题，如曝光不足、偏色、发灰，或者需要将多张照片处理成同样风格。编辑一张照片也许只需执行很少的命令进行调整，但是如果逐一修复大量的图像则会很浪费时间。动作自动化节能节省很多操作时间，并且确保了多种操作结果的一致性。在 Photoshop 中将图像操作记录下来，以后对其他图像进行相同处理的时候，执行相应的动作就可以自动完成任务。Photoshop 预设了一些动作以帮助执行常见任务。可以按原样使用这些预定义的动作，也可以自定义这些动作。

任务5.5 制作风景明信片

【任务分析】

根据提供的素材，完成风景明信片的制作。完成本案例，需要运用的技术与技能点为：画笔工具、描边路径、图层样式等。同时结合图像的颜色调整工具：曲线。

海报制作(V)

【任务资讯】

1.画笔工具

用前景色绘制各种线条，或者修改通道与蒙版画笔工具选项介绍(图 5 - 69)。

图 5 - 69　画笔工具

(1)画笔预设选取器：单击 ，打开"画笔预设"选取器，在这里面可以选择笔尖、设置画笔的"大小"和"硬度"。

(2)切换画笔面板：单击该按钮可以打开"画笔"面板。

（3）模式：设置绘画颜色与下面现有像素的混合方法。

（4）不透明度：设置画笔绘制出来的颜色的不透明度。数值越大透明度越高。

（5）流量：设置当光标移到某个区域上方时应用颜色的速率。

（6）启用喷枪样式的建立效果：激活该按钮以后，可以启用"喷枪"功能，Photoshop 会根据鼠标左键的单击程度来确定画笔笔迹的填充数量。

（7）始终对大小使用压力：使用压感笔，其压力可以覆盖"画笔"面板中的"不透明度"和"大小"设置。

2. 描边路径

在描边之前需要先设置好描边工具的参数，如画笔、铅笔、橡皮擦、仿制图章等。使用钢笔或形状工具绘制出路径以后，在路径上单击鼠标右键，在弹出的菜单中选择"描边路径"命令。

3. 图层样式

图层效果，它是制作纹理、质感和特效的灵魂，可以为图层中的图像添加投影、发光、浮雕、光泽、描边等效果，创建出诸如金属、玻璃、水晶以及具有立体感的特效。

💿➜ 【任务实现】

步骤一：执行"文件 > 新建"命令创建新文件，填充灰色，然后导入风景素材文件并放在画布居中的位置，如图 5 - 70 所示。

步骤二：为风景照片添加"图层样式"，制作出明信片白色边缘和投影的效果。在"图层样式"对话框中选择"投影"样式，设置"混合模式"为"正片叠底"，"不透明度"为 75%，"角度"为 133 度，"距离"为 25 像素，"大小"为 17 像素（图 5 - 71）；选中"描边"样式，设置"大小"为 79 像素，"位置"为内部，

图 5 - 70   导入素材

"混合模式"为"正常"，"不透明度"为 100%，"填充类型"为"颜色"（图 5 - 72）。最终效果图如图 5 - 73 所示。

步骤三：新建一个"曲线"调整图层，单击鼠标右键，在弹出的快捷菜单中选择"创建剪贴蒙版"命令，并在其"属性"面板中提亮曲线，如图 5 - 74 所示。填充"蒙版"背景色为黑色，使用白色画笔绘制天空部分，如图 5 - 75 所示。最终效果图如图 5 - 76 所示。

图 5-71　添加投影效果

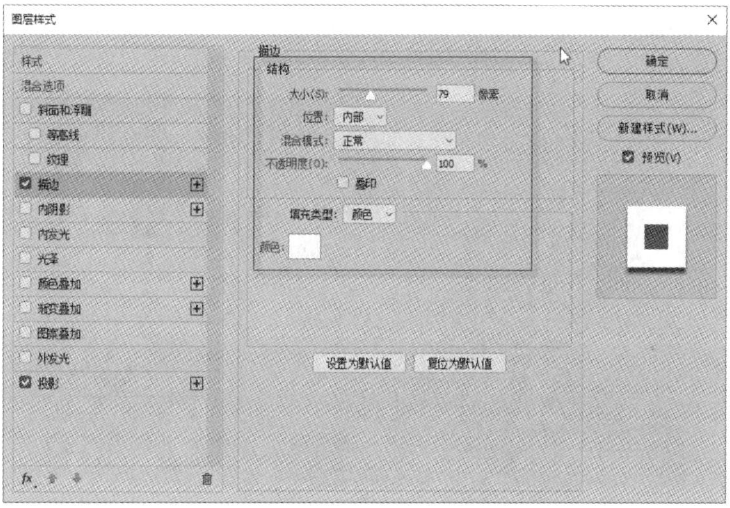

图 5-72　添加描边效果

图 5-73　效果图 1

图 5 – 74　调整曲线

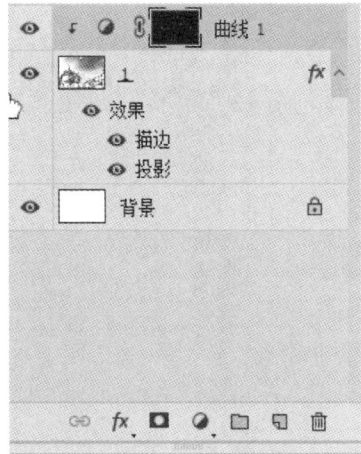

图 5 – 75　绘制画笔

图 5 – 76　效果图 2

　　步骤四：新建一个图层，命名为"邮编底色"，使用矩形选框工具绘制一个矩形选区，设置填充颜色为白色，如图 5 – 77 所示按"Alt"键并使用移动工具拖动矩形，复制出另外 5 个白色矩形。如图 5 – 78 所示。

　　步骤五：将 6 个白色矩形图层，合并为一个图层，并设置该图层的"不透明度"为 36%，如图 5 – 79 所示。增加后效果如图 5 – 80 所示。

　　步骤六：新建图层并命名为"邮编框"，放置在"邮编底色"图层上面，载入"邮编底色"图层选区，执行"编辑 > 描边"命令，在弹出的"描边"对话框中设置"宽度"为 5 像素，"颜色"为白色，"位置"为居外，如图 5 – 81 所示。最终邮编框效果如图 5 – 82 所示。

图 5 – 77　新建矩形框

图 5 – 78　邮编效果图

图 5 – 79　合并图层

图 5 – 80　合并图层后效果图

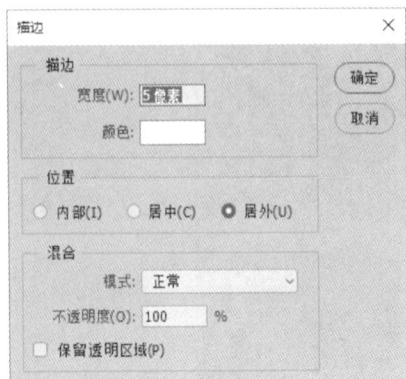

图 5 – 81　设置描边像素

图 5 – 82　邮编框效果图

步骤七：制作邮编部分。新建组命名为"邮票"，在组中新建图层，使用矩形选框工具回执矩形，填充颜色为"白色"，如图 5 – 83 所示。

图 5 – 83　邮票效果区

步骤八：邮票上最显著的特征就是四周连续的半圆形缺口。在这里可以使用描边路径与蒙版结合的方法进行制作。选择画笔工具，然后按"F5"打开"画笔"面板。选择一种硬边角圆形画笔，设置"大小"为 60 像素，"硬度"为 100%，"间距"为 115%，如图 5 – 84 所示。新建图层，载入矩形选区，单击鼠标右键，在弹出的快捷菜单中选择"建立工作路径"命令。

步骤九：新建一个"圆点"图册，按住"Enter"键为路径进行描边，如图 5 – 85 所示。载入"圆点"图层选区，按住"Shift + Ctrl + I"组合键进行反向选择，再单击邮票白色背景图层，添加图层蒙版，邮票边缘即可出现锯齿效果。如图 5 – 86 所示。

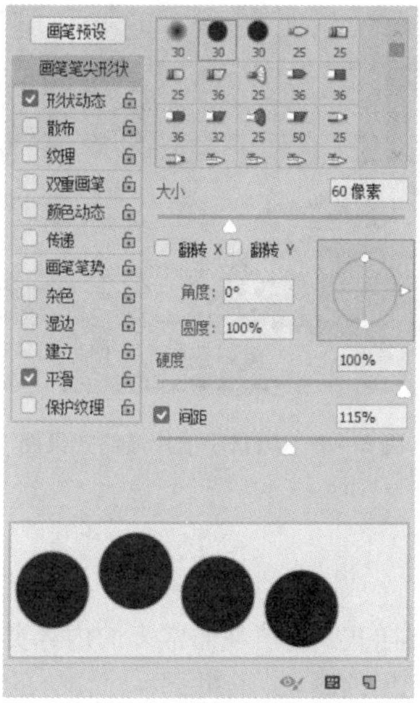

图 5-84　画笔工具选取

图 5-85　路径描边

图 5-86　锯齿效果图

图 5-87　邮票效果图

步骤十：导入用作邮票的素材文件，缩放到合适的大小位置在邮票底色上，如图 5-87 所示。

步骤十一：导入邮戳素材，设置混合模式为"正片叠底"。邮戳上的白色背景被完全隐藏，效果如图 5-88 所示。

导入手写艺术文字素材库，最终效果如图 5-89 所示。

图 5-88　添加邮戳图层

图 5-89　风景明信片最终效果图

【应用拓展】

如果一个文档中含有过多的图层、图层组以及图层样式，会消耗非常多的内存资源，从而减慢计算机的运行速度。遇到这种情况，可以删除无用的图层、合并同一个内容的图层等方式减少文档的大小。

1. 合并图层

如果要合并两个或多个图层，可以在"图层"面板中选择要合并的图层，然后执行图层 > 合并图层菜单命令（Ctrl + E 组合键），合并后的图层为最上面的图层。

2. 盖印图层

盖印图层是一种合并图层的特殊方法。它可以将多个图层的内容合并到一个新的图层中，同时保持其他图层不变。盖印图层在实际工作中经常用到，是一种很使用的图层合并方法。

结合案例知识，运用所学知识技能点，完成图像的处理，图像前后的效果对比如图 5-90、图 5-91 所示。

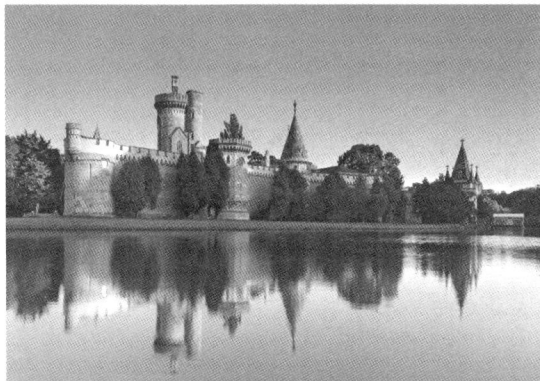

图 5-90　素材原始图

图 5-91　素材处理后效果图

【任务小结】

本节的知识与技能点分别是：调整图像的对比度与亮度，掌握矩形选框工具、图层合并、图层蒙版与图层混合模式的正确使用。

【综合实训】

实训项目一：画册的排版

一、项目目标

掌握单图与多图的板式制作。

二、项目要求

利用色彩平衡、曲线，调整图层亮度与透明度，图层样式与混合模式的正确使用；图像调整前后的对比如图 5 - 92、图 5 - 93 所示。

图 5 - 92　原始素材图

图 5 - 93　最终效图

三、解决方案

1. 导入素材。

2. 素材处理。

3. 图像合成与处理。

【思考与探索】

一、判断题

1. 图像等比例缩放不需要按住 Shift 键。　　　　　　　　　（　　）

2. 建立图像选区的快捷键是 Ctrl + Delete。　　　　　　　（　　）

3. 图像背景的抠除方法不能使用魔棒工具。　　　　　　　（　　）

4. 合并图层的快捷键是 Ctrl + E。　　　　　　　　　　　（　　）

5. 填充图层前景色的快捷键是 Alt + Delete。　　　　　　（　　）

6. 仿置图章工具对图像取样需要配合 Alt 键一同使用。　　（　　）

7. 新建曲线调整图层的快捷键是 Ctrl + L。　　　　　　　（　　）

8. 污点画笔工具无法取出人像斑点。　　　　　　　　　　　　　　（　　）

9. 图像另存的快捷键是 Ctrl + S。　　　　　　　　　　　　　　（　　）

10. Photoshop 中调整图像对比度的快捷键是 Ctrl + B。　　　　　　（　　）

11. Photoshop 中图片的批处理程序可以多次延续使用。　　　　　　（　　）

12. Photoshop 中置入图片后，需要对图片进行栅格化处理才可以进行图像调整。

13. Photoshop 中填充前景色的快捷键是 Alt + Delete。　　　　　　（　　）

14. Photoshop 中为图层添加蒙版后，图层全部不可见。　　　　　　（　　）

二、选择题

1. 下列抠除水印的方法有（　　　　）。

A. 利用内容识别扣除水印　　　　　　B. 修补工具抠除水印

C. 污点修复画笔工具　　　　　　　　D. 魔棒工具扣除水印

【本章·小结】

Photoshop 软件是一个功能非常强大的图像编辑软件，Photoshop 应用广泛，它的应用领域包括平面设计、3D 动画、图形、网页制作、矢量绘图、多媒体制作、出版等。本章结合图片资料编辑和整理的实际应用场景，安排处理图片污点、合成人物图像、美化人物图像、批量处理图片、制作风景明信片等案例任务。具体介绍图像的基本处理与合成，包括图片的污点处理、图片尺寸大小更改、格式转化，图片的基本裁剪、抠图、拼接，图片的美化与修复，去除图片斑点、瑕疵，调整图片的光线明暗度，快速处理相同效果的批量图片等。

在教学资料设计和资料过程中，我们经常遇到一些图片编辑处理方面的需求，例如，有时需要将彩色图片处理为黑白图片，有时需要对图片进行裁剪，有时需要对图片进行拼接……现在是一个读图的时代，图片的应用无处不在。在我们实施信息化教学过程中，图片是必不可少的，因此，我们需要掌握一些基本的图片处理方法和技巧，学习和掌握 Photoshop 软件也是对我们的一项技能要求。

教师与艺术设计岗位专业人员对 Photoshop 的能力需求不同，由于工作性质的原因，我们只需要掌握 Photoshop 的常用功能、重要功能，满足大多数教学业务工作场景下的实际需求即可。当然，如果教师的图片处理方面的能力越强、经验越丰富，那么他在教学课件、微课等教学资源的设计和制作方面可能就更具备优势，在各类教学比武、信息化教学竞赛中更容易获得好成绩。如果教师在完成本章案例学习和拓展项目训练以后，还有兴趣进一步提升自己的图片处理能力和水平，那么我们建议教师学习 Photoshop 相关的网络课程和专业书籍。

第 6 章

编辑和整理音频视频资料

【教学情境】

王老师、罗老师分别是从事语文文化课与汽车运用技术专业技术课教师，本学期将参加学院组织的信息化教学比武大赛，需要准备一个 15 min 内的参赛视频。为完成参赛视频制作，王老师、罗老师需要学习音频录制、音频编辑、视频拍摄、剪辑、编辑与后期合成输出视频等方面的技能与技巧。

【解决方案】

安排录制教学音频、编辑教学音频、合成教学音频、录制教学视频、编辑教学视频、合成教学视频和输出教学视频等七个任务，来学习和掌握教学音视频资料的编辑技能。可以根据不同类型的音视频编辑要求在教学实践活动中去灵活运用。

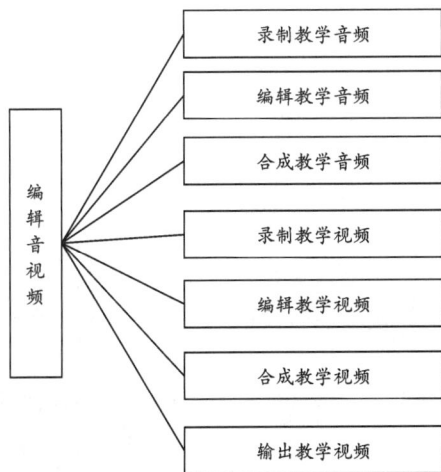

📑【能力目标】

1. 掌握常见的教学视频录制方式与方法。

2. 了解常见的教学视频录制工具与软件的使用。

3. 在录制日常教学过程中,掌握教学视频镜头的景别处理、人物音频的采集、拍摄视角与拍摄场景的处理。

4. 掌握音视频的录制、编辑、合成、处理。

5. 了解音视频的包装与输出、格式选择、音频码率、视频码率等。

任务6.1　录制教学音频:电脑录制教学视频旁白

电脑录制诗朗诵配音(V)

📖【任务分析】

在日常的教学视频制作过程中,经常会用到视频后期旁白。旁白的录制在没有专业设备与录音棚的前提下,可以选择电脑、录音软件、麦克风等硬件设备在一个相对安静的环境下完成音频文件的录制。

🌐【任务资讯】

录制音频可以采用的工具有多种:录音笔、手机录音软件、电脑录音软件等。本期采用的电脑录音与编辑软件为 Adobe Premiere Pro CC 视频剪辑软件。

Adobe Premiere Pro CC 出自 Adobe 公司,是一款基于非线性编辑设备的音视频剪辑软件,被广泛应用于电视制作、广告制作、电影剪辑等领域,成为 PC 和 MAC 平台上应用最为广泛的视频剪辑软件之一。

Adobe Premiere Pro CC 拥有人性化的交互使用界面、良好的兼容性、易学且高效,是剪辑师等从业必不可少的剪辑工具之一。该软件提供了素材采集、剪辑、画面调色、音频处理、字幕制作、视频输出和 DVD 刻录等一整套流程。

音频录制分为两个关键点:录音设备(麦克风)与电脑音频采集卡的连接;Adobe Premiere Pro CC 软件的录音设置。

🔊【任务实现】

步骤一:录音软硬件的连接。电脑录音之前需要将收音设备与电脑进行连接,麦克风与电脑的话筒接口相连接,分别为接收端与发送端,如图6-1所示。连接后的效果如图6-2所示。

步骤二:连接好以后打开 Adobe Premiere Pro CC 软件的新建项目(图6-3),项目名称为"001"。

步骤三:新建录音序列(图6-4),选择"AVCHE",选择音频采样率为48000 Hz(同时可以点击设置,仔细检查一下音频采样率是否为48000 Hz后单击"确定")。如图6-5所示。

图 6-1　音频接收端

图 6-2　音频接收端与发送端的整体效果

图 6-3　新建项目

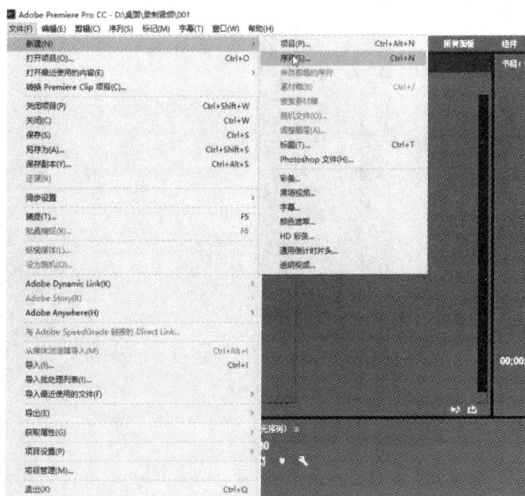

图 6-4　新建录音序列

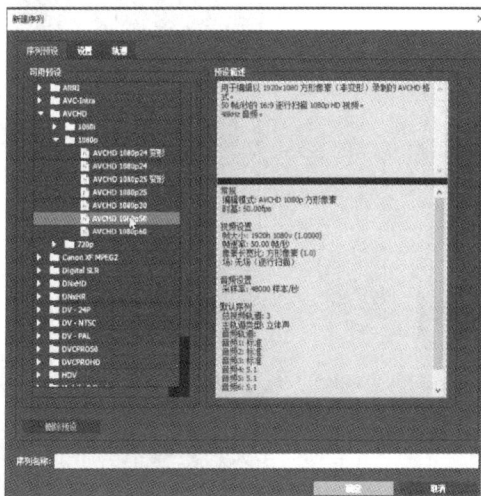

图 6-5　设置录音序列参数

提示：在进行录音之前需要将录音的硬件检查一遍。单击"编辑"菜单下的"音频硬件"（图 6 - 6），选择默认路线为"插孔麦克风"，默认输出为"扬声器"，然后单击"确定"（图 6 - 7）。

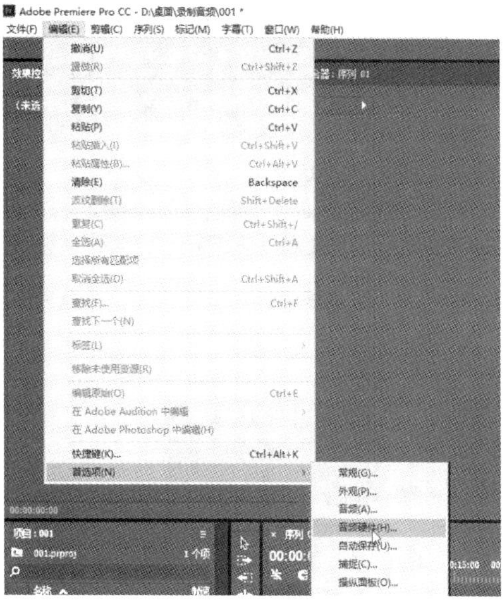

图 6 - 6　设置音频连接选项

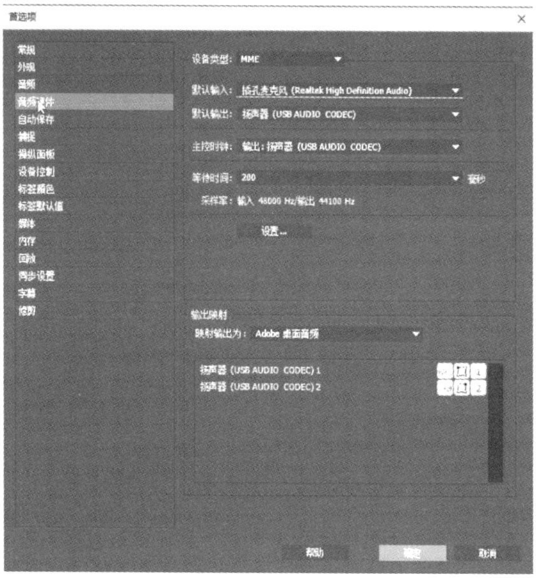

图 6 - 7　设置音频输入输出硬件

步骤四：录制一段环境音。点击"窗口"选择"音轨混合器"（图 6 - 8），激活录音轨道，单击"读取"，启用主音频轨道进行录制，单击"R"后单击"录制"（图 6 - 9）。

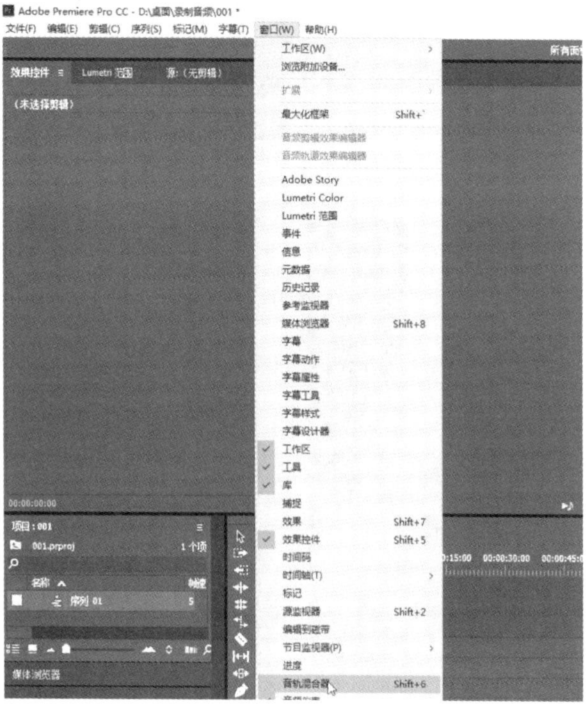

图 6 - 8　打开音轨混合器

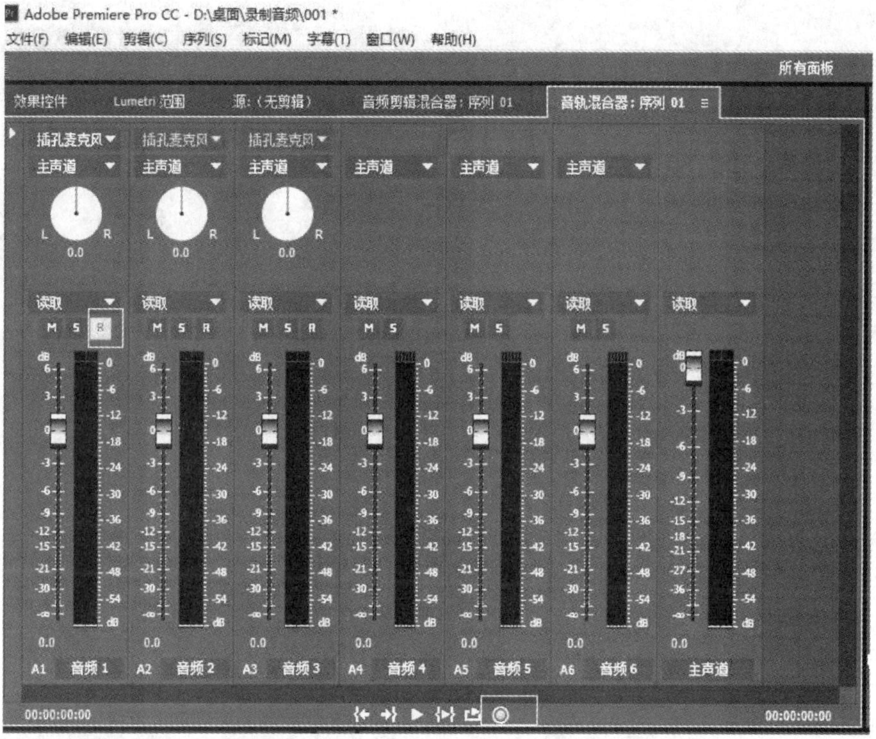

图 6 - 9　激活录音轨道

　　步骤五：正式录制音频。选择音频轨道 1 在键盘上按回车，此时正在进行录制（图 6 - 10）。录制完成后单击"空格键"暂停录入，此时可以看到项目面板已经生成一段音频（图 6 - 11），可以进行试听（图 6 - 12）。

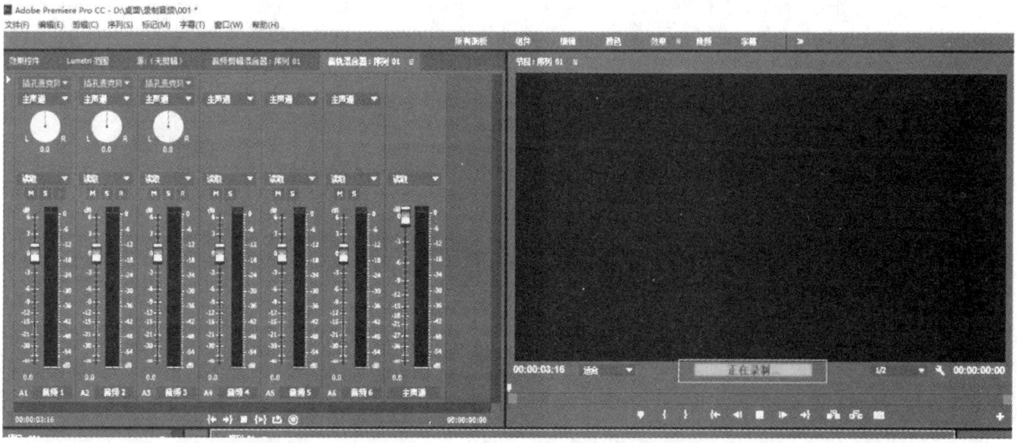

图 6 - 10　音频录制界面

图 6 – 11　音频编辑轨

图 6 – 12　音频试听

【应用拓展】

使用 Adobe Premiere Pro CC 的"调音台"面板可以独立于视频而单独采集音频，还可以直接从音频源(如麦克风或者录音机)将音频录制到 Adobe Premiere Pro CC 中，甚至可以在用"节目监视器"查看视频的同时录制音频素材。在采集音频时，其品质以音频硬件设置的取样率和位数深度来确定。

✒【任务小·结】

在使用电脑录制音频的过程中需要注意几个细节：①在录音软件上设置好音频输入硬件；②正确设置好音频采样率；③正式录制音频前录制一段干净的环境音。

任务6.2　编辑教学音频：诗朗诵配音编辑

🌿【任务分析】

音频初步剪辑与编辑：针对 NG 的音频，环境音做降噪处理。

🌐【任务资讯】

音频素材的试听；在 Adobe Premiere Pro CC 中通过两点编辑快速设置素材的入点与出点；在素材源监视器窗口中试听音频；采用音频特效进行降噪（其中特效插件为 DeNoiser），设置特效关键帧、噪声取样等。

编辑诗朗诵配音(V)

🎯【任务实现】

步骤一：导入音频素材 6 – 1、素材 6 – 2，如图 6 – 13 所示。

步骤二：通过素材源监视器试听录音，并筛选可用音频，如图 6 – 14 所示。

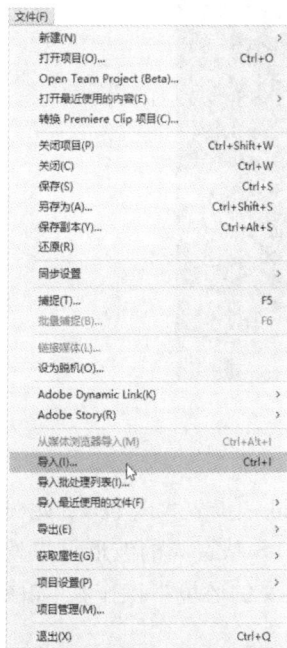

图 6 – 13　导入文件

图 6 – 14　音频播放

步骤三：通过试听，确定可用音频（双击音频素材-1进行播放，可以听到前面的3 s存在一定的杂音。试听完毕发现，音频素材-1中存在一定的环境音与杂音。双击音频素材-2，单击"播放"按钮，在试听过程中发现前面的13 s存在一定的杂音，整体环境音较干净），设置音频的入点与出点，确定可以用的音频片段，标记第14 s为入点（图6-15），第54 s 20帧为出点（图6-16）。

图6-15　标记入点

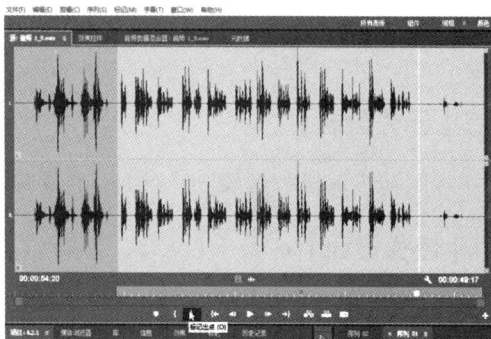

图6-16　标记出点

步骤四：将音频插入"序列"中，自动新建一个音频序列，如图6-17所示。

图6-17　插入音频

步骤五：通过音频波形观察音频变化。按住鼠标的滚轮不放，进一步放大音轨1，此时可见音频的波形逐一显现（也可以按住键盘的"+"键放大音频轨道）。从音频的波形可以发现前面几秒是相对较安静的（所有快捷键操作，均在输入法必须为英文的环境下操作），如图6-18所示。

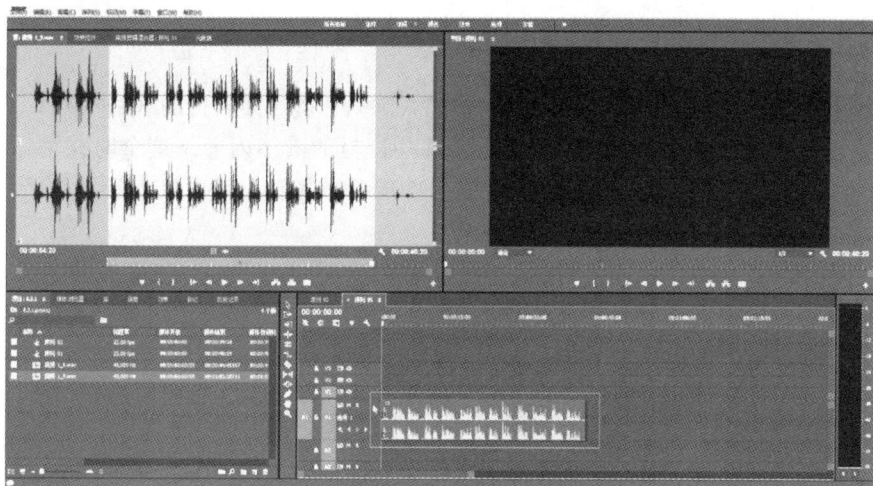

图 6 – 18　查看音轨

　　步骤六：音频降噪。对音频进行降噪处理。单击"效果"，选择音频效果中的降噪插件"DeNoiser"，将插件拖动到音轨上面（图 6 – 19）。

　　步骤七：添加特效关键帧。在效果插件中点击"自定义设置"参数，如图 6 – 20 所示。设置降噪数值为"– 20"，如图 6 – 21 所示。最终参数设置效果如图 6 – 22 所示。

图 6 – 19　添加音频特效 DeNoiser

图 6 – 20　设置"DeNoiser"特效参数值

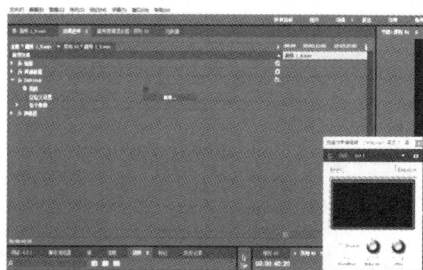

图 6 – 21　调节效"DeNoiser"特效 Reuction 值

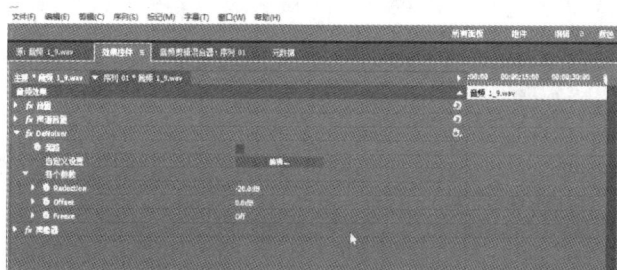

图 6 – 22　确认 Reduction 参数值

步骤八：进一步试听，按住"Home"键回到起始位置，单击"播放"按钮进行试听。

【应用拓展】

源监视器面板：当制作一个包含很多素材的大项目，将各类素材加载到"项目"面板的文件夹时，经常会因为素材过多导致剪辑师遗忘某些素材的具体内容。这个时候可以双击"项目"面板中的各个素材，并单击"源监视器"面板中的播放按钮，就可以查看与试听相关素材的具体内容。

要想精确地编辑素材，合理使用"源监视器"面板是非常重要的。该面板的底部有一个控制区域，里面集成了很多功能，如标记入点、标记出点、播放、停止、快进、跳转入点、跳转出点、插入、覆盖、导出单帧等(图6-23)。

图6-23　音频控制区

【任务小结】

在编辑音频的过程中需要注意：音频降噪处理、音频采样、音频的节奏控制等细节。

任务6.3　合成教学音频：诗朗诵配音合成

配乐诗朗诵合成(V)

【任务分析】

教学音频的合成主要包括音频混音、音频输出两个部分。

【任务资讯】

音频混音：根据教学音频的节奏，挑选合适的背景音乐。

音频的特效处理：为音频添加淡入淡出效果，通过音频音量大小的关键帧设置实现。

音频输出：音频格式的选择，音频的采样率选择。

【任务实现】

步骤一：背景音乐的选择导入。导入素材（素材 6 – 3），如图 6 – 24 所示。单击"媒体浏览器"—"背景音乐"。

图 6 – 24　文件导入

图 6 – 25　标记音频文件

步骤二：背景音乐的剪辑。背景音乐长度为 4 分 50 秒，而诗朗诵长度为 39 秒，那么需要截取背景音乐中的一小段。标记背景音乐第 8 秒为入点（图 6 – 25）、第 44 秒 17 帧为出点（图 6 – 26）。

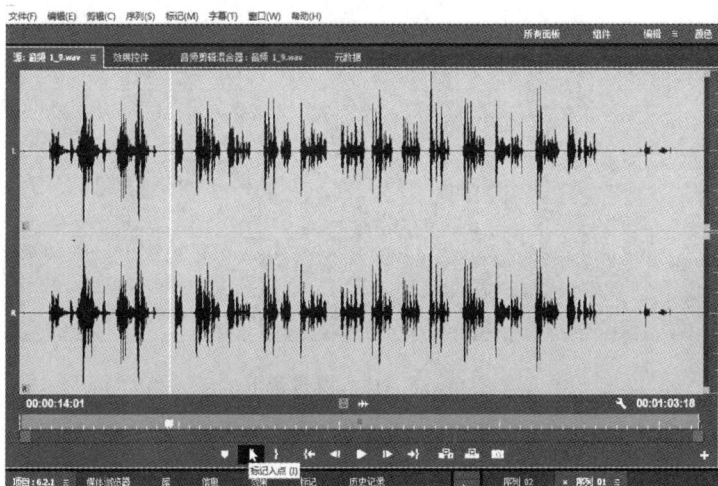

图 6 – 26　设置入点

步骤三：将背景音乐插入时间序列。当直接执行插入命令时，可以看到目标元素被放置在教学音频音轨之前，而实际的效果是将背景音乐与教学音频同时播放。这意味着背景音乐要与诗歌朗诵处于同一起始位置。此刻只需将主音乐音轨 1 锁定，激活音轨 2 作为一个主音轨（图 6 - 27），单击"插入"，将背景音乐插入音轨 2。插入以后可以解除音轨 1 的锁定，激活音轨 1 作为主音轨（图 6 - 28）。

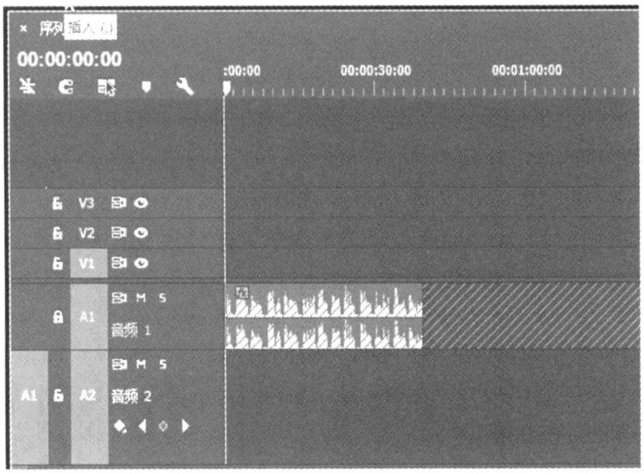

图 6 - 27　锁定主音轨

图 6 - 28　插入背景音乐

步骤四：混音试听。在试听的过程中，可放大波形来仔细观察，背景音乐相比朗诵时长要短，将背景音乐的结束位置与诗歌朗诵进行对齐（图 6 - 29）。

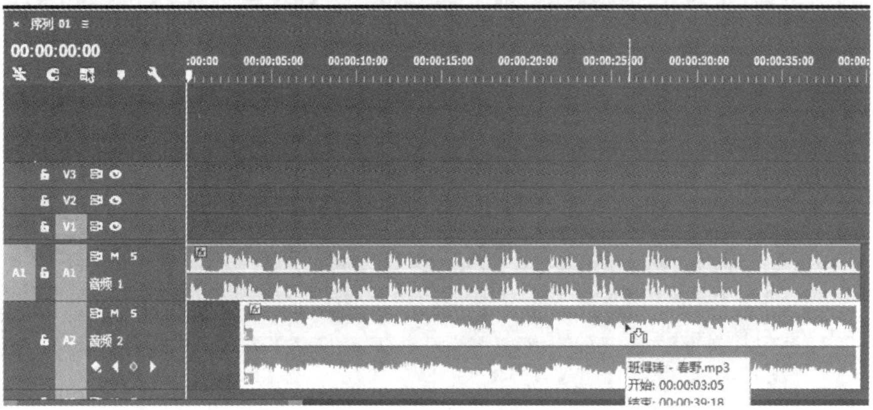

图 6 - 29　对齐音轨

放大波形，可以发现背景音乐结束时的波形与诗朗诵的相差不大。当诗朗诵处于结束位置时，背景音乐也已结束。此刻只须将背景音乐的起点与诗歌朗诵的起点进行对比即可。可以发现，诗歌的起点为零，而背景音乐的起点为第 3 s，按"Hone"键移动至起始位置，通过对前 3 s 的混合音频试听后，发现前 3 s 的音频音量都比较低，与背景音乐相差不大。

步骤四：背景音乐淡入淡出效果添加。调整背景音乐的音量大小，单击"背景音轨"，选择"音频混合器"，单击"播放"试听，发现背景音乐的音量大小与诗朗诵的一致。需要调整背景音乐音轨的音量大小，将背景音乐的音量适当地往下降低（图 6 - 30）。双击"背景音乐"，然后在背景音乐的效果控制器当中，添加"级别"。在第 39 s 19 帧的位置单击"关键帧"，设置级别为" - 40"；在第 39 s 09 帧的位置单击"关键帧"，设置级别为" - 16. 5"（图 6 - 31）。使用同样的方法为背景音乐添加淡入效果。

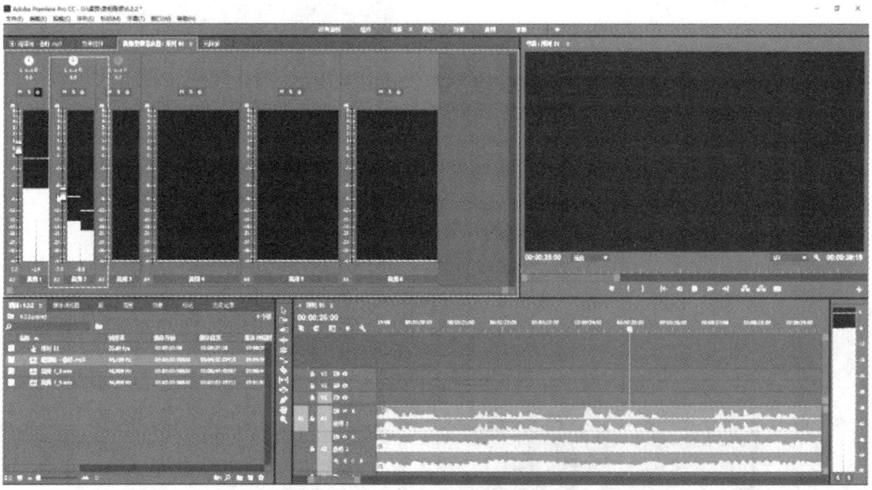

图 6 - 30　设置 A2 音频音量大小

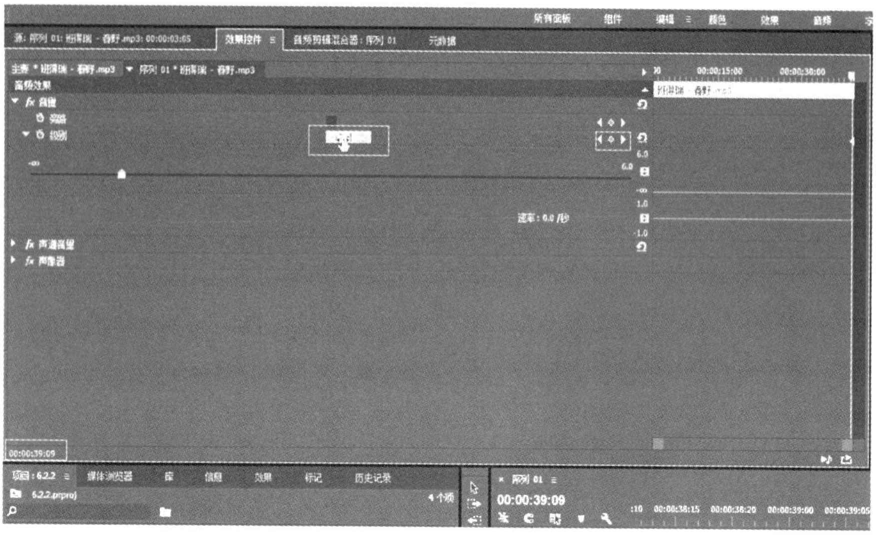

图 6 – 31　添加音频关键帧

步骤五：试听音乐。调整后的背景音乐与教学音频更加融合，在节奏上更加一致。

步骤六：音频输出。单击"文件"菜单下的"导出"（图 6 – 32），点击"媒体"—"格式"—"导出"—"音频"，预设为 WAV 48 kHz（16 位），单击"队列"（图 6 – 33），系统会自动启动 Media Encoder，音频渲染启动，输出音频。

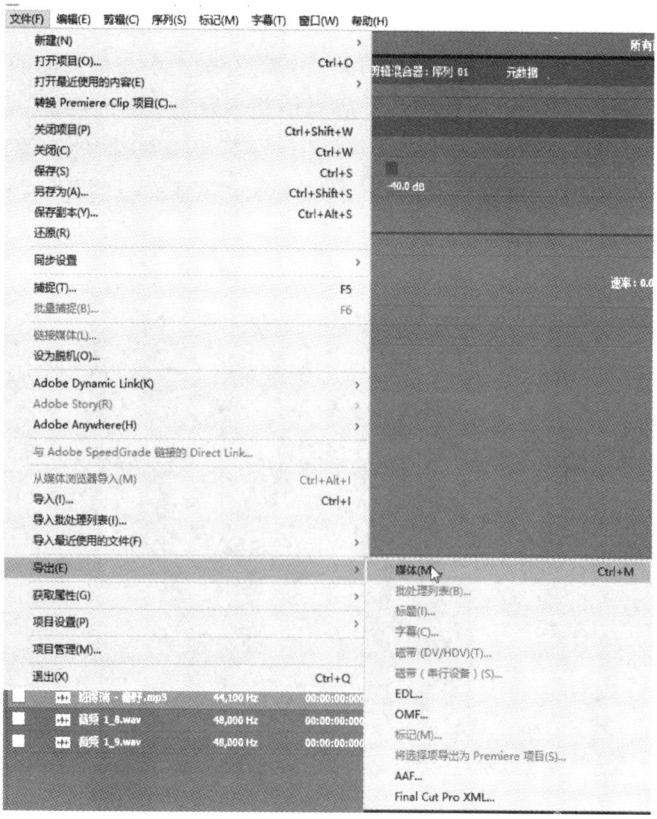

图 6 – 32　导出音频

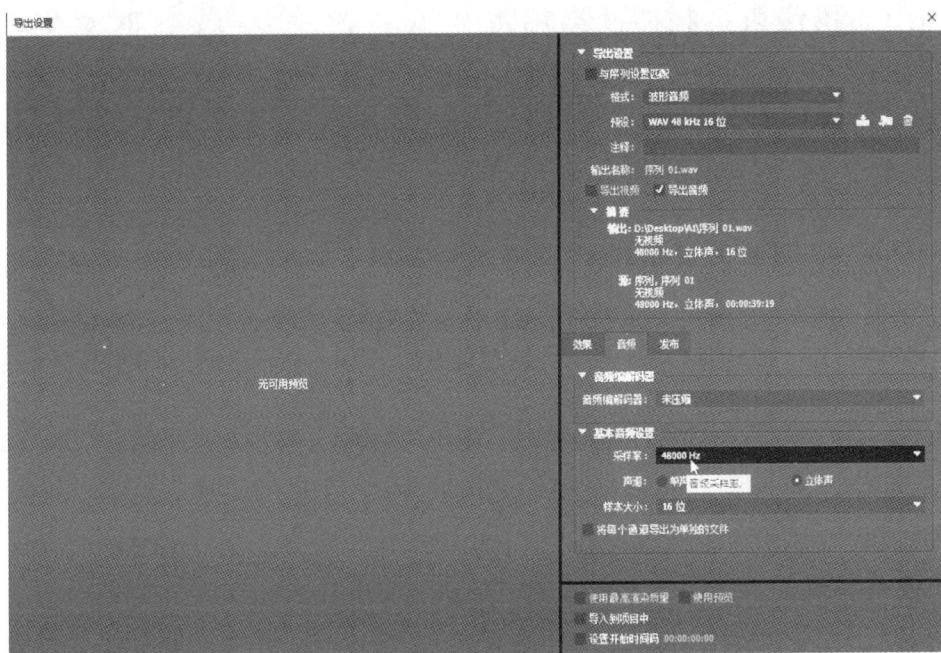

图 6 – 33　设置音频采样率

【应用拓展】

声音(如某人在音乐大厅中敲鼓或演奏乐器)是通过声波传播给听众的。耳朵能够听到的声音是因为声波的振动,振动频率就是声音的音调,高音调声音的振动要多于低音调的振动,这些振动声波的频率是通过每秒发生的循环次数来确定的,这就是所谓的音频。音频(频率)以赫兹(Hz)为测量单位,人们大约可以听到 20 ~ 20000 Hz(20 kHz)范围内的声音。

声波的幅度(或者叫振幅),以分贝进行测量,波形弯曲的幅度越大,振幅也就越大,声音就越洪亮。

在数字声音中,数字波形的频率由采样率决定,许多摄像机使用 32 kHz 的采样率录制声音,每秒可录制 32000 个样本。采样率越高,声音可以再现的频率范围就越广。

数字化声音文件的大小:声音的位深越大,采样率就越高,声音文件也就越大。因此估算声音文件的大小很重要。用户可以将位深乘以采样率来估算文件大小。例如采样率为44100 的 16 位单声道音轨(16 bit 44100),1 s 生成 705600 位(每秒 88200 个字节),即每分钟5MB,立体声音素材的大小更是普通音频大小的 2 倍。

【任务小结】

在合成的过程中需要注意:根据诗朗诵选择适当的背景音乐,控制好音频节奏、音量,输出合适格式的音频文件。

任务6.4　摄像机录制授课视频

【任务分析】

教学视频的录制：拍摄脚本制作、拍摄场景布景、现场拍摄。

【任务资讯】

摄像机录制
授课视频（V）

拍摄脚本：拍摄前期与拍摄主体对象教师充分沟通，完成拍摄脚本的制作。拍摄脚本基于教学课件与教案为主体，进行画面分解，确定拍摄景别等基本信息。

拍摄现场布景：通过对拍摄现场的灯光、物件、实验器具进行实地查看。

现场拍摄：根据教学视频的主题需要，确定拍摄机位数量、拍摄角度、位置以及中、近、特写镜头的拍摄与取舍。

【任务实现】

步骤一：录制前的沟通与准备。在拍摄教学视频之前首先要跟拍摄的老师进行沟通与交流，确定拍摄的内容与主体；确定拍摄的内容与主体之后要确定拍摄的脚本及拍摄的景别。

步骤二：现场布景。对拍摄现场的布局、灯光、物件摆放位置、环境卫生等仔细观察，挑选好拍摄位置与拍摄角度，确定好拍摄主体对象的站位等基础信息。本次拍摄是在白天，同时也是在一个敞亮的实训室里，所以不用现场补光。如图6-34所示。

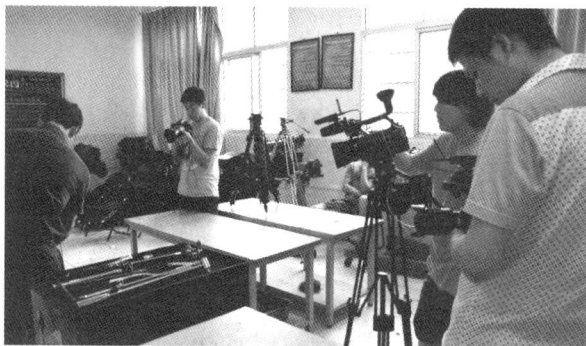

图6-34　拍摄时机位位置、角度及景别的选择

步骤三：实景拍摄。拍摄现场需要用一个场次记录本来记录拍摄场次、景别等基本信息；拍摄过程中需要进行现场教师的同期声的收集（方便后期剪辑），包括操作流程、操作台、操作器具、操作规范、操作讲解的视频拍摄；通过对拍摄现场的仔细观察，与被拍摄老师进行充分沟通后确定拍摄的机位。如图6-35、图6-36所示。

图6-35　拍摄教学操作过程的规范与细致动作

图6-36　发动机的部分构建的局部特写

　　本次采用的是三个机位，分别为两个定机位、一个游动的机位。从景别上来说主要是分三个景别：①中长景；②中景；③近景。中长景主要是拍摄教学视频的整体；中景主要是拍摄老师的实践操作；近景主要是拍摄发动机的零部件标识码。在拍摄的过程中，要不断地与拍摄对象进行充分的沟通与交流。为确保画面感更强，操作性更加真实，需要进行多角度拍摄、多次拍摄。

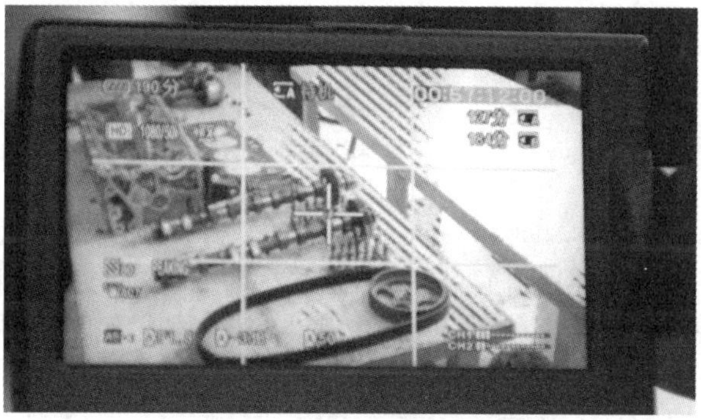

图6-37　规范操作过程：发动机零部件的位置摆放与顺序示例

　　为表现拍摄主体的局部、整体、细节，可灵活运用景别与镜头的推、拉、移等。例如在拍摄讲解发动机拆装所需工具的时候可以采用中景与近景相结合的镜头进行切换，从而使学生更加全面了解拆装发动机时所需的工具，同时在拍摄的过程中也要不断地调整焦距，从而适应拍摄对象的变化。

【应用拓展】

　　1.拍摄的基本设备

　　无线麦克风1对(用于收集人物同期声，便于后期视频整理与素材编辑)、便携式摄像机2台(中景、中近景)、单反相机1台(近特写以及现场照片)。

　　2.配件

　　三脚架3个(固定摄像机)、摄像机匹配的充电电池6对、CF卡6张。

3. 拍摄团队

摄像师 3 名、助理 2 名、场记 1 名。

【任务小结】

在录制日常教学过程中，需要注意：教学视频镜头的景别处理、人物音频的采集、拍摄视角与拍摄场景的处理。

任务6.5　剪辑发动机拆卸教学视频

【任务分析】

在录制完成"拆卸汽车发动机"教学视频后，对录制的视频进行简单的编辑。

【任务资讯】

剪辑汽车修理
教学视频 (V)

教学视频素材的分类整理：按拍摄场景及拍摄机位与镜头景别进行整理。

视频素材的挑选：根据同一个场景不同景别的镜头进行主镜头的选取。

视频精剪：根据拍摄脚本，通过 Adobe Premiere Pro CC 软件的"剃刀"剪辑工具进行分段剪辑，筛选可用视频片段。

【任务实现】

步骤一：素材导入。启动 Adobe Premiere Pro CC 软件，在"打开最近项目"下（图 6 - 38），点击"剪辑汽车视频"项目。在项目面板中，双击导入需要剪辑的教学视频。导入文件夹，因为是三个机位，所以要导入三个文件夹。单击"导入文件夹"，如图 6 - 39 所示。

图 6 - 38　打开视频项目

步骤二：对导入的素材文件夹进行命名管理。单击要导入的素材文件夹，单击"导入文

图 6 – 39　导入文件夹

件夹"，鼠标左击素材文件夹，弹出快捷菜单后右击选择"重命名"，如图 6 – 40 所示（也可通过选择文件夹按"Enter"确认命名）。

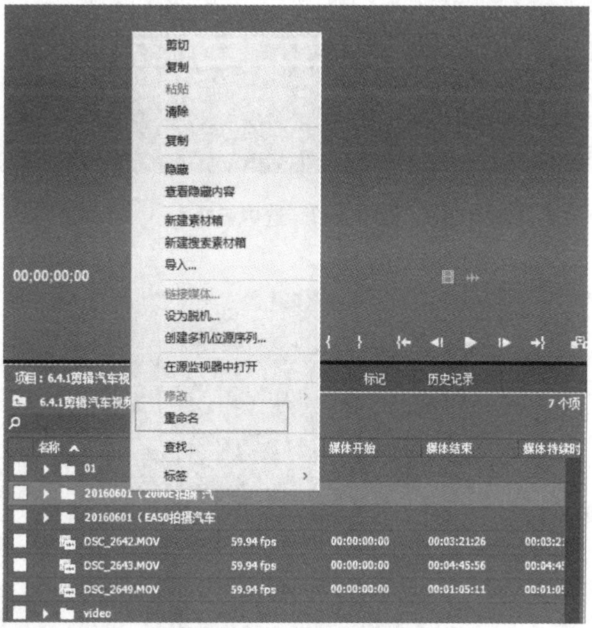

图 6 – 40　重命名文件夹

步骤三：拖动时间线可以发现在 1 分 30 秒之前只有一个镜头的画面。按住 C 键或者单击"剃刀"工具（图 6 – 41），将前面 1 分 30 秒删除，或者选中它按"Delete 键"删除（图 6 – 42），或者在时间线上的空白处右击，选择"波纹删除"，音频与视频自动对齐到起始位置(图6-43)。

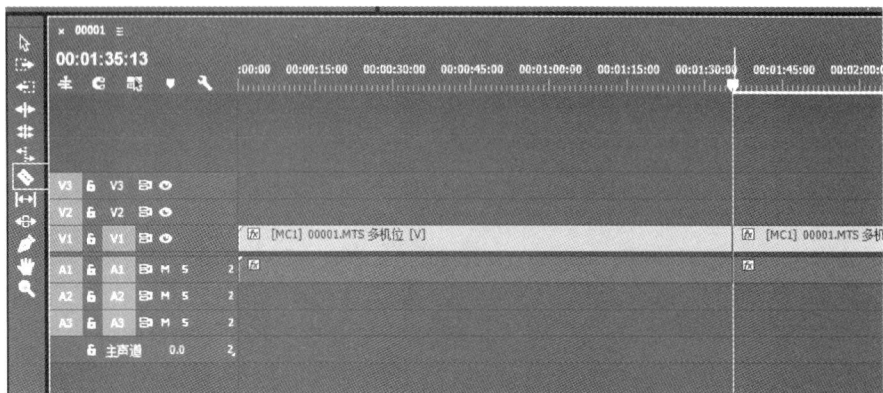

图6-41　选择"剃刀"工具

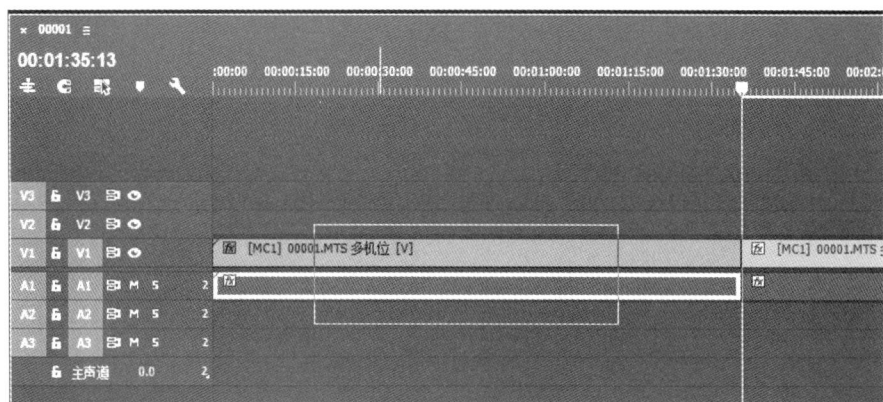

图6-42　选中音轨

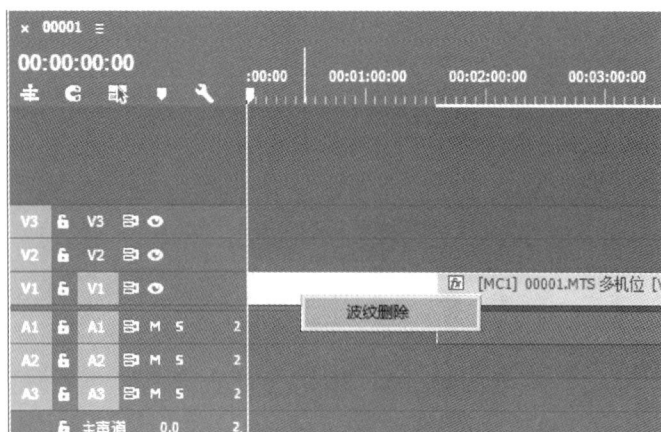

图6-43　波纹删除

　　步骤四：多机位镜头的剪切与精剪：将同一个场景不同机身的镜头放在同一个素材箱里，比对相同的音频。点击右键，弹出快捷菜单，点击"创建多机位源序列"（图 6 - 44），一个多机位序列便产生了（图 6 - 45）。右击多机位源序列，在弹出的菜单中点击"从剪辑新建序列"（图 6 - 46）。在节目监视面板中，调整节目监视器的显示方式，单击"设置"，选择"多机位"，如图 6 - 47 所示。边播放预览边选择可用机位画面作为主画面，根据画面的不同进行实时的选择（图 6 - 48）。用同样的方式确定其他镜头的主画面（图 6 - 49）。

图 6 - 44　创建多机位源序列

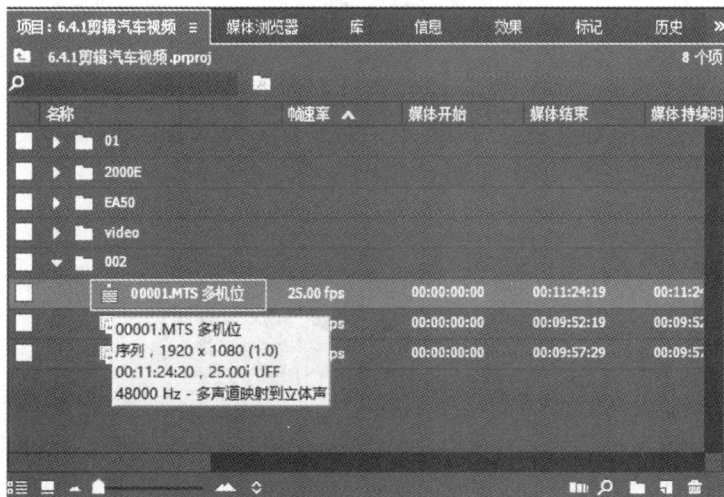

图 6 - 45　选中视频轨

图 6 - 46　从剪辑新建序列

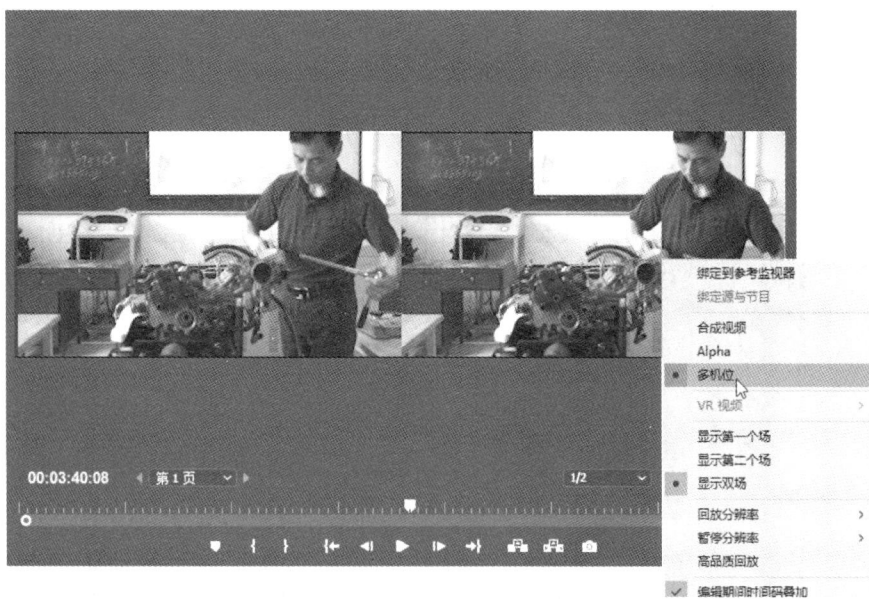

图 6 - 47　设置多机位

图 6 - 48　画面导播

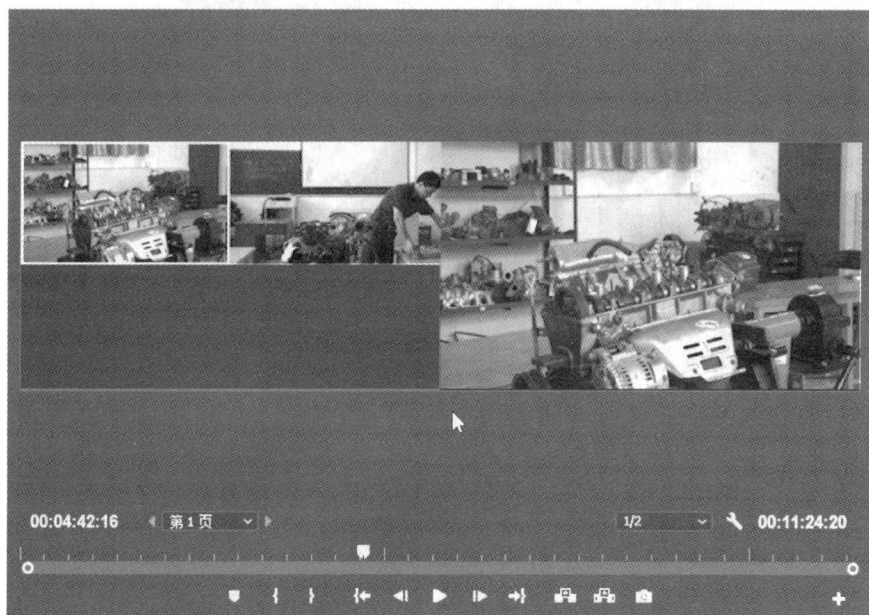

图 6 - 49　视频画面选区

步骤五：视频精简，剪去多余的部分。在对视频精简之前，根据过程步骤添加相应的时间标记点（图 6 - 50）。添加完标记点以后，单击"0001"序列，然后选择"从剪辑新建序列"（图 6 - 51）。此时可以看到新的 0001 序列，单击"将序列作为嵌套或个别剪辑插入并覆盖"（图 6 - 52）。根据标记对视频进行分段，依据操作步骤将操作过程中的部分音频去掉（图 6 - 53）。选中视频片段，右击，在菜单中选择"取消连接"。将视频与音频轨道分离，然后选中音频按

"Delete"键进行删除，或右击，在菜单中选择"清除"，如图6－54所示。教师在操作过程中有些步骤可以加快速度，只保留其中的主要部分。

图6－50　添加标记点

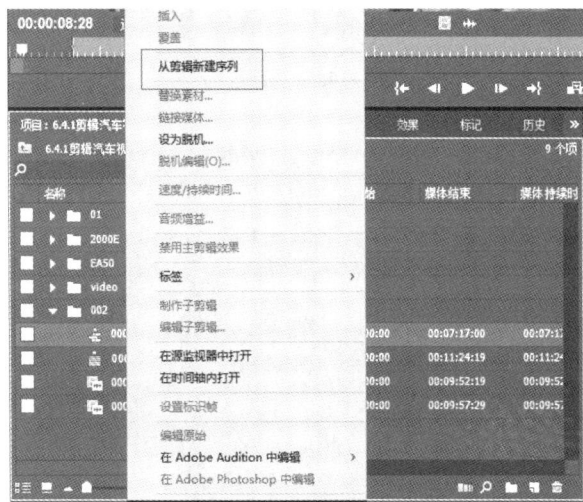

图6－51　从剪辑新建序列

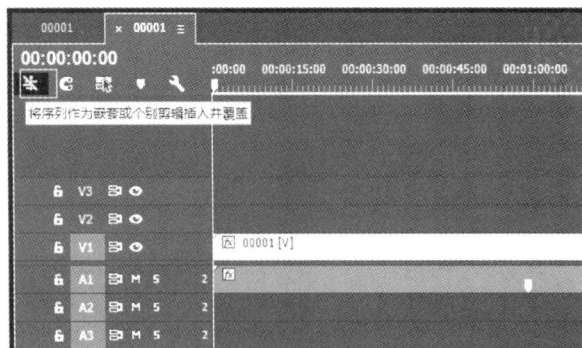

图6－52　序列嵌套覆盖

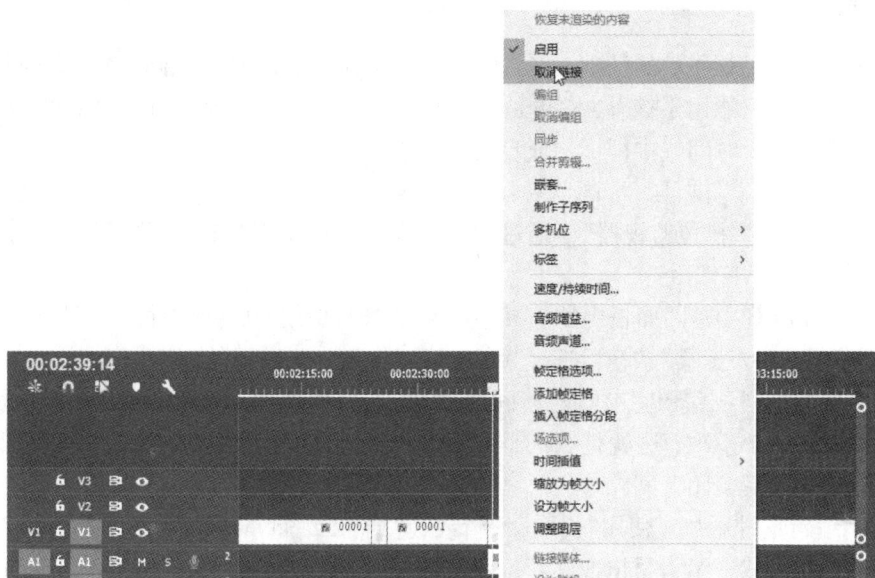

图 6 – 53　取消视音轨链接

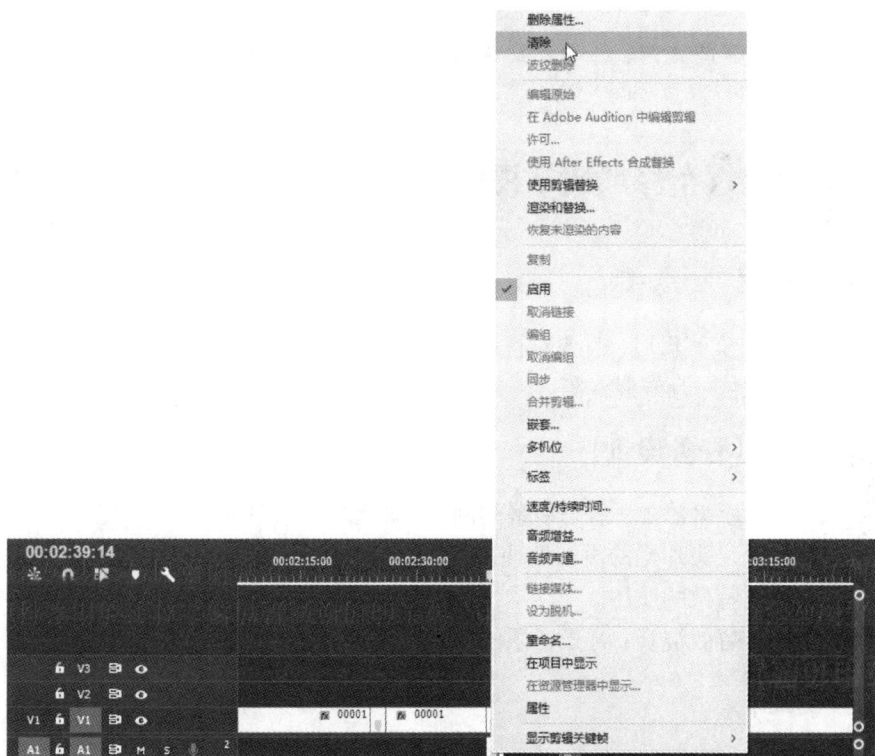

图 6 – 54　删除音频轨

【应用拓展】

时间线面板是视频作品的基础，它提供了视频序列、特效、字幕和转场效果的临时图形预览。时间线并非只能用于查看，它也是可交互的。使用鼠标把视频和音频素材、图形和字幕从项目面板拖拽至时间线中即可构成自己的作品。

Premiere Pro CC 提供了 5 不同监视器面板，包括"源监视器""节目监视器""修剪监视器""参考监视器""多机位监视器"。通过"窗口"菜单可以调用"修剪监视器""参考监视器"和"多机位监视器"

Premiere Pro CC"工具"面板中的工具主要用在"时间线"中编辑素材。"剃刀工具"用于分割素材，单击"剃刀工具"按钮后选择素材，可以将素材分成两段，产生新的入点和出点。

调整素材的排列：编辑时，托拽"时间线"中的某一个素材，将其放到另一个区域，移除影片的位置留下一个空隙，这就是"提升"编辑。与"提升"编辑对应的就是"提取"编辑，该编辑在一处影片之后会闭合间隙。

"插入"编辑重排影片。使用"提取"编辑或者"插入"编辑重排影片，按下 Ctrl 键的同时，将选中的一个素材或一组素材拖拽到新位置。放好后，释放鼠标，接着释放 Ctrl 键即可。

"覆盖"编辑重排影片(闭合间隙)和"覆盖"编辑重排影片。按住 Ctrl 键的同时，将选中的一个素材或一组素材拖拽到新位置，然后释放 Ctrl 键，最后释放鼠标即可。

【任务·小·结】

在编辑过程中，需要注意：各种景别镜头的分类整理；剪辑过程中，不同景别镜头的合理搭配使用。

任务6.6　合成汽车修理教学视频

【任务分析】

通过对视频的初步剪辑后，需要对视频进行简单的合成处理：包括片头片尾的制作、片中字幕校对、声画对位、音效混音等。

【任务资讯】

字幕添加：静态字幕的制作、动态字幕的转化。

片头片尾的声画处理：字幕、声音、画面的一致性处理，视频过度转场、视频特效的应用。

合成汽车修理
教学视频(V)

音效混音：背景音乐的筛选与添加，音效的淡入淡出效果等。

【任务实现】

步骤一：为视频添加标记。对视频进行一次播放预览，在讲课部分语音时间点进行标记(图6-55)，便于字幕添加。

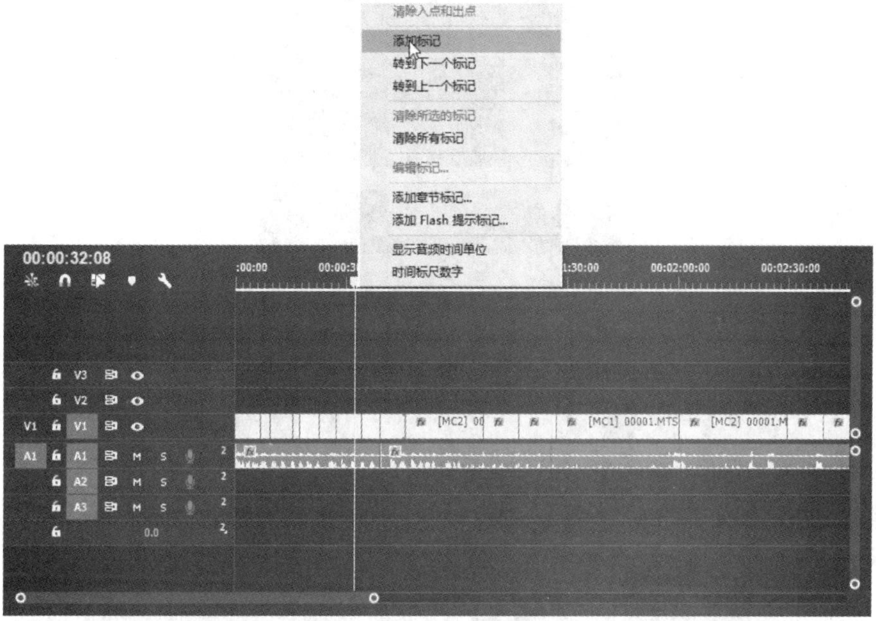

图 6 - 55　添加视频标记点

　　步骤二：字幕制作。单击【字幕】—【新建字幕】—【默认静态字幕】（图 6 - 56），设置名称为"001"，单击"确定"（图 6 - 57）。选择文字工具，在画面当中单击，复制所需要的文字，单击"粘贴"。字体设置为"华文中宋"，更改字体大小为"80"、颜色为"白色"（图 6 - 58）。

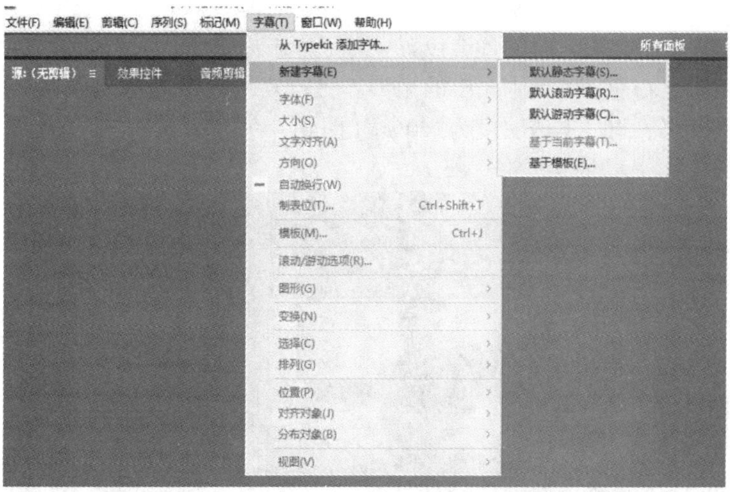

图 6 - 56　新建字幕

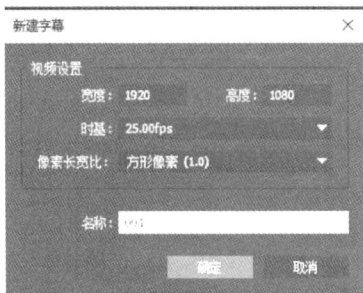

图 6 – 57　设置字幕名称

图 6 – 58　设置字体基本属性

步骤三：将字幕移动到画面的合适位置，为字幕添加一个灰色的背景以突出字体。单击矩形选框工具，围绕文字绘制合适大小的矩形。更改矩形选框的填充颜色。双击矩形选框，设置颜色为"灰黑色"，调整不透明度为"40%"（图 6 – 59）。

图 6 – 59　设置字体颜色

步骤四：精细调整文字的背景颜色、字号等关键信息。将矩形框层置于文字底层（图 6-60），选中矩形框与文字图层，调整文字与矩形框层的对齐方式为水平、垂直居中、靠左对齐（图 6-61）。将文字与矩形背景框移动至画面合适位置（图 6-62），根据画面颜色，适当调整字幕背景矩形框的不透明度为 75%（图 6-63）。最终的字幕与视频画面效果如图 6-64 所示。按照相同的办法，完成素材其他字幕的添加。

图 6-60　置于文字底层

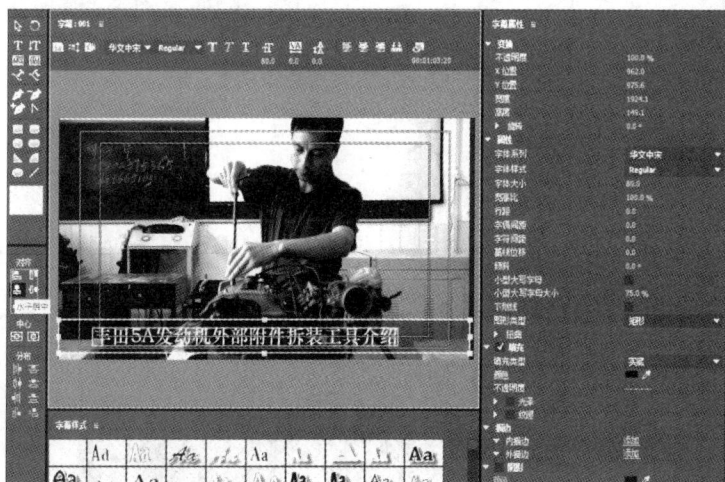

图 6-61　字幕居中对齐

图 6 - 62　字幕效果预览

图 6 - 63　字幕背景颜色填充

图 6 - 64　字幕效果预览

步骤五：添加背景音乐。双击"项目面板"，选择需要导入的背景音乐，试听背景音乐，根据背景音乐的波形，做出适当长度的调整，放置到合适的位置。接着双击第二首背景音乐，放置到合适的位置(图6-65)。

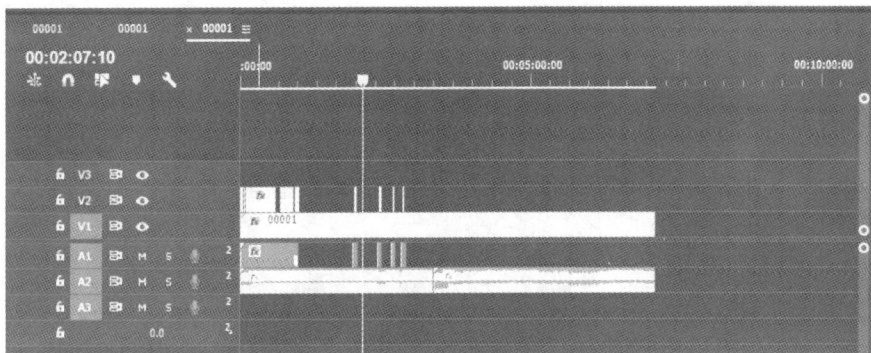

图6-65　试听背景音乐

步骤六：为背景音乐添加淡入淡出的效果，确保背景乐与教学视频的协调一致。通过设置背景音乐入点与出点的音量大小(图6-66)实现淡入淡出效果。

图6-66　调节背景音乐

步骤七：选中所有视频片段，"Ctrl + D"键为视频的转场添加 Premiere 默认的转场过渡效果。

【应用拓展】

　　镜头是构成影片的基本要素，在影片中，镜头的切换就是转场。对于动作素材或者把镜头从一个地方移动到另一个地方的素材而言，从一个场景直接硬切换到另一个场景就是一个很好的转场。但是，当需要传达时间的推移，或者想创建一个场景逐渐切入另一个场景的效果时，硬切是不够的，要从艺术上表达时间的推移。这就可能需要使用交叉叠化，将一个镜头逐渐淡入到下一个镜头中。

　　Premiere Pro CC"效果"面板中的"视频切换"文件夹中存储了 70 多种不同视频切换效果，要查看视频切换效果文件夹，可执行【窗口】—【效果】菜单命令。

【任务·小·结】

　　教学视频的合成过程中需要注意：片中字幕的正确运用、音效合成、声画对位、适当的背景音乐添加等。

任务 6.7　输出汽车修理教学视频

【任务分析】

　　教学视频的输出成片：根据不同播放平台与播放终端完成视频输出。本案例输出的格式为 MP4，大小为 1920×1080 p。

输出汽车修理
教学视频(V)

【任务资讯】

　　输出格式设置：音频采样率、视频码率设置、视频格式、帧速率。
　　利用 Media Encoder 进行队列输出。

【任务实现】

　　步骤一：视频项目播放与预览。在输出之前要仔细检查视频的字幕背景音乐文字等。
　　步骤二：设置视频输出格式。单击"文件"选择"导出"，或按"Ctrl + M"快捷键，弹出"导出设置"对话框。设置格式为"H264"，视频大小为"1920×1080 p""25 帧/s"，音频采样率为"48000 Hz"（图 6 – 67）。
　　步骤三：视频输出队列设置。单击"队列"Premiere Pro CC 自动激活了转码工具 Media Encoder。在 Media Encoder 中设置文件输出保存路径位置为"F：汽车录制视频\001"（图 6 – 68）。单击"启动队列"即可看到视频正在输出（图 6 – 69）。

【应用拓展】

　　Adobe Media Encoder 是一个视频和音频编码应用程序，可针对不同应用程序和观众，以各种分发格式对音频和视频文件进行编码。Adobe Media Encoder 结合了以上格式所提供的众多设置，还包括专门设计的预设设置（图 6 – 70）。
　　可以根据不同的设备终端选择相应的格式，如 DVD、BDWeb 视频、广播、TV 等，以便导

图 6-67　设置输出视频参数

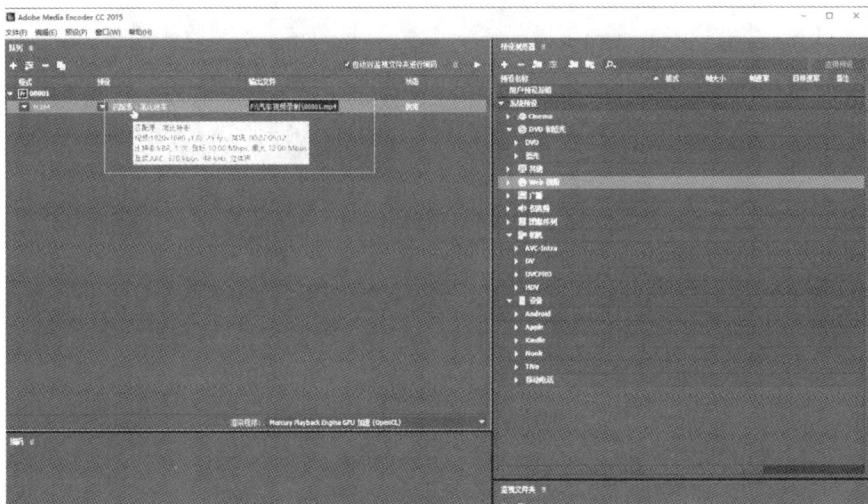

图 6-68　匹配源视频

出与特定交付媒体兼容的文件。借助 Adobe Media Encoder，可以按适合多种设备的格式导出视频，范围从 DVD 播放器、网站、手机到便携式媒体播放器和标清及高清电视。

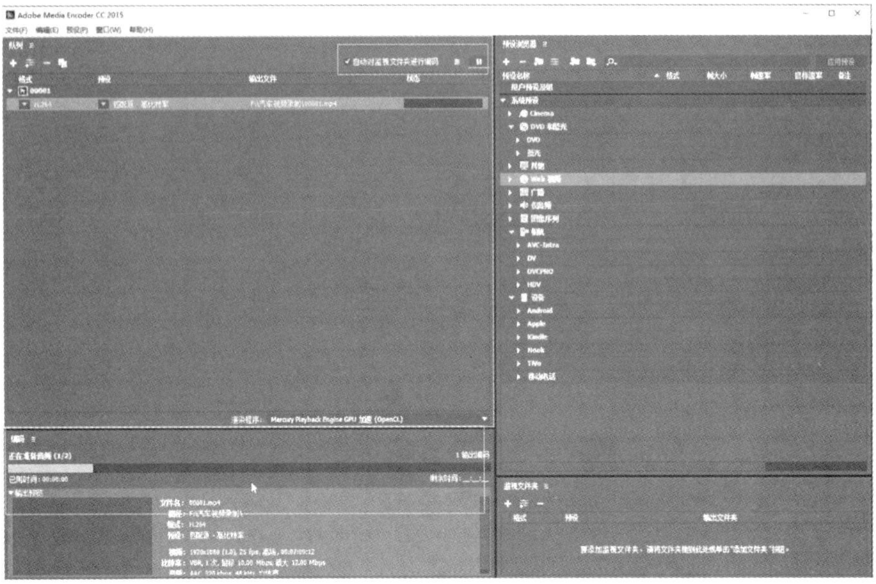

图 6-69　查看视频输出进度

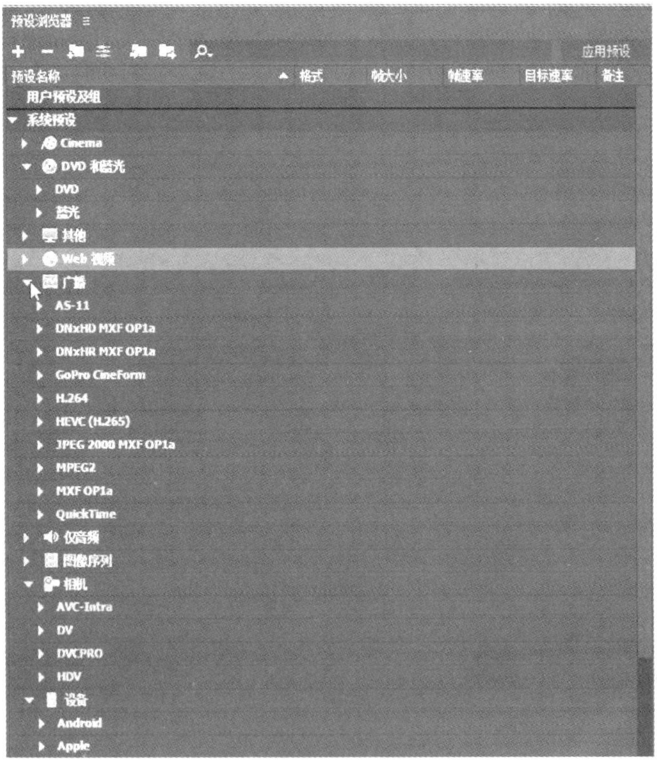

图 6-70　输出格式预制

✏️【任务·小·结】

在输出视频文件的过程中需要注意：视频格式的选择、音频码率、视频码率等。

【综合实训】

综合实训一：录制与制作一次教学微课视频

一、项目目标

1. 掌握微课拍摄与录制的基本流程。
2. 掌握微课教学教案的撰写思路与课堂教学思路设计。
3. 掌握微课拍摄脚本的撰写格式、方法。
4. 掌握微课拍摄技巧：摄像机操作、灯光布景等。
5. 掌握教学视频的基本技巧：音频、视频录制、视频编辑、视频包装与合成。

二、项目要求

1. 提交微课拍摄脚本
2. 提交微课视频：片长 30 min，分辨率 1920×1080 p、音频采样率 48 kHz。

三、解决方案

1. 撰写微课教学教案。
2. 撰写微课拍摄脚本。
3. 组建微课拍摄与后期制作团队。
4. 微课包装与发布。

【思考与探索】

判断题

1. 利用电脑录制音频时，需要将收音设备与电脑的耳机孔进行连接。 （　　）
2. 在电脑正式录制音频前，不需要录制一段环境音。 （　　）
3. Adobe Audition 为视频编辑软件。 （　　）
4. Adobe Premiere 为视频编辑软件，也可以编辑音频。 （　　）
5. 音频编辑过程中，音频的波形反映了音量大小与节奏慢快。 （　　）
6. Premiere 编辑音频过程中，按 Home 键可返回音频轨道的起始位置。 （　　）
7. 音频合成与输出过程中，可以将音频输出为 WAV 的格式。 （　　）
8. MP3 为无损的音频格式。 （　　）
9. Premiere 编辑音频过程中，导出音频的快捷键是 Ctrl + M 键。 （　　）
10. 录制教学视频过程中，与被录制的对象沟通是为了更好地设计录制脚本与确定景别。 （　　）
11. 多机位的收音同步，可以采用将多个无线收音设备的频率设置相同。 （　　）
12. 录制教学视频过程中，可以不收录同期声，采用后期配音更适合。 （　　）
13. 使用 Premiere 剪辑视频时，同一场景，不同机位的镜头在后期剪辑中，可以采用多机位创建源序列。 （　　）
14. 使用 Premiere 剪辑视频时，建议创建与源素材相同的序列与项目。 （　　）
15. 素材整理时，将同一场景的不同机位素材放置同一个素材箱中便于分类整理。 （　　）

16. 使用 Premiere 后期合成视频时，创建字幕组，可以直接采用预设的字幕样式直接套用。（　　）

17. 使用 Premiere 合成视频时，无法为视频进行调色。（　　）

18. 使用 Premiere 合成视频时，须遵循背景音乐低于人物同期声的原则。（　　）

19. 利用 Adobe Premiere 输出视频时，同一个序列中，音视频轨道越多、画面镜头就越多，输出时间就越慢。（　　）

20. 使用 Adobe Premiere 输出视频时，国内地区输出的制式通常为 NTSC。（　　）

21. 使用 Adobe Premiere 输出视频时，快捷键为 CTRL + M 键。（　　）

【本章小结】

　　音频、视频是教学数字资源的重要类型。本章以两位教师准备信息化教学竞赛视频为任务背景，并分解为录制教学音频、编辑教学音频、合成教学音频、录制教学视频、编辑教学视频、合成教学视频、输出教学视频等 7 个任务。

　　录制教学音频任务环节分析和实现了如何在没有专业设备和录音棚的条件下，用电脑、麦克风、录音软件完成教学视频后期旁白对应的音频录制。当然，我们还可以利用录音笔、手机中的录音软件完成音频的录制。编辑教学音频任务环节针对前期录制的音频素材，运用 Premiere Pro CC 软件进行音频素材的试听、设置特效关键帧、噪声取样、音频的节奏控制、环境音降噪处理等。合成教学音频任务环节主要实现了音频混音、音频输出，展示了背景音乐的挑选、背景音乐淡入淡出效果的实现、音频输出格式的选择和设置等。摄像机录制授课视频任务环节介绍了拍摄脚本制作、拍摄场景布置、多机位现场拍摄，分析了中长景、中景、近景拍摄的选择策略。编辑发动机拆卸教学视频任务环节介绍了教学视频素材的分类整理、素材的挑选、视频素材的精剪，强调不同景别素材的合理搭配使用。合成汽车修理教学视频任务环节介绍了如何添加字幕、片头片尾的声画处理、音效混音。输出汽车修理教学视频任务环节介绍了视频的预览、输出格式设置、输出队列设置。

　　本章内容涉及的设备和软件较多，我们不一定非得要求具备专业设备和场地条件，手机是很好的音频、视频采集设备，用好手机的摄像和录音功能，可以帮助我们采集更多的教学音视频素材，通过相关编辑软件，也可以生成我们需要的教学视频。

第7章

制作动画教学资料

【教学情境】

　　小程是一名生物老师，在本学期承接了《生物》这门课程，其中动物进化论章节中，需要提醒学生带工具。这门课程会讲授，在行星运动、心脏搏动等相关复杂运动结构知识点。为了使课程的教学内容更容易被理解，教学效果更显著，小程想在课堂增加一点创意趣味性，想借助动画手段来辅助课堂讲解抽象的知识点。

【解决方案】

　　为学习和掌握动画教学资料的制作技能，安排了制作简单工具提示 GIF 动画、制作宇宙行星运动原理动画、制作心脏搏动动画等三个任务，来学习和掌握 GIF 动画、Flash 动画等操作使用方法，可以根据不同课程教学要求在教学实践活动中去灵活运用。

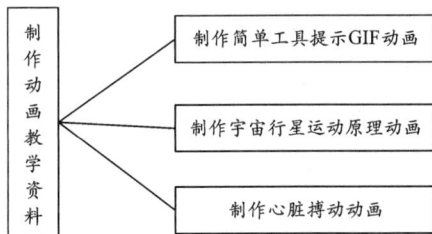

【能力目标】

　　作为一名教师，在日常工作中常常需要使用简单的动画来丰富教学培训、展示汇报、工作总结、项目介绍、会议报告和竞聘演说等内容。在制作动画资料方面需要具备以下工作能力：

1. 能运用 Photoshop 工具制作简单 GIF 动画。
2. 能绘制动画元素和场景。
3. 能使动画场景和角色动起来。
4. 能编辑修改简单动画文件。

任务7.1　制作简单工具提示 GIF 动画

【任务分析】

　　根据教材内容和所提供的素材，通过合理的编排和设计，将课堂实验所需要的工具结合学生喜爱的卡通人物，以动画形式展示，在授课过程中，能够让教学内容变得形象直观，图文并茂，使学生易于接受。能够提高课堂时间的利用率，活跃课堂气氛，加深巩固教学内容，寓学于乐。

　　小程老师根据实验要求，在制作提示动画前，准备如图7－1所示的素材（见素材文件夹）：

图7－1　实验工具素材

图7－2　课程准备工具提示动画最终效果

　　结合素材，通过对 Photoshop 软件的操作，课程准备工具提示动画最终效果如图7－2所示：

　　（1）新建文档并设定尺寸，通过素材拼接来搭建一个动画场景。

　　（2）通过操控变形功能和图层分层，卡通人物能实现简单的指定动作。

　　（3）使用时间轴、分层图层、修改动画时间功能，实现卡通物品的交替变换。

　　（4）将动画成品保存为 GIF 格式，使其存储轻便不占内存。

【任务资讯】

　　1. 几个概念

　　（1）图层。

　　首先需要明白图层是什么。用通俗的话说，它就是图片的一层。Photoshop 处理过的图片一般都是很多图层合在一起的，在某一层做一个修饰，整体就能实现神奇的修饰效果。图层一般能在 Photoshop 的右下角找到，如图7－3所示。图层面板是自由独立于 Photoshop 工作空间里面的一个面板。在这个神奇的图层里面，可以执行缩放、更改颜色、设置样式、改变透明度等操作。一个图层代表了一个单独的元素，设计师可以任意更改。可以说图层在网页设计中起着至关重要的作用。它们用来表示网页设计的元素，它们是用来显示文本框、图像、背景、内容和更多其他元素的基底。

图 7 - 3 Photoshop 图层

(2)GIF 格式。

GIF(graphics interchange format)的原义是"图像互换格式"，是 CompuServe 公司在 1987 年开发的图像文件格式。GIF 文件的数据，是一种基于 LZW 压缩算法的连续色调的无损压缩格式。其压缩率一般在 50% 左右，它不属于任何应用程序。GIF 格式可以存多幅彩色图像，如果把存于一个文件中的多幅图像数据逐幅读出并显示到屏幕上，就可构成一种最简单的动画。

(3)时间轴。

Photoshop 中的时间轴是制作 GIF 动画图片的工具，具体使用方法是：①打开多张要制作动画的图片，拖进同一个背景里；②按 Ctrl + T 键调整大小、位置；③打开"窗口—时间轴"，设置动画帧，即分别打开或关闭图层前面的小眼睛；④设置帧显示时间；⑤"文件—存储为 Web 所用格式—预览—另存为'GIF 图片'"，完成。

(4)操控变形工具。

操控变形工具是用来对图像进行变形处理的，在使用该工具时，主要是通过控制图像上的图钉，来使图像呈现各种令人惊讶的效果。用 Photoshop CS6 打开一张图像，然后打开操控变形工具，执行"编辑 – 操控变形"，图像上会出现网格，然后操作以下步骤：

①对所需变形的部位进行选取。

②在"编辑"选项里再选择"操控变形"。

③在选区里"摁图钉"(固定点位)。

④鼠标选一个拖动部位。

⑤拖动鼠标，根据实际所需摆动。

⑥当认为变形恰到好处时，点"确认"完成。操控变形工具不仅可以做出各种各样不同形态的图片效果，重要的是可以节省大量的时间和精力。

2. Photoshop 工作界面

Photoshop 的工作界面由标题栏、菜单栏、工具属性栏、工具箱、调板窗、浮动调板等部分组成，如图 7 - 4 所示。

(1)标题栏：标题栏左边显示 Photoshop 的标志和软件名称。右边三个图标分别是最小化、最大化和关闭按钮。

(2)菜单栏：Photoshop 菜单栏包括文件、编辑、图像等 9 个菜单。

图 7 - 4   Photoshop 的工作界面

（3）工具属性栏：主要用来显示工具箱中所选用工具的一些延展的选项。选择不同的工具时，其相应选项也是不同的，具体内容在工具箱的介绍中详细讲解。

（4）工具箱：对图像的修饰以及绘图等工具，都从工具箱中调用。几乎每种工具都有相应的键盘快捷键，工具箱很像画家的画箱。

（5）调板窗：用来存放不常用的调板。调板在其中只显示名称，点击后才出现整个调板，这样可以有效利用空间。防止调板过多挤占了图像的空间。

（6）浮动调板（调板区）：用来安放制作需要的各种常用的调板，也可以称为浮动面板或面板。

制作卡通人物动画(V)

【任务实现】

使用 Photoshop 制作动画资料，首先需要创建一个新建文件，然后在其中编辑。

1. 新建文件，命名为"卡通人物动画. Photoshop"

（1）新建文稿：打开 Photoshop 软件，点击［文件］—［新建］，命名为"卡通人物动画"，像素尺寸为 1024×884，色彩模式选择 8 位，然后点击确定。

（2）填充背景：新建图层，填充为紫色背景，色彩数值如图 7 - 5 所示。

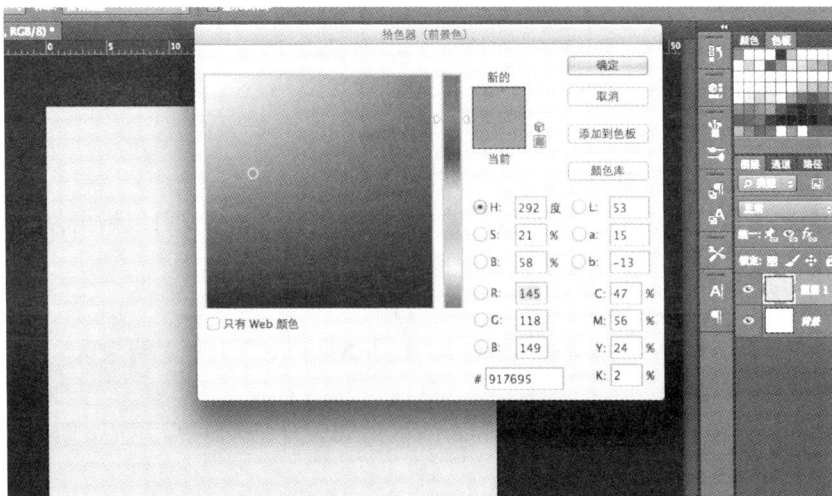

图 7 - 5   色彩设置

（3）点击"打开"，选择搜集来的卡通人物图片素材，对人物进行抠图处理。人物单独为一层，背景透明。放在画面左下角，图层命名为"卡通人 1"，如图 7 -6 所示。（Photoshop 抠图方法详见教材图片处理章节）。

图 7 -6　人物设置

2.使卡通人物能实现简单的指定动作

此处是用逐帧动画原理实现。逐帧动画是一种常见的动画形式（frame by frame），其原理是在"连续的关键帧"中分解动画动作，也就是在前后连接的图层上逐一绘制不同的内容，使其连续播放而成动画。

（1）选择图层"卡通人 1"，点击鼠标右键选择复制图层，将新复制的图层命名为"卡通人 2"。

（2）隐藏图层"卡通人 1"，选择图层"卡通人 2"，点击［编辑］—［操控变形］，形成如图 7 -7 所示画面。

图 7 -7　人物设置

图 7 -8　图钉锚点

（3）将鼠标移动在人物的关键转折点上，点击鼠标左键添加图钉（图7-8）。如果需要删除已添加的图钉，可以点击鼠标右键，选择"删除图钉"。这一步是为了调整人物动作，设置控制点。

（4）将鼠标放在人物左手图钉上，点击鼠标左键不松开，向下拖动。用同样的方法对皇冠的位置进行调整，按下回车键，弹出确认窗口，点击"应用"。如图7-9所示。

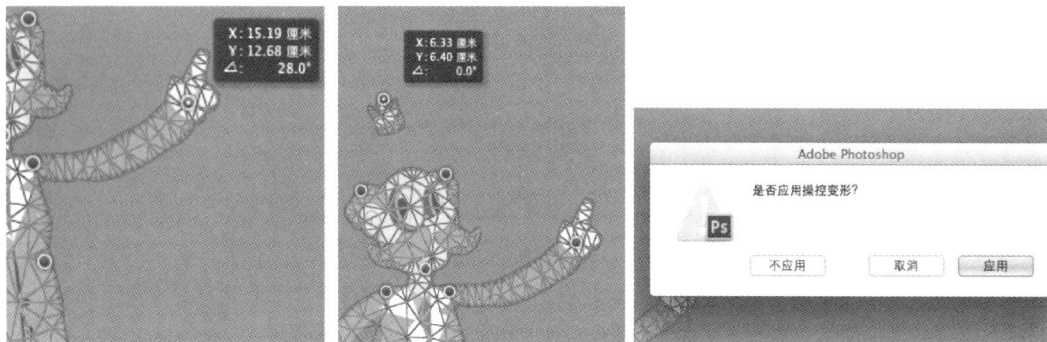

图7-9　调整锚点

（5）我们逐一显示和隐藏图层"卡通人1""卡通人2"，能看到我们的卡通人物按照我们的预期抬手动了起来。

3.卡通物品能够交替变换

使卡通人物手指的方向有物品交替变换，人物每动一次手，物品就变一个种类。点击文件栏的［窗口］—［时间轴］，打开时间轴面板来制作帧动画，如图7-10所示。

图7-10　打开时间轴

（1）在时间轴界面内，点击"新建帧"按钮，选择"第一帧"。在图层界面里，点击眼睛图标，隐藏"卡通人2"显示"卡通人1"。选择"第二帧"，在图层界面里，显示"卡通人2"隐藏"卡通人1"。

（2）在电脑文件夹内，选择道具素材：剪刀、书包、本子、铅笔、仪器等图片拖入Photoshop文档内。在图层界面选择这几个道具层，点击右键，选择"栅格化图层"。

（3）按下 Ctrl + T 键，将道具调整到合适大小并移动到画面右上角，然后按下回车键。

（4）选择文字工具，在画面内添加文字"课程准备工具"并设定字体，颜色设为白色，字体大小为 17 像素，如图 7 – 11 所示。

图 7 – 11 编辑文字

（5）在时间轴界面内，双击时间栏，将时间改为 0.2 s。秒数代表的是每张图显示的时间长短。添加至 10 帧，其余单数帧设为 0.2 s，偶数帧设为 0.5 s，如图 7 – 12 所示。

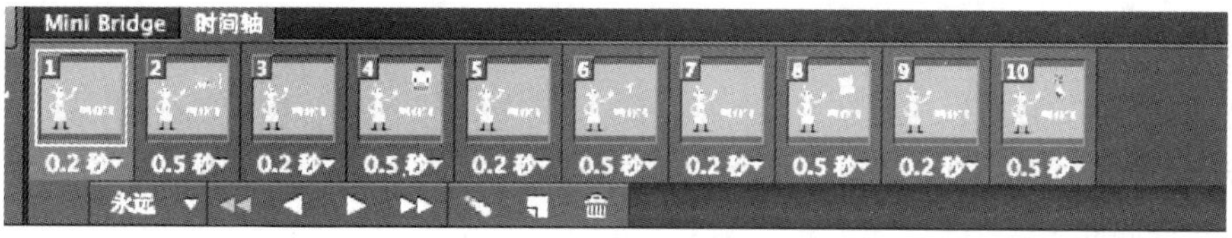

图 7 – 12 编辑关键帧时间

（6）偶数帧隐藏"卡通人 1"，显示"卡通人 2"；单数帧隐藏"卡通人 2"，显示"卡通人 1"。在 2、4、6、8、10 帧逐一显示图层铅笔、书包、剪刀、本子、仪器，如图 7 – 13 所示。点击三角形播放按钮，此时画面开始播放动画，我们可以进行预览。

图 7 – 13 编辑关键帧时间

4. 保存为 GIF 动画格式

（1）Photoshop 软件中，点击［文件］—［储存为 Web 所用格式］，如图 7 – 14 所示。

（2）在弹出框中更改命名并制定存贮路径，点击"存储"按钮。在警告框弹出栏，点击"确定"。完成卡通人物 GIF 动画制作。

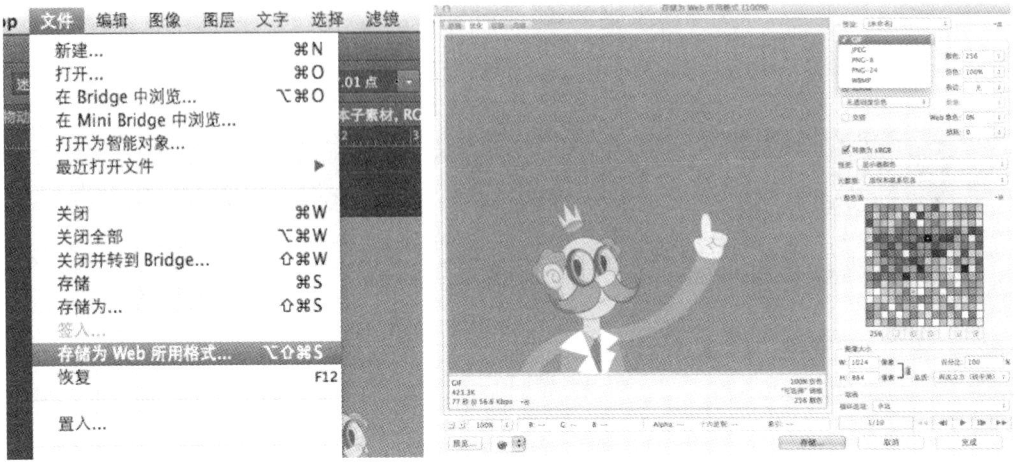

图 7 – 14　存为 Web 所用格式

【应用拓展】

1. 如何将 GIF 图片放入 PPT 中进行展示?

在 PPT 中新建幻灯片,点击[右键]—[插入图片]—[选择 GIF 动画图片]—[确定]按钮。在编辑模式下,插入的 GIF 动画显示的是静态图片,还不会动。但点击播放幻灯片时,动画会自动播放起来。

【任务·小·结】

本任务通过制作工具提示动画,介绍了如何利用工具和素材,制作出简单 GIF 动画。通过本任务的学习和训练,使大家能够掌握简单制作 GIF 动画的方法。

任务 7.2　制作宇宙行星运动原理动画

【任务分析】

在进行生物课堂教学时,"潮汐改变生物习性"这一知识环节中的"月球环绕地球运动"是抽象的原理知识,学生们无法在普通生活中观察到。程老师需要通过动画来模拟宇宙行星运动,便于学生更直观地进行知识学习。动画要实现以下情况:设定一个原理展示环境;实现地球自身规律运动;实现月球按照指定的路径围绕地球运动。

在制作原理动画前,小程老师准备了以下素材,如图 7 – 15 所示(见素材文件夹)。

(1)星空图. jpeg。

(2)月球图. png。

(3)世界地图素材. jpeg。

结合素材,通过对 Flash 软件的操作,行星运动原理动画最终效果如图 7 – 16 所示。

图 7 – 15　素材图

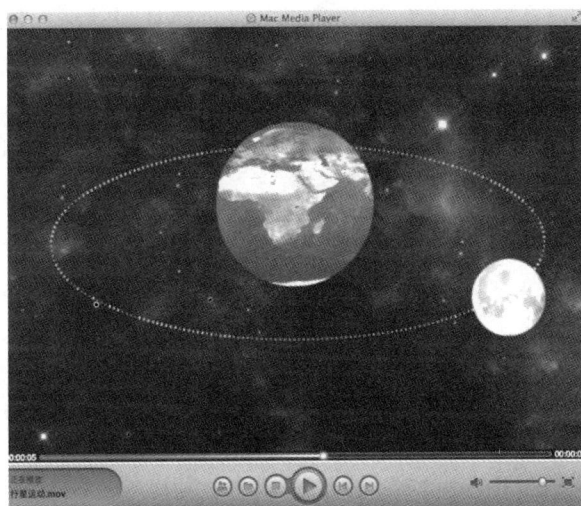

图 7 – 16　行星运动原理动画最终效果

1. 搭建文件环境

打开 Flash 软件，点击［文件］—［新建］一个 Flash 500 × 350 像素大小的源文件，帧频设为 12 帧/秒，背景颜色为白色。

2. 制作地球

在舞台导入地图素材，选择"地图层"，点击"新建图层"命名为遮罩，在地球层的上面新建一个名为遮罩的图层，在第 120 帧位置点击鼠标右键插入帧。选择遮罩图层，点击"椭圆工具"按住 Shift 键，在舞台中间绘制一个圆形。选择遮罩图层，点击鼠标右键勾选"遮罩层"，将遮罩层、世界地图层锁上，地球形体制作完成。

3. 制作月球运动轨道

新建一个图层，命名为轨迹，在第 120 帧位置点击鼠标右键插入帧。在工具栏中选择"椭圆工具"；在属性栏中，将画笔填充改为白色，油漆桶不填充，笔触大小为 0.5，样式为斑马线样式；绘制一个宽高为 425×160 的椭圆。新建图层命名为月球，从库中将月球拖入舞台，放在轨迹旁边，在第 120 帧位置点击鼠标右键插入帧。

4.制作地球自转

点击打开地图层和遮罩层的锁定。选择"世界地图"层，在第一帧位置的舞台中，将地图移到画面靠右边的位置，边缘与白色圆形左边相近。将时间帧移至第 120 帧，在两图层帧位置上点击鼠标右键选择"插入帧"。选择地图层，鼠标点击右键选择—创建补间动画。在第120 帧，将舞台中的地图向左移。此时图层变为蓝色，舞台中出现蓝色原点的地图运动轨迹。将地图层和遮罩层锁定，播放动画查看，完成地球自转。

5.制作月球运动

选择月球图层，点击鼠标右键选择添加传统引导层。在引导层上，用椭圆工具绘制一个与轨迹层一样大小的椭圆放在同一位置，属性样式选为"实线"。关闭轨迹层的眼睛，将其隐藏。在引导层中，选择椭圆，用橡皮擦在左边处擦一个小缺口，这是为了设定路径引导的起始点。调整舞台右上角的百分比，可以放大缩小图像在舞台的显示大小。显示月球图层，选择月球图层，红色时间针移至第一帧，点击右键选择创建补间动画，将月球图形中间的白色十字环移动吸附至引导路径椭圆的上半缺口。时间针移至第 120 帧，将月球图形中的白色十字环移动吸附至引导路径椭圆的下半缺口。月亮图层自动变为蓝色并有补间动画箭头。点击引导图层眼睛那一列的黑点，将其隐藏。播放动画，显示在地球自转的同时，月球绕地球旋转。

6.保存动画

点击［文件］—［导出］—［导出视频］，对其命名并指定保存路径，点击确定完成保存。

【任务资讯】

1. Flash

Adobe Flash CS6 是用于创建动画和多媒体内容的强大的创作平台。Adobe Flash CS6 设计身临其境，而且在台式计算机和平板电脑、智能手机和电视等多种设备中都能呈现一致效果的互动体验。新版 Adobe Flash Professional CS6 附带了可生成 sprite 表单和访问专用设备的本地扩展，可以锁定最新的 Adobe Flash Player 和 Adobe AIR 以及 Android 和 IOS 设备平台。在传统工作区状态下（图 7 - 17），用户界面主要由五个主要部分组成：菜单栏、工具面板、时间轴、舞台、属性设置面板。

2. 时间轴

时间轴，相当于一个画面在某个时间在轴上所在的位置或样子。也可以这样理解，时间轴就相当于一张长长的电影胶片，每一帧就相当于电影胶片的一张，当连续播放每一帧上的图像时就形成了连续的动画。而时间轴上的多个层就相当于可以使用的多个胶片，每个胶片可以控制不同的角色，比如第一层的胶片主要用于背景动画，第二层的胶片用来显示角色的运动动画等，为每一层赋予不同的角色，可使动画更加丰富。

3. 遮罩层

遮罩层可以将与遮罩层相连接的图形中的图像遮盖起来。用户可以将多个层组合放在一个遮罩层下，以创建出多样的效果。原理是：上面一层是遮罩层，下面一层是被遮罩层。遮罩层上的图是不显示的。它只起到一个透光的作用。假定遮罩层上是一个正圆，那么光线就

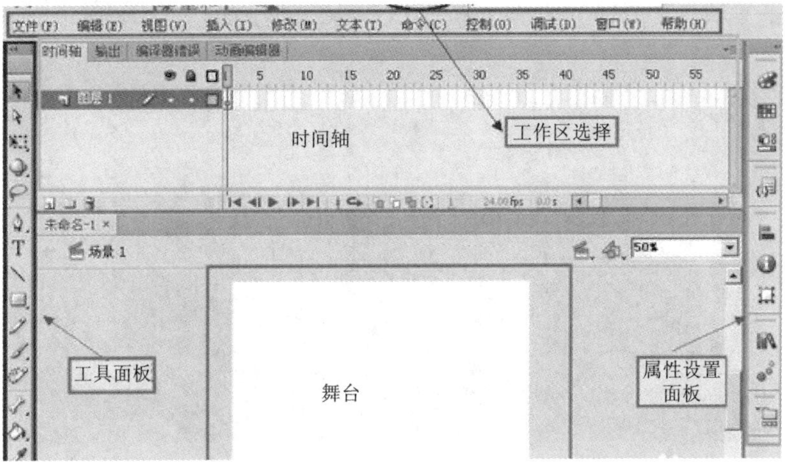

图 7-17　Flash 界面

会透过这个圆形, 投射到下面的被遮罩层上, 显示出一个圆形的图形。如果遮罩层上什么都没有, 那么光线就无法透到下面, 下面的被遮罩层就什么也显示不出来。

在 Flash 动画中, "遮罩"主要有两种用途, 一种是用在整个场景或某个特定区域, 使场景外的对象或特定区域外的对象不可见;另一种是用来遮罩住某一元件的某一部分, 从而实现一些特殊的效果。

4. 引导层

引导层是 Flash 引导层动画中绘制路径的图层。引导层中的图案可以为绘制的图形或对象定位, 主要用来设置对象的运动轨迹。引导层不从影片中输出, 所以它不会增加文件的大小, 而且它可以多次使用。创建引导层的方法有两种, 一种是直接选择一个图层, 执行"添加传统运动引导层"命令;另一种是先执行"引导层"命令, 使其自身变成引导层, 再将其他图层拖曳到引导层中, 使其归属于引导层。

任何图层都可以使用引导层, 当一个图层为引导层后, 图层名称左侧的辅助线图标会表明该层是引导层。

【任务实现】

1. 搭建文件环境

打开 Flash 软件, 点击[文件]—[新建]一个 500×350 像素大小的 Flash 源文件, 帧频设为 12 帧/秒, 背景颜色为白色, 插入素材图。

制作行星运动动画(V)

新建文稿:依次单击[文件]—[新建]按钮, 创建一个空白的 Flash 动画场景。

(1)界面设置:在弹出窗口输入场景大小为 500×350 像素, 帧频为 12 帧/秒, 背景颜色为白色, 单击"确定"按钮。

(2)源文件新建完成后, 应设置一下保存路径, 以便于后期修改和继续编辑。点击[文件]—[保存], 命名并指定存储路径, 文件格式选择 Flash 格式, 点击"保存"。

(3)点击[文件]—[导入]—[导入到库], 将准备的月球、星空、世界地图导入至库。

（4）在时间轴面板内新建图层，命名为背景，在库中点击"星空图"，按住鼠标左键不松，将图片拖入舞台。在第 120 帧的位置点击鼠标右键插入帧，如图 7 - 18 所示。

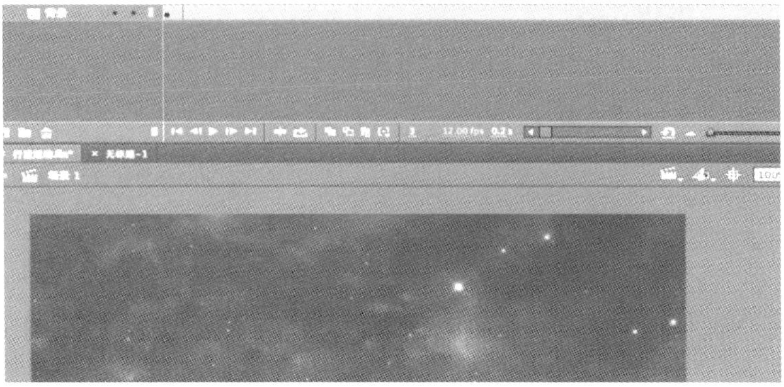

图 7 - 18　搭建场景

2. 制作地球

在舞台导入地图素材，选择"地图层"，点击"新建图层"，命名为遮罩。在地球层的上面新建一个名为遮罩的图层，在第 120 帧位置点击鼠标右键插入帧。选择遮罩图层，点击"椭圆工具"按住 Shift 键，在舞台中间绘制一个圆形。选择遮罩图层，点击鼠标右键勾选"遮罩层"，将遮罩层、世界地图层锁上，地球形体制作完成。

新建图层：点击"新建图层"，命名为世界地图。在库中点击世界地图，按住鼠标左键不松，将地图拖入舞台。在第 120 帧位置点击鼠标右键插入帧。

（1）选择地图层，点击"新建图层"命名为遮罩。在地图层的上面新建一个名为遮罩的图层，在第 120 帧位置点击鼠标右键插入帧。选择遮罩图层，点击椭圆工具按住 Shift 键，在舞台中间绘制一个圆形，数值和图标如图 7 - 19 所示。

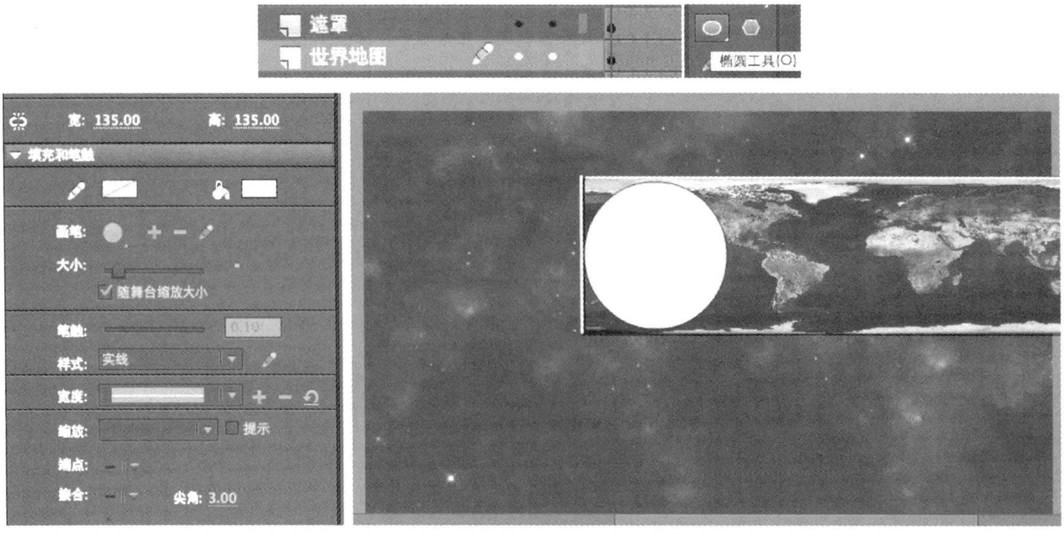

图 7 - 19　遮罩层数值

（2）选择遮罩图层，点击鼠标右键勾选"遮罩层"，将遮罩层、世界地图层锁上，星空与地球形体制作完成，画面显示如图7-20所示。

图7-20　地图制作

3.制作月球运动轨道

新建图层，命名为轨迹，在第120帧位置点击鼠标右键插入帧。在工具栏中选择"椭圆工具"，在属性栏中，将画笔填充改为白色，油漆桶不填充，笔触大小为0.5，样式为斑马线样式，绘制一个宽高为425×160的椭圆。新建图层命名为月球，从库中将月球拖入舞台，放在轨迹旁边，在第120帧位置点击鼠标右键插入帧。

（1）新建一个图层，命名为轨迹，在第120帧位置点击鼠标右键插入帧。在工具栏中选择椭圆工具，在属性栏中，将画笔填充改为白色。

（2）油漆桶不填充，笔触大小为0.5，样式为斑马线样式，绘制一个宽高为425×160的椭圆，具体数值如图7-21所示。

图7-21　设置数值

（3）新建图层，命名为月球，从库中将月球拖入舞台，放在轨迹旁边。在第120帧位置点击鼠标右键插入帧。如图7－22所示，原理展示环境搭建完成。

图7－22　完成月球和轨道设置

4. 制作地球自转

行星运动中，地球在匀速不断地进行自转的运动。在行星场景搭建完成后，可在此处运用遮罩和补间动画来演示地球匀速自转的运动效果。

（1）点击打开地图层和遮罩层的锁定。选择"世界地图"层，在第一帧位置，在舞台中，将地图的移到画面靠右边，边缘与白色圆形左边相近，如图7－23所示。

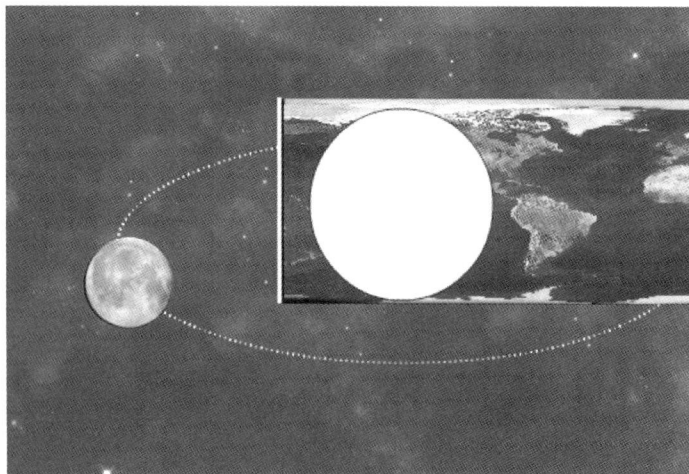

图7－23　第一帧关键帧设置

（2）将时间帧移至第120帧，在两图层帧位置上点击鼠标右键选择插入帧。选择地图层，鼠标点击右键［选择］—［创建补间动画］，在第120帧，将舞台中的地图向左移，如图7－24所示。此时图层变为蓝色，舞台中出现蓝色原点的地图运动轨迹。

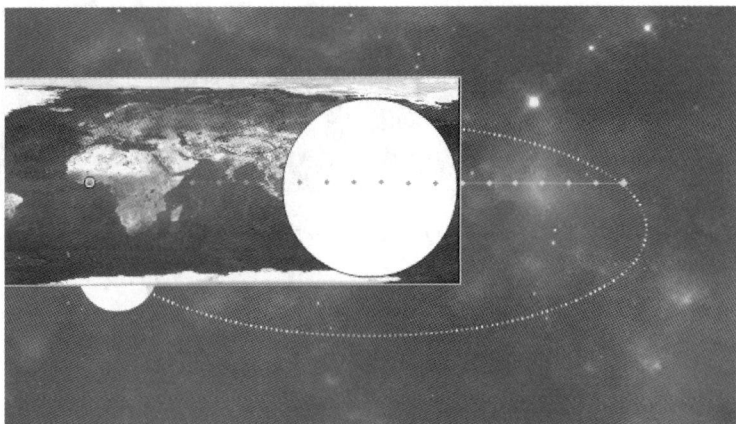

图7-24 最末关键帧设置

（3）将地图层和遮罩层锁定，播放动画，可以看到地球在做匀速的自转运动。月球自转运动截图如图7-25所示。

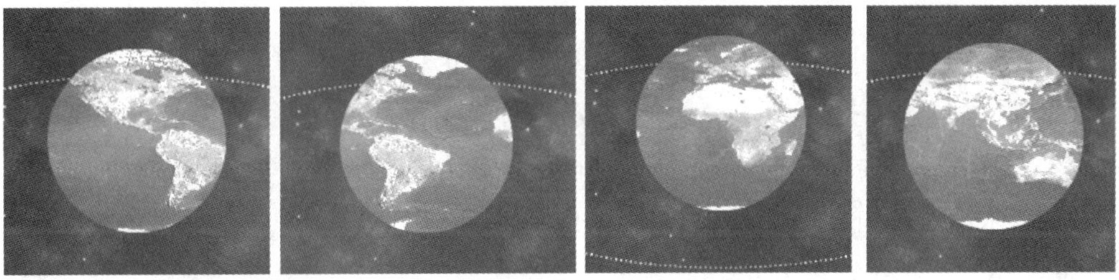

图7-25 月球自转运动截图

5.制作月球运动

选择月球图层，点击鼠标右键选择添加传统运动引导层。在引导层上，用椭圆工具绘制一个与轨迹层一样大小的椭圆放在同一位置，属性样式选为实线。关闭轨迹层的眼睛，将其隐藏。在引导层中，选择椭圆，用橡皮擦在左边处擦一个小缺口，这是为了设定路径引导的起始点。调整舞台右上角的百分比，可以放大缩小图像在舞台的显示大小。显示月球图层，选择月球图层，红色时间针移至第1帧，点击右键选择"创建补间动画"，将月球图形中间的白色十字环移动吸附至引导路径椭圆的上半缺口。时间针移至第120帧，将月球图形中的白色十字环移动吸附至引导路径椭圆的下半缺口。月亮图层自动变为蓝色并有补间动画箭头。点击引导图层眼睛那一列的黑点，将其隐藏。播放动画显示，在地球自转的同时，月球绕地球旋转。

地球自转的同时，月球会按照轨迹绕着地球运动。那么接下来我们制作月球绕地球旋转动画。

（1）添加选择月球图层。点击鼠标右键，选择添加传统运动引导层，在引导层上，用椭圆工具绘制一个与轨迹层一样大小的椭圆放在同一位置，属性样式选为实线，如图7-26所示。

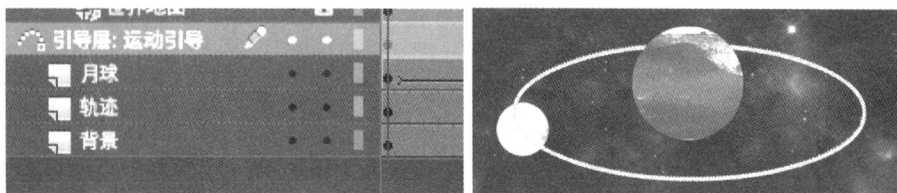

图 7 - 26　引导层

（2）关闭轨迹层的眼睛，将其隐藏。在引导层中，选择椭圆，用橡皮擦在左边处擦一个小缺口，这是为了设定路径引导的起始点。调整舞台右上角的百分比，可以放大缩小图像在舞台的显示大小，如图 7 - 27 所示。

图 7 - 27　橡皮擦缺口

（3）显示月球图层。选择月球图层，红色时间针移至第 1 帧，点击右键选择"创建补间动画"，将月球图形中间的白色十字环移动吸附至引导路径椭圆的上半缺口，如图 7 - 28 所示。

（4）时间针移至第 120 帧，将月球图形中的白色十字环移动吸附至引导路径椭圆的下半缺口。月亮图层自动变为蓝色并有补间动画箭头。点击引导图层眼睛那一列的黑点，将其隐藏，如图 7 - 29 所示。

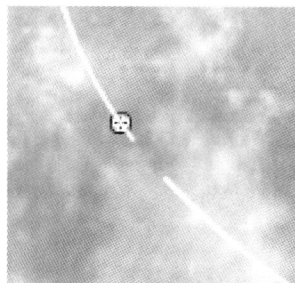

图 7 - 28　吸附引导层开始端

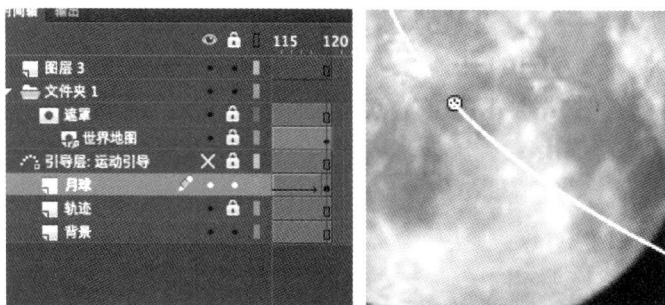

图 7 - 29　吸附引导层结束端

（5）此时播放动画，可以看到，在地球自转的同时，月球绕地球旋转。

6. 保存动画

（1）添加内容行星运动演示动画制作完成，点击［文件］—［导出］—［导出视频］，对其命名并指定保存路径，点击"确定"按钮。

（2）导出完成，打开视频保存的路径文件，可以看到动画已保存在文件夹中。用视频播放器播放文件就可以观看行星运动演示动画了（图 7 – 30）。

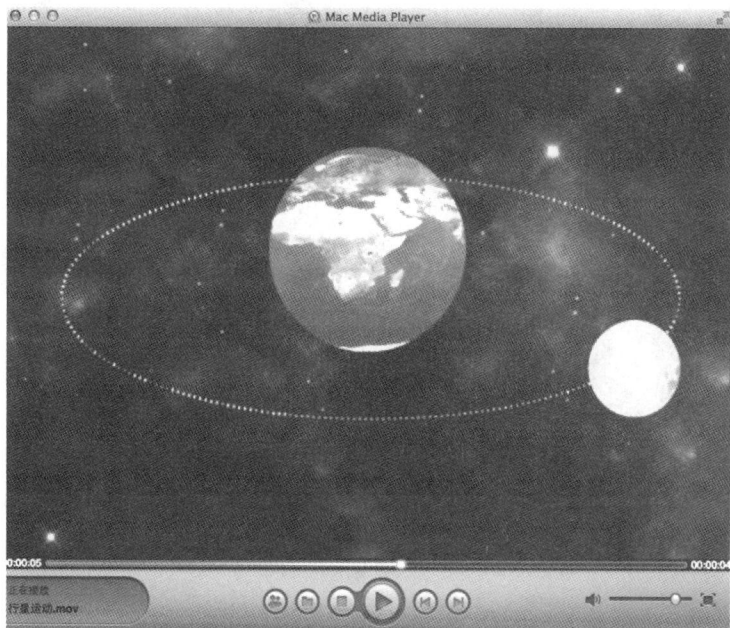

图 7 – 30　完成动画播放测试

【应用拓展】

1. 文件层里的层级太多画面显得杂乱，该怎么办呢?

单击文件图层的左前方有一个"眼睛形状"的按钮，点击眼睛，图层内容会被自动隐藏，眼睛显示关闭。想要显示图层内容，则可以再单击闭着的眼睛，此时图层显示。如需删除图层，可将鼠标移至图层，点击鼠标右键选择删除图层。

【任务·小·结】

本任务通过制作行星运动动画，介绍了路径运用、遮罩蒙版、图层隐藏、关键帧动画的设置等知识。

通过本任务的学习和训练，使大家能够掌握制作简单运动动画的方法。

任务7.3　制作心脏搏动动画

【任务分析】

在讲授到哺乳动物心脏运动的内容时，小程老师希望展示心脏的运动动画。但是由于自己美术功底不够，无法画出心脏的动画，然后在互联网上下载了心脏运动的 GIF 动画。但网上下载的素材有时不尽人意，小程老师打算对下载的 GIF 动画资料进行一些修正或者补充，让它更适用于课堂教学。要求实现以下几种情况：完善 GIF 动画的漏洞并调整图像大小；调整 GIF 动画中的部分物体；对 GIF 动画添加器官知识标注。

GIF 素材通过 Photoshop 软件修改前与修改后对比，如图 7 – 31 所示。

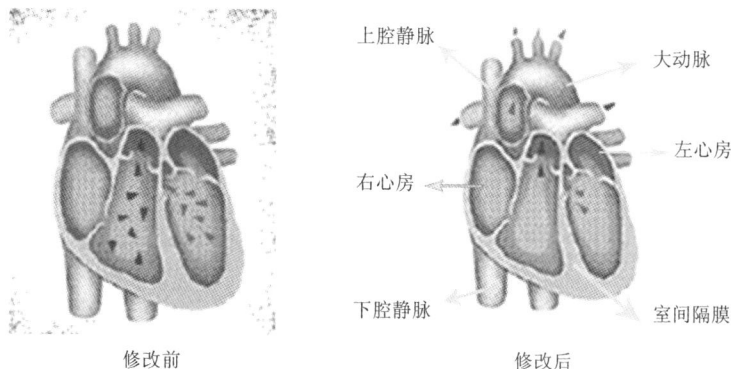

图 7 – 31　动画修改编辑对比图

1. 完善 GIF 动画的漏洞

素材中有许多干扰杂点，可使用颜色填充工具、污点修复工具进行修复。

2. 调整 GIF 动画中的部分物体

使用操控变形工具，调整大部分关键帧中心脏的大小，使心脏跳动的动画幅度更大更明显一些，便于学生观察。

3. 在动画中添加器官知识标注

使用文字、形状符号等工具，对不同的器官组成部件进行知识标注。

【任务资讯】

1. 关键帧动画

任何动画要表现运动或变化，至少前后要给出两个不同的关键状态，而中间状态的变化和衔接电脑可以自动完成。在 Flash 中，表示关键状态的帧动画叫作关键帧动画。所谓关键帧动画，就是给需要动画效果的属性，准备一组与时间相关的值，这些值都是在动画序列中比较关键的帧中提取出来的。而其他时间帧中的值，可以用这些关键值，采用特定的插值方法计算得到，从而达到比较流畅的动画效果。

2. 关键帧的分类

关键帧的用途可以分为：普通关键帧和动作脚本关键帧。普通关键帧：用于处理图形图像和动画，比如本案例使用的就是普通关键帧制作动画。动作脚本关键帧：它相对复杂且用于存放动作脚本，关键帧可以通过动作脚本控制 Flash 影片和其中的影片剪辑。

3. Flash 中关键帧的区分

引导层关键帧：指基于引导图层创建的普通关键帧。该种关键帧在播放 Flash 影片时是不可见的，仅用于注释 Flash 影片；每个关键帧都同时可以被赋予几种用途（除引导层关键帧外），关键帧也可以通过影片图层实现叠加的效果。

空白关键帧：是指没有任何对象存在的帧，主要用于画面与画面之间形成间隔。它在时间轴上是以空心圆的形式显示，用户可以在其上绘制图形，一旦在空白关键帧中创建了内容，空白关键帧就会自动转变为关键帧。按 F7 快捷键可创建空白关键帧。一般新建图层的第 1 帧都是空白关键帧，如果在其中绘制图形，则会自动变为关键帧。同理，如果将某关键帧中的对象全部删除，则这个关键帧就会转变为空白关键帧。

【任务实现】

完善 GIF 动画的漏洞：素材中有许多干扰杂点，可使用颜色填充工具、污点修复工具进行修复。

下载的 GIF 动画素材良莠不齐，动画播放时，画面周边很可能会出现黑白干扰点，而这些动画漏洞严重妨碍了心脏血液循环原理的展示。同时，GIF 动画尺寸过小不便观察，因此需要进行修复。

（1）在 Photoshop 软件中打开网上下载的 GIF 图，可以看到它自动显示出 GIF 动画的不同图层。打开时间轴，可以看到 GIF 动画帧时间的设置。

（2）点击播放动画。当动画播放到图层 5 时，出现灰白点图案，此图案出现的位置与干扰点位置一致。那么由此可以判断，播放时的漏洞是由于各图层中间有未处理干净的杂点而形成的干图案。

（3）点击时间轴的关键帧，逐一排查修复污点。点击关键帧 2，选择图层 2，在画面中用矩形选框工具框选杂点，点击右键填充，颜色选择白色，填充该图层。或者可以用污点修复工具，对污点建立选区后拖动到干净的区域，然后对其他关键帧进行污点清除。清除污点后，再点击播放，检查干扰杂点的漏洞是否已被修复。

（4）在观察动画时，觉得下载的 GIF 动画图片太小不便观察，想将它放大一点。点击［图像］—［图像大小］，将原来的像素比由 120×140 改变到 240×280。此时图像被等比放大 1 倍，如图 7－32 所示。

1. 调整 GIF 动画中的部分物体

使用操控变形工具，调整大部分关键帧中心脏的大小，使心脏跳动的动画幅度更大更明显一些，便于学生观察。

该动画是展现心脏搏动从而挤压血液循环的动画，原动画中心脏跳动的动作不明显，可以加强其收缩的幅度，便于观察。

（1）逐一点击关键帧，可以观察到第 4 帧时的心脏收缩。选择第 4 帧第 4 图层，点击［编辑］—［操控变形］，将心脏打上图钉。

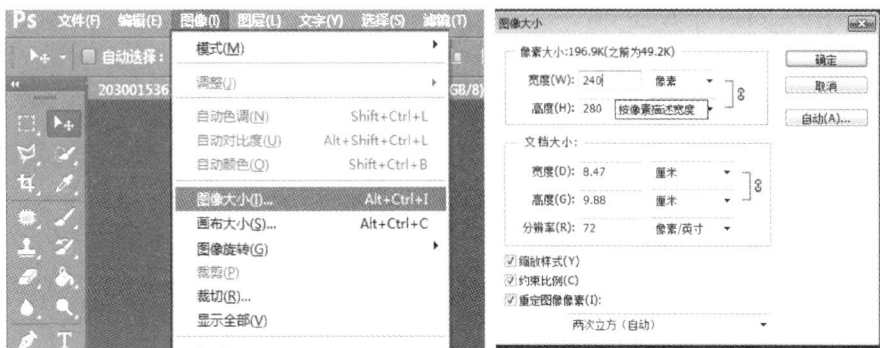

图 7 – 32　设置图像大小

（2）拖动多个图钉将心房上的图钉向内移动，不要移动得太夸张而破坏心脏的形状，适度挤压。完成变形，播放动画，此时心脏跳动幅度变大。

2. 在动画中添加器官知识点

使用文字、形状符号工具，对不同的器官组成部件进行知识标注。

（1）观察画面发现，图片已被心脏图案占满没有空余的地方来标注文字。此时需要把画面扩大一些以方便文字填写。点击【图像】—【画布大小】，将宽高改成 14 cm × 12 cm，如图 7 – 33 所示。

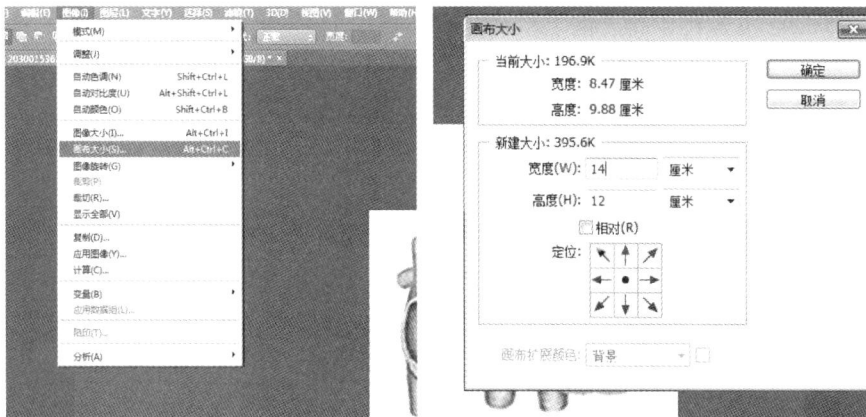

图 7 – 33　尺寸设置

（2）点击第 1 帧，新建图层至于最底层，填充白色。

（3）选择［形状工具］—［自定义］—［箭头］，在大动脉处点击左键拉出形状，填充黄色。选择文字工具，在旁写上大动脉三字。选择箭头形状按 Ctrl + T 键可以旋转箭头的方向，如图 7 – 34 所示。

（4）用同样的方法将上腔静脉、右心房、下腔静脉、室间隔膜、左心房标识出来，如图 7 – 35 所示。

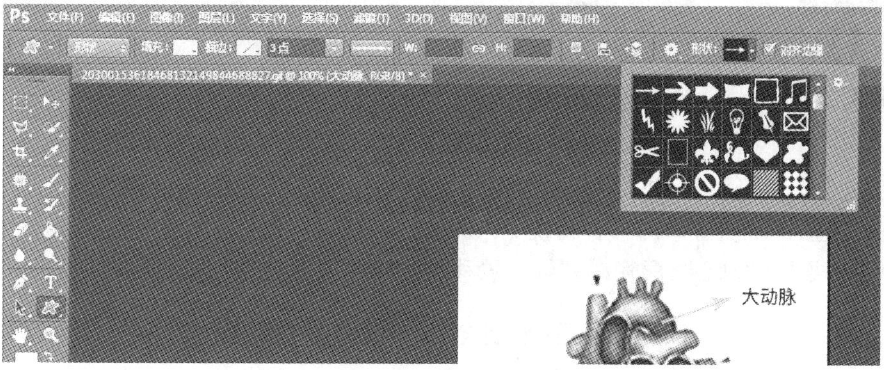

图 7-34　标注知识点

（5）这样，我们完成了对 GIF 动画的加工。在时间轴点击播放，若 GIF 动画已达到预期，则点击［文件］—［储存］为 Web 格式，选择 GIF 格式，点击"保存"。

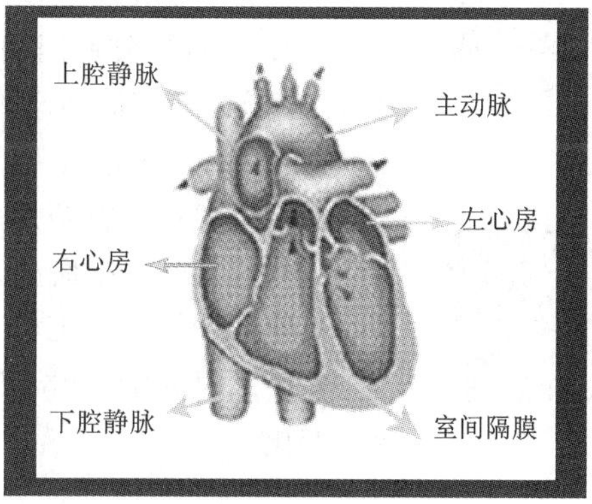

【应用拓展】

1. 在加工动画资料时，如果需要让动画中间出现自己的图片，该怎么做？

选择要插入的关键帧，点击"新建关键帧"，点击"文件"打开插入要增加的图片并放入编辑画面中。在新关键帧被选中的情况下，将该图层打开，在关键帧下设置时间 2 s，点击保存。

图 7-35　知识点标注

【任务·小·结】

本任务通过使用关键帧编辑功能，介绍了动画编辑加工技术。通过本任务的学习和训练，使大家能够高效率地修改或编辑现有的 GIF 为自己所用。

【综合实训】

实训项目一：制作体操吊环动作动画

一、项目目标

能用 Flash 软件制作简单体操运动动画。

二、项目要求

运用课堂所学，在 Flash 软件中制作体操吊环动作动画。要求画面能展示吊环运动的画面效果，并展示吊环运动的动作过程。整体要求如下：

制作体操吊环动作动画 (V)

制作毛笔字写诗动画（V）

1. 画面简洁美观、整体布局和谐统一。
2. 运动员动作过程完整。
3. 动画播放流畅、画面清晰。

三、解决方案

1. 搜集资料和花斑豹素材。

2. 绘制圆形作为管口，并使用遮罩方法，让圆形区域显示花斑豹的斑纹，圆形以外的区域为黑色。模拟人眼从管口向外看的视觉效果。

3. 使用引导层动画，圆形管口进行位置移动。模拟人眼观察位置移动。

实训项目二：设计创作"英语小讲台动画"

GIF动画加工（V）

一、项目目标

会用 Photoshop 软件制作简单 GIF 动画。

二、项目要求

要求通过网络图片素材，设计制作一个卡通英语老师在讲台讲课的简单动画，要求人物有简单动作，教学场景道具有讲台、黑板等基本场景道具。

制作戏曲动画（V）

三、解决方案

1. 收集整理人物照片、卡通角色、讲台、黑板等素材图片。

2. 对素材进行抠图处理。

3. 使用操控变形工具，使英语老师的手臂上下指挥摆动。

4. 使用时间轴关键帧工具，在英语老师敲黑板的时候，黑板上的文字有运动变化。

【思考与探索】

一、选择题

1. 要想让物体沿着指定路径运动，则需要建立（　　）。

A. 文字　　　　　　　B. 引导层　　　　　　C. 黑色色块　　　　　D. 路径脚本

2. 引导层轨迹需要设定物体运动的（　　）点。

A. 中间　　　　　　　B. 两边　　　　　　　C. 起始　　　　　　　D. 结尾

二、判断题

1. 在 Photoshop 中要想改变 GIF 动画尺寸，则须在"图像大小"中调节。　　　　　（　　　）

2. 在 Photoshop 中要想增加 GIF 动画的画幅用来添加内容，则须在"画布大小"中调节。

（　　　）

三、填空题

1. 对图形局部动作调整的方法是要对图片进行＿＿＿＿＿＿。

2. GIF 动画的原理是＿＿＿＿＿＿。

四、问答题

1. 如何将编辑完成的 Flash 动画制作成可播放的视频？

2. 什么是 GIF 动画？使用 GIF 动画的优点有哪些？

3. 使用 Flash 软件中编辑图层时，有哪些方法可以新建图层？

五、操作题

制作一个物理小球掉落的原理展示动画。

【本章·小·结】

动画资料通过生动有趣的形象，简单直观地向学生展示原理或者交代重要信息，以生动直观的画面帮助老师交代背景、阐述原理、展示规律、对比差异、分析过程，极大地丰富了课堂表现手法。

本章以小程老师制作教学过程中所需动画文档为主线，介绍了 GIF 动画、Flash 动画的概念和原理，展示了 GIF 动画、Flash 动画的制作过程，介绍了如何修改、完善现有动画资料。

本章展示了简单工具提示 GIF 动画的制作过程。GIF 是美国 CompuServe 公司 1987 年开发的一种图形文件格式，GIF 格式可以存储多幅彩色图像，利用逐帧动画原理，把存于一个文件中的多幅图像数据逐幅读出并显示到屏幕上，就实现了最简单的动画。我们可以使用 Photoshop 软件的时间轴工具、图层、图钉锚点、关键帧来制作 GIF 动画。

Flash 是功能强大的动画制作软件，由美国 Adobe 公司出品。本章利用 Flash 的关键帧动画技术，制作了宇宙行星运动原理动画，按照搭建文件环境、制作地球、制作月球运动轨道、制作地球自转、制作月球运动、保存动画等流程完成了动画的设计和制作。一般而言，在教学过程中，对于那些难以观察的运动过程，难以理解的组成结构，难以展示的运动规律，我们教师都可以考虑用动画的方式来呈现。

对于现有的动画资源，我们可以进一步进行调整、修改、完善，以适应新的教学需求。制作心脏勃起动画任务环节就展示了如何在现有 GIF 动画基础上进行优化调整的实际案例，包括对原有素材干扰杂点进行修复，调整 GIF 动画素材中物体的大小，在动画中添加标识等等。

动画的设计与制作相对难度大一些，但我们不要畏难，在理解了关键帧动画的实现原理后，就可以先从修改完善现有 GIF 动画资源开始，逐步实现自己设计及创作 GIF 动画、Flash 动画。

第 8 章

制作 PPT 教学课件

【教学情境】

小李老师在本学期任教《构成》这门课程，为了使课程的教学内容更容易被理解，教学效果更加显著，小李老师决定使用 Microsoft PowerPoint 软件来制作教学课件和课程介绍，另外在课程结束后，她还想使用该软件来展示学生的作品。

【解决方案】

为学习和掌握 PPT 教学课件的操作技能，通过制作教学 PPT、制作课程简介 PPT、制作作品展示 PPT 等三个任务，分别掌握制作 PPT 教学课件的操作使用方法，从而按不同课程教学要求在教学实践活动中去灵活运用。

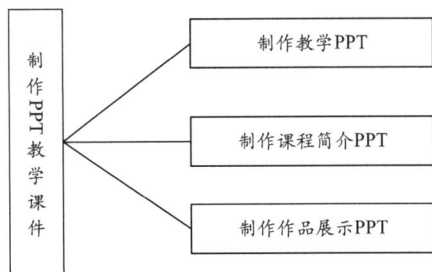

【能力目标】

作为一名教师，在日常工作中常常需要使用 PowerPoint 软件来进行教学培训、展示汇报、工作总结、项目介绍、会议报告和竞聘演说等。在制作演示文稿方面需要具备以下工作能力：

1. 能运用 PowerPoint 编辑制作包含多媒体信息，设计美观的演示文稿。
2. 能运用超链接、动作设置等功能，制作具有交互功能的演示文稿。
3. 能灵活运用自定义动画和切换功能，制作动感十足的演示文稿。
4. 能将演示文稿打包输出和发布。

任务 8.1　制作教学 PPT

【任务分析】

根据教材内容和所提供的素材，通过合理的编排和设计，将上课所用的素材和知识点集中到一个演示文稿中。在授课过程中，演示文稿能够让教学内容变得形象直观，图文并茂，易于学生接受。能够提高课堂时间的利用率，加大课堂知识容量，增添授课内容，使学生的知识面进一步得到扩展。活跃课堂气氛，加深巩固教学内容，寓学于乐。

小李老师根据教材内容，在制作 PPT 前，准备了以下素材(见素材文件夹)：

(1)"酒店地板砖纹样设计. docx"教材内容。

(2)"电梯厅. jpg"和"洗手间. jpg"相关图片。

(3)"主题. potx"主题样式。

(4)"骨骼. pptx"PPT 课件。

(5)"stxingka. ttf"字体文件。

结合素材，通过对 PowerPoint 软件的操作，教学 PPT 最终效果如图 8 -1 所示。

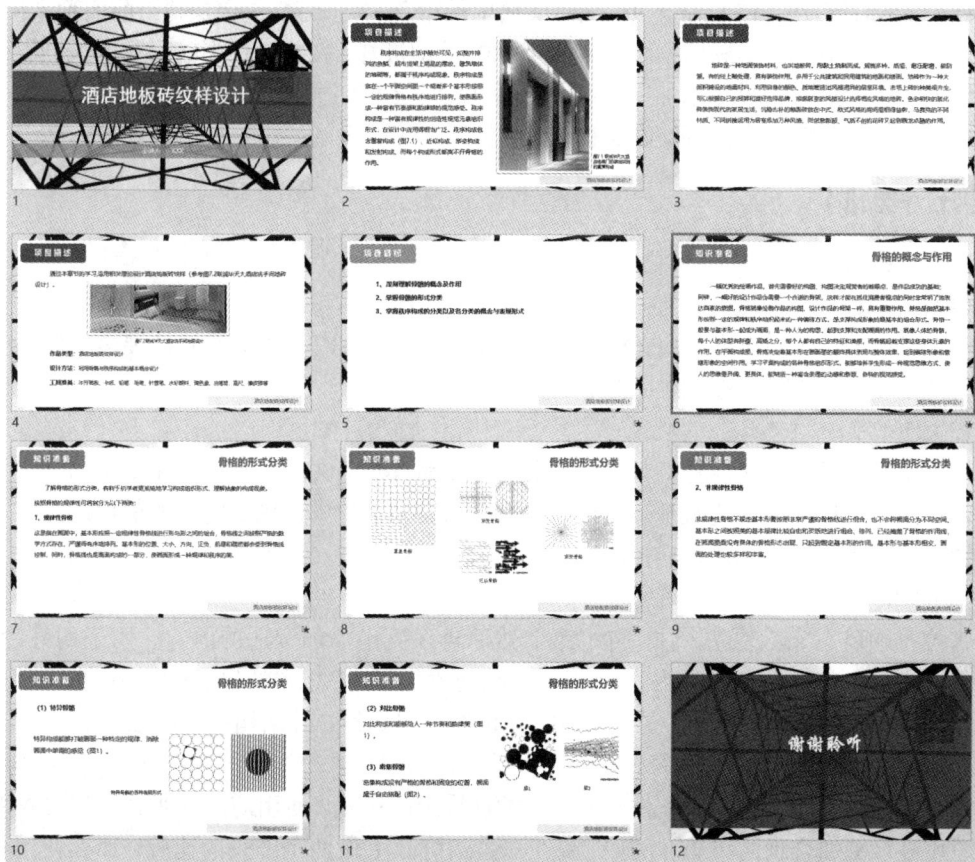

图 8 -1　教学 PPT 最终效果

（1）新建演示文档并保存，命名为"酒店地板砖纹样设计.pptx"。

（2）设置页面大小：全屏显示（16：9）。

（3）应用"主题.potx"主题。

（4）在当前演示文稿中，插入3张版式为"项目描述"的新幻灯片。

（5）制作第1张幻灯片：将版式设置为"封面"，标题为"酒店地板砖纹样设计"。

（6）制作第2张幻灯片：复制"酒店地板砖纹样设计.docx"文档"项目描述"中的第一段文本，设置字体类型为"微软雅黑"，字号"14"，段落"首行缩进"。插入图片"电梯厅.jpg"，对图片进行裁剪，为图片设置样式并插入图注，图注的字体类型为"微软雅黑"，字号"10"，设置页面排版为左文右图。

（7）制作第3张幻灯片：复制"酒店地板砖纹样设计.docx"文档"项目描述"中的第二段文本，设置字体类型为"微软雅黑"，字号"14"，段落"首行缩进"。

（8）制作第4张幻灯片：复制"酒店地板砖纹样设计.docx"文档"项目描述"中的剩余文本，设置字体类型为"微软雅黑"，字号"14"，段落"首行缩进"。将"作品类型""设计方法""工具准备"文本加粗，设置"作品类型""设计方法""工具准备"后的说明文本字号为"12"。插入"洗手间.jpg"图片，对图片进行裁剪，为图片设置样式并插入图注，图注的字体类型为"微软雅黑"，字号"10"，参照"酒店地板砖纹样设计.docx"文档中的排版方式设置页面排版。

（9）重用幻灯片：将"骨骼.pptx"演示文稿中的第2～8张幻灯片合并到当前演示文稿中。

（10）制作致谢页：新增一张版式为"封底"的幻灯片，在文本框中输入"谢谢聆听"，设置字体类型为"华文行楷"，添加"填充—白色，投影"艺术字样式。

（11）保存：将字体嵌入到演示文稿，保存。

【任务资讯】

1. 几个概念

（1）演示文稿。

利用PowerPoint制作出来的文档叫作演示文稿，简称PPT，其文件的扩展名为".pptx"。我们常说制作一份PPT，意思就是制作一份演示文稿。

（2）幻灯片。

演示文稿中的每一页叫作幻灯片，每张幻灯片都是演示文稿中既相互独立又相互联系的内容。利用它可以更生动直观地表达内容，图表和文字都能够清晰、快速地呈现出来。可以插入图画、动画、备注和讲义等丰富的内容。

（3）占位符。

占位符顾名思义就是先占住一个位置，然后再往其中添加合适的内容。用于幻灯片上，表现形式为一个带有包含提示内容（如"单击此处添加标题"之类的提示语）的虚框，一旦鼠标点击之后，提示会自动消失。在模板中，占位符起规划幻灯片结构的作用。

（4）版式。

幻灯片版式是PowerPoint软件中的一种常规排版的格式，使用幻灯片版式可以轻松对文字、图片进行更加合理的布局。例如，要在一张幻灯片上做两个图表的比较，那么使用包含两个并排占位符的幻灯片版式，就比使用包含一个很大内容占位符的幻灯片版式合适的多。

PowerPoint中的许多版式提供了多用途的占位符，可以接受各种类型的内容。例如，在名为"标题和内容"的默认版式中，就包含了用于幻灯片标题和一种类型的内容（如文本、表格、图表、图片、剪贴画、SmartArt 图形或影片）的占位符。可以根据占位符的数量和位置（而不是要放入其中的内容）来选择自己需要的版式。

更改版式时，会更改其中的占位符类型或位置。如果原来的占位符中包含内容，则内容会被转移到适合它所属类型的占位符的位置上去。如果新版式中不包含适合该内容的占位符，内容仍会被保留在幻灯片上，但处于孤立状态，位于版式之外。如果孤立对象的位置不正确，则需要手动定位它。但是，如果以后又应用了另一种版式，其中包含用于孤立对象的占位符，孤立对象又会回到占位符中。

（5）主题。

主题是包含演示文稿样式的文件，为演示文稿提供设计完整、专业的外观，包括项目符号、字体类型及字号大小、占位符的大小和位置、背景设计和填充、主题颜色以及幻灯片母版等。可以将主题应用到所有的或选定的幻灯片，而且可以在单个演示文稿中应用多种类型的设计主题。

2. PowerPoint 2010 工作界面

PowerPoint 2010 的工作界面由快速访问工具栏、功能区/选项卡/组、大纲/幻灯片浏览窗格、幻灯片编辑窗格、备注窗格、任务窗格和状态栏等部分组成，如图 8-2 所示。

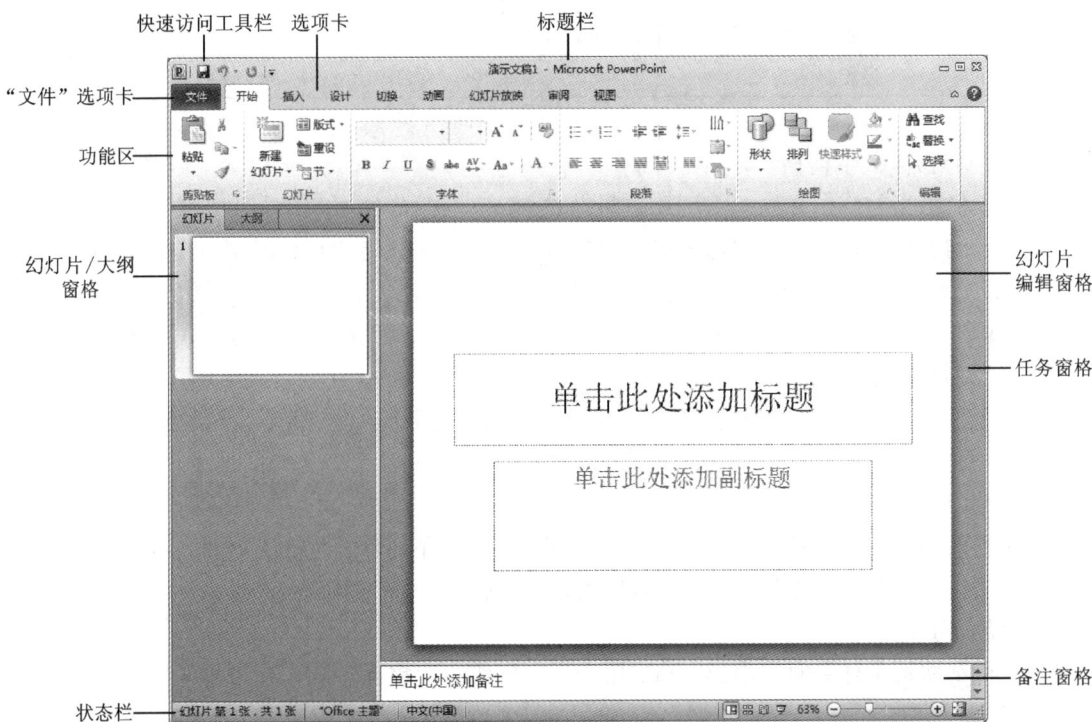

图 8-2　PowerPoint 2010 的工作界面

（1）快速访问工具栏。

快速访问工具栏位于标题栏左侧，它包含了 PowerPoint 2010 最常用的工具按钮，如"保存"按钮、"撤销"按钮和"恢复"按钮等。单击快速访问工具栏右侧的下拉按钮，在弹出的菜单中可以自定义快速访问栏中的命令。

（2）功能区、选项卡和组。

PowerPoint 2010 的功能区和选项卡及组的作用与 Word 2010 相似，如表 8－1 所示。在 PowerPoint 2010 中有"文件""开始""插入""设计""切换""动画""幻灯片放映""审阅""视图"等选项卡。

表 8－1　PowerPoint 2010 选项卡

选项卡	功能
文件	选项卡中显示的是 Backstage 视图。在其中包含一些基本命令，包括"保存""另存为""打开""新建""打印""选项"及一些其他命令
开始	包含常见的命令，如"复制""格式刷"等，还可设置文字字体、对齐方式和幻灯片的基本操作等
插入	通过该选项卡可以在演示文稿中插入表格、图像图形、艺术字、超链接、声音及影片等多媒体元素
设计	对演示文稿进行页面设置和主题设置等
切换	设置演示文稿的切换效果及放映方式
动画	为相应的对象添加动态效果，丰富幻灯片的内容
幻灯片放映	设置幻灯片的放映方式
审阅	对幻灯片的文字进行批注、校验等
视图	设置显示方式

（3）幻灯片/大纲窗格。

用于显示当前演示文稿的幻灯片数量及位置，包括"大纲"和"幻灯片"两个选项卡。单击选项卡的名称可以在不同的选项卡之间进行切换。如果只希望在编辑窗口中观看当前幻灯片，可以将幻灯片/大纲窗格暂时关闭。但编辑时，通常需要将幻灯片/大纲窗格显示出来。单击"视图"选项卡"演示文稿视图"组的"普通视图"按钮，可以恢复幻灯片/大纲窗格。

（4）幻灯片编辑窗格。

位于工作界面的中间，用于显示和编辑当前的幻灯片，如添加文本、插入图片、表格、SmartArt 图形、音视频、动画和超链接等多媒体元素，还可以改变这些页面元素的格式。

（5）备注窗格。

为当前幻灯片添加备注的窗格。备注内容在放映时不显示，但备注页的内容可以打印出来作为演讲的底稿，或者在进行放映时作为延时的脚本。

（6）任务窗格。

执行某些特定任务时弹出的窗口，用于指定操作的参数等。

（7）状态栏。

状态栏位于 PowerPoint 2010 窗口的最下方，用于显示当前文档页、总页数、字数和输入法状态等。

3. PowerPoint 的视图方式

（1）普通视图 ⊞。

启动 PowerPoint 并创建一个新演示文稿时，通常会直接进入到普通视图。普通视图由大纲窗格、幻灯片窗格、幻灯片编辑窗格及备注窗格组成。拖动窗格边框可以调整窗格的大小。其中,可以在大纲窗格输入演示文稿的所有文本,重新排列项目符号、段落和幻灯片;在幻灯片窗格中可以查看每张幻灯片中的设计外观。

(2)幻灯片浏览视图 ⊞。

幻灯片浏览视图是以缩略图的形式显示全部幻灯片的视图。依次单击【视图】—【演示文稿视图】—【幻灯片浏览】,或者单击下方状态栏上的"幻灯片浏览"按钮图标 ⊞,都可以切换到幻灯片浏览视图。在该视图中可以同时查看演示文稿中的所有幻灯片的缩略图,同时可以对演示文稿进行编辑,包括改变幻灯片的背景设计、调整幻灯片的顺序、添加或删除幻灯片、复制幻灯片等。

(3)备注页视图 ▦。

依次单击【视图】—【演示文稿视图】—【备注页】,可以切换到备注页视图。在该视图中可以通过整页的方式查看和使用备注。

(4)阅读视图 ▤。

依次单击【视图】—【演示文稿视图】—【阅读视图】,或者单击下方状态栏上的"阅读视图"按钮图标 ▤,都可以切换到阅读视图。该视图主要是为了在不想使用全屏放映演示文稿的情况下,可以方便地使用自己的计算机放映演示文稿。若要更改演示文稿,则可随时从阅读视图切换至某个其他视图。

(5)幻灯片放映视图 ▽。

依次单击【幻灯片放映】—【开始放映幻灯片】—【从当前幻灯片开始】,或者单击下方状态栏上的"幻灯片放映"按钮图标 ▽,都可以切换到幻灯片放映视图。幻灯片放映视图中,显示的是演示文稿的最后制作效果。制作演示文稿时,可以利用该视图来进行效果检查,以便及时做出修改。

【任务实现】

使用 PowerPoint 制作教学 PPT,首先需要创建一个新演示文稿,然后在其中编辑幻灯片。

(1)新建演示文档并保存,命名为"酒店地板砖纹样设计.pptx"。

①新建文稿:依次单击【文件】—【新建】—【空白演示文稿】—【创建】按钮,创建一个空白的演示文稿。

②保存文稿:依次单击【文件】—【保存】,弹出"另存为"对话框,选择保存路径并命名为"酒店地板砖纹样设计.pptx",单击"确定"按钮。

(2)设置页面大小:全屏显示(16:9)。

依次单击【设计】—【页面设置】—【页面设置】按钮,弹出"页面设置"对话框,设置幻灯片大小为"全屏显示(16:9)",单击[确定]按钮。如图 8-3 所示。

(3)应用"主题.potx"主题。

依次单击【设计】—【主题】—【浏览主题】命令,弹出"选择主题或主题文档"对话框,选中"主题.potx"主题,单击"应用"按钮。此时,PowerPoint 编辑界面如图 8-4 所示。

(4)在当前演示文稿中,插入 3 张版式为"项目描述"的新幻灯片。

模板的选择与应用

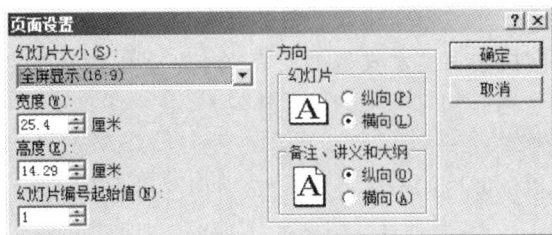

图 8 - 3　页面设置

图 8 - 4　应用"主题. potx"

①插入第 2 张幻灯片: 依次单击【开始】—【幻灯片】—【新建幻灯片】按钮, 在下拉列表中选择"主题"中的"项目描述"版式。

②插入第 3 张幻灯片: 在"幻灯片"窗格中, 选择第 2 张幻灯片并按下回车。

③插入第 4 张幻灯片: 在"幻灯片"窗格中, 选择第 3 张幻灯片, 按下 Ctrl + D 组合键。

(5)制作第 1 张幻灯片: 将版式设置为"封面", 标题为"酒店地板砖纹样设计"。

①更改版式: 在"幻灯片"窗格中, 选中第 1 张幻灯片, 点击鼠标右键, 在弹出的菜单中, 依次单击【版式】—【主题】—【封面】预览框, 此时第 1 张幻灯片版式如图 8 - 5 所示。

②设置标题: 在"单击此处添加文本"文本框中输入"酒店地板砖纹样设计", 如图 8 - 5 所示。

图 8 - 5　第 1 张幻灯片效果

（6）制作第 2 张幻灯片：复制"酒店地板砖纹样设计. docx"文档"项目描述"中的第一段文本，设置字体为"微软雅黑"，字号"14"，段落"首行缩进"。插入图片"电梯厅. jpg"，对图片进行裁剪，为图片设置样式并插入图注，图注的字体类型为"微软雅黑"，字号"10"，设置页面排版为左文右图。

创建文本（word 文本
快速转换为 PPT）

①复制文本内容：打开"酒店地板砖纹样设计. docx"文档，选中"项目描述"中的第一段文本，依次单击【开始】—【剪贴板】—【复制】按钮，或者按 Ctrl + C 组合键。

②粘贴文本内容：切换到"酒店地板砖纹样设计. pptx"中，将光标放置到第 2 张幻灯片"单击此处添加文本"文本框中，然后依次单击【开始】—【剪贴板】—【粘贴】按钮，或者按 Ctrl + V 组合键将文本粘贴到文本框中。

③设置文字格式：选中文本框，在【开始】—【字体】中，设置字体类型为"微软雅黑"，字号为"14"。

④设置段落格式：依次单击【开始】—【段落】中的按钮，弹出"段落"对话框，在"缩进和间距"选项卡中，设置缩进中的特殊格式为"首行缩进"，单击"确定"按钮。

⑤调整文本框大小：按住鼠标左键拖动文本框控制点调整文本框大小，如图 8 - 6 所示。

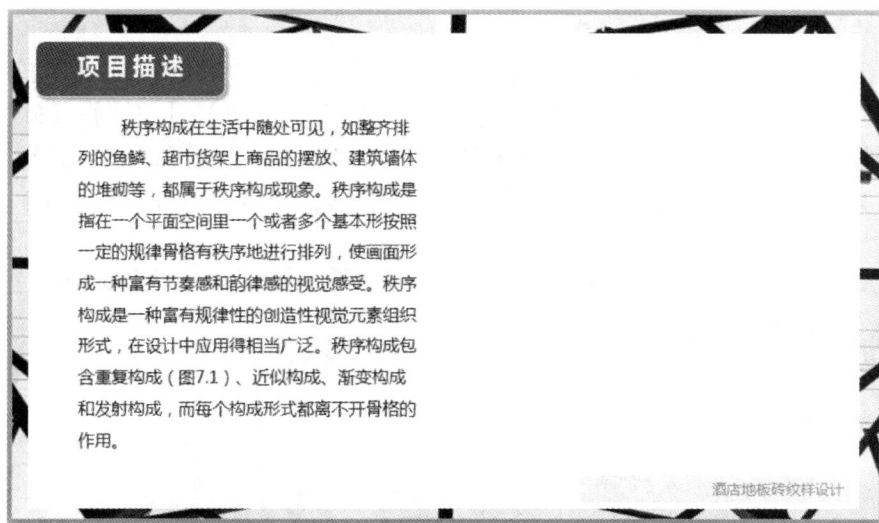

图 8 - 6　调整文本框

⑥插入图片：依次单击【插入】—【图像】—【图片】按钮，弹出"插入图片"对话框，选中"电梯厅. jpg"图片，单击"插入"按钮。

⑦设置图片尺寸：选中图片，在【图片工具】—【格式】—【大小】中设置高度为"12 cm"，按下回车。

插入各种对象

⑧裁剪图片：依次单击【图片工具】—【格式】—【大小】—【裁剪】—【裁剪】按钮，此时图片处于裁剪编辑状态，图片四周出现裁剪标记。将鼠标放置在裁剪标记上，按住鼠标左键拖动，调整裁剪区域，最终调整为如图 8 - 7 所示的效果。再次单击【图片工具】—【格式】—【大小】—【裁剪】—【裁剪】按钮，退出裁剪编辑状态，或者在页面空白处单击

鼠标左键，也可退出裁剪编辑状态。

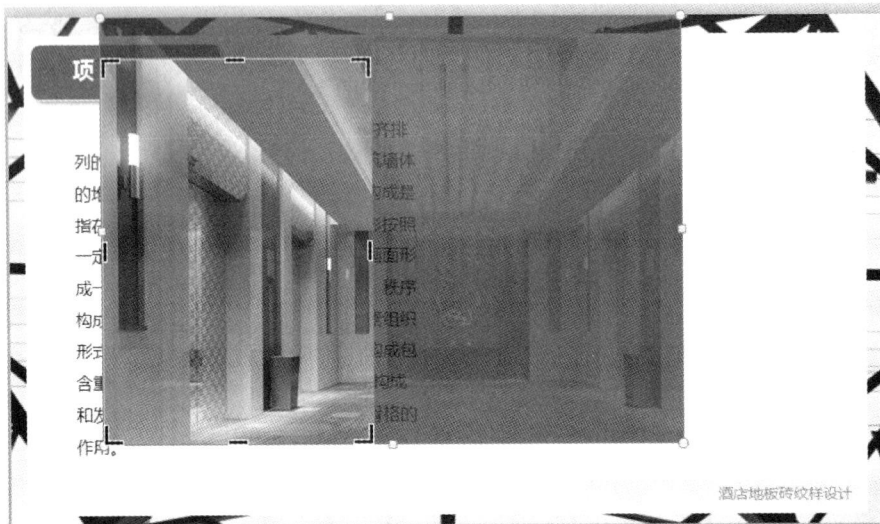

图 8 – 7　裁剪编辑状态

⑨设置图片样式：将图片放置到幻灯片右侧合适位置。选中图片，在【图片工具】—【图片样式】样式预览框中选择"简单框架，白色"，然后在【图片工具】—【格式】—【调整】—【更正】下拉列表选择"锐化和柔化"中的"锐化 25％"，增加图片的清晰度；再选择"亮度和对比度"中的"亮度 +20％ 对比度 0％（正常）"，增加图片的亮度，效果如图 8 –8 所示。

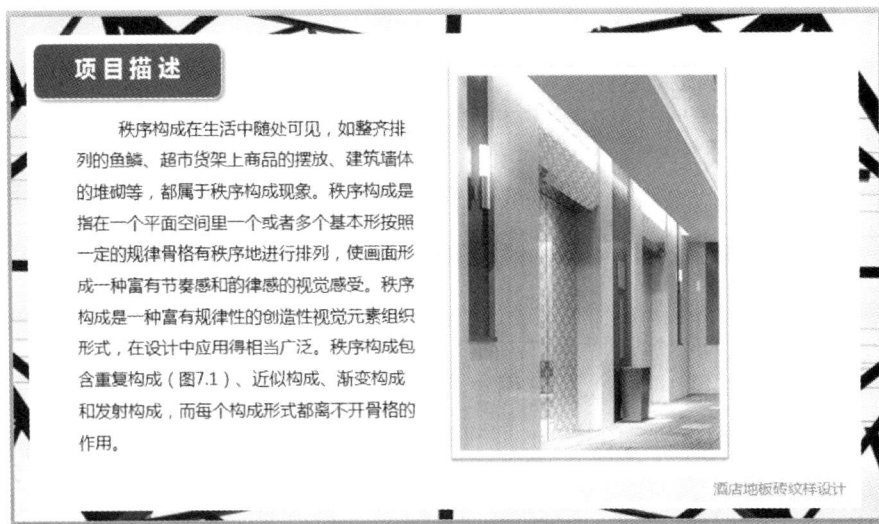

图 8 –8　设置图片样式

⑩设置图注：依次单击【插入】—【文本】—【文本框】—【横排文本框】按钮，在图片右侧按住鼠标左键拖出合适大小的文本框，在文本框中输入"图 7－1 联诚华天大酒店电梯门的装饰纹样的重复构成"，设置字体类型为"微软雅黑"，字号为"10"，效果如图 8－9 所示。

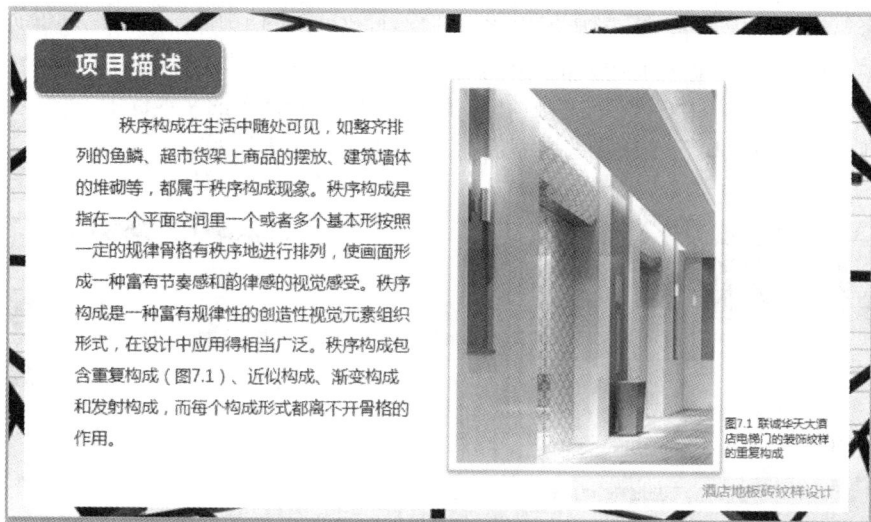

图 8－9　第 2 张幻灯片效果

（7）制作第 3 张幻灯片：复制"酒店地板砖纹样设计.docx"文档"项目描述"中的第二段文本，设置字体类型为"微软雅黑"，字号"14"，段落"首行缩进"。

参照（6）中的步骤①～④将"酒店地板砖纹样设计.docx"文档"项目描述"中的第二段文本粘贴复制到文本框中，设置字体类型为"微软雅黑"，字号"14"，段落"首行缩进"。设置后适当调整文本框的位置，第 3 张幻灯片的最终效果如图 8－10 所示。

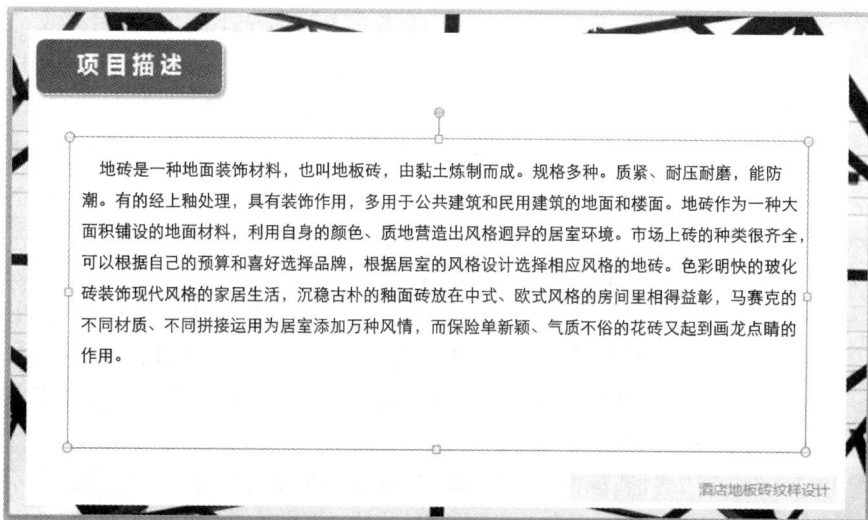

图 8－10　第 3 张幻灯片效果

（8）制作第 4 张幻灯片：复制"酒店地板砖纹样设计.docx"文档"项目描述"中的剩余文本，设置字体类型为"微软雅黑"，字号"14"，段落"首行缩进"。将"作品类型""设计方法""工具准备"文本加粗，设置"作品类型""设计方法""工具准备"后的说明文本字号为"12"。插入"洗手间.jpg"图片，对图片进行裁剪，为图片设置样式并插入图注，图注的字体类型为"微软雅黑"，字号"10"，参照"酒店地板砖纹样设计.docx"文档中的排版方式设置页面排版。

①复制粘贴文本，并设置字体格式和段落格式：参照（6）中的步骤①～④将"酒店地板砖纹样设计.docx"文档"项目描述"中的剩余文本，复制粘贴到该页的文本框中。设置字体类型为"微软雅黑"，字号"14"，段落"首行缩进"，效果如图 8－11 所示。

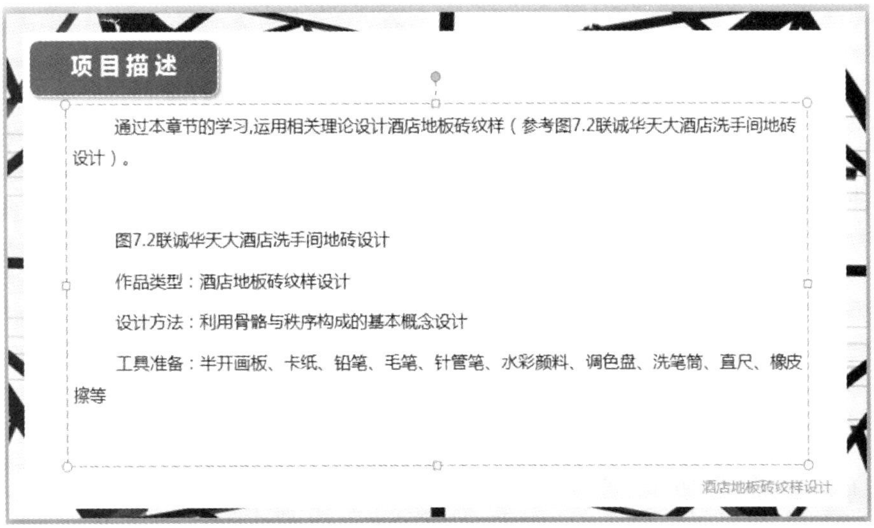

图 8－11　设置文本样式

②增加空白段落：在文本框第一段文字后，连续按两次回车。

③设置图注格式：选中文本框中"图 7.2 联诚华天大酒店洗手间地砖设计"文本，在【开始】—【字体】中设置字号"10"，依次单击【开始】—【段落】—【居中】按钮，使其居中显示，效果如 8－12 所示。

④文本加粗：分别选中"作品类型""设计方法""工具准备"文本，依次单击【开始】—【字体】—【加粗】按钮。

⑤更改字号：分别选中"作品类型""设计方法""工具准备"后的说明文本，在【开始】—【字体】中设置字号为"12"，效果如图 8－12 所示。

⑥插入图片，裁剪并设置样式：依次单击【插入】—【图像】—【图片】按钮，弹出"插入图片"对话框，选中"洗手间.jpg"图片，单击"插入"按钮。参照第 2 张幻灯片中图片的处理方法，先调整图片尺寸大小，再裁剪，然后添加"简单框架，白色"图片样式，在更正中设置"锐化 50%"，最终效果如图 8－12 所示。

（9）重用幻灯片：将"骨骼.pptx"演示文稿中的第 2～8 张幻灯片合并到当前演示文稿中。

依次单击【开始】—【幻灯片】—【新建幻灯片】—【重用幻灯片】按钮，右侧弹出"重用幻灯片"窗格，单击"浏览"按钮下的"浏览文件"命令，弹出"浏览"对话框，选中"骨骼.pptx"演

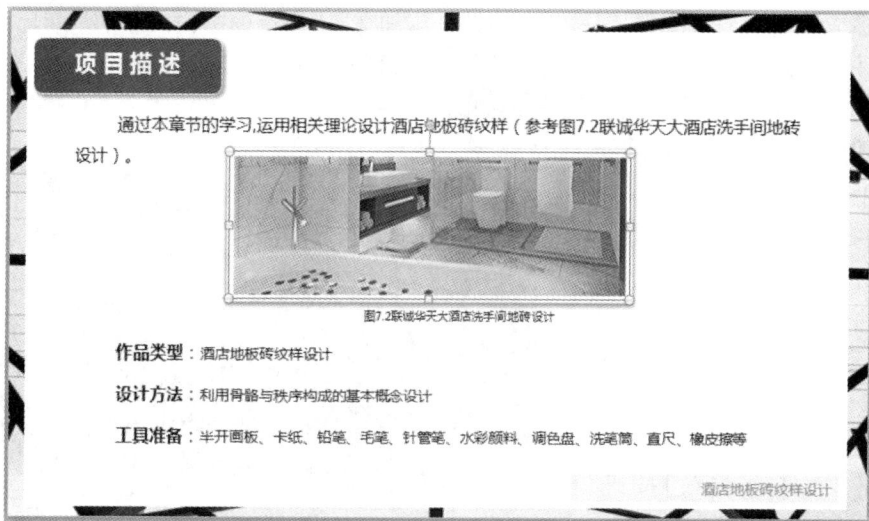

图 8 - 12　第 4 张幻灯片效果

示文稿,单击"打开"按钮,此时在"重用幻灯片"窗格预览框中就会出现"骨骼. pptx"演示文稿中的所有幻灯片。在"重用幻灯片"窗格预览框中,从第 2 张幻灯片开始,依次单击幻灯片预览页,将幻灯片插入到当前演示文稿中,此时"酒店地板砖纹样设计. pptx"演示文稿共有 11 张幻灯片。完成效果如图 8 - 13 所示(幻灯片浏览视图中的效果)。

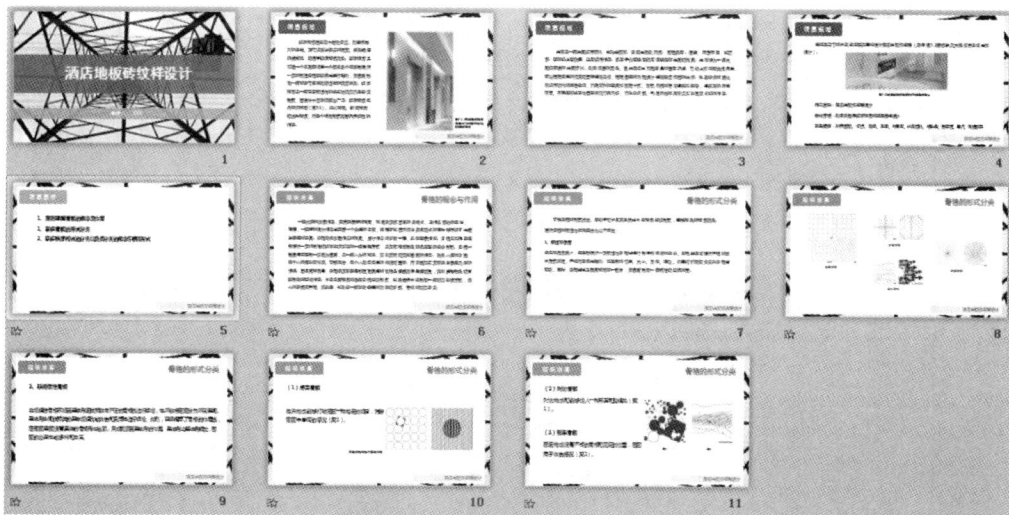

图 8 - 13　重用幻灯片后效果

　　(10)制作致谢页面:新增一张版式为"封底"的幻灯片,在文本框中输入"谢谢聆听",设置字体类型为"华文行楷",添加"填充—白色,投影"艺术字样式。

　　①插入幻灯片:在"幻灯片"窗格中,选中第 11 张幻灯片,依次单击【开始】—【新建幻灯

片】—【主题】—【封底】，即可新增一张版式为"封底"的幻灯片。

②输入文字并设置文字样式：在"单击此处添加文本"文本框中输入"谢谢聆听"。在【开始】—【字体】中设置字体类型为"华文行楷"，在【绘图工具】—【格式】—【艺术字样式】样式预览框中选择"填充－白色，投影"，效果如图8－14所示。

（11）保存：将字体嵌入到演示文稿并保存。

由于在演示文稿中使用了"华文行楷"这款不常用字体，为保证演示文稿在其他设备上的显示效果，需要将字体嵌入到演示文稿中，具体做法如下：

①设置将字体嵌入的文件：依次单击【文件】—【选项】按钮，弹出"PowerPoint 选项"对话框，如图8－15所示。在对话框"保存"选项卡中勾选"将字体嵌入文件"，单击"确定"按钮。

图 8 – 14　设置文字样式

②保存：依次单击【文件】—【保存】按钮。

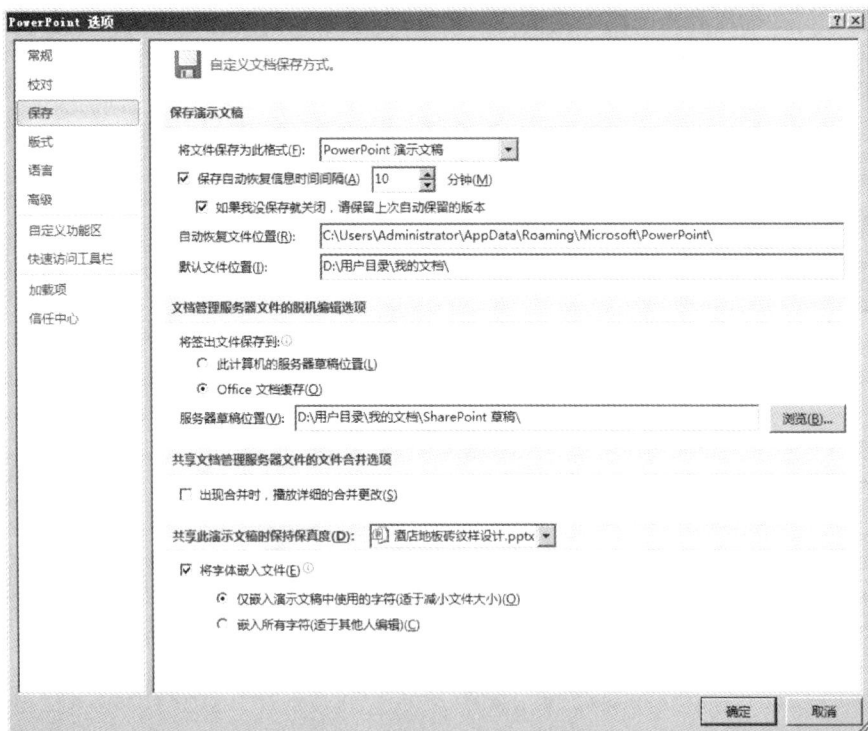

图 8 – 15　PowerPoint 选项

【应用拓展】

1. 如何快速更改演示文稿中的字体类型?

依次单击【开始】—【编辑】—【替换】—【替换字体】命令,弹出"替换字体"对话框,在对话框"替换"下拉列表中选择需要替换的字体类型,在"替换为"下拉列表中选择替换后的字体类型,点击"替换"按钮。

2. 存在不同字号大小的文本框中,如何快速的一起增大或减小字号?

选中文本框,使用【开始】—【字体】中的增大字号(Ctrl + Shift + >)或减小字号(Ctrl + Shift + <)按钮,可实现不同字号大小的文本内容一起增大或减小字号。

3. 重用幻灯片时,如何保持合并进来的幻灯片的原有版式设置?

在"重用幻灯片"窗格下方,勾选"保留源格式"。

4. 对于应用了图片裁剪和图片样式的图片,若想清除图片样式,该怎么做? 若想恢复到图片的原始状态,该怎么做?

选中图片,依次单击【图片工具】—【格式】—【调整】—【重设图片】-【重设图片】命令,即可清除图片样式。

选中图片,依次单击【图片工具】—【格式】—【调整】—【重设图片】-【重设图片和大小】命令,即可恢复到图片的原始状态。

5. 设置了"将字体嵌入文件",但是在保存时,弹出"许可限制"保存不成功的警示框,原因是什么?

主要是由于字体版权许可问题导致的。解决方法就是将字体和演示文稿集合到一个文件夹中。需要使用时,先将字体安装,再打开演示文稿。

【任务小结】

本任务通过制作教学 PPT,介绍了 PowerPoint 文稿的创建与保存、幻灯片的插入、幻灯片版式的设置、文本的插入与设置、图片的插入与设置、艺术字、字体嵌入的方法等知识。

通过本任务的学习和训练,使大家能够掌握 PowerPoint 文稿的基本制作方法。

任务8.2　制作课程介绍 PPT

【任务分析】

为了让学生能够在上课之初对整门课程所授内容有个初步了解,小李老师需要制作一份课程介绍 PPT,从课程背景、案例描述、课时分配以及考核方式等四个方面对这门课程加以介绍。

在制作 PPT 前,小李老师准备了以下素材(见素材文件夹):

- "课程介绍文字素材. docx"文档,其中包含每页幻灯片的展示内容。
- "Beijing. jpg"图片。
- "image002. jpg"图片。

结合素材,通过对 PowerPoint 软件的操作,课程介绍 PPT 最终效果如图 8 - 16 所示。

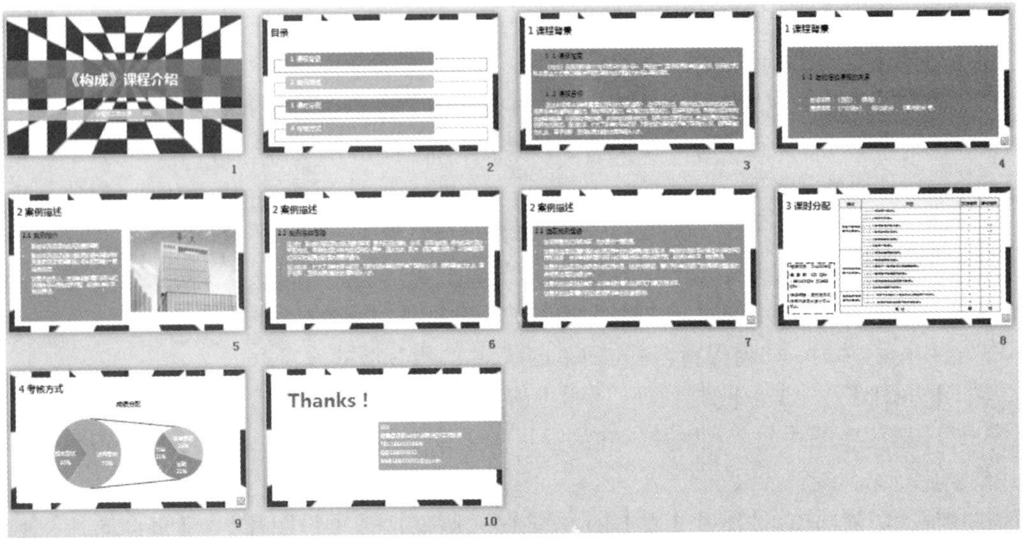

图 8 – 16　课程介绍 PPT 最终效果

（1）页面设置：新建演示文稿，并命名为"课程介绍. pptx"。页面设置为"全屏显示（16：9）"。

（2）制作 Office 主题幻灯片母版页：将该页母版重命名为"课程介绍"，设置母版的背景为"Beijing.jpg"图片，设置所有的字体类型为"微软雅黑"。

（3）制作标题幻灯片母版页：设置标题文本框高度为"4 cm"，宽度为"25.4 cm"，填充颜色为"蓝色"，透明度为"10%"，标题字体颜色为"白色""加粗""垂直居中对齐"。设置副标题文本高度为"1.1 cm"，宽度为"25.4 cm"，填充颜色为"橙色，强调文字颜色 6"，透明度为"10%"，标题字体颜色为"白色"，字号为"14""垂直居中对齐"。去掉页脚信息。

（4）制作标题和内容母版页：绘制背景矩形，置于底层，居中对齐，设置高度为"13 cm"，宽度为"24 cm"，白色填充，无轮廓。去掉页脚信息。设置标题字号为"28""左对齐"。缩小内容文本字号。

（5）制作第 1 张幻灯片——封面：设置标题为"《构成》课程介绍"，副标题为"计算机工程学院×××"。

（6）制作第 2 张幻灯片——目录：设置标题为"目录"，将目录列表内容以 SmartArt 图形来展示，SmartArt 图形设置为"垂直框列表"，SmartArt 样式为"彩色—强调文字颜色"，字体类型设置为"微软雅黑"。

（7）制作第 3、4 张幻灯片——课程背景：版式为"标题和内容"。设置内容文本框背景色为"绿色"，段落设置"首行缩进"，度量值为"1.27 cm"，段前为"7.5 磅"，行距为"多倍行距"，设置值为"1.2"。小标题字号为"18"。正文字号为"14"，字体颜色为"白色"。设置文本框内容"垂直居中对齐"。

（8）制作第 5 ~ 7 张幻灯片——案例描述：版式为"标题和内容"。设置第 5 张幻灯片的布局为"左文右图"。设置文本框背景色为"浅蓝"。文本设置同第 3 张幻灯片，但不设置"首行缩进"和"中部对齐"。图片为"image002.jpg"，设置图片高度为"8.5 cm"。根据第 5 张幻灯片的文本框设置要求完成第 6、7 张幻灯片的制作。

(9)制作第 8 张幻灯片——课时分配:选择版式为"标题和内容"。设置内容文本字号为 "12",在"段落"对话框中,设置文本之前为"0 cm",特殊格式为"无",段前为"7.5 磅",段 后为"0 磅",行距为"多倍行距",设置值为"1.2"。设置文本框边线为黑色"长划线"虚线。 设置表格样式,并为表头添加底纹。表格字体类型为"微软雅黑",字号"10",设置表头、表 尾字号"12",字体"加粗","居中对齐"。

(10)制作第 9 张幻灯片——考核方式:版式为"标题和内容"。以"复合饼图"图表类型 来展示"课程介绍文字素材.docx"文档第 9 页幻灯片中的内容。

(11)制作第 10 张幻灯片——致谢页:版式为"标题和内容"。设置"Thanks"字号为 "60",颜色为"红色"。为联系方式设置背景色,字号"14",颜色为"白色",在"段落"对话框 中设置文本之前为"0 cm",段前为"0 磅",段后为"0 磅",行距为"1.5 倍行距"。设置联系 方式文本框高度为"5 cm",宽度为"13.3 cm"。

(12)为目录页设置超链接。

(13)设置返回目录页动作按钮。

【任务资讯】

1. 母版

母版是存储有关应用的设计模板信息的幻灯片,包括字形、占位符大小和位置、背景、 对象、页面的页眉页脚、动画等。新建的幻灯片与母版设定的模板样式一致。

使用幻灯片母版的最大好处就是可以把每一张幻灯片上有的东西都抽取出来,集中放到 母版上,方便编辑和管理。

2. SmartArt 图形

SmartArt 图形是一系列已经设计好,能够表达某种关系的形状组合图形。SmartArt 图形 可以快速、轻松、有效地传达信息和观点。

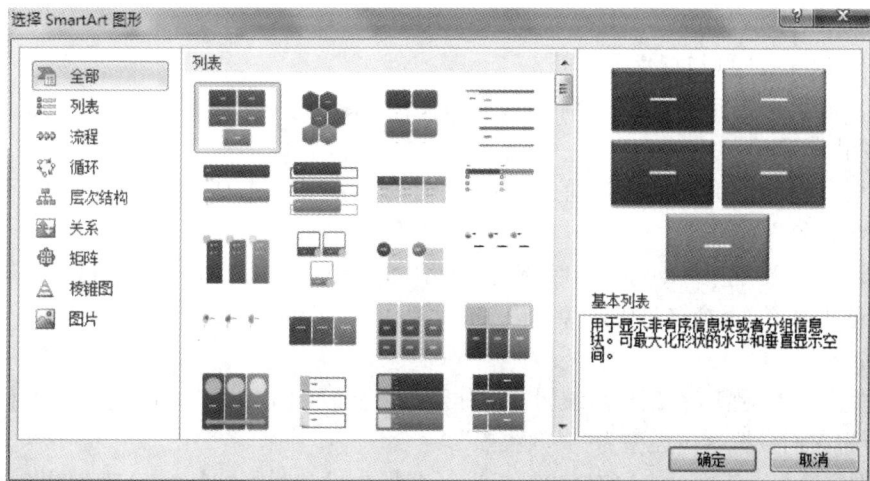

图 8 - 17　插入 SmartArt 图形对话框

3. 图表

在 PowerPoint 中，表格的一行为一个记录，一列为一个记录的属性。比如，统计三个产品在不同月份的销量，那么三个产品放在三行里，而每个月的销量按一列一个月放到列里。

不同类型的图表有各自的含义。比如柱形图适合数量的比较；折线图适合变化趋势的比较；饼图适合百分比的比较等。使用时要根据情况正确选择。

4. 超链接和动作

在 PowerPoint 中，超链接是指从一个幻灯片到另一个幻灯片、自定义放映、网页或文件的链接。超链接本身可能是文本或对象（例如文字、文本框、图片、图形、形状或艺术字）。

在 PowerPoint 中，"动作设置"与"动作按钮"基本类似，只是"动作按钮"内已经预设好了动作。动作设置是为某个对象（如文字、文本框、图片、形状或艺术字等）添加相关动作而使其变成一个按钮，通过点击按钮实现跳转到其他幻灯片或其他文档的功能。所以这两者在功能方面很大程度上是一样的。

两者的主要区别在于超链接可以设置"屏幕提示"，即鼠标指向超链接时，手形指针的右下方会出现文字提示。而动作设置可设置鼠标移过时的动作效果，还可以附加"播放声音"来强调超链接，也可以通过"单击时突出显示"来强调超链接。

【任务实现】

设置母版（母版让幻灯片整齐划一）

1. 页面设置

新建演示文稿，并保存名为"课程介绍. pptx"。页面设置为全屏显示（16：9）。

（1）新建文稿：依次单击【文件】—【新建】—【空白演示文稿】—【创建】按钮，即可创建一个空白的演示文稿。

（2）页面设置：依次单击【设计】—【页面设置】，弹出"页面设置"对话框，在"幻灯片大小"下拉菜单中选择"全屏显示（16：9）"，单击"确定"按钮。

（3）依次单击【文件】—【保存】，在弹出的"另存为"对话框中选择保存位置，并输入文件名为"课程介绍. pptx"。

2. 制作 Office 主题幻灯片母版页

将该页母版重命名为"课程介绍"，设置母版的背景为"Beijing. jpg"图片，设置所有的字体类型为"微软雅黑"。

（1）进入母版编辑界面：依次单击【视图】—【母版视图】—【幻灯片母版】按钮，切换到幻灯片母版编辑界面。

（2）重命名：在左侧"幻灯片母版预览"窗格中选中第一张幻灯片。选择母版，点击右键，在快捷菜单中选择"重命名母版"，弹出"重命名版式"对话框，设置版式名称为"课程介绍"，单击"重命名"按钮。

（3）设置字体类型：在幻灯片编辑区，分别选中标题和文本内容的文本框，在【开始】—【字体】中为它们设置字体类型为"微软雅黑"。

（4）设置背景：依次单击【幻灯片母版】—【背景】—【背景样式】—【设置背景格式】命令，弹出"设置背景格式"对话框，如图 8 - 18 所示。在对话框"填充"选项卡中选择"图片或纹理填充"，然后单击"文件"按钮，弹出"插入图片"对话框，选中"Beijing. jpg"图片，单击"插入"

按钮，关闭"设置背景格式"，此时幻灯片母版效果如图 8 – 19 所示。

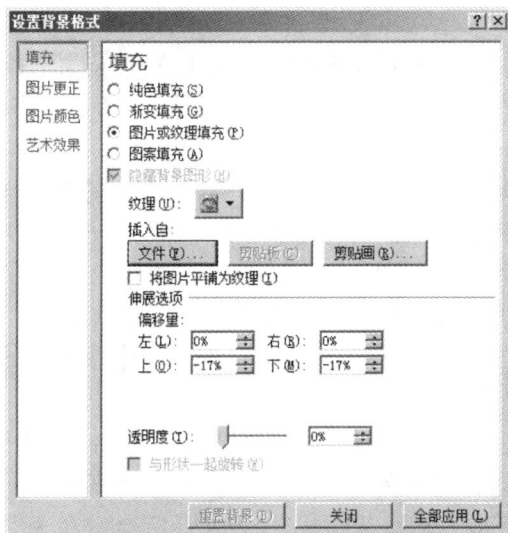

图 8 – 18　设置背景格式对话框

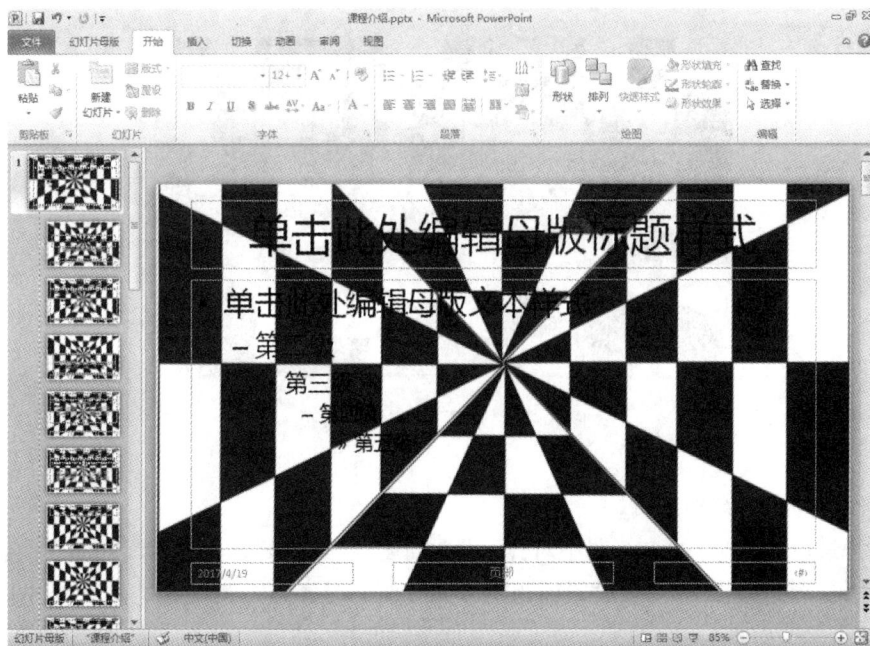

图 8 – 19　幻灯片母版效果

3. 制作标题幻灯片母版页

设置标题文本框高度为"4 cm"，宽度为"25.4 cm"，填充颜色为"蓝色"，透明度为

"10%"，标题字体颜色为"白色"，文字为"加粗"，对齐方式为"垂直居中对齐"。设置副标题文本高度为"1.1 cm"，宽度为"25.4 cm"，填充颜色为"橙色，强调文字颜色6"，透明度为"10%"，标题字体颜色为"白色"，字号为"14"，垂直居中对齐，去掉页脚信息。

（1）设置标题文本框尺寸：在左侧"幻灯片母版预览"窗格中选择第2张幻灯片，即"标题幻灯片"页面，选中"单击此处编辑母版标题样式"文本框，在【绘图工具】—【格式】—【大小】中，设置形状高度为"4 cm"，宽度为"25.4 cm"。

（2）设置标题文本框填充色：在【绘图工具】—【格式】—【形状样式】—【形状填充】下拉列表中设置颜色为标准色中的"蓝色"，并选择"其他填充颜色"命令，在弹出的"颜色"对话框的"标准"选项卡中设置透明为"10%"，点击"确定"按钮。

（3）设置文本样式：选中文本框，在【开始】—【字体】中设置字体颜色为"白色"，文字"加粗"，并在页面上适当调整文本框的位置。依次单击【开始】—【段落】—【对齐文本】—【中部对齐】按钮，使文本内容垂直居中。

（4）设置副标题样式：参照"单击此处编辑母版标题样式"文本框的设置，将"单击此处编辑母版副标题样式"文本框形状高度设置为"1.1 cm"，宽度为"25.4 cm"，形状填充为主题颜色中的"橙色，强调文字颜色6"，透明度为"10%"，字体颜色为"白色"，字号为"14"，对齐方式为"中部对齐"并适当调整文本框的放置位置。

（5）去掉页脚信息：取消【幻灯片母版】—【母版版式】中【页脚】的勾选，此时效果如图8-20所示。

图8-20　标题幻灯片母版页

4.制作标题和内容母版页

绘制背景矩形，置于底层，居中对齐，设置高度为"13 cm"，宽度为"24 cm"，填充为"白色"，无轮廓。去掉页脚信息。设置标题字号为"28"，对齐方式为"左对齐"。缩小内容文本字号。

（1）绘制背景矩形：在左侧"幻灯片母版预览"窗格中选择第3张幻灯片，即"标题和内容"页面，依次单击【插入】—【插图】—【形状】—【矩形】按钮，按住鼠标左键，在页面中绘制矩形。

（2）设置背景矩形尺寸：选中矩形，在【绘图工具】—【格式】—【大小】中设置形状高度为"13 cm"，宽度为"24 cm"。

（3）设置背景矩形样式：在【绘图工具】—【格式】—【形状样式】—【形状填充】下拉列表中设置颜色为"白色"，在【绘图工具】—【格式】—【形状样式】—【形状轮廓】下拉列表中设置"无轮廓"。

（4）设置背景矩形居中对齐：在【绘图工具】—【格式】—【排列】—【对齐】下拉列表中依次选择"左右居中"和"上下居中"，使矩形形状与幻灯片居中对齐。

（5）将背景矩形置于底层：依次单击【绘图工具】—【格式】—【排列】—【下移一层】下拉列表中选择"置于底层"，将矩形放到底层，效果如图 8－21 所示。

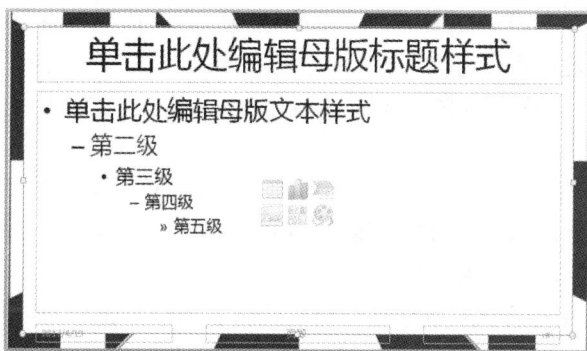

图 8－21　将背景矩形置于底层

（6）去掉页脚信息：取消【幻灯片母版】—【母版版式】中"页脚"的勾选。

（7）设置标题样式：在【开始】—【字体】中设置"单击此处编辑母版标题样式"文本框的字号为"28"，在【开始】—【段落】中设置"文本左对齐"。在页面中适当调整文本框的位置，如图 8－22 所示。

（8）设置内容文本样式：选中"单击此处编辑模板文本样式"文本框，连续两次单击【开始】—【字体】—【减少字号】按钮，缩小文本的字号。同样调整文本框的大小和位置，如图 8－22 所示。

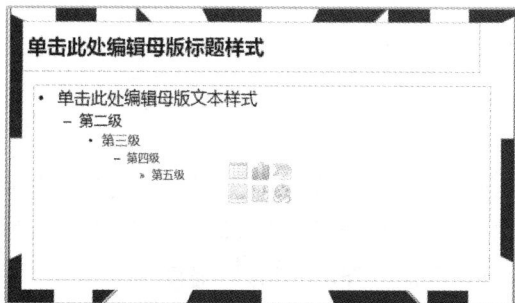

图 8－22　设置文本样式

图 8－23　第 1 张幻灯片效果

（9）关闭母版视图：依次单击【幻灯片母版】—【关闭】—【关闭母版视图】，母版视图即被关闭，切换回幻灯片编辑界面。

5.制作第 1 张幻灯片——封面

设置标题为"《构成》课程介绍",副标题为"计算机工程学院×××"。

在"单击此处添加标题"文本框中输入"《构成》课程介绍",在"单击此处添加副标题"中输入"计算机工程学院×××",效果如图 8 – 23 所示。

6.制作第 2 张幻灯片——目录

设置标题为"目录",将目录列表内容以 SmartArt 图形来展示设置 SmartArt 图形为"垂直框列表",SmartArt 样式为"彩色 – 强调文字颜色",字体类型设置为"微软雅黑"。

编辑 SmartArt 图形
(SmartArt 让观点更鲜明)

(1)添加内容:新增一张版式为"标题和内容"的幻灯片。在"单击此处添加标题"文本框中输入"目录",在"单击此处添加文本"中输入"课程介绍文字素材.docx"文档第二页幻灯片中的列表内容,效果如图 8 –24 所示。

(2)转换为 SmartArt 图形:选中内容文本框,依次单击【开始】—【段落】—【转换为 SmartArt】—【其他 SmartArt 图形】命令,弹出"选择 SmartArt 图形"对话框,在"列表"选项卡中选择"垂直框列表",单击"确定"按钮。

(3)设置 SmartArt 图形样式:选中 SmartArt 图形,依次单击【SmartArt 工具】—【设计】—【SmartArt 样式】—【更改颜色】—【彩色】—【强调文字颜色】按钮,然后在【开始】—【字体】中设置字体类型为"微软雅黑"。效果如图 8 –25 所示。

图 8 –24　添加内容

图 8 –25　第 2 张幻灯片效果

7.制作第 3、4 张幻灯片——课程背景

版式为"标题和内容"。设置内容文本框背景色为"绿色",段落设置"首行缩进",度量值为"1. 27 cm",段前为"7.5 磅",行距为"多倍行距",设置值为"1. 2"。小标题字号为"18"。正文字号为"14",字体颜色为"白色"。设置文本框内容为"垂直居中对齐"。

(1)添加内容:新增一张版式为"标题和内容"的幻灯片。将"课程介绍文字素材.docx"文档第三页幻灯片中的内容,复制粘贴到该幻灯片文本框中,效果如图 8 –26 所示。

(2)设置文本框样式:选中内容文本框,依次单击【开始】—【段落】—【项目符号】按钮取消项目列表的显示。依次单击【开始】—【绘图】—【形状填充】下拉列表"标准色"中的"绿色",此时文本框的背景色变为绿色。

（3）设置段落样式：依次单击【开始】—【段落】中的 ⊡ 按钮，打开"段落"对话框，设置特殊格式为"首行缩进"，度量值为"1. 27 cm"，段前为"7.5 磅"，行距为"多倍行距"，设置值为"1.2"。

（4）设置字体样式：单击文本框左侧的"自动调整选项" ⬍ 按钮，在弹出的菜单中选择"停止根据此占位符调整文本"，然后在【开始】—【字体】中设置"1.1 课程性质""1.2 课程目标"字号为"18"。设置其余内容字号为"14"，字体颜色为"白色"。

（5）设置文本垂直居中：选中文本框，在【开始】—【段落】—【对齐文本】中选择"中部对齐"，使文本内容垂直居中，效果如图 8 - 27 所示。

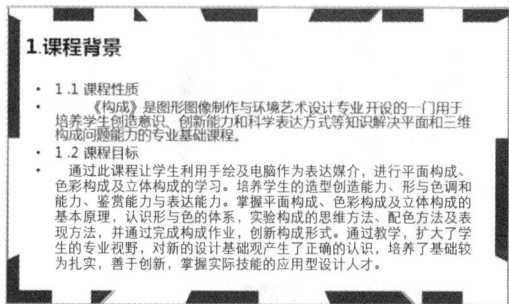

图 8 - 26　添加内容

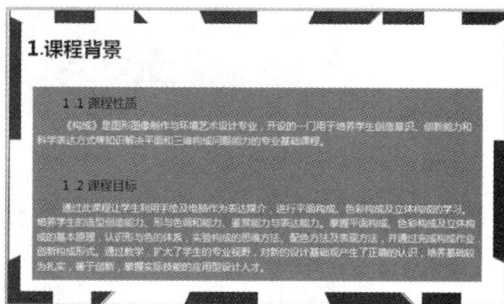

图 8 - 27　第 3 张幻灯片效果

（6）参照第 3 张幻灯片的制作方法，完成第 4 张幻灯片的制作，效果如图 8 - 28 所示。

8. 制作第 5、6、7 张幻灯片——案例描述

版式为"标题和内容"。设置第 5 张幻灯片的布局为左文右图。设置文本框背景色为"浅蓝"，文本设置同第 3 张幻灯片，但不设置"首行缩进"和"中部对齐"。选择图片"image002.jpg"，设置图片高度为"8. 5 cm"。根据第 5 张幻灯片的文本框设置要求完成第 6、7 张幻灯片的制作。

（1）添加内容：在第 4 张幻灯片后新增一页"标题和内容"的幻灯片。将"课程介绍文字素材. docx"文档第 5 页幻灯片中的内容复制粘贴到该幻灯片上，并将"image002. jpg"图片插入到页面中，效果如图 8 - 29 所示。

图 8 - 28　第 4 张幻灯片效果

图 8 - 29　添加内容

（2）设置图片尺寸：选中图片，在【图片工具】—【格式】—【大小】—【形状高度】中设置高度为"8.5 cm"，按"Enter"键，然后将图片放置到幻灯片右侧区域。

（3）设置文本框样式：选中内容文本框，拖动控制点调整文本框的大小。设置文本框形状填充为"标准色"中的"浅蓝"，其余设置参照第3张幻灯片文本的设置。注意在这张幻灯片中不设置"首行缩进"，不设置"中部对齐"。最终效果如图8-30所示。

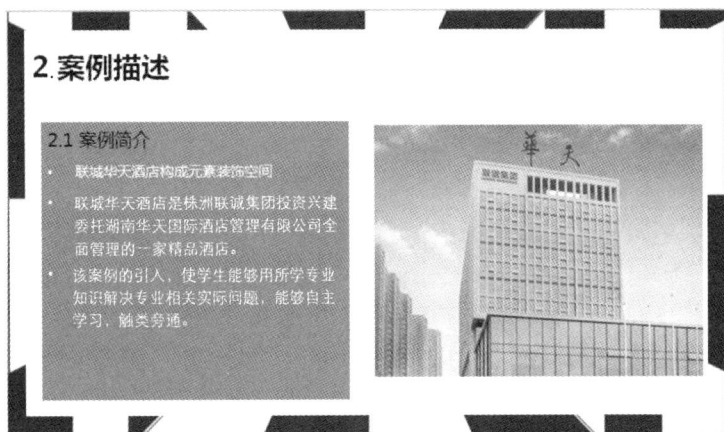

图8-30　第5张幻灯片效果

（4）同样，参照第5张幻灯片文本框的设置要求，完成第6、7张幻灯片的制作，完成效果如图8-31、图8-32所示。

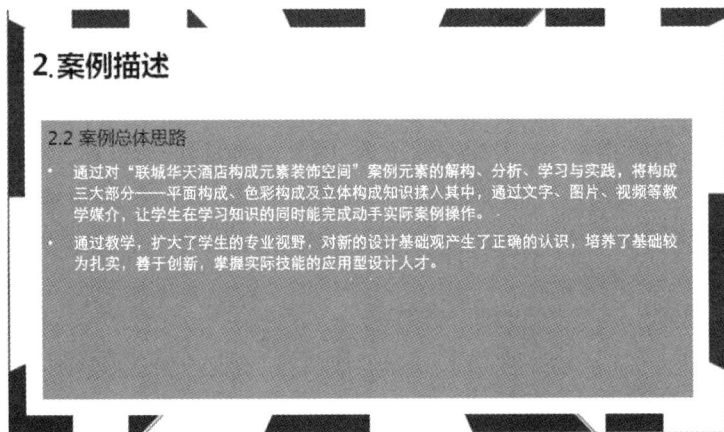

图8-31　第6张幻灯片效果

9. 制作第8张幻灯片——课时分配

版式为"标题和内容"。设置内容文本字号为"12"。在"段落"对话框中，设置文本之前为"0 cm"，特殊格式为"（无）"，段前为"7.5磅"，段后为"0磅"，行距为"多倍行距"，设置值为"1.2"。设置文本框边线为黑色"长划线"虚线。设置表格样式，并为表头添加底纹。表

图 8-32　第 7 张幻灯片效果

格字体类型为"微软雅黑"，字号为"10"，设置表头、表尾字号为"12"，文字为"加粗"，对齐方式为"居中对齐"。

（1）添加内容：在第 7 张幻灯片后新增一页"标题和内容"的幻灯片。将"课程介绍文字素材.docx"文档第 8 页幻灯片中的文字内容和表格复制粘贴到该幻灯片上，效果如图 8-33所示。

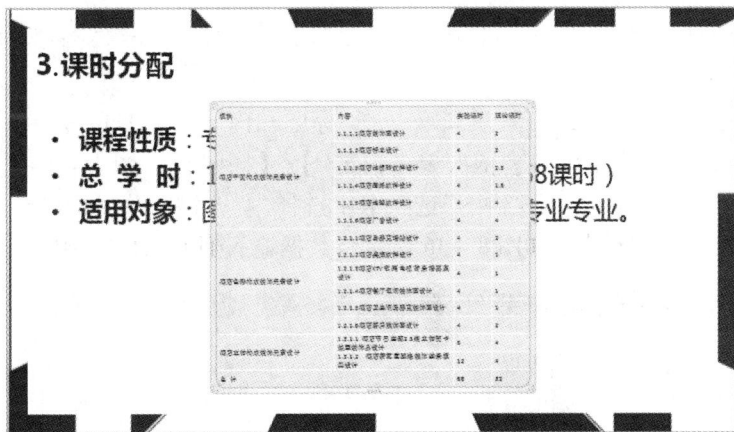

图 8-33　添加内容

（2）设置文本框样式：选中内容文本框，调整文本框的大小和位置，在【开始】—【字体】中设置字号为"12"，在"段落"对话框，设置文本之前为"0 cm"，特殊格式为"（无）"，段前为"7.5 磅"，段后为"0 磅"，行距为"多倍行距"，设置值为"1.2"。在【开始】—【绘图】—【形状轮廓】中设置虚线为"长划线"，颜色为"黑色"。效果如图 8-34 所示。

（3）设置表格文本样式：调整表格大小和位置，设置字体类型为"微软雅黑"，字号为"10"，除"内容"一列文本对齐方式为左对齐外，其余都设置为居中对齐，设置表头、表尾字号为"12"，文字"加粗"，并设置对齐方式为"居中对齐"。

（4）设置表格样式：在【表格工具】—【设计】—【表格样式】预览框中，选择"浅色样式 3 – 强调 1"，然后选中第一行表格，在【表格工具】—【设计】—【表格样式】—【底纹】中设置颜色为"主题颜色"中的"蓝色，强调文字颜色 1，淡色 80％"。最终效果如图 8 – 34 所示。

图 8 – 34　第 8 张幻灯片效果

10. 制作第 9 张幻灯片——考核方式

版式为"标题和内容"。以"复合饼图"图表类型来展示"课程介绍文字素材. docx"文档第 9 页幻灯片中的内容。

（1）插入图表：在第 8 张幻灯片后新增一张"标题和内容"的幻灯片。在"单击此处添加文本"文本框中点击图表图标，或者依次单击【插入】—【插图】—【图表】按钮，打开"插入图表"对话框，如图 8 – 35 所示。在"饼图"选项卡中选择"复合饼图"，单击"确定"按钮，界面立马转换成 Excel 的编辑界面，如图 8 – 36 所示将数据输入到 Excel 表格中。

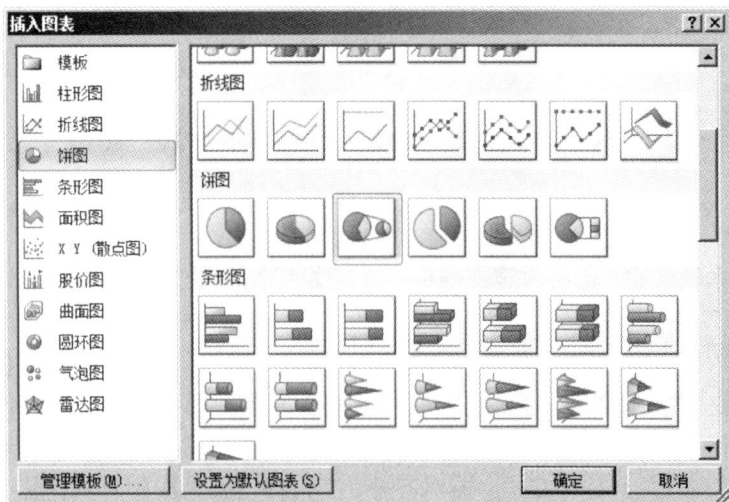

图 8 – 35　插入"复合饼图"

图 8 – 36　输入数据

（2）设置数据系列格式：关闭 Excel 程序，切回到幻灯片编辑界面。选中图表，点击鼠标右键，在弹出的快捷菜单中，选择"设置数据系列格式"，弹出"设置数据系列格式"对话框。在"系列选项"选项卡中，设置"第二绘图区包含最后一个"的数值为"3"，如图 8 – 37 所示。单击"关闭"按钮，此时图表效果如图 8 – 38 所示。

图 8 – 37　设置数据系列格式

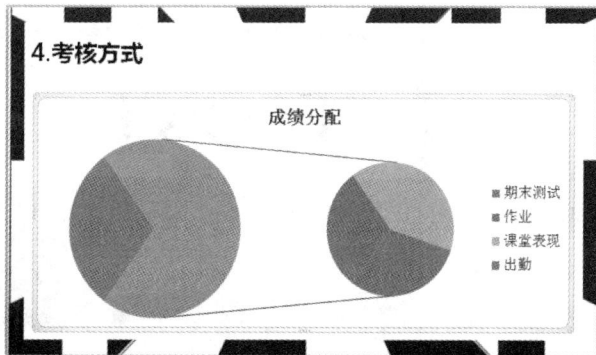

图 8 – 38　图表效果

（3）设置图表样式：在【图表工具】—【设计】—【图表布局】预览框中，选择"布局1"。将饼图中的"其他70%"文本内容更改为"过程考核70%"将图表中的所有字体类型设置为"微软雅黑"；将"成绩分配"文本字号设置为"20"；将"期末测试30%""过程考核70%"文本字号设置为"16"，字体颜色为"白色"；将"作业21%""课堂表现28%""出勤21%"文本字号设置为"14"，字体颜色为"白色"。适当调整图表区的大小，使文字能够在饼图区域中显示，最终效果如图8－39所示。

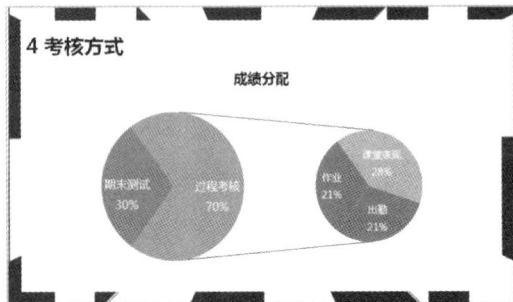

图8－39　第9张幻灯片效果

图8－40　添加内容

11. 制作第10张幻灯片——致谢页

版式为"标题和内容"。设置"Thanks"字号为"60"，颜色为"红色"。为联系方式设置背景色，字号为"14"，颜色为"白色"。在"段落"对话框中设置文本之前为"0 cm"，段前为"0磅"，段后为"0 磅"，行距为"1.5 倍行距"。设置联系方式文本框高度为"5 cm"，宽度为"13.3 cm"。

（1）添加内容：在第9张幻灯片后新增一张版式为"标题和内容"的幻灯片。将"课程介绍文字素材.docx"文档第10页幻灯片中的文字内容复制粘贴到该幻灯片上，效果如图8－40所示。

（2）设置"Thanks"文本框样式：选中"Thanks"文本框，在【开始】—【字体】中设置字号为"60"，字体颜色为"标准色"中的"深红"。调整文本框的大小和位置，如图8－41所示。

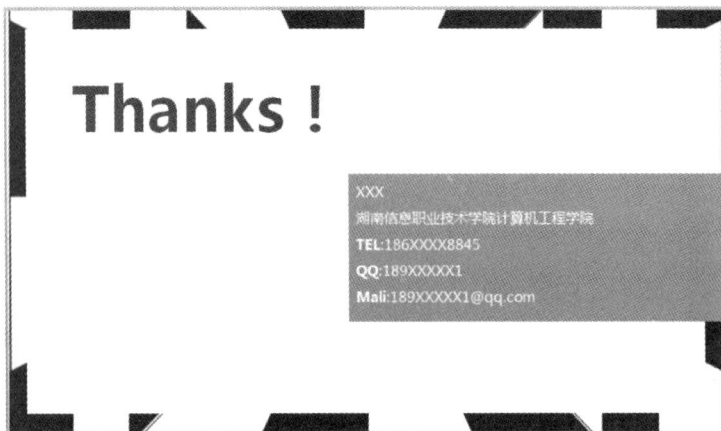

图8－41　第10张幻灯片效果

（3）设置联系方式的文本框样式：选中文本框，取消项目列表的显示。为文本框设置形状填充为"主题颜色"中的"水绿色，强调文字颜色 5"，设置字号为"14"，字体颜色为"白色"。在"段落"对话框中设置文本之前为"0 cm"，段前为"0 磅"，段后为"0 磅"，行距为"1.5 倍行距"。

（4）设置联系方式文本框尺寸：在【绘图工具】—【格式】—【大小】中设置形状高度为"5 cm"，形状宽度为"13.3 cm"。然后将其拖动到页面合适位置，最终效果如图 8 - 41 所示。

12. 为目录页设置超链接

（1）在第 2 张幻灯片中，选中"1 课程背景"SmartArt 图形，依次单击【插入】—【链接】—【超链接】按钮，打开"插入超链接"对话框。在"链接到"中选择"本文档中的位置"，在"请选择文档中的位置"预览框中选择幻灯片标题中的"3.1 课程背景"，如图 8 - 42 所示。单击"确定"按钮，此时链接效果设置完成。

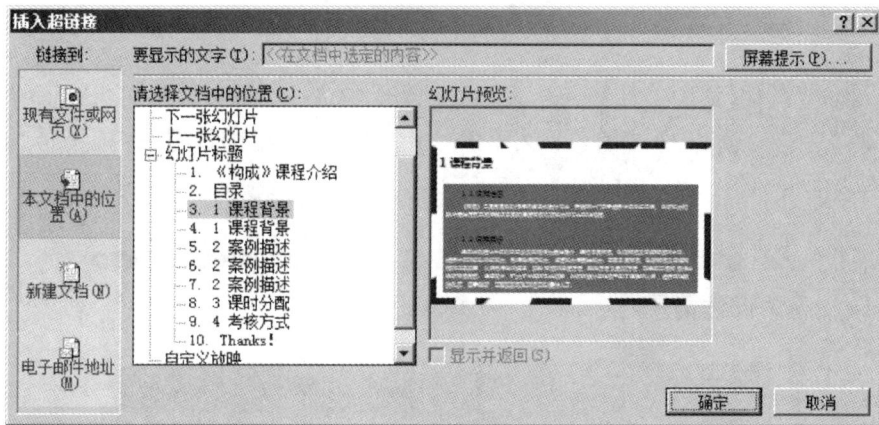

设置超链接

图 8 - 42　插入超链接对话框

（2）同理，为"2. 案例描述""3. 课时分配""4. 考核方式"添加超链接，分别将其链接到第 5 张、第 8 张、第 9 张幻灯片。设置完成后，可以单击【幻灯片放映】—【开始放映幻灯片】—【从当前幻灯片开始】，或者单击状态栏上的"幻灯片放映"按钮，在幻灯片放映状态下进行链接效果的测试。

13. 设置返回目录页动作按钮

设置了超链接后，可以从目录页跳转到内容页，那么如何从内容页跳转回目录页呢？这时我们就需要借助动作按钮来实现。下面以第 4 张幻灯片为例，来讲解具体操作方法。

（1）添加动作按钮：选择【插入】—【插图】—【形状】—【动作按钮】中的"动作按钮：第一张"图形。此时鼠标指针变为"十字"形，在页面的右下方按住鼠标左键拖动绘制图形。绘制完成后，弹出"动作设置"对话框，在"单击鼠标"选项卡"超链接到"下拉列表中选择"幻灯片…"，在弹出的"超链接到幻灯片"对话框的幻灯片标题中选择"2 目录"，如图 8 - 43 所示，依次单击"确定"按钮关闭对话框。

（2）设置按钮样式：在【绘图工具】—【格式】—【大小】中设置形状高度为"0.8 cm"，形状

图 8-43　动作设置

宽度为"0.8 cm"。在【绘图工具】—【格式】—【形状样式】中设置形状填充为"无填充颜色"，形状轮廓为"主题颜色"中的"黑色，文字 1，淡色 50%"，粗细设置为"0.5 磅"。效果如图 8-44 所示。

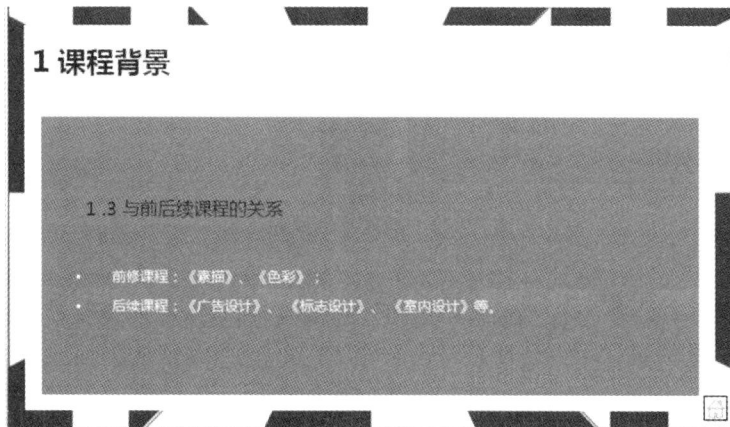

图 8-44　设置按钮样式

（3）选中设置好后的动作按钮复制，分别粘贴到第 7~9 张幻灯片中。粘贴好后，可在幻灯片放映中查看链接效果。

（4）当所有设置完成后，单击【文件】—【保存】将演示文稿保存。

【应用拓展】

1. 如何为每页幻灯片添加学校 Logo 图片？

依次单击【视图】—【母版视图】—【幻灯片母版】按钮，页面切换为幻灯片母版编辑界面。

选中第一张幻灯片,将学校 Logo 插入到此幻灯片的合适位置即可。

2. 如何在 SmartArt 图形中新增图形?

选中 SmartArt 图形,在【SmartArt 工具】—【设计】—【创建图形】—【添加形状】下拉列表中,根据需要选择相应的命令。

3. 如何将 SmartArt 图形转换为文本?

选中 SmartArt 图形,依次单击【SmartArt 工具】—【设计】—【重置】—【转换】–【转换为文本】按钮。

4. 如何为超链接对象添加提示文本?

选中对象,依次单击【插入】—【链接】—【超链接】按钮,打开"插入超链接"对话框,单击"屏幕提示"按钮,打开"设置超链接屏幕提示"对话框,在屏幕提示文字框中输入提示文本,依次单击"确定"按钮关闭所有对话框即可。

5. 如何将设计好的母版应用到其他演示文稿中?

依次单击【文件】—【另存为】按钮,打开"另存为"对话框。在保存类型中选择"PowerPoint 模板(∗.potx)",设置好模板名,单击"保存"按钮即可将设置好的母版保存为模板。

应用时只需要在【设计】—【主题】预览框中选择"浏览主题"命令,选中该模板,单击"应用"按钮即可。

【任务小结】

本任务通过制作课程介绍 PPT,介绍了幻灯片母版的设计、文本转换 SmartArt 图形的方法、图表的插入与设置、超链接与动作的设置等知识。

通过本任务的学习和训练,使大家能够掌握制作 PowerPoint 文稿美化及交互的方法。

任务 8.3 制作作品展示 PPT

【任务分析】

通过这门课的学习,学生进步不少,小李老师希望使用 PowerPoint 软件来将学生的作品进行展示,以便增强学生的学习积极性,加强学生之间的沟通和交流。

在制作 PPT 前,小李老师准备了以下素材(见素材文件夹):

• "1~14.jpg"14 张作品图片文件。

• "yanhua.gif"动态图片

• "构成.mp4"视频文件

• "前缘再续.mp3"音频文件

• "主题.potx"主题样式

结合素材,通过对 PowerPoint 软件的操作,作品展示 PPT 最终效果如图 8 – 45 所示

(1)插入相册,并保存。

(2)更改版式。第 1 张幻灯片版式为"封面",其余页面版式为"正文"。

(3)设计第 1 张幻灯片。设置标题为"构成课程作品展示",垂直居中对齐。插入

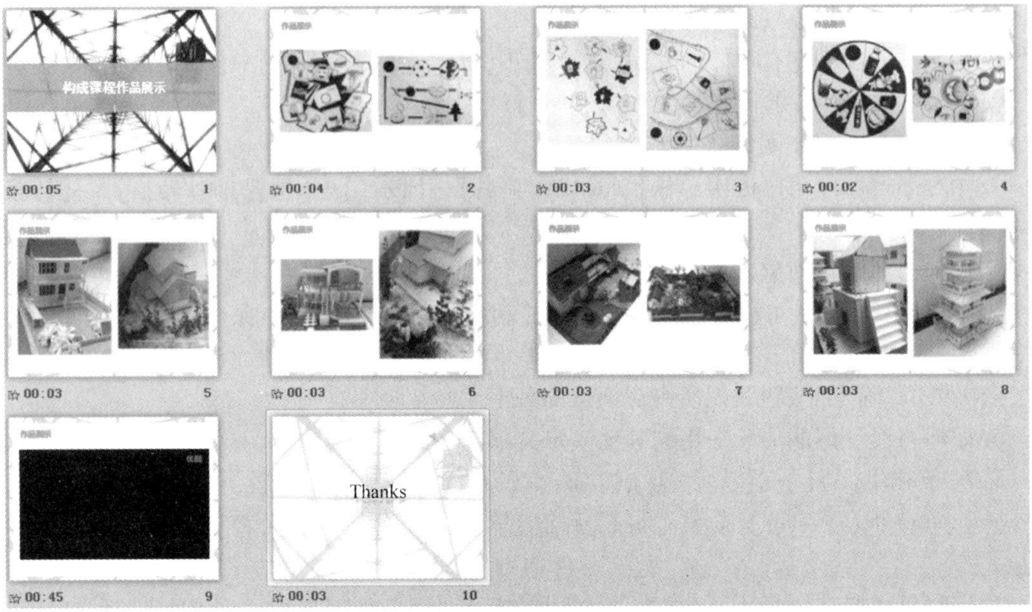

图 8 – 45　作品展示 PPT 最终效果

"yanhua. gif"图片并调整大小和位置。插入"前缘再续. mp3"音频文件，设置其隐藏循环跨幻灯片播放。

（4）插入视频。新增一张版式为"正文"的幻灯片，插入"构成. mp4"视频文件，设置视频尺寸为"13 × 23. 11 cm"，播放方式为"自动播放"。

（5）制作致谢页面：新增一张版式为"封底"的幻灯片，输入"Thanks"，设置字体类型为"微软雅黑"，字号"66"，字体颜色"红色"，文字"加粗"，设置艺术字效果。插入"前缘再续. mp3"音频文件，设置隐藏循环自动播放。

（6）动画设置：在第 2 ~ 8 张幻灯片中为作品图片添加"飞入"或"形状"动画，为"Thanks"文本框设置"缩放"动画。

（7）设置音频播放：为第 1 张幻灯片中的音频文件设置在 8 张幻灯片后停止播放。

（8）设置切换效果：设置第 2 张幻灯片切换动画为"分割"，第 3 ~ 8 张幻灯片切换动画为"擦除"，第 9 张幻灯片切换动画为"百叶窗"，第 10 张幻灯片切换动画为"涟漪"。

（9）排练计时与设置放映方式。

（10）打包：将演示文稿所需的所有素材集中到同一个文件夹中。

【任务资讯】

1. 动画

动画可以使幻灯片展示更加生动，放映效果更加丰富，在一些需要演示流程或是步骤的情况下，应用动画可以更好地吸引观者的注意，强化对知识的理解。

PowerPoint 2010 提供了四种自定义动画效果："进入效果动画""退出效果动画""强调效果动画""动作路径动画"。前 3 种效果动画又分为"基本型""细微型""温和型""华丽型"4

种类型。"动作路径"动画效果分为"基本型""直线和曲线""特殊"3 种类型。

在演示文稿中,如果添加了音乐或视频等多媒体文件,那么还会有"媒体"动画效果,其动画效果分为"播放""暂停""停止"3 种。

我们不仅可以为单个对象设置动画,还可以同时为多个对象设置动画;不仅可以调整各个对象在放映时的顺序和时间,还可以设置动画对象出现的速度和是否需要音效。

在制作动画之前,首先要了解什么是动画时间轴,这样在制作动画时才能思路清晰。动画时间轴就是在时间线上有多少事件在发生,它们是因何而发生的,怎么进行,怎么结束。在 PPT 中,对于每一个动画,起因、经过、结果这三个条件是必不可少的。设计时可以按照自己的意愿将多个事件安排在时间轴上,它们之间可以互不干涉,也可以互相联系。通过对动画因果的设置和时间轴的调节,就能得到自己想要的效果,而效果的精彩程度与你考虑问题的细致程度是分不开的。

时间轴上事件发生的方式主要有以下几种,熟练掌握它们能够使你的动画更加精准。

- 点击发生——用鼠标单击后才发生。
- 连续发生——单击一次后动画自动开始播放,循序渐进直至结束。
- 同时发生——单击鼠标后所有动画都开始播放,齐头并进。
- 间隔发生——设置动画播放的间隔,动画将按预定时间播放出来。

2. 幻灯片切换

幻灯片切换是指幻灯片放映时进入和离开屏幕时的方式,既可以为一组幻灯片设置一种切换方式,同时还能够为每一张幻灯片设置不同的切换方式,但必须一张张地进行设置。

切换是一些特殊效果,分为"细微型""华丽型""动态内容"3 种类型,可用于在幻灯片放映中引入幻灯片。可以选择各种不同的切换并改变其速度。也可以改变切换效果以引出演示文稿新的部分或强调某张幻灯片,还可以设置切换时的声音效果。

3. 将演示文稿打包成 CD

"将演示文稿打包成 CD"这一功能,可以将一个或多个演示文稿连同支持文件一起复制到 CD。默认情况下,Microsoft Office PowerPoint 播放器包含在 CD 上,即使其他某台计算机上未安装 PowerPoint,它也可在该计算机上运行打包的演示文稿。

一般我们会使用"将演示文稿打包成 CD"这一命令,将与演示文稿内容相关的媒体文件、图像文件、链接对象文件与演示文稿本身集合在一个文件夹中,便于移动和管理。

【任务实现】

编辑图片(图片大变身)

1. 插入相册,并保存。

(1)插入相册:在 Power Point 2010 中,依次单击【插入】—【图像】—【相册】—【新建相册】按钮,弹出"相册"对话框。单击"文件/磁盘"按钮,弹出"插入新图片"对话框,选中素材文件夹中的"1 ~ 14. jpg"图片,单击"插入"按钮。在"相册"对话框的相册版式中设置图片版式为"2 张图片",相框形状为"简单框架,白色",主题设置为素材文件夹中的"主题. potx",如图 8 - 46 所示。设置完成后,点击"创建"按钮,即可创建一个新的演示文稿。

(2)保存:依次单击【文件】—【保存】,在弹出的"另存为"对话框中选择保存位置,并输

图 8 - 46　插入相册

入文件名为"作品展示. pptx"。

2.更改版式

第 1 张幻灯片版式为"封面"，其余页面版式为"正文"。

在"幻灯片"窗格中，选中第 1 张幻灯片，在【开始】—【幻灯片】—【版式】—【主题】中选择"标题幻灯片"，选中第 2 张幻灯片，按"Shift 键"再选中第 8 张幻灯片，设置这 7 页幻灯片版式为"内容与标题"，效果如图 8 - 47 所示。

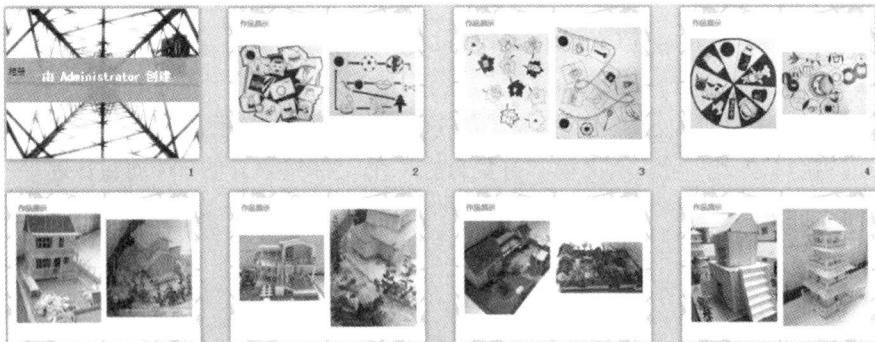

图 8 - 47　更改版式后演示文稿效果

3.设计第 1 张幻灯片

设置标题为"构成课程作品展示"，垂直居中对齐。插入"yanhua. gif"图片并调整大小和位置。插入"前缘再续. mp3"音频文件，设置其隐藏循环跨幻灯片播放。

(1)设置标题样式：在"幻灯片"窗格中，选中第 1 张幻灯片，选中"相册"文本框，按

"Delete 键"删除。将"由 Administrator 创建"文本内容更改为"构成课程作品展示"。选中文本框,依次单击【开始】—【段落】—【对齐文本】—【中部对齐】使文本内容垂直居中对齐。

(2)插入与编辑图片:依次单击【插入】—【图像】—【图片】,弹出"插入图片"对话框,选择素材文件夹中的"yanhua. gif",点击"打开"。图片插入完成。调整图片的大小和位置,效果如图 8 - 49 所示。

(3)插入与编辑音频:依次单击【插入】—【媒体】—【音频】-【文件中的音频】,弹出"插入音频"对话框,选择素材文件夹中的"前缘再续. mp3",点击"插入",此时页面上就出现一个喇叭图标和一个音频控制条。选中喇叭图标,在【音频工具】—【播放】—【音频选项】中设置开始为"跨幻灯片播放",勾选"循环播放,直到停止"和"放映时隐藏",如图 8 - 48 所示。设置完成后,调整喇叭图标的位置,页面最终效果如图 8 - 49 所示。

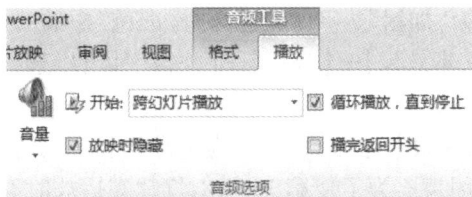

图 8 - 48　音频设置

图 8 - 49　第 1 张幻灯片效果

4. 插入视频

新增一张版式为"正文"的幻灯片,插入"构成. mp4"视频文件,设置视频尺寸为"13 cm ×23. 11 cm",播放方式为"自动播放"。

(1)新增幻灯片:在"幻灯片"窗格第 8 张幻灯片之后新增一张版式为"正文"的幻灯片。

(2)插入视频:依次单击【插入】—【媒体】—【视频】-【文件中的视频】按钮,弹出"插入视频文件"对话框,选中"构成. mp4"视频文件,单击"插入"按钮,此时页面上就会出现视频预览框和视频控制条。

(3)编辑视频:选中视频预览框,在【视频工具】—【播放】—【视频选项】中设置开始为"自动"。在【视频工具】—【格式】—【大小】中设置形状高度为"13 cm",形状宽度为"23. 11 cm"。适当调整视频的位置,效果如图 8 - 50 所示。

5. 制作致谢页面

新增一张版式为"封底"的幻灯片,输入"Thanks",设置字体类型为"微软雅黑",字号"66",颜色为"红色",文字"加粗",设置艺术字效果。插入"前缘再续. mp3"音频文件,设置隐藏循环自动播放。

(1)新增幻灯片:在"幻灯片"窗格中第 9 张幻灯片之后新增一张版式为"封底"的幻

图 8-50　第 9 张幻灯片效果

灯片。

（2）设置文本样式：在"单击此处添加文本"文本框中输入"Thanks"，在【开始】—【字体】中设置字体类型为"微软雅黑"，字号为"66"，文字为"加粗"，字体颜色为"标准色"中的"红色"。在【绘图工具】—【格式】—【艺术字样式】—【文本效果】—【映像】—【映像变体】中选择"紧密映像，接触"，效果如图 8-51 所示。

（3）插入与编辑音频：由于第 9 张幻灯片插入的视频中包含了声音，为了避免干扰，我们会在后面的动画设置中，将之前插入的背景音乐关闭掉。为了使第 10 张幻灯片在播放时有音乐存在，我们需要在该页中重新将"前缘再续.mp3"音频插入进来，并在【音频工具】—【播放】—【音频选项】中设置开始为"自动"，勾选"循环播放，直到停止"和"放映时隐藏"选项。如图 8-51 所示。

6. 动画设置

在第 2～8 张幻灯片中为作品图片添加"飞入"或"形状"动画，为"Thanks"文本框设置"缩放"动画。

（1）设置飞入动画：在第 2 张幻灯片中，选中第一张图片，在【动画】—【动画预览框】中选择"飞入"，在【动画】—【动画效果选项】中设置方向为"自左侧"。

添加自定义动画
（让你的 PPT 动起来）

（2）设置形状动画：选中第二张图片，在【动画】—【动画预览框】中选择"形状"，在【动画】—【动画效果选项】中设置方向为"放大"，形状为"加号"。依次单击【动画】—【高级动画】—【动画窗格】，打开"动画窗格"面板。此时在面板中存在两个动画效果，如图 8-52 所示。

（3）设置动画速度：在"动画窗格"中单击"图片 2"下拉按钮，选择"计时"，弹出"十字形扩展"对话框，如图 8-53 所示。设置期间为"快速（1 s）"，单击"确定"按钮。

（4）应用动画刷：选中第一张图片，双击【动画】—【高级动画】—【动画刷】，然后依次在第 3～8 张幻灯片的第一张图片上单击鼠标左键复制"飞入"动画效果。复制完成后，再次单击【动画】—【高级动画】—【动画刷】取消动画刷。同理，使用动画刷将第二张图片应用的"形状"动画效果，复制给第 3~8 张幻灯片的第二张图片上。

图 8-51　第 10 张幻灯片效果

图 8-52　动画窗格

（5）设置缩放动画：在第 10 张幻灯片中，点击【动画】—【动画预览框】按钮，为"Thanks"文本框设置"缩放"动画效果。

7. 设置音频播放

为第 1 张幻灯片中的音频文件设置在 8 张幻灯片后停止播放。

在第 1 张幻灯片"动画窗格"中，单击"前缘再续. mp3"下拉按钮，选择 "效果选项"，弹出"播放音频"对话框，在停止播放中设置"在 8 张幻灯片后"，单击"确定"按钮。

设置页面切换动画

8. 设置切换动画效果

设置第 2 张幻灯片切换动画为"分割"，第 3~8 张幻灯片切换动画为"擦除"，第 9 张幻灯片切换为"百叶窗"，第 10 张幻灯片切换为"涟漪"。

（1）选中第 2 张幻灯片，在【切换】—【切换到此幻灯片】预览框中选择"分割"。

（2）在【切换】—【切换到此幻灯片】预览框中，依次为第 3~8 张幻灯片设置切换方式为 "擦除"，在【切换】—【切换到此幻灯片】—【效果选项】中设置"自左侧"。

（3）在【切换】—【切换到此幻灯片】预览框中为第 9 张幻灯片设置切换方式为"百叶窗"，为第 10 张幻灯片设置切换方式为"涟漪"。

9. 排练计时与设置放映方式

（1）排练计时：依次单击【幻灯片放映】—【设置】—【排练计时】，进入到幻灯片放映录制界面，如图 8-54 所示。根据需要控制的节奏，将演示文稿从头到尾播放一遍。注意在"录制"对话框中，前一个时间为当前页幻灯片播放的时间，后一个时间为演示文稿播放到当前页所需的时间。

（2）

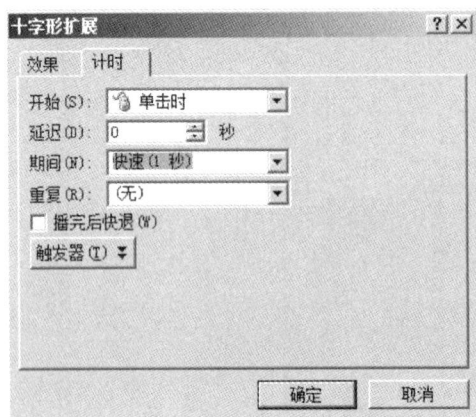

图 8 – 53　计时

图 8 – 54　排练计时录制界面

（3）当演示文稿播放完成后，会弹出如图 8 – 55 所示的对话框，单击"是"按钮。页面跳转到幻灯片浏览视图。如图 8 – 56 所示，在每个页面下都会有播放时间的标注。

图 8 – 55　是否保留排练时间对话框

图 8 – 56　幻灯片浏览视图

　　(4)设置幻灯片放映：依次单击【幻灯片放映】—【设置】—【设置幻灯片放映】按钮，打开"设置放映方式"对话框，选择放映类型为"在展台浏览(全屏幕)"，如图 8 – 57 所示。单击"确定"按钮。

设置幻灯片放映方式

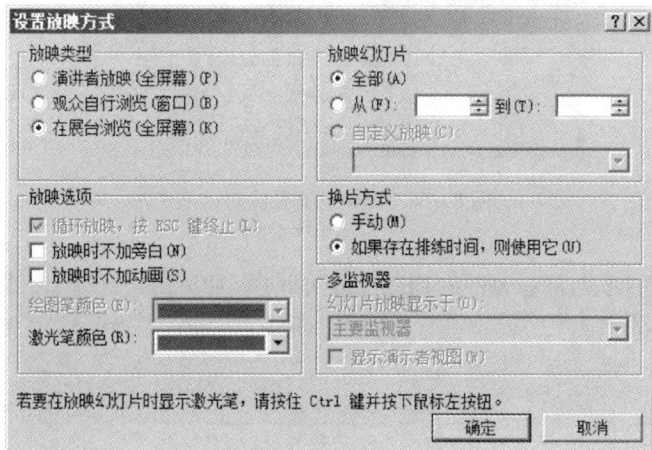

图 8 – 57　设置放映方式对话框

10. 打包
　　将演示文稿所需的所有素材集中到同一个文件夹中。

导出放映文件

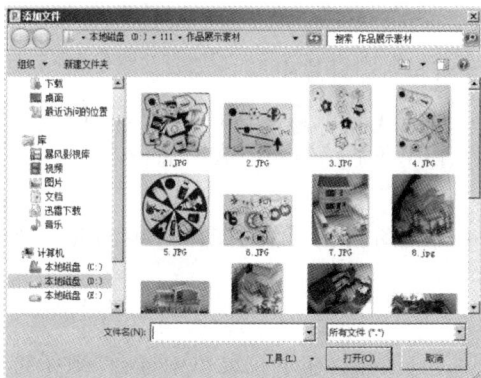

　　(1)依次单击【文件】—【保存并发送】—【文件类型】—【将演示文稿打包成 CD】—【打包成 CD】，打开"打包成 CD"对话框，将 CD 命名为"作品展示PPT"单击"添加"按钮，弹出"添加文件"对话框，设置文件类型为"所有文件(＊.＊)"，如图 8 – 58 所示。将素材文件夹中的所有文件全选，单击"添加"按钮，此时"打包成 CD"对话框效果如图 8 – 59 所示。

图 8 – 58　添加文件对话框

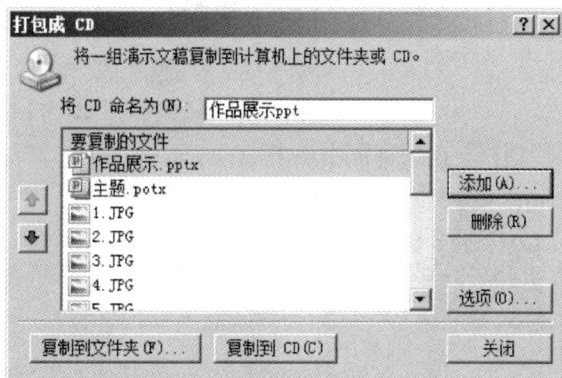

图 8 – 59　打包成 CD 对话框

导出 PDF 文件

　　(2)在"打包成 CD"的对话框中，单击"复制到文件夹"按钮，打开"复制到文件夹"对话框，设置文件夹名称和保存位置，如图 8 – 60 所示。单击"确

定"按钮。弹出如图 8 - 61 所示提示对话框。单击"是"按钮。出现如图 8 - 62 所示的提示框,复制完成后,自动打开已复制好的文件夹。

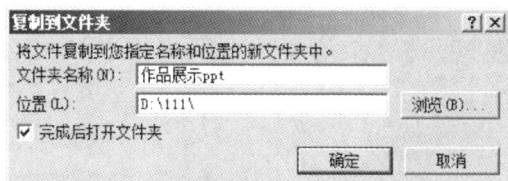

图 8 - 60　复制到文件夹对话框

图 8 - 61　提示信息

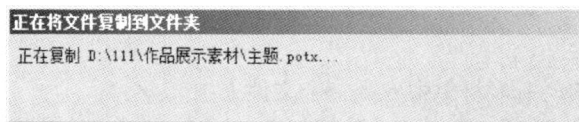

图 8 - 62　复制提示框

(3)在"打包成 CD"对话框中,单击"关闭"按钮。依次单击【文件】—【保存】保存文件。

【应用拓展】

1. 如何将剪贴画中的"电话"音频插入到幻灯片中?

依次单击【插入】—【媒体】—【音频】—【剪贴画音频】命令,弹出"剪贴画"窗格,在预览框中点击"Telephone,电话"右侧的按钮,在下拉列表中选择"插入"。

2. 如何给同一个对象添加多个动画?

选中对象,依次单击【动画】—【高级动画】—【添加动画】中的命令来实现。

3. 如何给动画添加音效?

在"动画窗格"面板中,点击动画右侧按钮,在下拉菜单中选择"效果选项",弹出对话框,在"效果"选项卡的声音下拉列表中为动画设置音效。

【任务小结】

本任务通过制作作品展示 PPT,介绍了多张图片的导入方法(创建相册)、音频视频的插入和设置、自定义动画的设置、页面切换的方法以及文稿打包等知识。

通过本任务的学习和训练，使大家能够掌握制作动感十足、感染力强的 PowerPoint 文稿的方法。

【综合实训】

实训项目一：制作校庆策划方案 PPT

一、项目目标

能用 PowerPoint 2010 编辑制作包含多媒体信息的感染力强的演示文稿。

二、项目要求

策划方案一般包括策划背景和目的、活动主题、活动方案(前期准备、造势阶段、开展阶段)、宣传方案、人员安排、经费预算等方面。要求通过网络学习并查阅资料完成演示文稿的制作。整体要求如下：

- 页面设计美观大方、整体布局和谐统一。
- 演示文稿中至少要包含封面、目录、正文、封底页的设计。
- 目录页中可实现目录与具体内容间的跳转。
- 观点表述要简洁，重点突出。

三、解决方案

1. 搜集资料和素材。
2. 准备幻灯片制作提纲。
3. 编辑美化校庆策划方案 PPT。

实训项目二：制作学生就业情况分析报告

一、项目目标

会用 PowerPoint 2010 制作观点鲜明、论据充分的分析性演示文稿。

二、项目要求

学生就业情况关系到学校招生、专业设置、专业调整等问题。通过对学生就业率、满意度、对口率的分析，可以看出哪个专业的前景广阔。通过对不同专业学生就业率的对比，可以看出当前的热门专业是什么。通过对学生毕业后半年到三年后月收入的对比，可以看出哪个专业的薪资提升空间大。在制作演示文稿前，需要对资料进行整理、分析，提炼出自己的观点，并适当配以图片、图表、表格等元素进行补充论述。

三、解决方案

1. 收集整理相关资料和数据。
2. 根据资料分析主题和主要观点。
3. 用事实和数据分别论证每个观点。
4. 根据分析要点选择适当的数据、图表和图片。
5. 制作学生就业情况分析报告演示文稿。

【思考与探索】

一、选择题

1. 演示文稿储存以后，默认的文件扩展名是(　　)。

A. pptx　　　　　　　　B. exe　　　　　　　　C. bmp　　　　　　　　D. potx

2. PowerPoint"视图"这个名词表示(　　)。

A. 一种图形　　　　　　　　　　　　B. 显示幻灯片的方式

C. 改行所在的段落被选定　　　　　　D. 一张正在修改的幻灯片

3. 幻灯片中占位符的作用是(　　)。

A. 表示文本长度　　　　　　　　　　B. 限制插入对象的数量

C. 表示图形大小　　　　　　　　　　D. 为文本、图形等预留位置

4. PowerPoint 的"超链接"命令可实现(　　)。

A. 实现幻灯片之间的跳转　　　　　　B. 实现演示文稿幻灯片的移动

C. 中断幻灯片的放映　　　　　　　　D. 在演示文稿中插入幻灯片

5. 在幻灯片母版中插入的对象，只能在(　　)可以修改。

A. 幻灯片视图　　　B. 幻灯片母版　　　C. 讲义母版　　　D. 大纲视图

二、判断题

1. PowerPoint 通过单击可以选中一个对象，但却不能同时选中多个对象。　　　(　　)

2. 幻灯片应用模板一旦选定，就不能改变。　　　　　　　　　　　　　　　(　　)

3. 在同一个演示文稿中能使用不同的模板。　　　　　　　　　　　　　　　(　　)

4. 使用动作按钮可以在幻灯片播放时打开一个程序。　　　　　　　　　　　(　　)

5. 只要把自定义动画设置成自动播放，演示文稿就可以实现自动播放。　　　(　　)

三、填空题

1. 能规范一套幻灯片的背景、图案、色彩搭配的是(　　　　)。

2. 在 PowerPoint 2010 中，设置幻灯片背景格式的填充选项中包含纯色填充、渐变填充、(　　　　)、(　　　　)。

3. 演示文稿的基本组成单元是(　　　　)。

4. 要设置幻灯片的切换效果以及切换方式时，应在(　　　　)选项卡中操作。

5. 在幻灯片放映的过程中，可以按(　　　　)终止播放。

四、问答题

1. 怎样在 PowerPoint 2010 中插入各种不同的对象?

2. 如何设置循环背景音乐在播放到某张幻灯片前停止?

3. PowerPoint 2010 动画类型有哪些?

4. PowerPoint 2010 有几种视图? 各适合于何种情况?

5. 如何重用幻灯片?

五、操作题

团委张老师正在准备有关"中国梦"学习实践活动的汇报演示文稿，相关资料存放在 Word 文档"PPT 素材及设计要求.docx"中。请按下列要求帮助张老师完成演示文稿的整合制作:

1. 新建一个名为"PPT. pptx"的演示文稿，该演示文稿的内容包含在 Word 文档"PPT 素材及设计要求. docx"中。要求 Word 素材文档中的蓝色字不在幻灯片中出现，黑色字必须在幻灯片中出现，红色字在幻灯片的备注中出现。

2. 将默认的"Office 主题"幻灯片母版重命名为"中国梦母版 1"，并将图片"母版背景图片 1. jpg"作为背景。为第 1 张幻灯片应用"中国梦母版 1"的"空白"版式。

3. 在第 1 页幻灯片中插入剪贴画音频"鼓掌欢迎"，剪裁音频只保留前 0.5 s，设置自动循环播放、直到停止，且放映时隐藏音频图标。

4. 插入一个新的幻灯片母版，重命名为"中国梦母版 2"，其背景图片为素材文件"母版背景图片 2. jpg"，将图片平铺为纹理。要求从第 2 页开始的幻灯片应用该母版中适当的版式。

5. 第 2 页幻灯片为目录页，标题文字为"目录"且文字方向竖排，目录项内容为幻灯片 3~幻灯片 7 的标题文字，并采用 SmartArt 图形中的垂直图形列表显示，调整 SmartArt 图形大小、显示位置、颜色(强调文字颜色 2 的彩色填充)、三维样式等。

6. 第 3~7 页幻灯片分别介绍第一到第五项具体内容，要求按照文件"PPT 素材及设计要求. docx"中的要求进行设计，调整文字、图片大小，并将第 3~7 页幻灯片中所有双引号中的文字更改字体、设为红色、加粗。

7. 更改第 4 页幻灯片中的项目符号、取消第 5 页幻灯片中的项目符号，并为第 4、5 页添加备注信息。

8. 第 6 页幻灯片用 3 行 2 列的表格来表示其中的内容，表格第 1 列内容分别为"强国""富民""世界梦"，第 2 列为对应的文字。为表格应用一个表格样式，并设置单元格凹凸效果。

9. 用 SmartArt 图形中的向上箭头流程表示第 7 页幻灯片中的三部曲。

10. 为第 2 页幻灯片的 SmartArt 图形中的每项内容插入超链接，要求单击时可转到相应幻灯片。

11. 为每页幻灯片设计不同的切换效果；为第 2~8 页幻灯片设计动画，且出现先后顺序合理。

【本章小结】

PowerPoint 2010 是微软公司出品的 Office 2010 办公软件系列重要组件之一。使用 PowerPoint 软件制作的演示文稿具有制作快速、修改容易便捷、动画制作效率高、花费时间少、制作成本低以及演示形式多样等优点。它是制作工作总结、项目介绍、会议报告、企业宣传、产品说明、竞聘演说、培训计划和教学课件等演示文稿的首选软件，深受广大用户的青睐。

本章以小李老师制作教学所需 PPT 为主线，详细讲解了如何通过在演示文稿中插入和编辑文字、图片、表格、SmartArt 图形、图表、视频和音频等素材，来美化演示文稿。如何通过设置超链接和动作，来使演示文稿具有交互功能。如何通过设置动画和幻灯片切换，增强演示文稿的感染力。

作为一名教师，熟悉运用 PowerPoint 软件制作 PPT 是一项基本能力要求。教师在日常工作中常常需要使用 PPT 文档来进行教学培训、展示汇报、工作总结、项目介绍、会议报告、竞聘演说等工作。具体而言，在制作 PPT 演示文档方面，我们应该具备这些工作能力：能运用 PowerPoint 编辑制作包含多媒体信息、设计美观、内容丰富的演示文稿；能运用超链接、动作设置等功能，制作具有交互功能或者自动播放功能的演示文稿；能灵活运用自定义动画和切换功能，制作动感十足的演示文稿；能将演示文稿打包输出及发布。

作为教师，我们要注意收集、积累 PPT 模板资源。实际工作过程中，我们要根据 PPT 演示文稿的用途，合理选择配色方案，科学安排图片、视频、动画、声音、文字资源，注重展示效果的和谐、统一、协调。在平时参加会议、接受培训、开展交流过程中，我们要注意观察别人的 PPT 文档展示效果、设计思路、设计亮点，注重借鉴学习，不断提高自己的 PPT 设计和制作水平。

第9章

使用辅助教学软件

【教学情境】

小李作为一名新入职的教师，在本学期教授《计算机应用基础》课程，需要使用辅助教学软件来完成课程中的机房教学、教学资源录制与共享等问题，如多媒体教学软件的使用、软件操作过程或其他教学资源录制、云平台的资源分享等。

如果对辅助教学软件的操作不熟悉，会影响教学的效率与质量，很难达到预设的教学目标和教学效果。

【解决方案】

为学习和掌握辅助教学软件的使用技能，安排了使用多媒体教学控制软件、设置录屏参数与使用录屏软件、安装与使用网络云盘等任务，来学习和掌握辅助教学软件等操作使用方法，可以根据不同课程教学要求在教学实践活动中灵活运用。

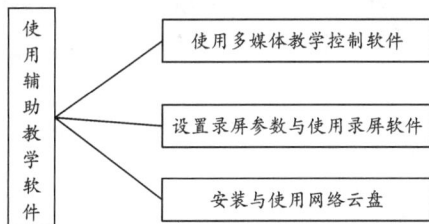

```
                    ┌─────────────────────────┐
使          ┌──────│  使用多媒体教学控制软件    │
用          │       └─────────────────────────┘
辅          │
助          │       ┌─────────────────────────┐
教  ────────┼──────│  设置录屏参数与使用录屏软件  │
学          │       └─────────────────────────┘
软          │
件          │       ┌─────────────────────────┐
            └──────│  安装与使用网络云盘        │
                    └─────────────────────────┘
```

【能力目标】

作为一名教师，在日常教学中常常需要使用计算机辅助软件来提高高质量的课程教学工作，在课程教学提质的过程中需要具备以下工作能力：

1. 能运用多媒体教学控制软件把控好课堂教学时的每个环节。

2. 能运用多媒体教学控制软件进一步让教学环节更生动。

3. 能安装录屏软件并运用录屏软件录制教学的操作环节或其他资源。

4. 能运用云盘辅助教学软件实现资源网络共享。

任务9.1　使用多媒体教学控制软件

【任务分析】

多媒体教学控制软件是机房教学与管理的主要工具,小李是一名新入职的教师,在本学期教授《计算机应用基础》课程,需要实现学生既可以近距离地观看与完成课堂教学内容,又能通过上网获取资料、独立研究个人任务、团队协助完成项目。

使用极域多媒体
教学软件(V)

小李老师新学期在教学过程中将使用极域多媒体电子教室来完成课堂教学工作,具体要求如下:

(1)使用多媒体教学控制软件来完成一堂课的教学。包括课前准备、课中教学、课后管理三个环节。

(2)使用多媒体教学控制软件改善课堂教学效果,实现师生间的互动与交流。

【任务资讯】

点击桌面右下角或桌面上的极域多媒体电子教室图标，弹出如图9-1左图所示的系统登录窗口,在前期未设置登录密码等内容的情况下,点击"登录"按钮,进入极域多媒体电子教室的教师主界面,如图9-1右图所示。

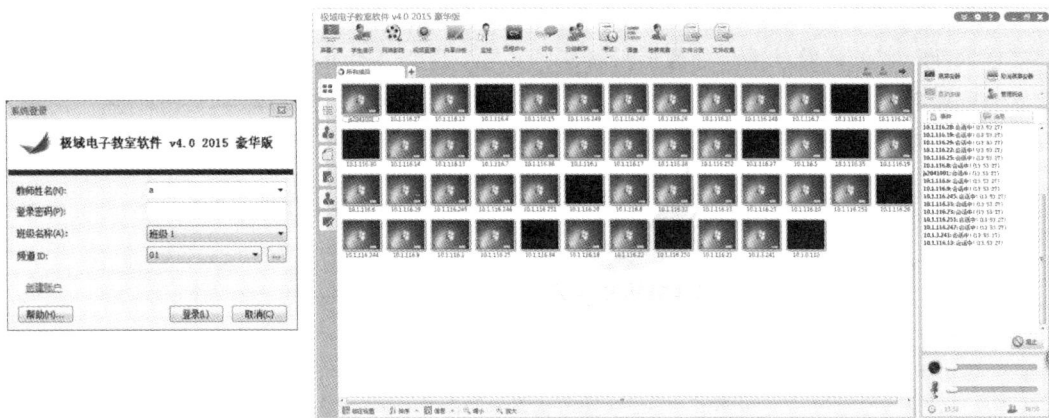

图9-1　极域多媒体电子教室的启动和工作界面

①图形按钮区:在主界面的上方有如图9-2所示的一排图形按钮区,按下某按钮执行某一功能后,再按一次图形按钮或按 Break 键使这一正在执行的功能停止执行。如:当教师需要对学生进行屏幕广播时,按"屏幕广播"按钮可以对选中的学生机进行屏幕分享;当教师需要取消对教师机的屏幕分享时,可以再按一次实现退出屏幕广播。

②班级模型显示区:在主界面的左侧,有多个视图选项卡,分别为:监控视图、报告视图、策略视图、文件提交视图、答题卡视图、抢答视图和共享白板视图。可以通过这些选项

图 9 - 2　极域多媒体电子教室的图形控制界面

卡设置极域多媒体电子教室的主区域显示的内容。默认打开监视视图的主区域中，有如图 9 - 3 所示的班级模型显示区，可通过观察学生机的图标状态，判断学生机是否登录和上机时屏幕的情况。（图标屏幕为黑色时表示未登录，图标屏幕有学生屏幕时表示学生机已登录）。同时，可以通过主区域下方的按钮选择是否"锁定视图"、学生机显示的"排序"和放大、缩小等。

图 9 - 3　极域多媒体电子教室的班级模型区域

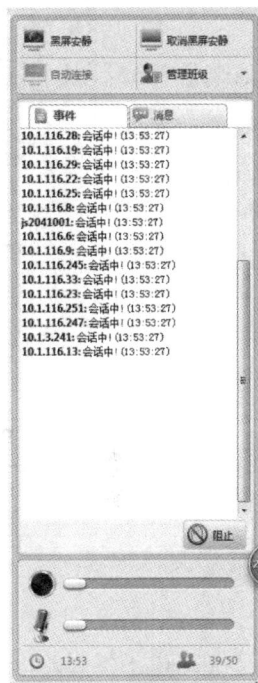

图 9 - 4　极域多媒体电子教室的远程消息区域

③远程消息区：主界面的右中方如图 9 - 4 所示，为远程消息区，记录着每位教师和学生的发言，并且显示学生机的登录、退出和举手的情况。

【任务实现】

课堂教学分为三个环节，即课前、课中与课后。小李老师在课程的机房教学中使用了多媒体教学控制软件，完成了此次课堂教学任务，【任务实现】过程如下：

1. 课前准备

首先在课前对极域多媒体电子教室进行基本的设置，并对学生上线情况进行把握和电子点名处理。

（1）系统设置。

通过单击远程消息区上方的"设置"菜单项，做基本系统设置再进行教学。弹出的窗口中包括屏幕显示广播、语言对话、接受文件选项等设置选项，选择不同的选项实现功能具体操作细节的设置。如：选择如图9-5所示的"班级模型选项"时，可实现选择启动时将学生机锁定、拒接新连接和设置黑屏时的显示内容，以及用户文件保存路径的设置。选择"常规"选项时，可选中举手设置中"自动清除学生举手"前的复选框，则已举手的学生进行某项操作时，该学生举手标志会自动清除。

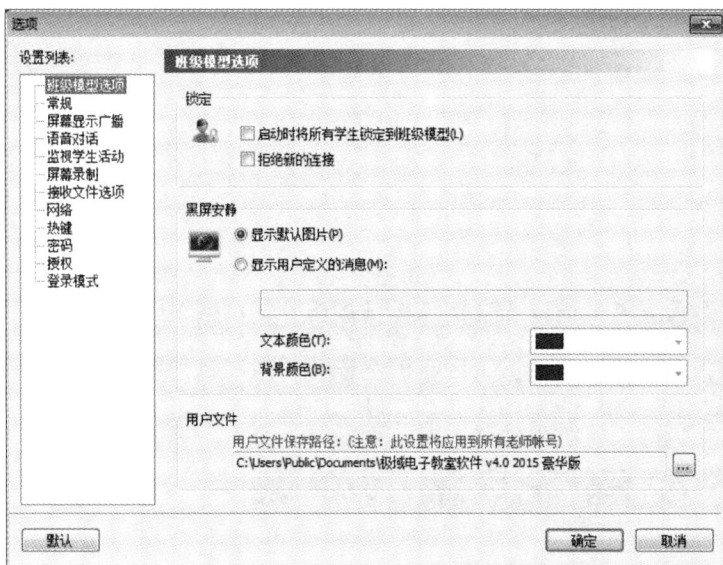

图9-5　极域多媒体电子教室的系统设置窗口

（2）电子签到。

在远程消息区的管理班级菜单项中，如图9-6左图所示，选择"签到"选项，可对全体学生机进行电子点名。签到前可以通过图9-6右图所示的"签到"窗口，对签到时是否需要验证密码、迟到判定时间进行选择和设置，然后点击"开始"按钮，管理的学生机上会出现如图9-7所示的签到窗口。学生在学生机上按要求输入学号、姓名等后，单击"确定"按钮，教师机的"监控窗口"的机器下方将会显示学生的签到姓名。

完成签到后，"管理班级"的"签到"选项变成了"签到信息"选项。点击"签到信息"选项可以看到学生的签到情况，包含该学生是否正常到达或迟到的情况。在窗口中包含"签出"和"保存为"等功能按钮，如果需要把签到情况保存下来则单击"保存为"按钮实现。如果单击"签出"按钮，则会弹出如图9-8所示的窗口。该窗口可以实现学生签退，实现教师机主界面的学生机名显示。

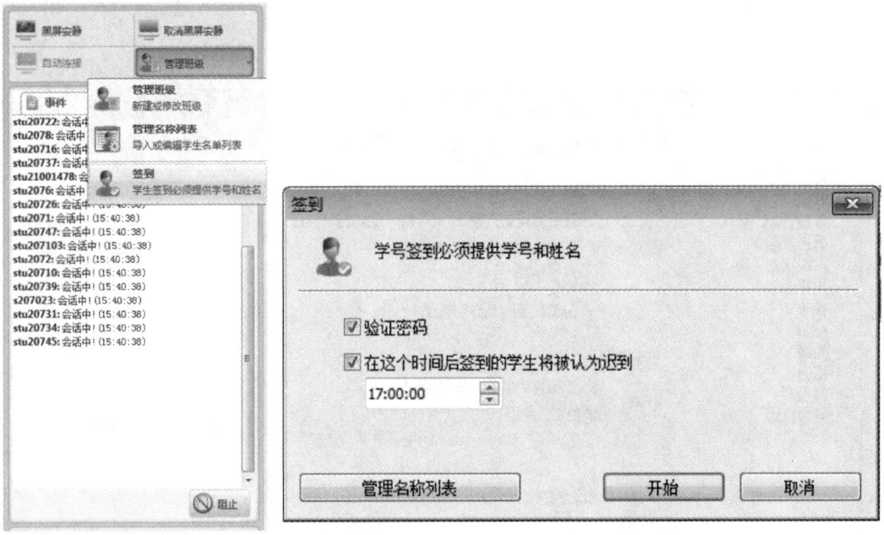

图 9 – 6　极域多媒体电子教室的电子签到设置窗口

图 9 – 7　极域多媒体电子教室的学生电子签到窗口

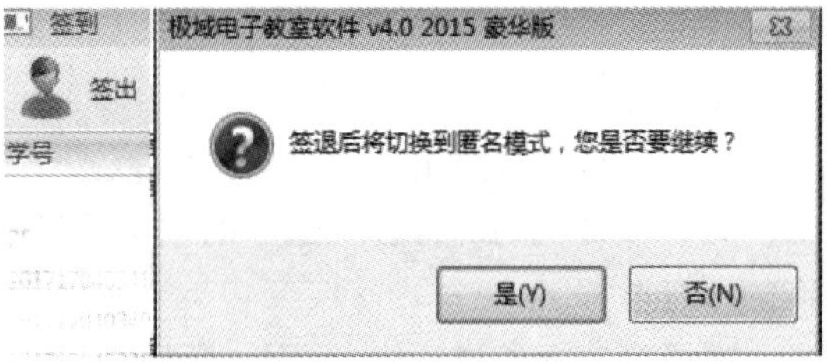

图 9 – 8　极域多媒体电子教室的签出窗口

2. 课中教学

（1）屏幕广播。

①基本设置。

屏幕广播前，可以通过主界面中的"设置"菜单项进入如图 9 – 9 所示的设置选项窗口，选择"屏幕显示广播"选项后，设定包含如下内容：

• 屏幕广播时带语音广播、录放。

• 学生机以窗口方式接收屏幕广播：此时若不锁定学生机的键盘鼠标，则学生可以边接收广播边进行操作。

• 屏幕广播时的组播传播。

• 屏幕广播的同时是否允许学生录制。

● 设置在屏幕广播教学时的屏幕操作过程的录制，录制的性能与屏幕分辨率，并在屏幕回放时播放录制文件。

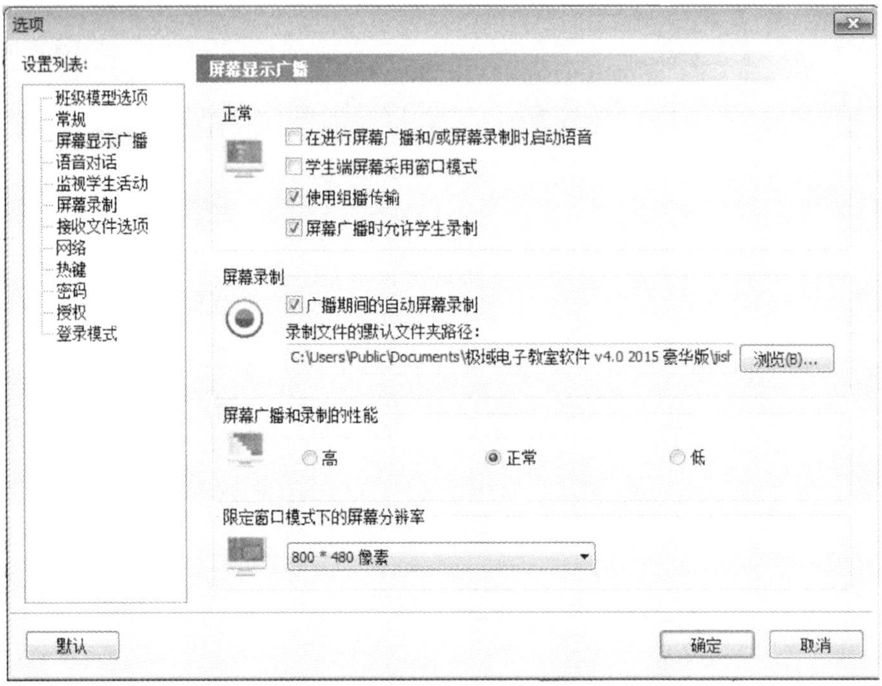

图9-9　极域多媒体电子教室的屏幕广播设置窗口

②屏幕广播教学。

在图形按钮区点击的"屏幕广播"或按下"Ctrl + Alt + F6"快捷键来实现教师机的屏幕广播。此时教师机的屏幕会对选中的学生机进行分享，学生机通过自己的电脑看到教师电脑操作的所有过程。

在屏幕广播的过程中，可以回到极域多媒体电子教室的主界面，点击图形按钮区中几个彩色按钮来进行操控。图形按钮区除屏幕广播外的其他按钮均是灰色，这些灰色的图形按钮只有在按广播教学按钮或按 Break 键停止正在执行的广播教学功能后才能起作用。

提示：如在广播教学过程中学生机接收出现异常（如屏幕显示出现缺失），可通过按组合键 Shift + F5 来刷新学生机屏幕显示的内容。

在屏幕广播过程中，屏幕上方会出现如图9-10左图所示的快捷工具条。该工具条可实现屏幕广播过程中的显示/隐藏窗口、屏幕笔、学生机监视、屏幕录制等其他与屏幕广播的同步控制。学生机的工具条如图9-10右图所示，可以通过电子教室举手和消息按钮提出问题，教师端可看到学生举手的提示，实现师生实时远程交流。

图9-10　极域多媒体电子教室的快捷按钮工具条图

（2）白板共享。

在教学过程中，如果需要画图并对图进行说明时，可以通过极域多媒体电子教室的白板共享实现。

白板分享会出现一个画布，相当于 Window 自带的画图工具，可以在画布上通过选择白板分享视图左下方的新建画布、工具、笔、图形、线条粗细和颜色等按钮，辅助实现在画布中添加字与图，同时完成写字效果的调整和画布内容的操作。单击白板分享视图左下方的"共享"按钮，将教师机的画布共享给学生，如图 9 - 11 所示。在学生列表中选择学生后，单击视图右下方的"协作"按钮，学生与教师就可在同一画布上进行绘制。

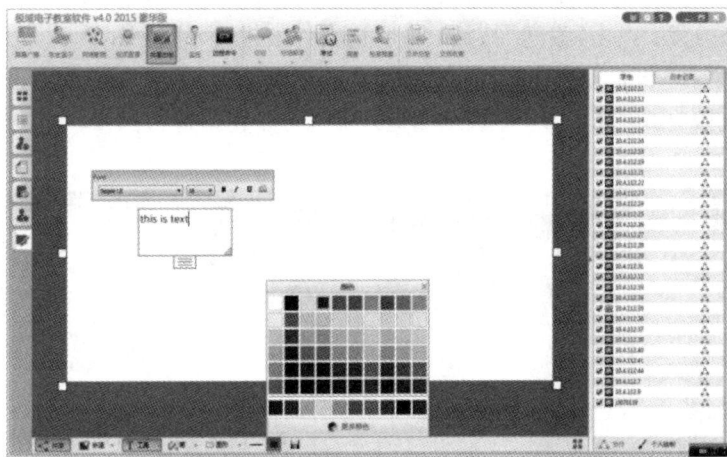

图 9 - 11　极域多媒体电子教室的共享白板窗口

（3）网络影院。

在教学过程中，如果需要和学生机分享观看视频，可使用网络影院。

单击图形功能区的"网络影院"按钮，则会打开网络影院窗口，如图 9 - 12 所示。单击" + "" - "按钮，可以增加或减少一个到多个视频文件，增加或减少后选择播放顺序。选中要播放的视频后，点击窗口下方的三角形"播放"按钮，可进行播放；在播放过程中可进行切换全屏与窗口、快进、快退、拖动，暂停、停止等操作，还可切换循环播放与单向播放，并调节播放音量与平衡。另外也可按"Ctrl + Alt + F11"快捷键打开网络影院播放器。

（4）屏幕录制。

如果学生提出对于教师操作过程或其他细节内容不太理解，此时需要录制一段录像文件，供学生回放观看。

在屏幕广播过程中，单击屏幕上方快捷工具条中的"屏幕录制"按钮或按"Ctrl + Alt + F8"快捷键，来开始操作过程的录制。可在图形按钮区单击"屏幕录制"按钮结束录制过程，在弹出式工具条中单击"屏幕录制"按钮可以停止录制，点击右下方弹出的"打开录制文件的文件夹"，可以在"原默认路径或班级模型选项"中设置的用户文件保存路径下查到保存下来的录制文件。

（5）视频回放。

如果需要将刚录制好的屏幕回放给学生看，可通过单击图形按钮区的"视频直播"按钮，进入"文件打开"窗口,在保存下来的录制文件夹中,选择想要播放的含有操作的录制文件,文件拓展名为".SCM",单击"打开"按钮,则将录像文件广播给学生。也可通过按"Ctrl + Alt + F9"快捷键进入屏幕回放。播放过程中,在播放窗口单击右键,弹出菜单"选择屏幕显示模式"进行选择,也可选择"关闭窗口"或回到主界面中点击"屏幕回放"按钮退出屏幕回放。

(6)文件分发。

在教学过程中,有需要下发作业或其他文件时,则可以选择极域多媒体电子教室的文件分发。

单击图形按钮区的"文件分发"按钮,在文件夹与文件目录栏中选定需要分发的文件,将其拖拽至文件分发窗口下方的发送区,如图 9 - 13 所示,素材包已拖入到了发送区。此时这些文件状态为未分发,点击"发送"按钮,将所选文件发送到学生机的上次发送的目录下(默认)。菜单中可选择"设置"将所选文件发送到自定义目录下,也可通过或点击"添加文件"按钮后选择文件或按"Ctrl + Alt + F10"快捷键进入文件分发窗口进行操作。

图 9 - 12　极域多媒体电子教室的网络影院窗口　　图 9 - 13　极域多媒体电子教室的文件分发窗口

3. 课后管理

(1)提交作业。

①基本设置。

在作业提交前可以先通过单击图形按钮区的"系统设置"按钮,在弹出的"选项"窗口的接收文件选项中,进行如图 9 - 14 所示的提交文件选项设置。通过点击"浏览"按钮来设定提交文件的默认文件夹路径,修改后学生可将学生机作业发送到教师机指定的文件夹中,还可设定是否需要在老师确认后才能提交文件、设定提交的文件大小和文件个数等。

②作业提交。

在图形按钮区选择"文件收集"允许学生机进行作业提交。在教师机如图 9 - 15 左图所示的极域多媒体电子教室的"文件提交"视图中,可看到学生提交作业的情况和学生文件提交请求的情况。如果已设置了教师确认后才能提交文件的情况,则需要教师自行决定单击下方右侧"接受""全部接受""拒绝""全部拒绝"四个按钮中的某个。若接受全部或部分学生的作业文件保存在指定文件夹内。如果要想查看学生提交的文件,可直接到文件夹中进行查

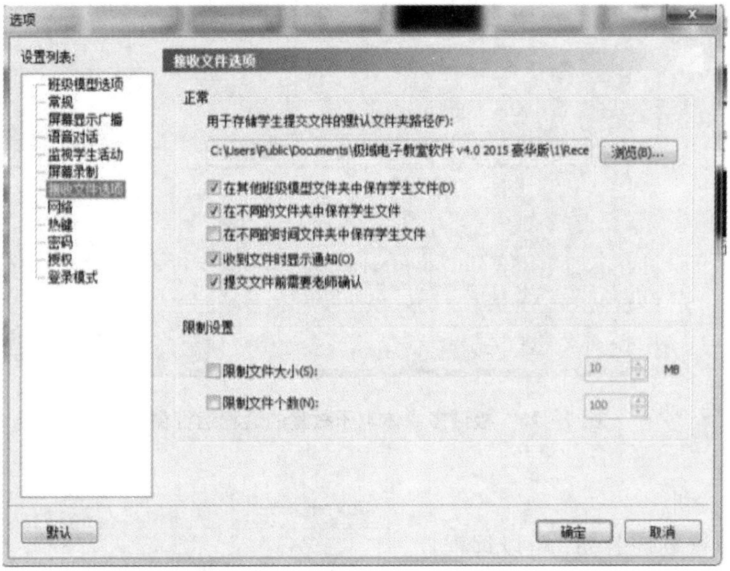

图 9 – 14　极域多媒体电子教室的作业提交基本设置窗口

看。学生点击快捷工具条中的"文件提交"按钮，在如图 9 – 15 右图所示的文件提交窗口将作业文件拖入，点击"提交"按钮实现作业提交。

图 9 – 15　极域多媒体电子教室的作业提交窗口

（2）远程命令。

远程命令是指可在教师机上控制学生机中命令的执行。单击图形按钮区的"远程命令"按钮，包括如图 9 – 16 左图所示的启动应用程序、打开网页、远程设置、远程开机、关机、重启、关闭应用程序、远程登录等，可以实现对学生机进行远程的操作。

如需要远程执行命令，可选择"远程命令"中的"启动应用程序"，在弹出的窗口中选择"命名提示符"，出现编辑程序窗口，如图 9 – 16 右图所示。此时对编辑命令窗口中的名称、可执行的文件、参数等进行设置，点击"确认"按钮运行对应应用程序。如需要远程执行"Format D："命令时，新建命令名称指定为："格式化 D：盘"，路径指定为："C：\Windows\Command\Format.com"，参数指定为："D："，远程执行此命令就可以格式化学生机"D：盘"。

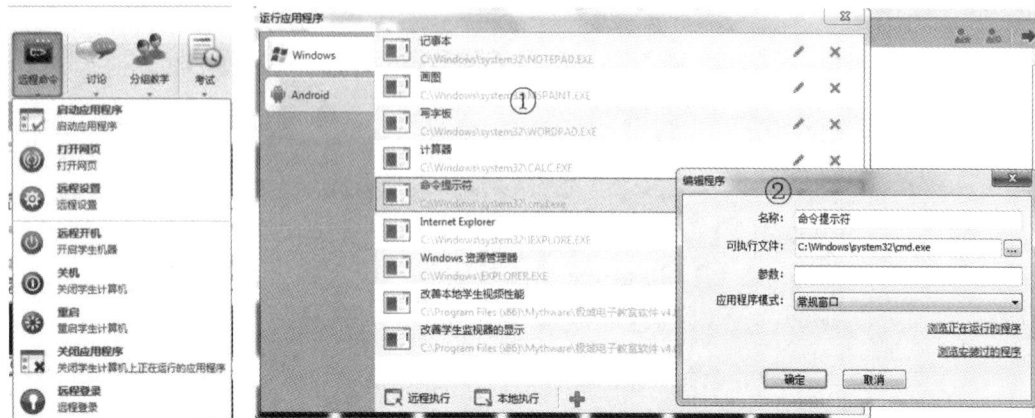

图 9-16 极域多媒体电子教室的远程运行窗口

（3）远程开关机。

同时为避免重复性劳动，可以远程控制学生机的开关机。单击图形按钮区"远程命令"按钮中"关机"选项，弹出"关闭学生计算机"窗口，勾选"关机之前显示以下消息"复选框进行学生机显示消息的填写与显示时间，或勾选"强制关机，不进行提示"复选框，即不会等待学生机退出当前运行程序而立即关闭计算机。点击"确定"后完成对学生机的关机。

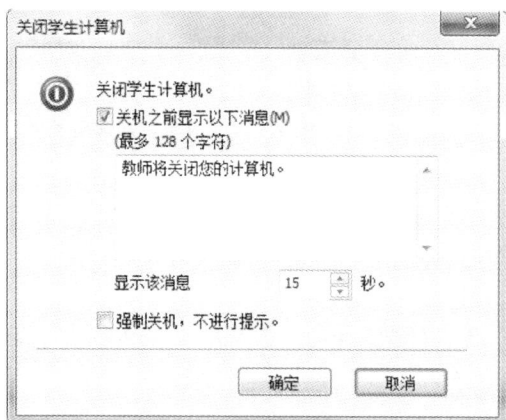

图 9-17 极域多媒体电子教室的远程关机窗口图

【应用拓展】

1. 如何快捷使用电子教室进行教学？

将极域多媒体电子教室的主界面最小化，教师机上方出现如图 9-18 所示的弹出式快捷按钮工具条。该工具条提供显示/隐藏窗口、网络影院、屏广、监视、远程命令、录屏、文件分发、黑屏等快捷方式，点击工具条中对应的按钮可实现快捷控制。

图 9-18 极域多媒体电子教室的快捷按钮工具条

2. 如何实现分组教学？

分组教学是在已有的学生中选择部分学生形成一组进行教学，点击图形按钮区中如图 9-19 中左图所示的"分组教学"按钮，选择"所有组"或"部分组"。若以前未分组，则出现如图 9-19 中右图所示的须创建有效组的提示框，单击"是"按钮，弹出如图 9-20 中左图所示的"编辑组"窗口。在弹出的窗口设置组名、勾选学生，单击"确认"按钮，在如图 9 – 20 中右图所示的"班级模型视图"主区区域中，可以看到分组的情况。选择不同的组，可实现对该组成员使用各项教学功能进行分组教学，也可以对该组成员执行添加、删除等操作。

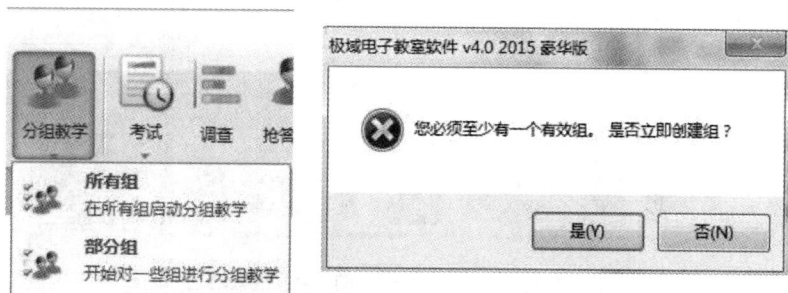

图 9 – 19　极域多媒体电子教室的分组教学设置窗口

图 9 – 20　极域多媒体电子教室的分组教学设置窗口

3. 如何使用屏幕笔？

屏幕笔是在进行屏幕广播或录制时作为辅助指导的工具。可用来进行强调重点、注解等操作，也可单独使用配合投影仪进行电子板书或屏幕注解。

在屏幕广播的过程中，教师机屏幕上方的工具条如图 9 – 21 左图所示，在弹出式工具条中单击"屏幕笔"按钮，出现如图 9 – 21 右图所示屏幕笔工具箱。同时当前屏幕被冻结，可以使用工具箱中的工具直接在屏幕上绘图。隐藏或关闭屏幕笔后，先前所绘制的内容将自动清除，以继续进行其他正常操作。

4. 如何实现学生演示？

在广播教学过程中，可以让某一学生操作并演示给其他学生看。单击图形按钮区"学生演示"按钮，弹出如图 9 – 22 中左图所示的演示窗口，选择"向所有学生演示"、"向选定学生演示"和"向选定的组演示"。点击"确定"按钮，可以对选定的对象来进行演示。同时弹出如图 9 – 22 中间图所示的"请选择一个学生来演示"窗口，选择某位学生，点击"确定"，所选中

图 9 – 21　极域多媒体电子教室的分组教学设置窗口图

学生机的屏幕将广播给其他学生机。被广播的学生机如同教师机屏幕广播时的屏幕分享一样，学生可以在个人的电脑上做各种操作，其他学生通过自己的电脑看到对应的演示操作。在演示过程中，可以在其他学生机上单击右键，在弹出菜单中选择"开始学生演示"和"停止接收学生演示"来动态切换此学生演示操作屏幕的接收开始和停止。

　　或者在班级模型显示区选中一个已登录的学生机图标，单击右键出现如图 9 – 22 右图所示的菜单。选择"学生演示"菜单项，实现被选中的学生进行演示，此时所有接收者在接收到教师广播教学的同时接收该学生演示。

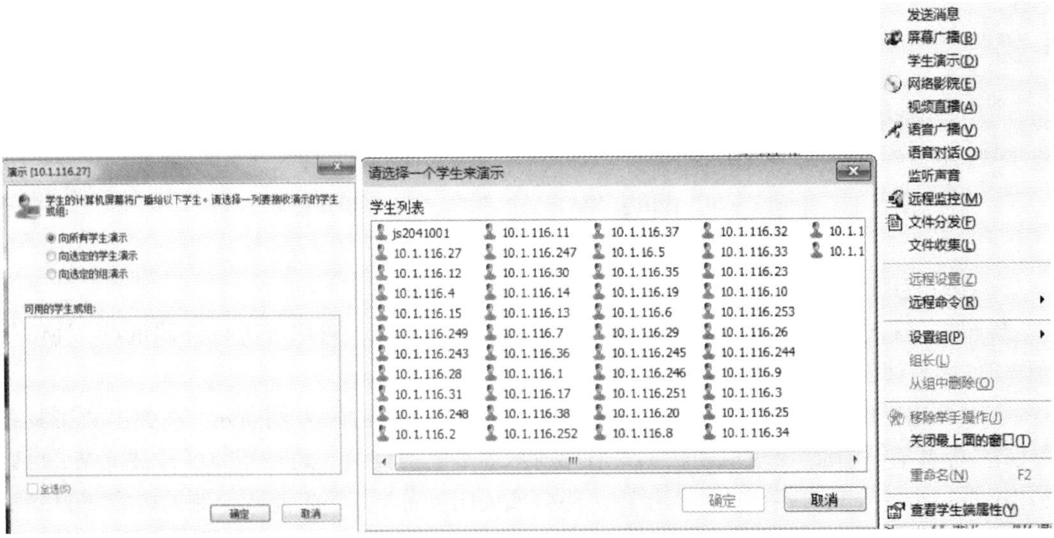

图 9 – 22　极域多媒体电子教室的学生演示设置窗口

　　5. 如何实现学生抢答？
　　点击图形按钮区中的"抢答竞赛"按钮，在弹出的窗口内输入答案、设置抢答思考时间、答题时间等点击"开始"按钮实现学生在规定时间内的抢答。学生是否抢答成功可由自动（已经在抢答窗口中设置了答案)和手动两种方式判断答题对错。

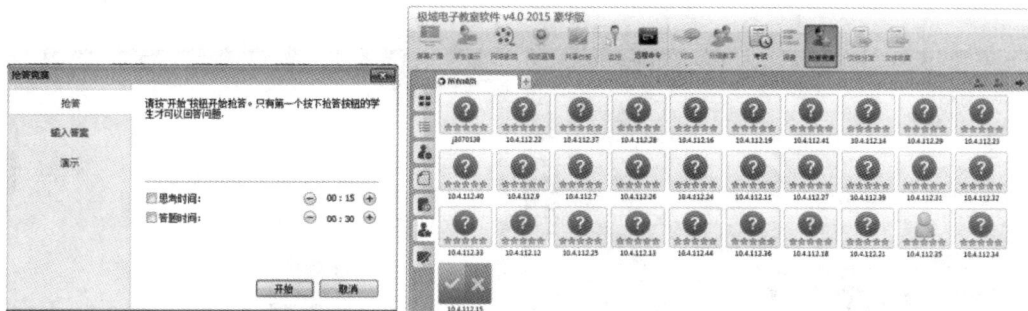

图 9 – 23　极域多媒体电子教室的学生抢答窗口

6. 如何实现屏幕监视?

在班级模型视图的主区域中选择要监控的一位或多位学生,单击图形按钮区的"监控"按钮,出现被监控学生机屏幕,如图 9 – 24 左图所示的四台学生机的屏幕。点击"系统设置"按钮,选择如图 9 – 24 中间图所示的"监视学生活动"选项,设置教师机屏幕上同屏显示的学生机屏幕数,教师机同屏幕的各学生机窗口依次启动监看的时间间隔,每个学生机屏幕在教师机屏幕上可停留时间,等等,实现对一位或多位学生的同时监控。如果需要转播给其他学生,可在菜单中选择"演示学生",选择演示的学生后,点击"确定"按钮,转播开始。转播时教师机转为监视演示的这位学生的屏幕,如图 9 – 24 右图所示。

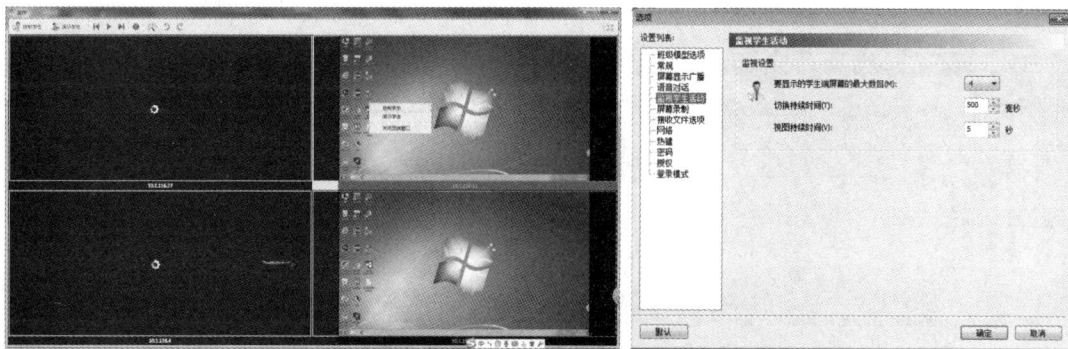

图 9 – 24　极域多媒体电子教室的学生屏幕监视与设置窗口

7. 如何实现讨论?

讨论可分为进行主题讨论和班级分成同一个组或分成几个组进行课堂上的讨论,主题讨论填入主题后选择成员进行讨论。而分组讨论中的每个组互不干扰,本组中所有的成员用语音进行交流。

点击图形按钮区的"讨论"按钮,选择主题讨论或分组讨论。若选择主题讨论,则弹出如图 9 – 25 左图所示的窗口。在提示框中填写要讨论的主题,单击"确定"后会出现主题讨论的另一窗口,如图 9 – 25 右图所示。该窗口右下方按钮有加入成员和选择共享的文件等的设置。左侧的主空白区可通过麦克风进行语音讨论或者通过在窗口输入文字并发送进行文字讨论，相当于学生间讨论主题的聊天室。

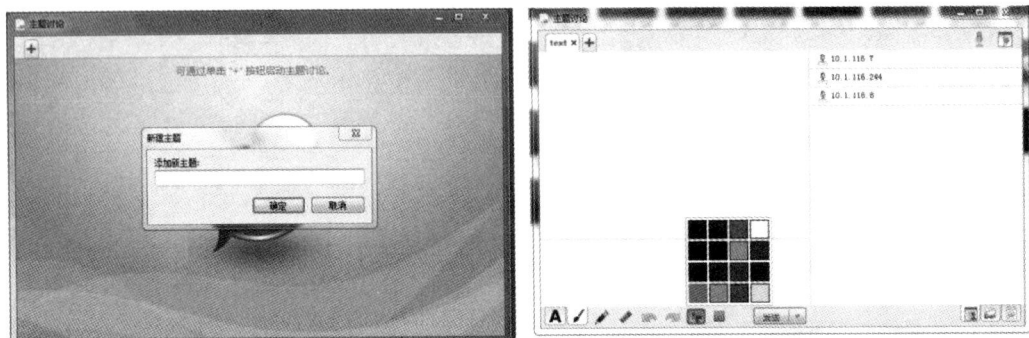

图 9 – 25　极域多媒体电子教室的学生主题讨论窗口

若选择分组讨论，则弹出如图 9 – 26 左图所示的窗口。在按行分组、按列分组、按固定人数分组、随机分组(可设置分组人数)等分组形式中选择一种确认后，下方会显示分组情况。如达到分组要求，则可以点击"确认"按钮，弹出如图 9 – 26 右图所示的窗口，基本和图 9 – 26 右图所示的主题讨论的讨论窗口一致。可以选择不同的组和组内的成员进行不同话题或相同话题的组内讨论，或在班级模型视图选定两个或多个学生机进行讨论。

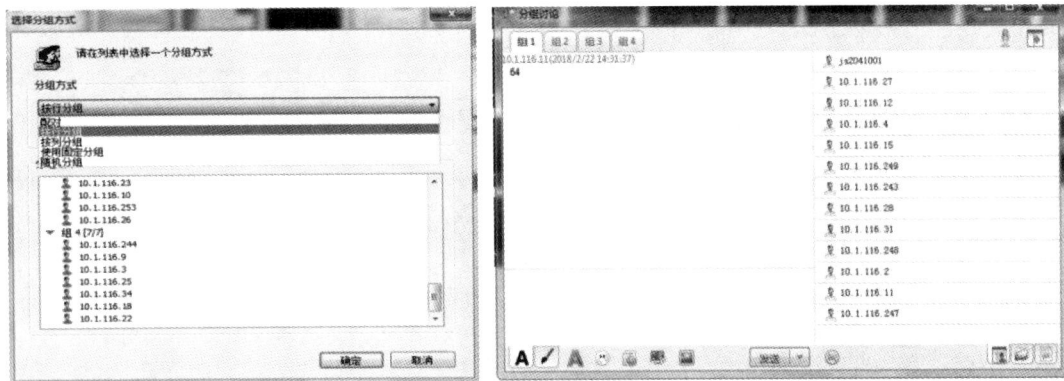

图 9 – 26　极域多媒体电子教室的学生分组讨论窗口

8. 如何实现课后测试？

极域多媒体电子教室提供了对学生进行课后测试的功能，采用试卷或答题卡实现检验学生的学习效果。

点击图形按钮区的"考试"选项，在弹出如图 9 – 27 左图所示的菜单项中选择，如果有试卷或答题卡则可以开始考试和评分等。如果没有试卷，则选择创建试卷选项，弹出如图 9 – 27 中间图所示的窗口，新建、导入试卷，填写考试名称、班级、教师姓各、考试时间、总分、各题分值与内容、答案。形成试卷后点击"保存试卷"按钮完成测试试卷的创建。点击图形按钮区的"开始考试"选项，选择要考试的试卷，发送给学生后，考试状态如图 9 – 27 右图所示。

点击"开始考试"即开始教学内容的测试。答题卡答题的方法基本相同，不在此赘述了。

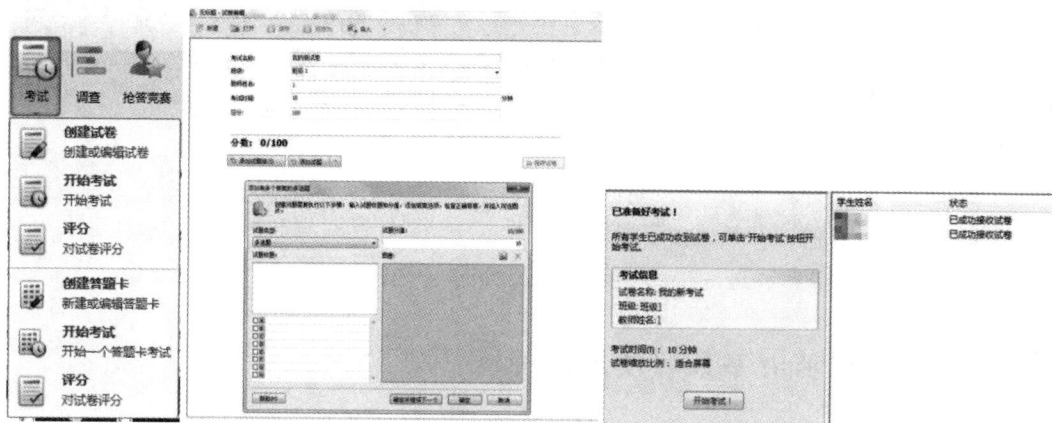

图 9 - 27　极域多媒体电子教室的学生考试设置窗口图

9. 如何实现问卷调查?

　　点击主界面图形按钮区的"调查"按钮，弹出如图 9 - 28 所示的"调查"宣传品。点击"题目"选项卡，填写问卷题目、答案与调查时间等。点击"开始"按钮，开始问卷调查。通过"调查结果"选项卡可看到调查的情况。

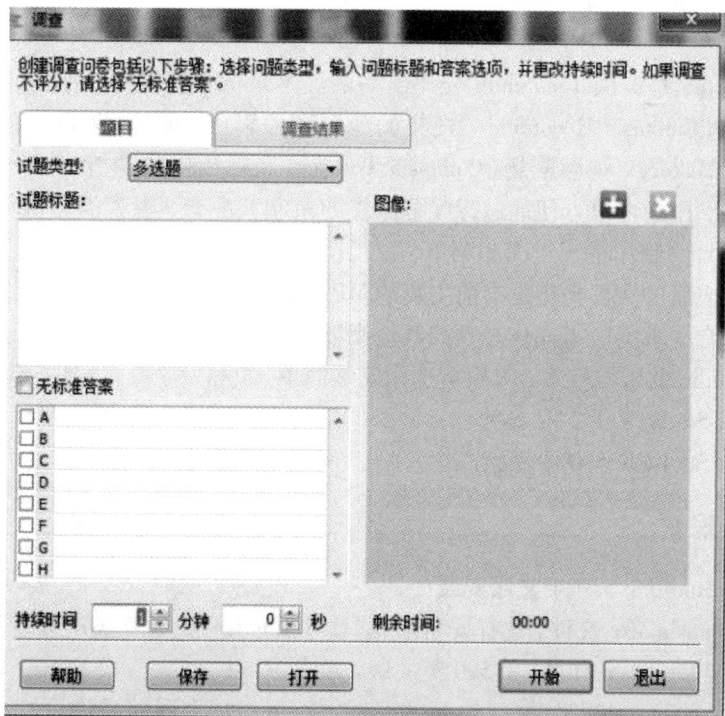

图 9 - 28　极域多媒体电子教室的学生问卷调查设置窗口

【任务小结】

　　本任务通过极域多媒体电子教室完成对一堂课的教学控制,包括课前准备可进行的基本设置、上线情况掌握、电子签到,课中教学环节中的屏幕广播、屏幕录制、视频回放、文件分发,课后管理环节中的提交作业、远程控制开关机等。

使用凌波多媒体
教学软件(V)

　　通过本任务的学习和训练与【应用拓展】,使大家能够通过极域多媒体电子教室实现课堂教学的调整和互动,包括老师的分组教学、电子教鞭、屏幕监视与转播,老师和学生间的互动,包括电子发言、学生示范、学生教学、网上讨论等方法。

任务9.2　设置录屏参数与使用录屏软件

【任务分析】

　　完成本任务,主要涉及 Camtasia Studio 的安装和录屏前的设置处理,以实现教学过程和教学资源的录制。具体如下:

　　(1)Camtasia Studio 8.5.0 中文版的安装。

　　(2)Camtasia Studio 录制前参数的选择。

　　(3)使用 Camtasia Studio 视频录制的方法。

【任务资讯】

　　Camtasia Studio 是美国 TechSmith 公司出品的屏幕录像和编辑的软件套装。软件提供了强大的屏幕录像(Camtasia Recorder)、视频的剪辑和编辑(Camtasia Studio)、视频菜单制作(Camtasia Menu Maker)、视频剧场(Camtasia Theater)和视频播放功能(Camtasia Player)等。使用本套装软件,用户可以方便地进行屏幕操作的录制和配音、视频的剪辑和过场动画、添加说明字幕和水印、制作视频封面和菜单、视频压缩和播放。相比多媒体教学控制软件的录屏,其录制并生成后的文件类型是当前主流的 MP4 或 AVI 的视频类型,任何播放工具都可以打开,从而更适合于教学所需操作视频或其他视频资源的录制。

　　Camtasia Studio 的版本较多,大家可选用安装简单、功能完善、稳定性较好的工具软件:

- Camtasia Studio 8.4.4 中文版。
- Camtasia Studio 8.5.0 中文版。

【任务实现】

　　1. Camtasia Studio 8.5.0 中文版安装

- 运行 Camtasia.exe 文件,选择安装语言"U.S. English",点击"OK"。
- 开始安装 Camtasia Studio 8.5.0 英文版,点击"Next"。
- 阅读许可协议,点击"I accept the license agreement"即我接受许可

安装 Camtasia Studio

协议。

- 授权安装,输入正确的用户名和注册码安装。

● 选择软件安装的文件夹。可自定义安装文件夹，或选择默认地址"C：\Program Files（x86）\TechSmith\ Camtasia Studio 8\"，选择好后点击"Next"。

● 选择是否安装驻留在"Microsoft PowerPoint"中的录制插件，决定是否可以直接用幻灯片播放形式录制 PPT，选择好后点击"Next"。

● 选择是否创建桌面快捷方式"Create a shortcut"选择是否安装"Install default Library assets"，即自带的资源库，选择是否安装可以直接使用软件自身提供的片头和片尾等资源，选择好后点击"Next"。

● 等待安装直至安装成功。

● 点击桌面的图标，图 9 – 29 为 Camtasia Studio 8.5.0 英文版的界面。

● 此时关闭 Camtasia Studio 8.5.0，运行 Camtasia 8.5.5_CHS_Patch. exe 文件，安装汉化补丁，点击"开始"。补丁安装完成，即为完成汉化。

● Camtasia Studio 8.5.0 汉化版安装完成。

Camtasia Studio 8.5.0 中文版成功安装后，点击桌面上如图 9 – 29 左图所示的图标，出现提示并打开的集成界面，如图 9 – 29 右图所示。

图 9 – 29　Camtasia Studio 安装后运行的集成界面

2. Camtasia Studio 录制参数选择

安装好 Camtasia Studio 录屏软件后，不要立刻开始录制屏幕，先进行录制参数设置，录制区域的设置、摄像头的选择设置、录制声音的设置和工具选项的设置，再进行视频的录制。这样可以简化很多录制内容不合乎要求等重复录制的麻烦。

单击集成界面左上角的"录制屏幕"按钮，出现如图 9 – 30 所示的窗口。

图 9 – 30　Camtasia Studio 录制参数设置窗口

（1）设置录制区域。

①全屏录制：此时可以录制整个屏幕。点击"全屏录制"按钮，整个屏幕边缘出现绿色的虚线，表明录制视频的范围随所使用的电脑分辨率而定，如电脑分辨率为1366×768，则录制视频的范围就是这个尺寸。

②自定义录制：此时可以自由选择区域录制，选择之后会出现一个范围框，可以通过鼠标左键按住中间的按钮自由拖动来设置范围，也可以直接设置范围大小，宽度和高度的右侧有显示数字，比如图9-31所示的数字为宽与高。

点击"自定义"按钮，输入自定义尺寸（以像素为单位）。为了保持宽高比，点击锁图标锁定。

单击选择区域录制按钮，打开选择工具，出现红色的网格线，用鼠标单击并拖动选择录制区域，确定后变为绿色虚线框。

在自定义扩展选项中设置录屏区域，从图9-31所示的下拉选项中选择一个预设的大小。标准（4:3）：1024×768、640×480；宽屏幕（16:9）：720 p HD（1280×720）、480 p SD（854×480）；最近区域：576×420、1032×632。锁定到应用程序，这个选项比较不错，勾选之后就是视频录制范围就自动取消任务栏范围，录制的尺寸是录制电脑的分辨率，如：1032×632。

图9-31　Camtasia Studio 录制屏幕大小设置窗口

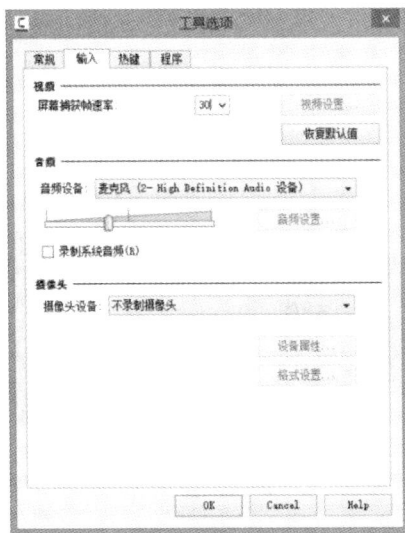

图9-32　Camtasia Studio 录制输入参数设置选项卡

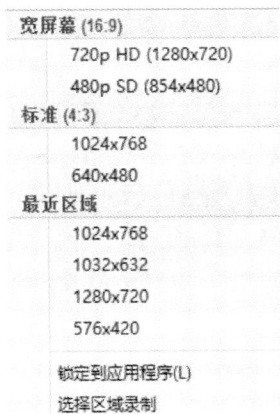

将光标放在绿色虚线框上，当光标变为四向箭头时，左击即可调整录屏区域。

（2）选择摄像头。

如果电脑安装了摄像头，录屏前可以选择录屏过程中是否使用摄像头，即开关摄像头。

（3）设置录制声音。

如果需要同步录制声音可选择录制音频，点击"音频开关"按钮，可以选择录制麦克风系统音频等选项。

（4）设置工具选项。

点击"工具"中的"选项"，弹出如图9-32所示的"工具选项"窗口，切换选项卡：

①输入选项卡。

设置视频、音频、摄像头的属性。

屏幕捕获帧数率，帧数越高录制的视频越清晰。一般不做修改，如修改此处帧数推荐 10 ~ 15 fps。

音频可根据录音内容调整音量，可控制是否录制系统声音。

摄像头的属性可设置视频 proc amp、照相机控制、数据流控制等调整摄像头捕获的效果。

②常规选项卡。

在"工具选项"窗口中，可通过如图 9 - 33 所示的"常规"选项卡设置帮助信息、捕获内容、保存的位置和形式。

保存时录制为可选的".trec"和".avi"文件扩展名。".trec"是蹦软件录制时的默认保存形式。提示：若设置录制输出为 AVI 格式则不能使用摄像头，同时也不能录制系统音频。

临时文件夹可修改文件默认的保存路径。

③热键选项卡。

如图 9 - 34 所示的"热键"选项卡提供录音/暂停(F9)、停止(F10)、标记(Ctrl + M)、屏幕绘制(Ctrl + Shiftt + D)等快捷键，可修改为自己习惯使用的快捷键。

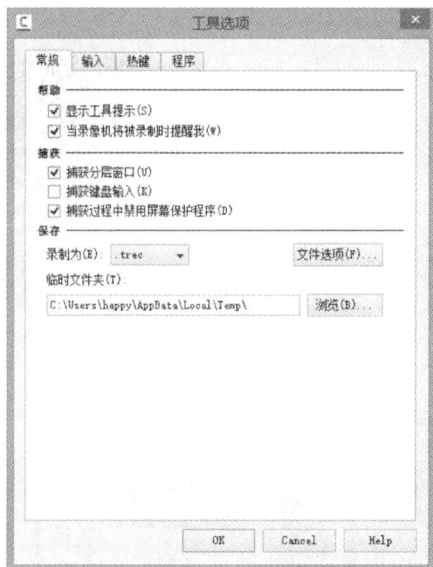

图 9 - 33　**Camtasia Studio** 录制
常规参数设置选项卡

图 9 - 34　**Camtasia Studio** 录制
热键参数设置选项卡

④程序选项卡。

"程序"选项卡可设置录制区域、录制流程、最小化录像机的形式，如图 9 - 35 所示。

最小化录像机可以选择录像机"是否被录制"(可选择性最小化录制)、"始终"(始终被最小化录制)、"从不"(从不被最小化录制)的形式。

若不想被捕捉到，可最小化到"任务栏"和"系统托盘"。

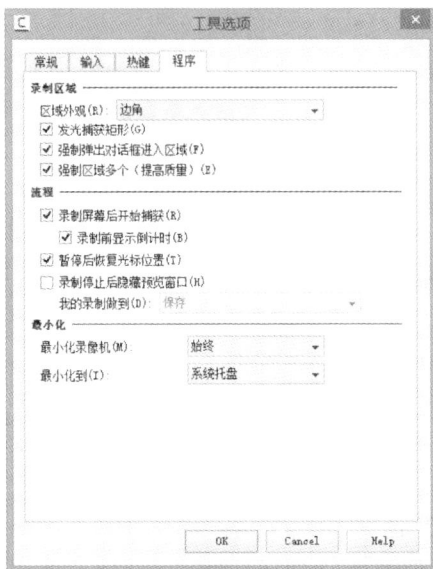

图 9 – 35　Camtasia Studio 录制程序参数设置选项卡

3. Camtasia Studio 录制视频

（1）录制过程的控制。

如果通过点击"Camtasia Recorder"活动窗口红色"Rec"按钮（对应快捷键 F9）就会在 3 s 倒计时之后就开始录制。按 F10 可停止录制。一旦开始录制，"Camtasia Recorder"活动窗口调整为有暂停、停止按钮操作的窗口，可以通过这些按钮控制录制内容的删除、暂停、停止，也可以通过快捷键 F9 来暂停和再次开始录屏，快捷键 F10 结束录制，如图 9 – 36 所示。

使用 Camtasia Studio
录制教学视频（V）

图 9 – 36　Camtasia Studio 录制过程显示窗口

小技巧：

如果有录制耳麦的声音，则麦克风应距离嘴部为 20 ~ 30 cm。切记不可正对嘴部，否则容易记录下吐气的爆声。麦克风还应位于在侧前 45°左右为好。

录制过程中若说错话或者鼠标操作错，不必急于取消录制，可继续录制并在屏幕上留下标记，如静止几秒钟，这样为后期编辑时的剪切留下视觉参照。当然，也可以查看记录器显示的时间。

（2）录制视频的预览。

录制完毕，按停止按钮（对应快捷键 F10）会停止录制，同时自动弹出录制预览窗口，如

图 9 – 37 所示。此时，以可预视任何刚刚录制的声音、视频内容及其他录制效果。

通过"缩放到适合尺寸和百分百视图"按钮选择录制内容的视觉效果。"缩放到适合尺寸"录制的内容会产生缩放以匹配预设区域大小；"百分百视图"则可以通过滚动滑块来全范围预视整个录制的视频内容。

时间标签位置上会显示当前播放时间与视频时间长度。

图 9 – 37　Camtasia Studio 录制视频的预览窗口 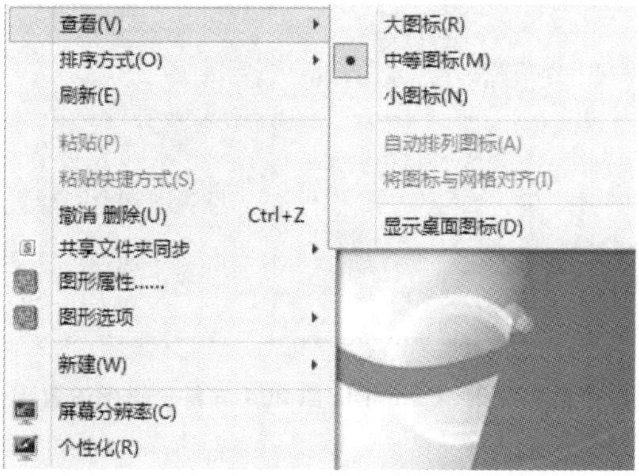　　**图 9 – 38　Camtasia Studio 桌面设置详情**

（3）录制文件的保存。

若是不满意录制内容，则点击视频预览窗口右下按钮"删除"录制文件。若基本满意则选择"保存并编辑"继续录制文件，或直接"生成"为视频文件不再继续编辑文件了。如果选择第二种，因之前已设置了生成文件的类型，根据设置结果在指定路径下生成". trec"或". avi"的文件，通常选择"保存并编辑"录制文件。关闭预览窗口，同时打开位于剪辑器和时间轴上的编辑器，可再次审核、编辑录制内容。此时 Camtasia 依然保持录制状态。

4. Camtasia Studio 优化录制教学过程

（1）录屏前的设置优化。

在录制教学视频前可以设置一些计算机的参数，使录屏效果更佳。

①设置桌面。

右击桌面空白处，在弹出的菜单中选择"查看"选项，如图 9 – 38 所示。取消勾选"显示桌面图标"菜单项，实现隐藏桌面图标，使录制画面干净整洁。

②设置屏幕分辨率。

右击桌面空白处，在弹出的菜单中选择"屏幕分辨率"选项，如图 9 – 39 所示。选择所需的分辨率参数，录屏软件最大的屏幕分辨率为 1280 × 1024。可将屏幕分辨率调整为 1280 × 768，这样在实操录制后的编辑环节任务栏会被隐藏。

③设置鼠标外形。

右击桌面空白处，在弹出的菜单中选择"个性化"选项，如图 9 – 40 所示。在"鼠标属性"的窗口中点击"指针"选项卡，"正常选择时"区域中选择自定义鼠标外形，改变鼠标显示效果。

图 9 – 39　Camtasia Studio 屏幕分辨率设置窗口

图 9 – 40　Camtasia Studio 鼠标外形设置窗口

（2）优化录制教学操作过程。

①添加注释。

启动"录像机"活动窗口，如图 9 – 41 所示。点击"效果"菜单中的"注释"子菜单，设置录制内容中始终包含系统戳记（时间日期等）或标题（可以是该视频的标题，也可以是录制者的个人信息）。

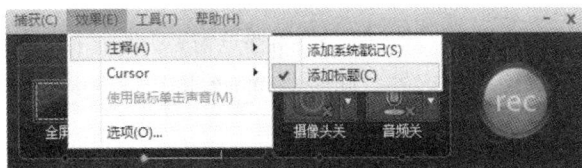

图 9 – 41　Camtasia Studio 录屏效果设置详情

可通过"选项"子菜单弹出的提示框设置注释和标题，以及选项，如图 9 – 42 所示。

②设置光标效果。

在"录像机"活动窗口，点击"效果"菜单中的"Cursor"选项，设置录制内容中的光标类型。如是否隐藏、加亮光标、鼠标单击时是否加亮光标的效果，这样可使观看视频者更好地观看鼠标动作及位置，如图 9 – 43 所示。

点击"效果"菜单中的"选项"子菜单，在弹出的提示框中选择"Cursor"选项卡进行光标预设的效果和颜色修改，如图 9 – 44 所示。

提示：如果想出现光标效果，则需要将"常规"选项卡中录制保存的文件名改为"avi"格式（见上节内容）。

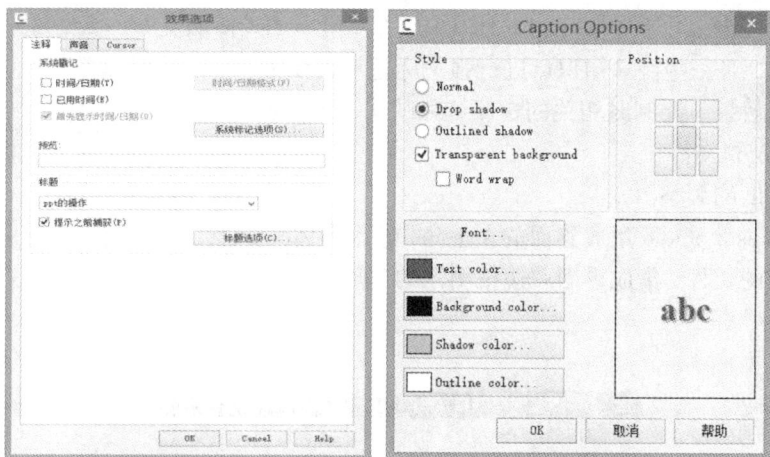

图 9－42　Camtasia Studio 录屏选项设置窗口

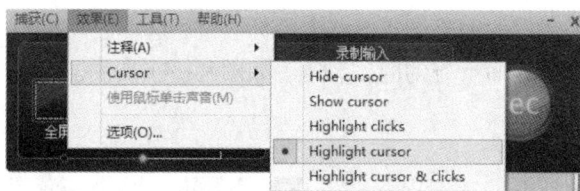

图 9－43　Camtasia Studio 录屏时光标效果设置详情

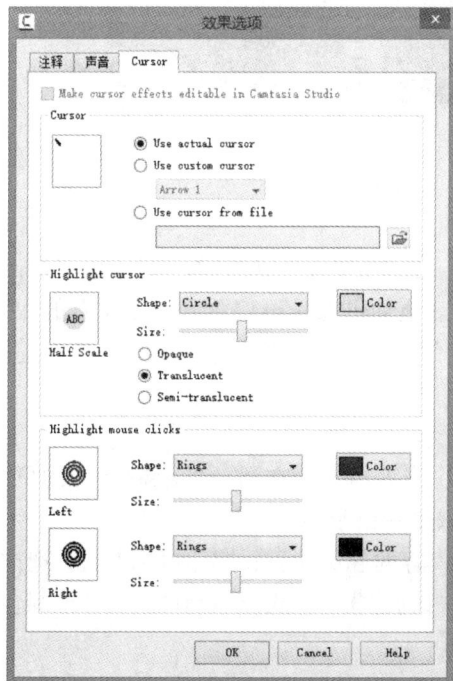

图 9－44　录屏时光标效果设置选项卡

说明	快捷键
屏幕绘制形状	
铅笔自由画	P
方框	F
高亮	H
椭圆	E
直线	L
箭头	A
绘制颜色	
红色	R
洋红色	M
绿色	G
蓝色	B
蓝绿色	C
黄色	Y
白色	W
黑色	K
取消	Ctrl + Z
重新	Ctrl + Y
退出屏幕绘制	Esc

图 9－45　屏幕绘制效果与快捷键关系

③屏幕绘制。

在录制过程中，可通过按"Ctrl + Shift + D"实现屏幕绘制，设定屏幕绘制的工具以及绘制的颜色和宽度，对一些特殊知识点进行强化标记或说明处理，加强教学效果。按 Esc 可以取消屏幕绘制的效果。绘制时相关的快捷键如图 9 - 45 所示。

（2）审核录制文件。

①审核进度的调整。

点击 Camtasia Studio 集成界面的左上角"导入媒体"按钮，或点击【文件】—【导入媒体】导入需要审核的文件，集成界面左边编辑区的"剪辑箱"选项卡中会显示导入的素材，如图 9 - 46 所示。

图 9 - 46 Camtasia Studio 导入媒体按钮位置

将鼠标移到该录制文件的缩略图上，单击鼠标右键，选择"添加到时间轴播放"。这时录制的文件会被添加到集成界面下方的时间轴上，如图 9 - 47 所示。

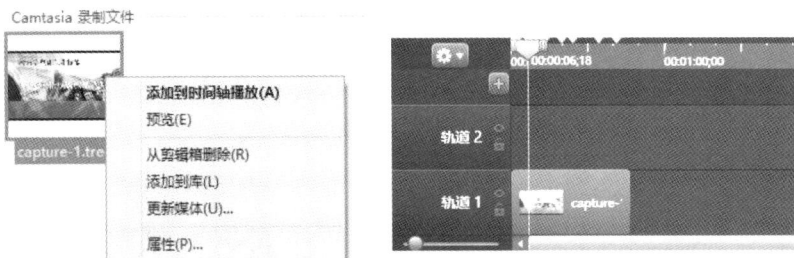

图 9 - 47 Camtasia Studio 导入录制视频到设置区域

在 Camtasia Studio 集成界面右侧的审核区域会显示录制内容，如图 9 - 48 所示。点击视频下方的"播放"按钮进行播放，开始审核录制文件。拖动进度条可以看到指定位置的视频，通过审核区下方的数字可以看到观看文件的时间点的变化和总时间长度；另外，通过前进、后退按钮可观看前、后一个时间点的视频内容。

②审核范围的调整。

时间轴上有绿、红、灰色的拖动块，灰色拖动块代表当前正在播放的录制文件的位置，调整其位置即可调整录制文件的当前审核位置，如图 9 - 49 所示。

选定时间轴上的绿色拖动块的位置，成为播放内容的起始位置；按住鼠标左键，拖拉红色拖动块至需播放内容的终止位置。点击审核区的"播放"按钮，灰色拖动块只会在红绿色拖动块间的区域移动。此时可对选定内容的进行审核。

点击可调整时间轴的工具栏左上角中的"缩小/放大比例"按钮，粗略或精细地审核每一秒。

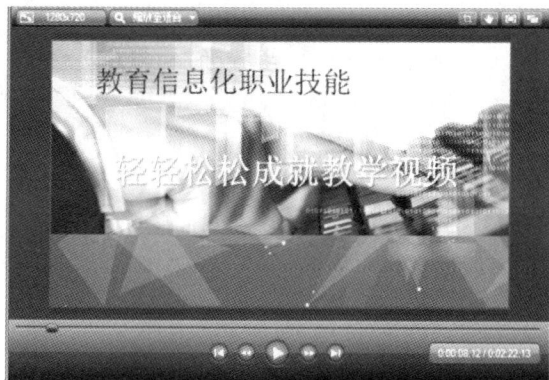

图 9 – 48　Camtasia Studio 录制视频审查区域

图 9 – 49　Camtasia Studio 录制视频审核区域选取

③显示效果的调整。

在如图 9 – 50 所示的 Camtasia Studio 集成界面右侧的审核区域,点击【调整录制文件】—【编辑尺寸】,以便更好地编辑视频内容。

也可以调整审核区中录制文件的显示比例,以看到文件的每个细节,如图 9 – 51 所示。

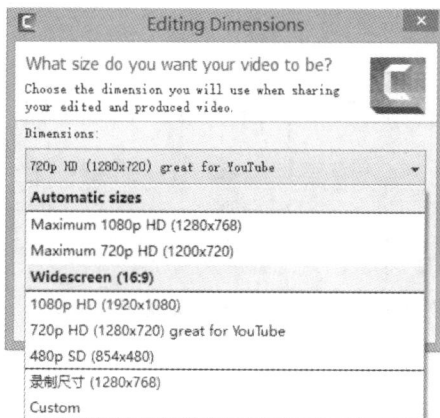

图 9 – 50　Camtasia Studio 录制视频显示效果调整

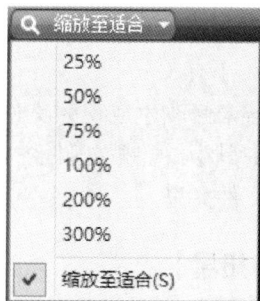

图 9 – 51　Camtasia Studio 录制视频审查比例调整

(3)生成录制视频。

完成录制、审核、处理教学视频后,开始生成教学视频。

①点击如图 9 – 52 所示的主界面中的"生成和分享"按钮生成视频格式。

图 9 – 52　Camtasia Studio 生成和分享按钮位置

②在弹出的"生成向导"对话框中选择所要生成的格式,如图 9 - 53 所示。如选择预设格式:"MP4 only(up to 720p)",则自动生成为 MP4 文件。

③点击"下一步"开始生成视频格式,如图 9 - 54 所示。之后按步骤随向导点击"下一步"即可。

图 9 - 53 Camtasia Studio 录制视频生成窗口

图 9 - 54 Camtasia Studio 录制视频生成设置窗口

④等待"视频"生成时,会弹出"渲染项目"提示框,如图 9 - 55 所示。此时需要一段时间生成视频,生成时间的长短与电脑的性能和视频的大小有关。

提示:若未修改生成视频文件路径,生成视频文件在默认视频文件路径,即安装 Camtasia 的文件夹里。

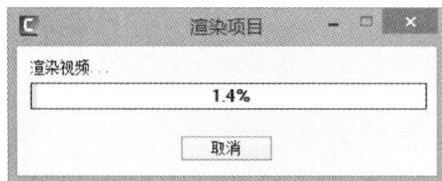

图 9 - 55 Camtasia Studio 视频生成窗口

【应用拓展】

如何使用 Camtasia Studio 录制 PPT?

打开制作好的 PPT,点击主菜单中的"加载项"菜单项目,点击左上角的红色"录制"按钮,进入播放页面,PPT 开始放映。右下角也会出现提示框,可在提示框中调整麦克风音量。选择录制讲解旁白和 PPT 中自带的音视频声音,然后点击"开始录制"按钮,录制 PPT 幻灯片放映过程。

如果想暂停或停止录制,可按快捷键"Ctrl + Shift + F9"或"Ctrl + Shift + F10"实现。

PPT 演示结束,提示是否继续录制,选择继续录制,则按"继续录制";选择停止录制,则提示保存录制文件路径和文件名,并出现提示框,选择"编辑录像",点击"确认",进入 Camtasia Studio 集成界面,编辑录制内容。选择"生成录像"则启用 Camtasia Studio 进入生成视频环节。

提示:

录制 PPT 前可以不修改屏幕分辨率，但要注意录屏区域。

不要担心讲错，如果不小心讲错了，按"Shift + P"返回上一页，再讲一次，后期编辑时可以删去。如果要重新讲，可停顿几秒钟，一来想想如何讲，二来后期编辑时容易找到这个位置。

【任务小结】

本任务通过 Camtasia Studio 录屏软件安装、设置，完成了教学视频的录制。可以依据需求设置录制视频的范围、声音、摄像头、工具选项、录制后保存的文件类型、录制后保存的文件路径等，然后开始录制处理，使录制内容满足个人需求。

通过本任务的学习和训练，使大家能够掌握调查问卷、考试试卷、单元检测等文档编辑排版的方法。

任务9.3 安装与使用网络云盘

【任务分析】

使用百度网盘完成教学资源上传与下载，过程包括：
(1)百度网盘账户的申请及客户端安装。
(2)百度网盘的使用。
(3)百度网盘资源上传与下载。

百度云盘账户的申请及客户端安装

【任务资讯】

1. 百度网盘介绍

百度网盘是百度推出的一项云存储服务，是百度云的其中一个服务。首次注册即有机会获得 15GB 的空间，用户可以轻松地把自己的文件上传到云盘，并可以跨终端随时随地查看和分享。

百度网盘，是百度公司推出的一项提供用户 Web、PC、Android、iPhone 和 WindowsPhone 手机客户端多平台数据共享的云存储服务，具备数据共享、文件分类浏览、快速上传、离线下载、数据安全、轻松好友分享等特点。该服务依托于百度强大的云存储集群机制，发挥了百度强有力的云端存储优势，提供了超大的网络存储空间。

2. 网盘账户申请

①在任意搜索网页的对话框中输入"百度网盘"并点击探索。

②选择百度网盘官网，选择百度网盘，出现百度网盘的首页，如图 9 - 56 所示。页面右侧有"账号密码登录"的输入框，需要填写百度账号。

③点击输入框下方的"立即注册"，根据如图 9 - 57 所示的要求，注册一个新的百度账号。

④注册成功之后就可以登录如图 9 - 58 所示的百度网盘了。登录之后的界面如图 9 - 58 所示。

图 9–56　百度网盘首页

图 9–57　百度网盘注册页面

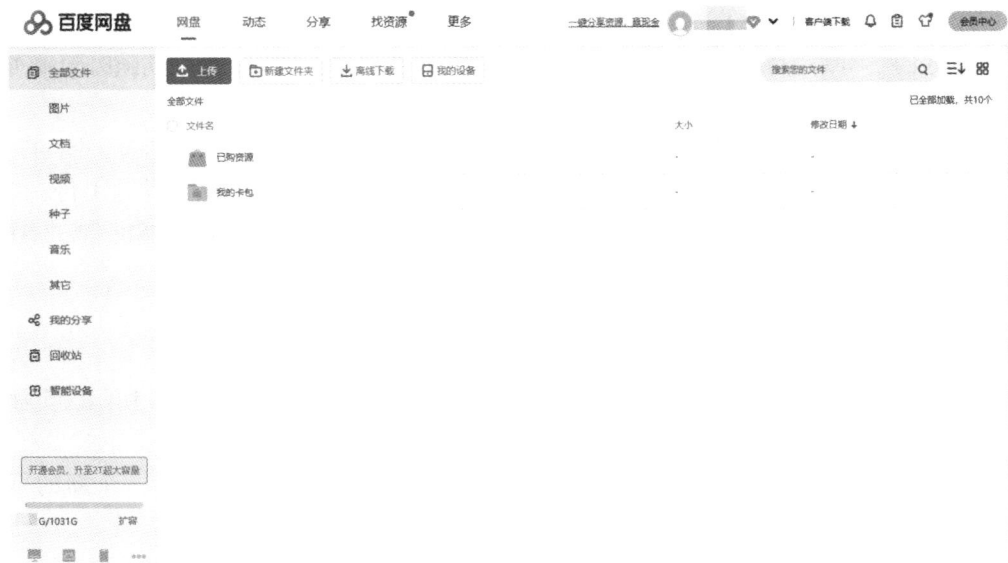

图 9–58　个人百度网盘首页

【任务实现】

1. 百度网盘电脑端安装

打开浏览器，在搜索栏输入"百度网盘"，进入官网，点击"下载 PC 版"。

将百度网盘客户端安装程序下载到指定位置后，双击应用程序开始安装网盘，修改软件安装路径后，点击"确定"，即开始安装。安装好百度网盘后，可以将安装包删除。打开百度网盘客户端，登录窗口如图 9－59 所示。

图 9－59　百度网盘运行窗口

2. 百度网盘的资源上传

登录百度网盘后，点击页面中的"上传"按钮，本地需要上传的 ≤4G 的文件可立即上传，如图 9－60 左图所示。上传 >4G 的文件时会看到如图 9－60 右图所示的上传失败提示，但高级会员后可以直接上传。

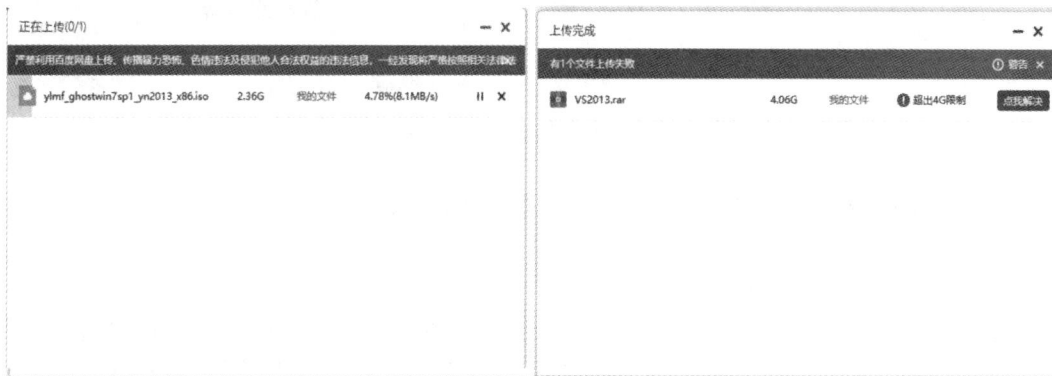

图 9－60　百度网盘的文件上传

3. 百度网盘的资源下载

网盘的资源下载分为普通下载和离线下载。

①普通下载。

选中需要操作的文件，点击"下载"按钮，或需要下载文件右侧的下载图标，如图 9－61 所示。

使用百度云盘 (V)

图9-61　百度网盘的资源下载

　　选择下载的文件为普通文件时，可以直接下载，文件默认下载到电脑的"下载"文件夹中。但如果是下载文件夹，则会出现需要文件下载窗口，如图9-62左图所示，在网页弹出的"文件下载"窗口中会提示需要使用百度网度客户端下载。如果下载的文件较大，则会出现文件下载的预览窗口，如图9-62右图所示。如果是视频可以播放并检查是否为想下载的文件，再选择"高速下载"的方式下载。选择"高速下载"会启动百度网盘客户端，通过客户端下载。

图9-62　百度网盘的文件下载窗口

　　提示：如果下载的是文件夹，需要安装百度网盘PC版，再进行下载。
　　②离线下载。
　　离线下载分为链接下载和BT下载。
　　选择如图9-63左图所示的"新建链接任务"后，弹出如图9-63中间图所示"新建离线链接任务"窗口，输入离线下载文件的链接地址和保存位置，点击"确定"开始离线下载。若选择新建BT任务，则需要先将本地下载文件的种子文件上传到自己的百度网盘中。选中文件拓展名为".torrent"的BT文件，单击"打开"会出现上传过程。上传完毕后，选择需要下载的数据并设置保存位置和下载文件的数量和类型，点击"开始下载"完成离线下载，如图9-63右图所示。
　　提示：网盘中已经存有BT种子的用户，只须点击BT便会提示离线下载。
　　4.百度网盘的资源转存
　　资源的转存可以通过在网络上搜索资源的名称来搜索百度网盘分享的资源。通过进入百

图 9 – 63　百度网盘的离线下载窗口

度分享需要转存的链接网址,点击"保存到网盘"按钮或点击"保存到我的百度网盘"。如果未登录网盘则会弹出登录窗口,可选择扫码登录和账号登录。已经登录则可以直接保存,在如图 9 – 64 右图所示的窗口中选择保存的网盘位置,点击"确定"按钮开始保存。保存成功后,自己网盘中就可以看到他人网盘里的文件,实现资源的转存。

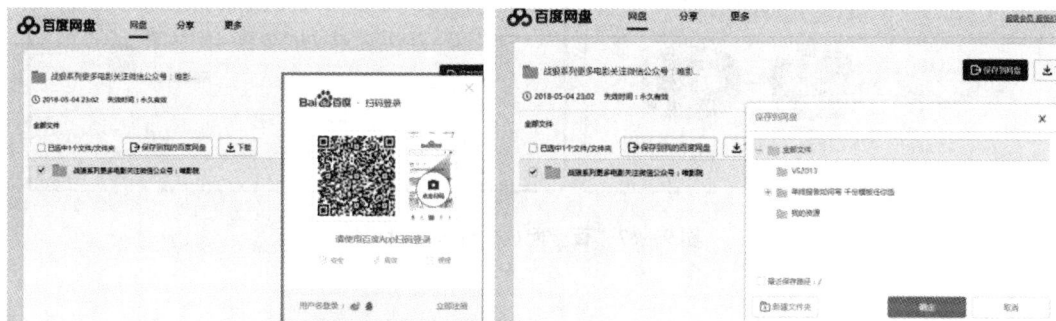

图 9 – 64　百度网盘的资源转存窗口

5.百度网盘文件的分类管理

文件的分类管理是指将不同类型的文件放在不同的文件夹中。在网盘页面点击"新建文件夹"按钮,"全部文件"的下方产生"新建文件夹",如图 9 – 65 所示。修改新建文件夹名后,可将不同类型的文件放在不同的文件夹中,实现分类管理。

①文件的移动。

选中需要分类管理的文件,点击【…更多】—【移动到】按钮,或单击鼠标右键,在弹出的菜单中选择到"移动"菜单项,弹出"选择网盘保存路径"窗口,选择文件移动位置,点击"确定"实现文件移动,如图 9 – 66 所示。

②文件的复制。

单击鼠标右键,在弹出的菜单中点击"复制"菜单项,粘贴的操作过程与文件移动操作基本相同,操作完成后会在原文件的位置和新文件夹的位置上会都存在该文件,实现文件的复制。

提示:也可通过"推送到设备中"按钮实现选中文件推送到设备上,在登录后的网盘页面中单击"我的设备"选项,选择"添加设备"并在"添加设备"窗口选择设备实现,如图 9 – 67 所示。

图9-65　百度网盘的新建文件夹

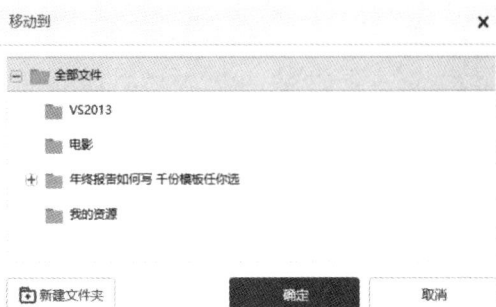

图9-66　百度网盘的移动文件窗口

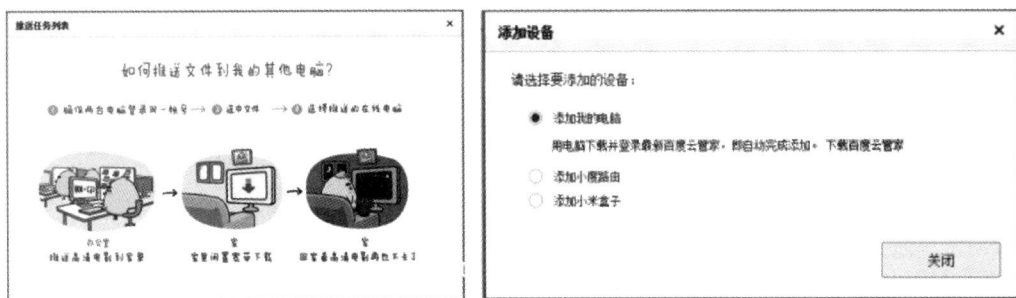

图9-67　百度网盘文件推送窗口

6.百度网盘的资源隐藏

在自己的网盘中,如果有一些资源不想被他人随意看到,可以将需要隐藏的文件移动到隐藏空间,设置进入隐藏空间的密码实现加密。

在如图9-68所示的百度网盘中,找到隐藏空间选项,如果是首次启用隐藏空间,需要设置字母与数字组合的密码。

有需要上传的文件放至百度网盘的隐藏空间时,可点击百度网盘窗口右上方的"更多",选择某一文件,点击鼠标右键,在弹出的菜单项中选择移入隐藏空间,可完成文件在隐藏空间的锁定。若想看到文件,则必须输入设定的密码进入隐藏空间后方能看到,如图9-69所示。

如果是已经保存在网盘里的文件,则直接单击右键选择"移入隐藏空间"选项,可对文件快速加密。

提示:只能通过百度网盘PC端、手机端看到隐藏空间的文件,在百度网盘网页端不能看隐藏空间的文件。

7.百度网盘的资源分享

网盘资源的分享有公开链接、加密链接两种方式可以选择,如图9-70所示。

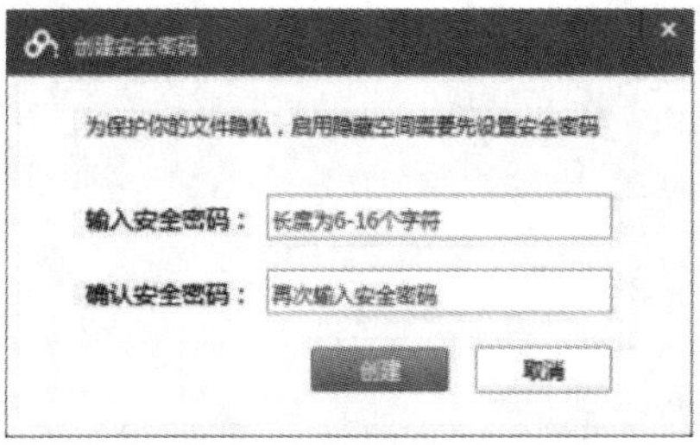

图 9 - 68　百度网盘的隐藏空间设置

图 9 - 69　文件上传隐藏空间

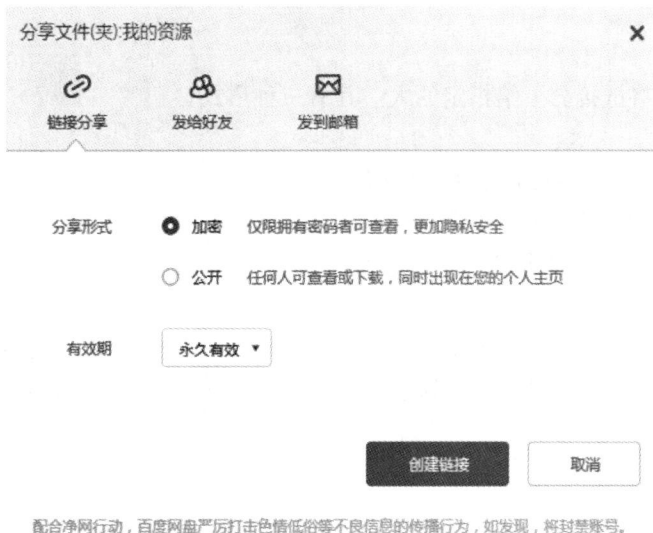

图 9 - 70　百度网盘的资源分享

（1）公开链接。

公开链接是指不用登录、无须密码下载的分享。

点击如图 9 - 71 所示"链接分享"中的"创建公开链接"按钮，自动生成分享链接，点击"复制链接"，分享给朋友，朋友通过该链接直接下载这个文件。

若需要删除分享的内容，可以通过主页左侧如图 9 - 72 所示的"我的分享"查看自己分享的文件和文件夹，选择不再分享的内容，点击鼠标右键，在弹出的菜单项中选择"删除分享"，文件即被删除。

图9-71　百度网盘的资源公开分享

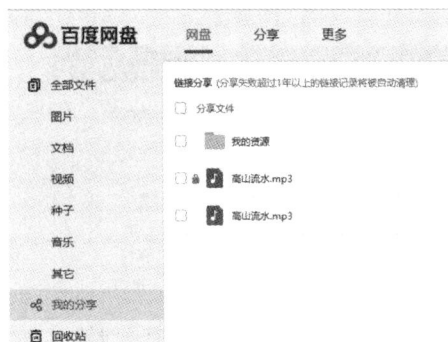

图9-72　百度网盘"我的分享"

（2）加密分享。

加密分享是指将链接分享给指定的人。其有三种形式：

①链接分享。

与公开分享差不多，复制地址和提取密码给好友。

②邮件分享。

点击"发送邮箱"，填写朋友邮箱地址、内容、验证码，如图9-73所示。

③好友分享。

点击"发给好友"并选择"添加好友"，输入好友的手机号或从选定的"群组""好友"中选择。输入验证码，点击"分享"，好友的手机就可以收到分享的链接。如图9-74所示。

图9-73　百度网盘的资源邮件分享

图9-74　百度网盘的资源好友分享

【应用拓展】

1. 如何在手机端安装百度网盘？

打开手机浏览器，通过搜索栏搜索百度网盘。在搜索页面通过百度网盘官网下载百度网盘 App，进入下载页面，点击普通下载，弹出下载对话框，选择下载和下载路径，等待直至下载完成。

下载完成后，在弹出对话框中选择安装。

安装完成后，直接点击手机中的对应图标打开并同意协议，通过手机号、QQ、微信登陆，并授权相关操作，便可以直接进入百度网盘。

2. 如何将通讯录中的好友添加为分享好友？ 通讯录中的好友如何通过百度网盘 App 导入？

打开百度网盘 App，输入账号密码，点击"登录"，进入首页。

点击【文件】进行选择，可选择本地或网盘中的文件进行共享，如图 9 – 75 所示。选中文件后，点击下方正中间位置的【共享】按钮，在选项卡中选择【手机联系人】，点击【知道了】，点击【确定】，开启权限后导入手机通讯录中的联系人，如图 9 – 76 所示。

图 9 – 75　百度网盘文件分享

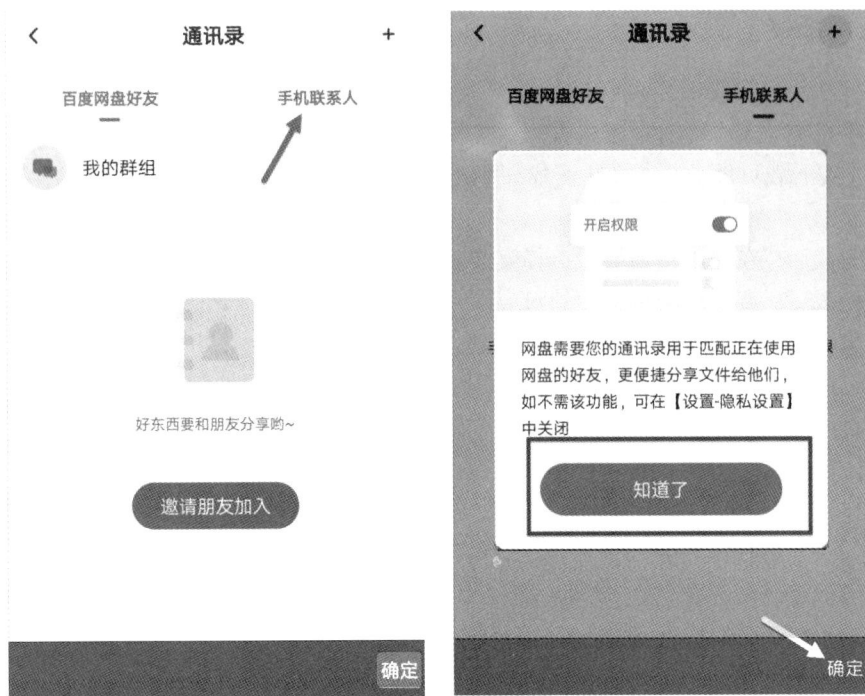

图 9 - 76　百度网盘导入手机通讯录

✎【任务小结】

本任务通过自己的使用百度网盘，包括资源上传与下载、转存和资源的分类管理、选择性资源隐藏、资源同步、网盘中资源的分享，其中特别指出私密分享给指定好友即手机联系人中的好友的方法。

通过本任务的学习训练和技能拓展，使大家能够使用手机与电脑上传、下载个人教学资源。

📑【综合实训】

实训项目一：使用辅助教学软件完成常规教学

一、项目目标

1. 使用多媒体教学控制软件课前准备。

2. 使用多媒体教学控制软件和录屏软件完成课堂常规教学处理。

3. 使用多媒体教学控制软件和百度网盘完成课后管理和资源分享。

二、项目要求

要求通过辅助教学软件实现常规课堂教学，整体要求如下：

1. 使用多媒体教学控制软件完成课前基本设置、学生上线情况掌握、电子点名等课前准备。

2. 课堂中采用多媒体教学控制软件实现屏幕共享、屏幕录制、网络视频、文件传输等，并通过专业的屏幕录制软件实现需要共享的课程资源的录制。

3.课后通过多媒体教学控制软件完成作业提交、远程命令、远程开关机，并通过百度网盘实现课程资源分享等。

三、解决方案

1.完成基础教学。

2.教学过程中的操作流程等资源的录制与分享。

实训项目二：使用辅助教学软件完成互动教学

一、项目目标

1.使用辅助教学软件完成课前资源准备。

2.使用多媒体教学控制软件和录屏软件完成课堂互动教学处理。

3.使用多媒体教学控制软件和百度网盘完成课后管理和资源分享。

二、项目要求

要求通过辅助教学软件实现互动型课堂，整体要求如下：

1.课前用录屏软件录制所授课程中简单的操作用例，并上传到百度网盘中。

2.课堂中采用多媒体教学控制软件监管学生动态，并进行学员间的分组讨论交流、多人会话、个别指导、问题回答等。

3.课后通过多媒体教学控制软件控制课中录好的视频上传到网络网盘。

三、解决方案

1.完成互动教学。

2.教学过程中的操作流程等资源的录制与分享。

【思考与探索】

一、选择题

1.极域多媒体电子教室进行广播教学的快捷键为(　　)。

A. Ctrl + Alt + F11　　　B. Ctrl + Alt + F10　　　C. Ctrl + Alt + F8　　　D. Ctrl + Alt + F6

2.Camtasia Studio 是(　　)的 TechSmith 公司出品。

A.英国　　　　　　　B.欧盟　　　　　　　C.德国　　　　　　　D.美国

3.Camtasia Studio 是 TechSmith 公司出品的(　　)的软件。

A.该行被选定　　　　　　　　　　B.该行的下一行被选定

C.该行所在的段落被选定　　　　　　D.全文被选定

4.Camtasia Studio 录屏时屏幕绘制的快捷键是(　　)。

A. Ctrl + Shift + B　　　　　　　　B. Ctrl + Shift + P

C. Ctrl + Shift + F1　　　　　　　　D. Ctrl + Shift + D

5.百度网盘网络端的文件不想被他人随意看到，可借助＿＿＿＿设置＿＿＿＿后实现。(　　)

A.手机 App，建立隐藏空间　　　　　B.电脑，建立隐藏空间

C.百度网盘，建立隐藏空间　　　　　D.百度网盘，建立文件隐藏

二、判断题

1. Camtasia Studio 是安装简单、功能完善、稳定性较好的工具软件。　　　（　　）

2. Camtasia Studio 隐藏鼠标的方法是在属性菜单 Cursor 选项下选择 Hide cursor 项实现。

　　　　　　　　　　　　　　　　　　　　　　　　　　　　　　　（　　）

3. 百度网盘是百度推出的一项云存储服务，无须注册就能下载文件。　　（　　）

4. 用户可以轻松把自己的文件上传到百度网盘，但不可以跨终端随时随地查看和分享。

　　　　　　　　　　　　　　　　　　　　　　　　　　　　　　　（　　）

5. 百度网盘支持便捷地查看、上传、下载百度云端各类数据，支持断点下载。　（　　）

三、填空题

1. 极域多媒体电子教室的电子点名包含（　　　　）。

2. 极域多媒体电子教室进行文件分发的快捷键为（　　　）+（　　　）。

3. Camtasia Studio 录屏启动和暂停的快捷键为（　　　）+（　　　　），录屏停止的快捷键为（　　　）+（　　　）。

4. 在 Camtasia Studio 中最小化录制窗口时可设置为（　　　）。

5. 在 Camtasia Studio 预览窗口看到所有录制内容的所有视图需要点击（　　）按钮切换。

6. 百度云中的通讯录可通过（　　　）中"手机备份"界面的（　　　）选项导入。

四、问答题

1. 极域多媒体电子教室分组教学的方法有哪些？

2. 极域多媒体电子教室学生可电子举手的设置方法有哪些？

3. 简单分析极域多媒体电子教室录屏与 Camtasia Studio 录屏的区别？

4. 使用 Camtasia Studio 录制完屏幕后，形成的文件有哪几种？默认被保存的文件扩展名是什么？

5. 百度网盘资源分享的方式有哪些？

【本章·小·结】

本章以刚入职的小李老师教学过程中教学过程为主线，先简要介绍多媒体教学控制软件的使用方法，学会了多种教学模式下的多媒体教学控制软件使用知识，再结合教学环节中教学资源的需求实现录屏软件和百度云盘的使用工作任务，使读者熟悉资源录制和分享的方法，举一反三，实现了改善教学效果、提升教学质量的目的。

在实验室、机房环境下授课时，多媒体教学控制软件是教师的好助手。本章演示了如何积极有效地开展课前准备、课中教学、课后管理，使用极域多媒体电子教室软件改善课堂教学效果，实现师生间互动与交流。在课中教学环节，如何根据教学内容和进度安排，合理使用屏幕广播、边看边练等功能，避免出现一管就死、一放就乱的局面，如何有效开展师生间的教学互动，如何快速收取学生作业，是我们需要重点考虑的问题。

在使用计算机进行操作、演示的课程教学中，我们希望将自己的操作过程、操作步骤录制下来，做成视频资源提供给学生观摩学习，我们在这个时候，就需要使用录屏软件来录制教学视频，本章以 Camtasia Studio 软件为例介绍屏幕录像和编辑。当然，录屏软件有很多种，比如国产软件 KK 录像机、傲软录屏等都是非常不错的录屏软件，推荐大家试用。

当我们手头的资源越来越多的时候，需要的磁盘存储空间也会越来越大，在办公电脑、家用电脑、教学电脑等设备上使用和播放我们自己的教学资源时，我们往往会使用 U 盘、移动硬盘来拷贝相关文档。在云计算、移动互联网飞速发展的今天，我们完全可以使用云端的存储资源来保存我们的资料，比如百度网盘。百度网盘是百度公司推出的一项提供用户 Web、PC、Android、iPhone 和 WindowsPhone 手机客户端多平台数据共享的云存储服务，具备数据共享、文件分类浏览、快速上传、离线下载、数据安全、轻松好友分享等特点。本章介绍了使用百度网盘完成教学资源上传与下载，包括：百度网盘账户的申请及客户端安装、百度网盘的使用、百度网盘资源上传与下载。除了百度网盘，推荐大家选用国内一些实力雄厚的 IT 公司提供的云存储服务，如 WPS 网盘、腾讯微云、坚果云等。

第 10 章
制作微课

 【教学情境】

互联网技术,尤其是移动互联网的飞速发展,信息技术在教育教学中越来越受到教师们的追捧。小刘老师是青年教师,他对信息技术尤为感兴趣。本学期所授课程需要运用信息技术手段展开教学,他的首要任务是为课程建立相关信息技术资源,尤其是微课资源。而掌握微课选题、微课教学设计、微课录制、微课后期编辑及微课发布与分享相关技术是小刘老师开展信息技术教学的重要途径。

什么是微课?(V)

【解决方案】

为学习和掌握微课制作的技能知识,我们从选择微课主题、设计微课、录制微课、剪辑微课、处理微课音频、添加微课特效、发布和分享微课等方面来对微课进行制作,以便按不同类型的微课制作要求在教学实践活动中灵活运用。

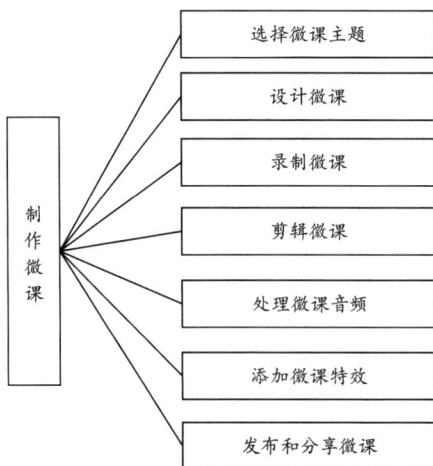

【能力目标】

作为一名教师，在教学工作中常常需要运行信息技术手段开展教学，信息化教学需要具备以下工作能力：

1. 能根据课程标准对课程进行设计，选择重点内容及适合做微课的内容展开选题；
2. 围绕微课的特点，对微课课题开展微课教学设计，并形成教学设计文档；
3. 根据教学设计文档，进行前期准备，选择合适的微课录制方式录制微课；
4. 能利用 Camtasia Studio 工具对录制的微课进行剪辑；
5. 能利用 Camtasia Studio 工具对录制的微课进行音频处理；
6. 能利用 Camtasia Studio 工具对录制的微课进行修饰、美化，提升微课质量；
7. 能利用 Camtasia Studio 工具对录制的微课进行发布与分享。

任务10.1 选择微课主题

【任务分析】

微课选题非常重要，好的选题就好似那诱人的大餐，让人垂涎三尺；而不好的选题则让人提不起兴趣，昏昏欲睡。微课选题是有效开展线上教学活动的前提，掌握好选题方法与技巧，避免选题误区，能让主题更酷炫。

小刘老师想改进教学方式，利用信息技术手段结合课程平台，采用线上线下结合的方式开展《计算机应用基础》课程教学。刘老师需要在上课之前完成整个课程的整体设计，遴选出适合制作微课的题目。制作前需要注意如下几点：

(1)选题常见误区：将大题做成微课，题目大而全，选题不接地气。

(2)选题方法按照"3W1H"原则进行。首先明确微课给谁看(who)，其次明确看什么(what)，然后明白为什么会看(why)，最后考虑怎么看(how)。

(3)让课题变炫，再好的题目颜值太差的话，点开的人也不多，适当包装标题，如取个有吸引力的标题。

【任务资讯】

1. 什么是微课

微课(Micro Course)是指使学习者自主学习获得最佳效果，经过精心的信息化教学设计，以流媒体形式展示的围绕某个知识点或教学环节开展的简短、完整的教学活动。微课概括起来有以下五个特点。

微课的开发流程

(1)微课支持翻转学习、混合学习、移动学习、碎片学习等多种新型个性化学习方式和网络教研方式。

(2)微课以短小精悍的微型流媒体教学视频为主要载体。

(3)微课是针对某个知识点或教学环节而精心设计开发的一种情景化、趣味性、可视化的数字化学习资源包。

(4)为便于分享、交流和重复使用，微课资源包除了微视频，还包含与教学主题相关的教学设计、素材、课件及其源文件、教学反思、练习测试及学生反馈、教师点评等辅助性教学资源。

（5）开展基于微课的网络教研，将成为提升网络时代教师的信息化教学能力和信息化教研能力，促进教师专业化发展的重要途径。

2. 微课选题常见误区

微课选题时的常见误区：将大题剁成几个小视频、题目大而全、选题看不懂、不接地气等误区。

（1）将大题剁成微课。

实际上微课虽小，但必须是完整的课程，独立的章节，或者知识点，技能点，一般不大于10 min。

（2）题目大而全。

选题过程中贪多求全，往往造成微课过长学生难易消化，不便于碎片化学习。比如：《项目管理》《情绪压力管理》《数据库优化》的题目大而全。

（3）选题不接地气。

选题抽象，不直观，让学习者看不懂，听不明白，课题跟学习者自己工作、生活的关系不明确。这样造成选题没有任何吸引力，导致点击量低。比如：《大毛的自述》《骆驼之死的启示》《互联网新时代到来》等课题都属于不接地气的选题。

3. 选题方法

以上是微课选题中常见的误区，如何解决这些问题，走出误区呢？这需要掌握微课选题的方法，即梳理选题思路、明确选题流程、遵从选题原则、聚焦选题点。

（1）"3W1H"选题思路。

首先要明确微课给谁看（who）；其次要明确看什么（what）；然后要明白为什么会看（why）；最后考虑怎么看（how）。

（2）选题流程。

选题流程归纳起来就是两个点：

对象——微课究竟给谁看。

问题——希望通过微课解决什么难题，或者帮助读者完成什么任务。

（3）选题原则。

选题原则是指在微课选题过程中，尽量做减法，避免做加法。对知识点聚焦、说透，而不是面面俱到。

选题宜小不宜大，宜深不宜宽。

选题聚焦：基于任务、问题导向。

如何实现宜小不宜大、宜深不宜宽的原则呢？最主要的就是在微课选题时围绕四个方面展开。

①基本点。

基本流程、基本步骤，基础的应知应会知识。

②痛点。

经常感觉到难受的地方，经常摔跤的地方。

③关键点。

20%的东西决定 80%的成效,这 20%就是关键点。

④变化点。

比如围绕制度更新了、编程语言升级了等变化来展开微课。

能扣住这四点来展开选题,那么宜小不宜大,宜深不宜宽的原则就实现了。

能做到聚焦、小、接地气的微课选题,一般都是不错的题目。

4.让课题变炫

好酒也怕巷子深,再好的题目颜值太差的话,点开的人也不多。所以适当地包装自己的题目,会收到不同的效果。

(1)创造眼球经济——进行数字化处理。

为微课题目做处理,可显得更直接,也更清晰。比如:《绩效考核 ABC》《项目干系人沟通的 3 大纪律》《专业知识生动化 4 招》。

(2)展示价值诱惑——直击信息点。

直接展示价值和利益最能吸引学习者关注。

比如:《一张图搞定课程体系规划》《一眼识别软件 BUG》《秒懂公司考勤规定》。

(3)诱发思考模式——适当采用反问句式。

问问题会引发别人思考,引发大家的回应。比如:《戒烟,你做得到吗?》《内训师必经的坎,你"造"吗?》。

(4)加载热点效应——利用热点词语。

利用热点,能引起大家的广泛讨论,点击量就上去了。比如:《中国好保险第一季——教育基金》《"Duang",U 兔带你进入电子课堂》《别告诉我你懂 PPT》。

【任务实现】

让微课题目小而精,并且变得有吸引力,具体过程如下。

(1)让微课题目小而精,接地气,见表 10-1 所示。

微课选题技巧(V)

表 10-1 基于任务驱动问题导向

原题目	调整后的题目	原因
项目管理	攻克项目立项中的难点	选题宜小不宜大; 好微课应有具体的场景; 有明确的目标受众
情绪与压力管理	电话催收中的情绪压力管理	更紧密地与业务高度关联; 选题更为具体、聚焦
PPT 制作	PPT 快捷键使用技巧	聚焦 设定具体场景

(2)让微课题目更吸引眼球,见表 10-2 所示。

表 10 - 2　让微课主题更炫

原题目	调整后的题目	优化标题
项目管理	攻克项目立项中的难点	《神偷奶爸 3》招助你攻克项目立项难点
情绪与压力管理	电话催收中的情绪压力管理	跟我学电话催收零压力，约吗？
PPT 制作	PPT 快捷键使用技巧	十个快捷键：让你的 PPT 飞起来

💗 【应用拓展】

根据【任务实现】，选取你熟悉的原题目进行优化，让微课题目小而精，并且变得有吸引力。完成微课选题优化表 10 - 3 所示。

表 10 - 3　微课选题优化表

原题目	调整后的题目	美化标题	原因

✏️ 【任务小结】

微课选题要足够的聚焦，越小越好，越深越好；同时要接地气、实用，围绕基本点、痛点、关键点、变化点来展开；有了好选题之后，还要利用方法来进行选题的包装，"颜值"更高就更能吸引读者，如图 10 - 1 所示。

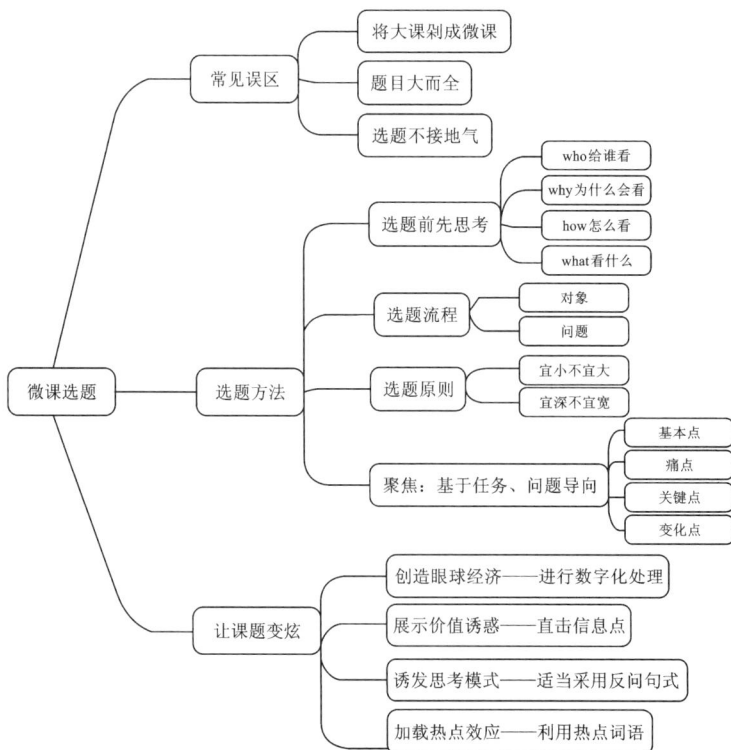

图 10 - 1　微课选题思维导图

任务 10.2　设计微课

【任务分析】

微课教学设计,主要针对五个基本要素进行设计:教学任务及对象、教学目标、教学策略、教学过程、教学评价。对象、目标、策略、过程和评价五个基本要素相互联系、互相制约,构成了微课教学设计的总体框架。具体如下:

微课的形式设计

1. 教学任务

以往教师关注的主要是"如何教"。那么现今教师应关注的首先是"教什么"的问题。也就是需要明确教学的任务,进而提出教学目标,选择教学内容和制定教学策略。

2. 教学目标

教学设计中对于目标阐述,能够体现教师对课程目标和教学任务的理解,也是教师完成教学任务的归宿。根据教学目标,在传统教学内容分析的基础上,梳理出重点、难点等的知识点和技能点,同时考虑选择能够突出课程特色的教学内容。针对这些点进行微课设计,可使课题主题突出,内容具体,相对完整。

3. 教学策略

可将微课划分为 11 类:讲授类、问答类、启发类、讨论类、演示类、练习类、实验类、表演类、自主学习类、合作学习类、探究学习类。微课时间短,针对教学内容选择合适的方法。

4. 教学过程

教学系统由教师、学生、教学内容和教学媒体等四个要素组成,教学系统的运动变化表现为教学活动进程。

5. 教学评价

微课有课程的属性,也有课件的属性,既有知识性,又有资源性,因此可以有多重评判标准和要求。

【任务资讯】

1. 教学任务

课堂教学仅仅是传授知识,教学活动都是着眼于学生的发展。在教学过程中如何促进学生的发展,培养学生的能力,是现代教学思路的一个基本着眼点。因此,教学由教教材向用教材转变。以往教师关注的主要是"如何教",那么现今教师应关注"教什么"的问题。也就是需要明确教学的任务,进而提出教学目标,选择教学内容和制定教学策略。

微课的脚本设计

2. 教学目标

教学设计中的目标阐述,能够体现教师对课程目标和教学任务的理解,也是教师完成教学任务的归宿。教学目标从关注学生的学习出发,强调学生是学习的主体。教学目标是教学活动中师生共同追求的,而不是由教师所操纵的。因此,目标的主体显然应该是教师与学生。教学目标确立了知识与技能、过程与方法、情感态度与价值观三位一体的课程教学目标。它与传统课堂教学只关注知识的接受和技能的训练是截然不同的，体现在课堂教学目标上。即注重追求知识与技能，过程与方法，情感、态度与价值观三个方面的有机整合，突出了过程与方法的地位。因此在教学目标的描述中，要把知识技能、能力、情感态度等方面都考虑到。

3. 教学策略

所谓教学策略，就是为了实现教学目标，完成教学任务所采用的方法、步骤、媒体和组织形式等教学措施构成的综合性方案。它是实施教学活动的基本依据，是教学设计的中心环节。其主要作用就是根据特定的教学条件和需要，制定出向学生提供教学信息、引导其活动的最佳方式、方法和步骤。教学策略包括：教学组织形式，教学方法，学法指导，教学媒体，等等。

4. 教学过程

教学系统由教师、学生、教学内容和教学媒体等四个要素组成，教学系统的运动变化表现为教学过程。教学过程是课堂教学设计的核心。教学目标、教学任务、教学对象的分析，教学媒体的选择，课堂教学结构类型的选择与组合，等等，都将在教学过程中得到体现。那么如何把各因素很好地结合起来，是教学设计的一大难题。

5. 教学评价

教学设计的功能与传统教案有所不同，教学设计不仅仅只是上课的依据。教学设计，首先能够促使教师去理性地思考教学，同时在教学元认知能力上有所提高，只有这样，才能够真正体现教师与学生双方发展教育目的的。

以 PPT 制作中的图片编辑部分为例进行教学设计，模板如表 10-4 所示。

表 10-4　微课教学设计模板(一)

授课教师姓名		学科	计算机	教龄	10
课程名称	计算机应用基础	视频长度	12 min	录制时间	2016.6
知识点来源	学科：计算机　　　年级：大一　　　教材版本：计算机应用基础				
知识点描述	1. 图片过大，只需要图片中的某一部分； 2. 希望图片能够按照设定的形状来展示； 3. 不需要图片背景只需要图片主体； 4. 美化图片，增强图片的视觉冲击力				
预备知识	有一定 PPT 基础知识及操作技能				
教学类型	□讲授型　　□问答型　　□启发型　　□讨论型 ■演示型　　□表演型　　□实验型　　□自主学习型　　□合作学习型　　□探究学习型				
适应对象	大一年级				
设计思路	通过实际案例演示，让学员掌握编辑与美化图片的方法				

续表 10 - 4

	教学过程	
	内容	时间/s
一、片头 (30 s 以内)	当图片插入 PPT 后，我们经常会遇到以下几个问题。1. 图片过大，我们只需要图片中的某一部分；2. 希望图片能够按照设定的形状来展示；3. 有时候我们不需要图片背景只需要图片主体，以便图片能够更好地与页面融合；4. 希望能够对图片进行修饰和美化，增强图片的视觉冲击力。 在我们对其他图片处理软件都不会操作的情况下，如何通过 PPT 提供的图片工具来完成图片的华丽大变身呢？	60
二、正文讲解 (8 min 左右)	内容一：图片大变身一 —— 不要整体要局部	150
	内容二：图片大变身二 —— 随形而变	150
	内容三：图片大变身三 —— 我的眼里只有你	150
	内容四：图片大变身四 —— 个性化定制	150
三、结尾 (30 s 以内)	我练我掌握，给出两道练习题，对本讲的内容进行简单应用，巩固提升。最后，祝同学们学习进步！	≤30
自我教学反思	一节微课复习一章的内容，很难做到面面俱到，只是想在最短的时间里让学生针对所学内容进行回顾和加强。这只是一个尝试，还有很多地方需要思考。	

【任务实现】

表 10 - 5　微课教学设计模板(二)

授课教师姓名		学科	计算机	教龄	10
课程名称	计算机应用基础	视频长度	9 分 30 秒	录制时间	2016.6
知识点来源	学科：计算机　　年级：大一　　教材版本：计算机应用基础				
知识点描述	微课名称：图片大变身 内容： 1. 图片过大，只需要图片中的某一部分； 2. 希望图片能够按照设定的形状来展示； 3. 不需要图片背景只需要图片主体； 4. 美化图片，增强图片的视觉冲击力				
预备知识	有一定 PPT 基础知识及操作技能				
教学类型	□讲授型　　□问答型　　□启发型　　□讨论型 ■演示型　　□表演型　　□实验型　　□自主学习型　　□合作学习型　　□探究学习型				
适应对象	大一年级				
设计思路	通过实际案例演示，让学员掌握编辑与美化图片的方法				

续表 10 - 5

教学过程		
	内容	时间/s
一、片头 (30 s 以内)	当图片插入 PPT 后，我们经常会遇到以下几个问题。1. 图片过大，我们只需要图片中的某一部分；2. 希望图片能够按照我们设定的形状来展示；3. 有时候我们不需要图片背景只需要图片主体，以便图片能够更好地与页面融合；4. 希望能够对图片进行修饰和美化，增强图片的视觉冲击力。 在我们对其他图片处理软件都不会操作的情况下，如何通过 PPT 提供的图片工具来完成图片的华丽大变身呢？ 我们首先来看案例。这是一个已经插入图片内容的 PPT，我们希望通过接下来对图片的操作使 PPT 整体上看起来更美观，如变成这个样子。下面我们一一进行分析	60
二、正文讲解 (8 min 左右)	内容一：图片大变身一 —— 不要整体要局部。 图片大变身一 ——不要整体要局部。 技能点：图片宽度、高度；裁剪。 插入的图片尺寸较大，并且只需要图片中的某一部分内容。针对这一问题，首先要解决的就是图片尺寸的设置；然后就是如何选取我们所需要的那一部分。PPT 的图片裁剪命令可以帮助我们完成这样的操作。案例： 在这张幻灯片中，我们可以看到图片尺寸过大，将文字内容遮挡住了。另外在这张图片中我们只需要重点突出甲虫的形态，对于周边的树叶我们要去除。最终我们希望这张图片变成这个样子。下面我们来看看具体的操作步骤。 1. 更改尺寸：尺寸的更改有两种方法，一是选中图片，在"格式"选项卡"宽度""高度"的位置，输入所需要的数值；二是直接拖动控制点，调整图片的大小。注意图片要等比例拉伸。 2. 裁剪图片：点击"格式"/"裁剪"，在图片四周就会出现黑色控制框。拖动控制框，调整到合适位置，在页面空白处单击鼠标即可完成裁剪。	120
	内容二：图片大变身二 —— 随形而变。 图片大变身二 —— 随形而变。 技能点：裁剪为形状、填充、调整、图片压缩。 有时候我们希望图片可以按照我们设定的圆形、菱形以及其他特殊的形状来展示。在 PPT 中我们可以通过裁剪为形状来完成这样的设置。 在这张幻灯片中，我们希望图片能够在右边以圆形来展示金龟子的形态，那么我们该如何来操作呢？ 1. 选中图片，点击"格式"/"裁剪"/"裁剪为形状"，在弹出的菜单中选择所需形状，这里我们选择"圆形"，图片效果如下。 2. 接下来对形状做调整，调整完后，图片会发生变形，选择"格式""裁剪""填充"或是"调整"命令对图片做调整。 "填充"和"调整"两个命令的作用差不多，都是调整图片大小，以便填充整个图片区域，同时保持原始纵横比。区别在于，"填充"命令会使图片区域之外的任何图片区域将被裁剪。 这里我们使用"填充"命令。移动图片位置，使物体位于画面中。点击页面空白区域即可结束操作。 3. 当图片被裁剪后，为节省文件的大小，我们需要用压缩的方式将不需要的部分删除。选中所需压缩的图片，选择"格式""压缩图片"，弹出压缩图片对话框。 参数设置完成后(一般保持默认)，点击确定，此时图片压缩成功。可再次点击裁剪查看图片，裁剪控制框之外没有灰色区域显示即表示压缩成功。	120 s

续表 10 - 5

教学过程		
	内容	时间/s
	内容三：图片大变身三 —— 我的眼里只有你。 图片大变身三 —— 我的眼里只有你。 技能点：删除背景。 有时候我们不需要图片背景只需要图片主体，此时要做的就是删除背景，使图片与页面更融合，更能突出主题。 在这里需要注意，选择图片时，尽量选择背景与主体颜色反差大的图片，这样在使用删除背景命令时，更容易实现所需效果。 如我们要实现这样的效果，那么就需要将绿色背景删除。我们来看一下如何进行操作。 1. 选中图片，点击"格式""删除背景"命令。 此时，图片呈现如下效果，紫色区域为删除区域，拖动控制框调整图片显示的范围。从图中我们可以看到，绿色背景还有一部分没有去除干净。这时借助"背景消除"工具来进一步对图片进行调整。 2. 选择"标记要删除的区域"按钮，在图片上将要删除的区域标记出来，此时标记的符号为"⊖"。选择"标记要保留的区域"按钮，依次在图片上将要保留的区域标记出来，此时标记的符号为"⊕"。在做标记的过程中，随时观察紫色区域的显示状况，当紫色区域将图片背景全部覆盖住时。 3. 点击"保留更改"按钮或者在页面空白处单击，即可将背景删除。	120
二、正文讲解 （8 min 左右）	内容四：图片大变身四 —— 个性化定制。 图片大变身四 —— 个性化定制。 技能点：颜色、更正、图片样式、重设图片、图片边框、图片效果。 我们常常遇到的图片整体颜色与页面其他内容不协调，希望能够更改其色调，以便更加融合；或者希望图片能够以另一种风格来展示，以便凸显图片，增强视觉冲击力。那么如何在 PPT 中快速实现这一要求呢？同样以案例来讲解。 在这张幻灯片中，我们发现这张螳螂的照片整体颜色暗淡，螳螂的整体形态不够清晰，另外我们希望能够为这张图片添加艺术化的效果，如加边框、加阴影、加立体化效果等。下面我们来看看如何操作。 1. 调整图片色温。选择"格式""颜色"选项，点击旁边的下拉箭头。出现下拉菜单选项，包括：颜色不饱和度，色调，重新着色，透明度，等等，每个对应的选项都有预览图。选择需要修改的那一项，直接点击对应的预览图即可。 2. 接下来调节图片的亮度、对比度：选择"格式""更正"选项可以进一步调节图片的亮度、对比度等。 3. 重设图片：如果你对所选择的图片效果不满意，可以继续点击其他的图片效果进行替换，或者点击"格式""重设图片"将图片恢复到原本状态。 4. 图片样式：选中插入的图片，选择"格式""图片样式"。点击预览框中的下拉按钮，弹出所有预加载样式。 将鼠标放在任意一个预览图上，图片就会发生相应的变化。这里我们选择"旋转，白色"样式。图片效果如下。 5. 重设图片：如果你对所选择的图片样式不满意，可以继续点击其他的图片样式进行替换，或者点击"格式""重设图片"将图片恢复到原本状态。 6. 设置图片边框：若只想为你的图片添加边框，则可以点击"格式""图片边框"，为图片添加所需的边框颜色、边框粗细以及边框样式。这里我们为图片添加一个 6 磅粗细的浅蓝色方点虚线边框，效果如下。 7. 设置图片效果：点击"格式""图片效果"，可为图片添加"预设""阴影""映像""发光""柔化边缘""棱台""三维旋转"等效果。这些效果可以相互组合，实现更丰富的图片效果。每个集合下面都有预览图，你可以点击相应的预览图来进行效果的查看。 另外你可以点击如上图所示的"预设"中的"三维选项"，调出设置图片格式面板，在面板中通过调节相应的参数来设置所需效果。这些参数都是所见即所得的，在这里不再详细讲述，大家动手尝试一下。	120

续表 10 – 5

教学过程		
	内容	时间/s
三、结尾 （30 s 以内）	在不借助与其他图像处理软件的情况下，通过 PPT 的图片工具，可以实现图片尺寸的调整，局部区域的选取，以及对图片颜色明暗度的调整，让图片按照我们所设定的形状来展示。另外我们还可以为图片添加特殊效果等。在实际操作过程中，大家可以充分发挥各自的创造力来美化图片，创造更多更丰富的图片效果。 我练我掌握，给出两道练习题，对本讲的内容进行简单应用，巩固提升，最后，祝同学们学习进步！	≤30
自我教学反思	请各位学员根据所提供的素材与效果图，自己动手尝试一下吧。	

【应用拓展】

请对微课教学设计文档中的教学过程部分添加画面内容列、景别列，并完善教学设计文档。

【任务小结】

本【任务实现】在 PPT 中编辑图片，介绍了微课教学设计的五要素：教学任务、教学目标、教学策略、教学过程及教学反思。

任务 10.3 录制微课

【任务分析】

录制微课的方式主要包括：

（1）摄像机录制微课。

（2）数码手机录制微课。

（3）录屏软件与 PPT 结合录制微课。

（4）手写板、录屏软件与 PPT 结合录制微课。

录制微课（V）

【任务资讯】

1. 摄像机录制微课

（1）工具与软件：便携式录像机、多媒体教学设备、耳麦、黑板、粉笔、其他教学演示工具。

（2）方法：对教学过程摄像。

（3）过程简述：首先针对微课主题，进行详细的教学设计，形成教案；其次利用多媒体设备展开教学过程，利用便携式录像机将整个过程拍摄下来；最后对视频进行简单的后期制作，可以进行必要的编辑和美化。

　　2. 数码手机录制微课

　　(1)工具与软件：可进行视频摄像的手机、一打白纸、几支不同颜色的笔、胶带、手机支架、相关主题的教案。

　　(2)方法：使用便携摄像工具对纸笔结合演算、书写的教学过程进行录制。

　　(3)过程简述：首先针对微课主题，进行详细的教学设计，形成教案；其次用笔在白纸上展现出教学过程，可以画图、书写、标记等行为，在他人的帮助下，用手机将教学过程拍摄下来。尽量保证语音清晰、画面稳定、演算过程逻辑性强，解答或教授过程明了易懂；最后可以进行必要的编辑和美化。

　　3. 录屏软件 + PPT 结合录制微课

　　(1)工具与软件：电脑、带话筒耳麦、视频录像软件如 Camtasia Studio、Snagit、CyberLink、YouCam，以及 PPT 软件。

　　(2)方法：对 PPT 演示进行屏幕录制，辅以录音和字幕。

　　(3)过程简述：首先针对所选定的教学主题，搜集教学材料和媒体素材，制作 PPT 课件；其次在电脑屏幕上同时打开视频录像软件和教学 PPT，执教者带好耳麦，调整好话筒的位置和音量，以及 PPT 界面和录屏界面的位置后，单击"录制桌面"按钮，开始录制；然后执教者一边演示一边讲解，可以配合标记工具或其他多媒体软件或素材，尽量使教学过程生动有趣；最后对录制完成后的教学视频进行必要的处理和美化。

　　4. 手写板、录屏软件与 PPT 结合录制微课

　　(1)工具与软件：屏幕录像软件，如 Camtasia Studio、Snagit、CyberLink、YouCam 等，手写板、麦克风、画图工具，如 Windows 自带绘图工具。

　　(2)方法：通过手写板和画图工具对教学过程进行讲解演示，并使用屏幕录像软件录制。

　　(3)过程简述：首先针对微课主题，进行详细的教学设计，形成教案；其次安装手写板、麦克风等工具，使用手写板和绘图工具，对教学过程进行演示；然后通过屏幕录像软件录制教学过程并配音；最后可以进行必要的编辑和美化。

【任务实现】

　　求 $1 + 2 + 3 + \cdots + 100$ 的累加和，使用数码手机录制微课的方式录制本次微课，具体过程如图 10 - 2 所示。

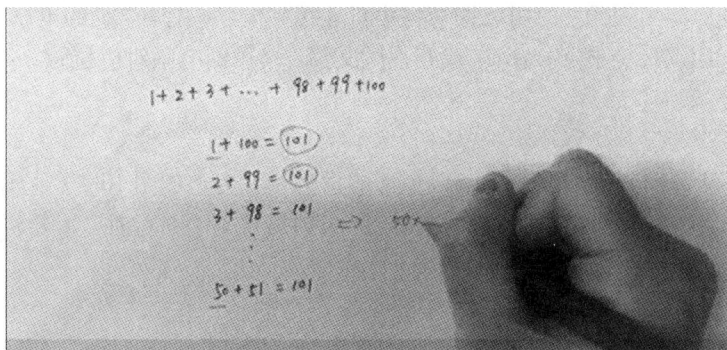

图 10 - 2　连续数字累加和

（1）录制微课时需要一个较安静的录制环境。

（2）录制时需要的工具有手机、手机支架、白纸、不同颜色的笔、胶带。

（3）操作步骤：

①将手机支架夹在桌子边缘，手机固定在支架上，如图 10 – 3、图 10 – 4 所示。

图 10 – 3　支架图

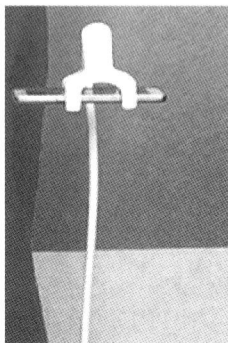

图 10 – 4　手机规定图

②标记定位框，用胶带在桌上标记合适的取景范围，然后将白纸放到标记好的取景框里，如图 10 – 5 所示。

图 10 – 5　取景框图

③打开手机的相机功能，拍摄模式选择为视频，调整手机的取景范围至合适，按下录像按钮，开始拍摄。授课结束后按下手机的停止录像按钮，如图 10 – 6 所示。

④录制完成后导出视频，使用数据线将手机连接到电脑，打开"我的电脑"，找到手机存储驱动器，点击 DCIM，点击 Camera，找到视频文件，拷贝到电脑对应位置，对录制的微课视频进行相关处理。

注意事项：

首先教师手上不要佩戴任何饰品，以免影响学生注意力。如图 10 – 7 所示。

其次教师坐姿应端正，以免进入取景框，影响拍摄视角，书写时，不要将白纸移出定位框。如图 10 – 8、图 10 – 9 所示。

图 10 – 6　停止拍摄

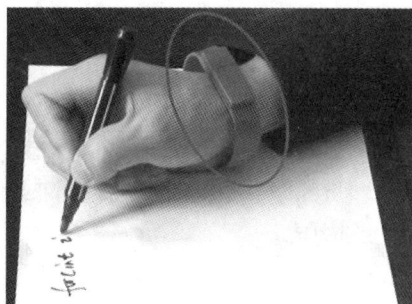

图 10 – 7　注意事项

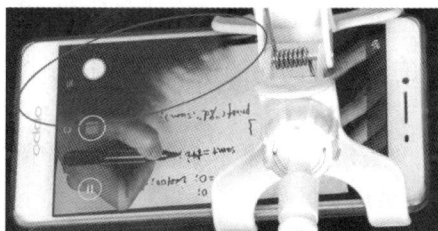

图 10 – 8　错误坐姿

图 10 – 9　白纸移除效果框

最后课程拍摄完成后，可以直接分享视频，建议将视频存储为 MP4 格式。为了得到更好的效果，我们也可以将拍摄好的文件导入到电脑，进行后期编辑。

以上就是用手机加白纸录制微课的方法。

【应用拓展】

使用格式工厂将 $1 + 2 + 3 + \cdots + 100$ 的累加和的微课视频格式进行转换，转换为"SWF"格式。

【任务小结】

本任务通过微课录制技术实现 $1 + 2 + 3 + \cdots + 100$ 的累加和的微课，介绍了微课录制方式，如摄像机录制微课，数码手机录制微课，录屏软件与 PPT 结合录制微课，手写板、录屏软件与 PPT 录制微课，等等。

任务 10.4　剪辑微课

【任务分析】

微课录制完成后，不一定完美，需要对录制的微课进行剪辑。本任务使用 Camtasia Studio 进行剪辑。

（1）需要剪掉多余的部分。

剪辑微课——
剪出你的精彩（V）

(2)调整声音和画面不同步情况。

(3)合成分段录制的数段视频。

【任务资讯】

1. Camtasia Studio 时间轴

Camtasia Studio 中的时间轴是用来编辑视频的核心区域,由时间线、时间滑杆、轨道、缩放栏四部分构成。

2. 导入媒体

认识时间轴后,导入视频和处理素材。导入微课视频及素材有两种方式:一种是依次点击【导入媒体】—【导入素材】;另一种是右击剪辑箱空白处,选择导入媒体,导入素材。导入素材的类型有:图像、音频、视频及 Camtasia Studio 的录制文件四种。

3. 剪辑技巧

素材导入后,需要对导入的素材进行剪辑。剪辑需要使用的功能包括:选择、删除、剪辑、分割、缝合、分离、成组和复制。

(1)选择:要选择整个素材,直接单击素材,背景变蓝,表明素材被选中;若要选择视频的某个部分,拖动播放头结束按钮,中间蓝色区域就是被选择区域。

(2)删除:选中素材,按 Delete 键,素材即被删除,按"Ctrl + Z"可恢复删除的素材。

(3)剪辑:剪辑实际上就是删除操作的部分,若要删除素材中某段不需要的,可以选中,然后按剪切,剪切的过程就是剪辑过程。

(4)分割:如果要把素材一分为二,选择分割功能。若把声音轨道进行分割,把播放头拖放到合适位置,点击分割按钮,素材被分成两段。

(5)缝合:需要将两段视频拼合在一块,选中两段视频,右键单击,选择拼合所有视频,这时两段视频缝合在一块,拖动或操作更加方便。

(6)分离:素材既有声音,又有视频,如果出现声音和视频不同步,此时需要将音频和视频两条轨道拆开。右键单击,选择独立音频和视频选项,此时自动增加了一个轨道,音频和视频被分开,通过拖动声音轨道可使声音与视频同步。

(7)成组:可以把相近轨道的内容进行组合,节省轨道,方便管理。

(8)复制:有些素材在其他位置也需要,可以选中素材,然后点击复制,粘贴到合适的位置,进行拖放。

【任务实现】

1. 打开 Camtasia Studio 编辑软件。

2. 导入素材

(1)右键单击剪辑箱空白处,选择"导入媒体"(连续数字累加和.mp4),点击"确定"导入素材,如图 10 - 10 所示。

(2)在轨道上会出现"连续数字累加和.mp4"文件,选中"连续数字累加和.mp4"文件,按住鼠标左键拖动到时间轴最开始的位置,如图 10 - 11 所示。

图 10 – 10 导入媒体页面

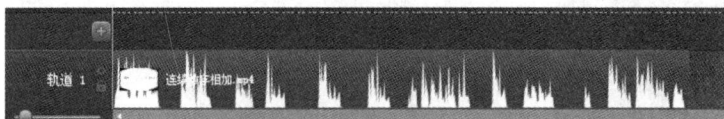

图 10 – 11 媒体拖动到轨道上效果

3. 剪辑视频

（1）选中"连续数字累加和. mp4"文件，单击右键，选择"独立音频和视频"选项，此时自动增加了一个轨道，音频和视频被分开。如图 10 – 12 所示。

图 10 – 12 独立音频与视频效果

（2）拖动时间滑杆到时间轴最开始位置，调整"缩放栏"，改变显示比例到合适，效果如图 10 – 13 所示。

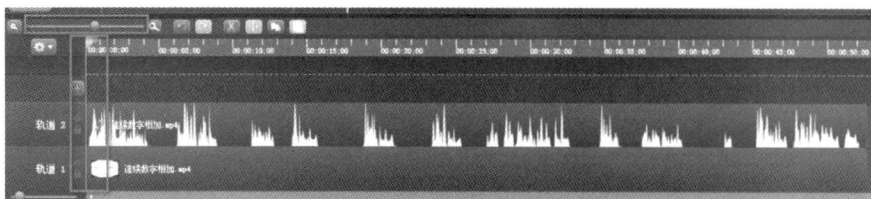

图 10 – 13　缩放比例图

（3）点击"播放"按钮，边观看视频边听音频，如图 10 – 14 所示，在音频与视频不同步处标识。

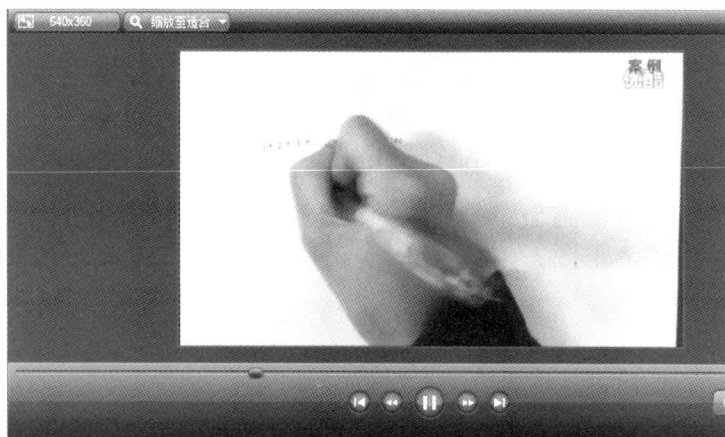

图 10 – 14　播放效果图

（4）在带有标志的地方分割音频或视频，效果如图 10 – 15 所示。

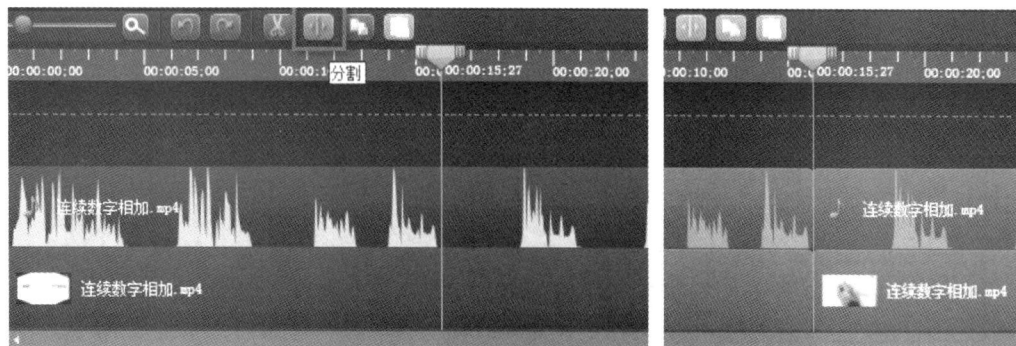

图 10 – 15　分割音频视频效果图

（5）选中需要删除的区域，按"Delete"键删除，效果如图 10 - 16 所示。

图 10 - 16　删除选中区域图

（6）选择两段被分割的视频或音频，单击右键，选择"拼合所选媒体"，效果如图 10 - 17 所示。

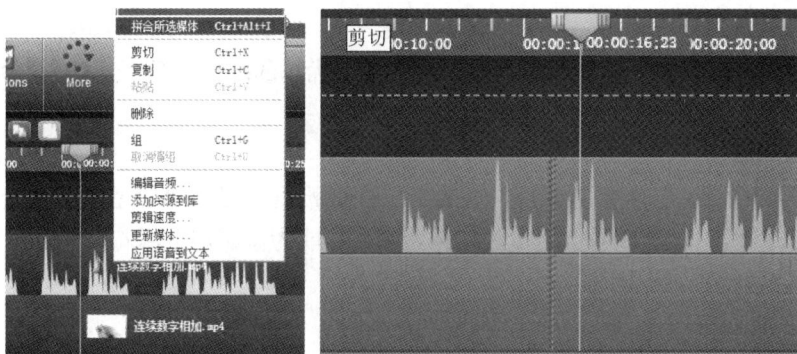

图 10 - 17　拼合媒体图

（7）重复步骤（3）~（6）直到剪辑完成。

（8）点击"保存"按钮将"连续数字累加和. camproj"文件保存。

【应用拓展】

请学员下载片头、片尾，将片头、片尾合成到"连续数字累加和. camproj"文件中，形成完整的微课。

【任务小结】

本任务通过完成对"连续数字累加和. mp4"文件的剪辑，学会了 Camtasia Studio 视频编辑软件的使用，认识了时间轴，掌握了导入媒体的方法，练习了视频剪辑相关技巧。

任务 10.5　处理微课音频

【任务分析】

微课音频处理——
滋润你的耳朵 (V)

老师们在录制微课的时候，声音并不完美，需要处理，处理微课音频包括：

（1）调节微课音量；

（2）处理微课噪声；

（3）添加微课背景音乐；

（4）添加微课旁白。

【任务资讯】

1. 调节音量

若录制微课的准备工作做得不充分，就会出现声音大或小，不太满意的情况出现。这时需要通过后期调整达到合适的音量。

2. 处理微课噪声

录制微课时，安静的环境很重要，但无论是多么优越的环境，不免会有一些噪声的干扰。处理噪声给听者一个舒适的听觉感非常重要。

3. 添加背景音乐

一堂优秀的微课，有声将胜无声。关键时，一段恰到好处的背景音乐，更能打动学生，能让微课"悄"然增色。这些看似简单的音乐素材，却能为微课锦上添花，在内容保障的基础上让微课更添趣味性和吸引力。

4. 添加旁白

在整个微课录制比较完整，但进行编辑时，发现某一个地方需要补充或者需要更改，如果重新录制比较费劲，这时就可直接增加旁白。

【任务实现】

在 Camtasia Studio 中打开"连续数字累加和. camproj"文件，可以直接在视频文件上编辑，也可以将音频和视频文件独立打开编辑。

具体操作，打开音频选项卡，进入到音频面板，如图 10 – 18 所示。

1. 调节音量

选中音频轨道，勾选"启用音量调节"复选框，有高、中、低和自定义设置四种类型的音量变化，选择"中等量变化"。调整后的音频整体上音量变低了，并且音量是一个比较平稳的变化，如图 10 – 19 所示。

选择自定义设置，有比率、阈值、获得三个选项，分别调整，边调边试听，直到效果最佳，如图 10 – 20 所示。

图 10－18　音频面板

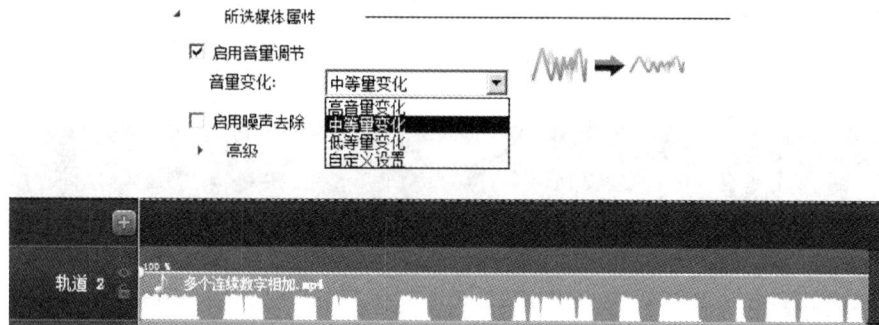

图 10－19　音量调节

图 10－20　自定义设置音量

2. 处理噪声

选择"启用噪声去除",打开后,整个波形变成橙色。选择"自动噪声修整",去除了整个音频的噪声。也可以选择"灵敏度",边调整、边试听,达到最好效果为止,如图 10 – 21 所示。

图 10 – 21　自动噪声修复

还可以选择手动噪声修整,即在时间轴上选择一个没有噪声源的区域,如图 10 – 22 所示。然后点击"选择手动噪声修整",此时根据选择的部分进行噪声去除,如图 10 – 23 所示。

图 10 – 22　选中没有噪声源的区域

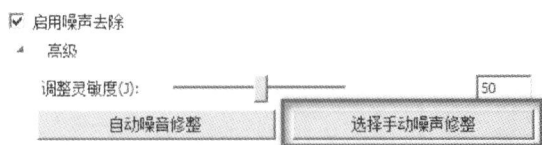

图 10 – 23　手动噪声修整

3. 编辑声音

编辑声音有三组,第一组是"降低音量""音量增大";第二组是"淡入""淡出""静音";第三组是"添加音频点""移除音频点",如图 10 – 24 所示。

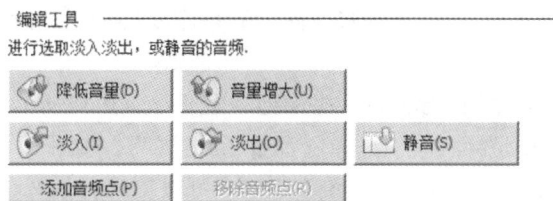

图 10 – 24　音频编辑工具

增大或降低音量是整体提升或降低音量，而前面说的音量调节是把高低起伏的声音变成比较稳定均衡的声音。选中如图 10 – 25 所示的音频，点击"音量增大"，效果如图 10 – 26 所示。

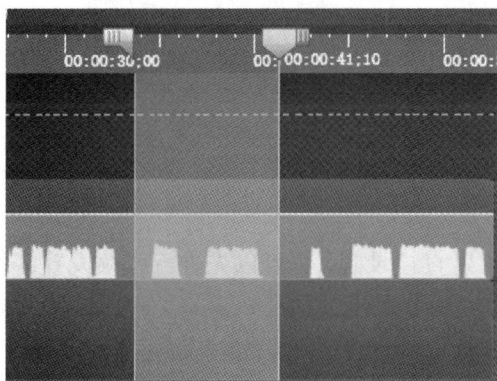

图 10 – 25　选中音频

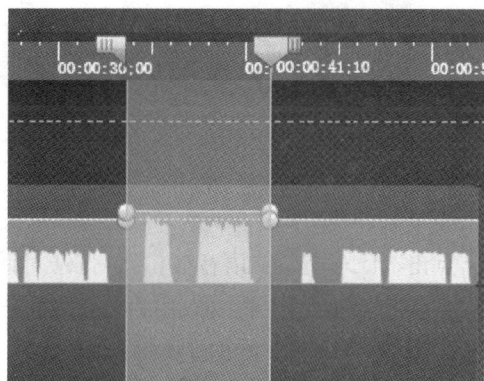

图 10 – 26　增大音量后

单击"淡入"，音频开始处变成斜线，慢慢提高音量，试听效果。再次点击"淡出"，波形变化，音量慢慢降低，如图 10 – 27 所示。静音，选择一段视频，单击"静音"，此时选中的一段视频是无声音的。

图 10 – 27　淡入淡出

添加音频点，添加后可以拖动音频点。可以看到音频点由百分百逐步下降，试听效果。也可以右键单击"添加音频点"，声音升起。此功能是需要特别强调时用到。

4. 添加背景音乐

从素材库中找到"1. mp3"声音文件，添加到轨道 3 上，可试听。如背景声音太大，讲解声音太小，可打开声音处理界面，点击"降低音量"，再试听，如图 10 – 28 所示。

除了整体降低外，在微课操作部分，没有讲解，可以提升背景音量。

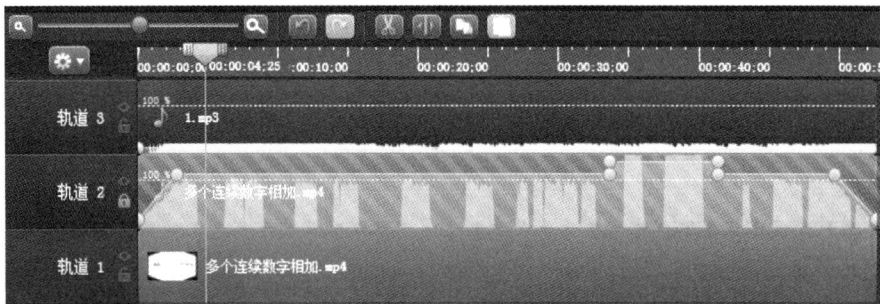

图 10 – 28　添加背景音乐

5. 录制旁白

点击"工具"选择"语音旁白"，打开对话框，可以直接录制，也可以先进行音频设置，音频设置跟之前录制微课设置相似。

单击"开始录制"，录制好后，按"停止录制"并保存。保存好声音文件之后，插入声音文件，再进行编辑。编辑后课程视频得到很好地补充。

【应用拓展】

完善"多个连续数字累加. mp4"视频，对片头片尾添加背景音乐，并实现对背景音乐音量调节，淡入淡出功能。

【任务·小·结】

本任务通过对"多个连续数字累加. mp4"视频中声音的处理，介绍了 Camtasia Studio 中音量调节、噪声除去、声音编辑、背景音乐处理、旁白处理等操作方法。微课声音处理还得注意下面两点：

1. 事前录制准备要充分，若事前准备不足，噪声太大，或者整个录制音频有问题，在后期编辑的时候也只能是比较小幅度的调整，大幅度调整恐怕很难。

2. 事后不足部分再来进行弥补。录制完成后，还有一些很小的方面需要弥补，可用所学的知识来进行修整，让微课真正达到有声有色。

任务 10.6　添加微课特效

【任务分析】

小刘老师学会微课剪辑后，发现剪辑完的微课缺乏亮点，无法吸引观众的眼球。要使微课吸引观众眼球，除了要在内容安排、教学策略、前期准备等方面做足功课外，还需要在后期编辑时，对微课中重点内容加入标注，镜头运用转场效果，配上相关字幕，增加测试题与观众互动，等等可在瞬间使你的微课出彩。

微课特效处理——
让你的微课更出彩(V)

(1)添加标注；
(2)添加转场；
(3)添加字幕；
(4)添加测试题。

【任务资讯】

1.添加标注

Camta Siastudio 中有四种标注，静态标注、动态标注、特殊标注和外部标注(也称为自定义标注)。打开 Camtasia Studio，点击"标注"按钮，进入标注界面，点击形状列表的下拉按钮，弹出系统自带的标注，如图 10 – 29 所示。

第一区域：形状和文字；
第二区域：形状(这两种都是静态标注)；
第三区域：动态标注；
第四区域：特殊标注。

形状和文字标注：选中一种标注添加到屏幕上，可拖动改变位置；标注上有手柄，拖动可改变形状、大小；拖动橙色按钮可改变中间部分的形状；拖动绿色按钮时可以旋转，此时时间轴上增加了轨道，轨道上增加了标注。

标注的外观可进行调整，分别是边框、填充、效果三种外观。选择边框，可选择无边框、也可改变边框颜色、宽度。选择填充，可选择无颜色，也可更改颜色。选择效果，有阴影效果，风格(包括发光效果，光滑效果，普通效果，3D效果)，快速翻转的效果(有水平翻转，垂直翻转)。

再添加圆形标注，然后改变位置，填充颜色，改变效果。

再添加文字，比如静态标注。选中"改变文字样式"，在"属性"中修改文字淡入、淡出的

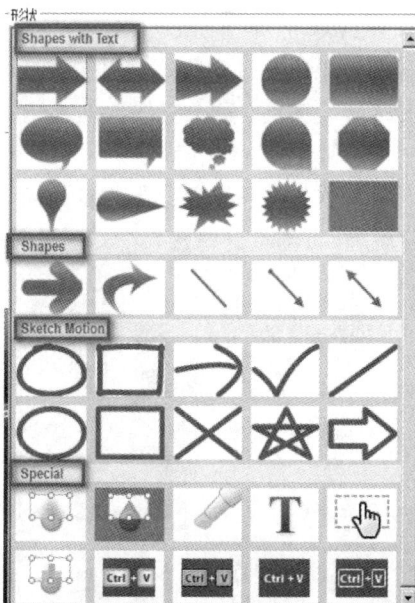

图 10 – 29　系统自带标注

时间。

再增加长方形标注，添加文字"按钮"，此标注继承了前一个标注的样式。设置为"加粗""左对齐样式"，勾选"设为热点"复选框，把这个按钮当作热点。打开"热点属性"，在结束标注时让视频暂停，如要继续，可单击"继续"。还有"转到时间轴""转到标记"，或者"跳转到链接上"这些功能。这里选择单击"继续"，此时按钮就成了热点。

形状类标注：添加双向箭头标注，调整位置，也有边框、填充及效果三个按钮。效果按钮有开始端的形状、结束端的形状。开始端设置为圆，可看效果。这类标注不可添加文字。

动态标注：选择长方形标注，调整位置及大小，选择边框，调整颜色及宽度，把宽度调整到7，效果有阴影与快速翻转。绘制时间是指标注动态绘制的时间，设置为3 s，观看播放效果。其他几种动态标注方法跟它类似。

特殊标注：添加模糊标注，可以调整时间及强度属性，把模糊标注放到合适位置，看效果。添加聚焦标注，选择对应聚焦范围，画面其他未标注部分变得模糊，而标注范围非常清晰。这个在突出重点时非常有用，可突出主体。添加高亮标注，把标注调整到需要高亮显示的范围，还可调整颜色。添加文字标注，直接添加文字(如"图形")，改大小、颜色、是否加粗等，也可移动位置。添加热点标注，输入文字("热点区域")，改变属性及位置，打开热点属性，选择"转到时间轴"的某个地方0：0 s。"马赛克标注"：调整到合适位置，可调整强度，强度越大，色块越大。"按键标注"操作时要按下键盘上的某一个键，如复制"Ctrl + C"，可以在输入按键或组合这里输入键名，也可以直接按键盘上的键就会出现按键标注，调整大小及位置。其他按键标注类似，风格稍有差异。

前面是系统自带的四类标注，另外还可用图形来创建自定义标注。先导入图形，拖动到时间轴，调整位置，添加文本，或设置文本框的位置。

2. 添加转场

转场效果用在一个段落与另一个段落或一个场景与另一个场景的转接之间。比如由白天镜头转入晚上镜头，这个时候要加入转场。又如另外两段视频，要合成到一块，这个时候最好用转场，避免画面跳转太快。

具体操作：打开转场，有很多转场效果，双击(如棋盘格、立方体旋转、褪色、翻转、折叠、伸展等)可浏览这些效果。然后选择合适的转场运用到视频中，如图10－30所示。

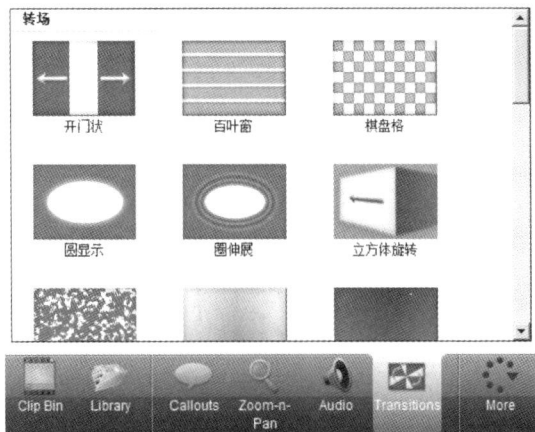

图10－30　转场效果

3. 添加字幕

微课的受众群体不同,各个老师普通话标准程度不一,因此给微课特别是优质微课加上字幕很有必要。另外,为了让整个视频看起来有趣,要把优美的配乐、字幕很好地和拍摄的画面统一起来,所以,制作微课加上字幕很有必要。添加字幕窗口如图 10 - 31 所示,具体过程如下:

(1)建立一个 Word 文档,用先听录音的方法把微课的配音用文字记录到 Word 文档中,再根据视频需要断句,分成若干句,接着,找出每个断句的具体时间起点,精确到 0.01 s。

(2)用鼠标将视频拖到轨道,轨道栏会有声波高低变化。

(3)在左侧编辑栏内点击"批注"。

(4)在展开的"批注属性"栏内右侧点击"添加信息",在右侧的对话框内自动弹出"Arrow 10:00:00:00",然后改变外形属性为"T. text callout",并将字幕第一句台词复制到文本区域,并设置颜色、字体、字号等属性。

(5)设置起始时间。在下方找到视频轨道,先缩放时间轴,找到时间起始点,如 11 s,将滑块拖动到这个时间点,这是字幕开始的时间。

(6)调节字幕的位置。默认字幕会弹出一个绿色的长条字幕框,这个框可以用鼠标拖动改变字幕的位置和宽度,字幕的文字大小、颜色及字体等可以根据视频的背景灵活做出调整。

(7)设置字幕显示时间和效果。选择一个合适的效果统一设置。注意避免因字幕效果不统一,让人觉得不稳定。

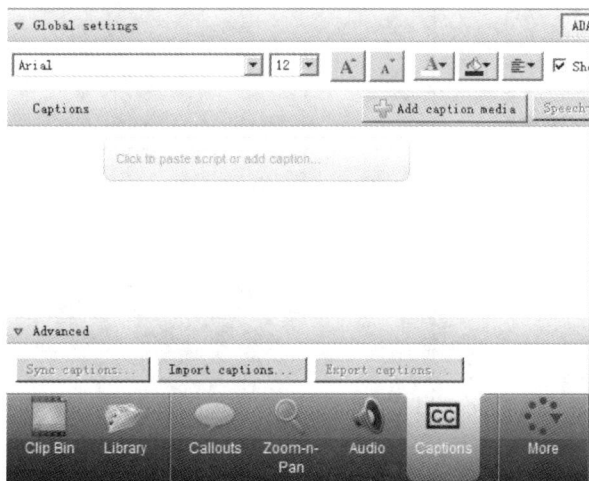

图 10 - 31　添加字幕

4. 添加测试题

使用 Camtasia Studio 增加测试题,与观看视频者进行互动,提升视频的趣味性,增强学习效果。添加测试题如图 10 - 32 所示,具体方法如下:

(1)打开需要添加测试题的微课视频,将播放头移动到需要添加测试题的位置,单击工具栏"More"按钮,点击"Quizzing"选项卡。

（2）单击"添加测验"按钮，轨道上出现测验标记。双击"标记"，可以在测验区域进行测验题目编辑。

（3）编辑测验名称。在测验名称文本框中编辑测验名称。

（4）找到问题选项。问题类型列表框中有四种类型的问题，分别是选择、问答、填空、判断，选择一个类型。

（5）编辑问题，输入对应题目的描述。

（6）输入答案，并给出正确答案。

（7）如要为测验计分，勾选"分数测验"复选框；如学生提交测验能查看结果，勾选中"可以查看看到答案后提交"复选框。

（8）重复（4）～（6）步，可添加多种不同类型的测验题目。

（9）最后单击"预览"按钮，浏览器中出现测验题目的最终效果。

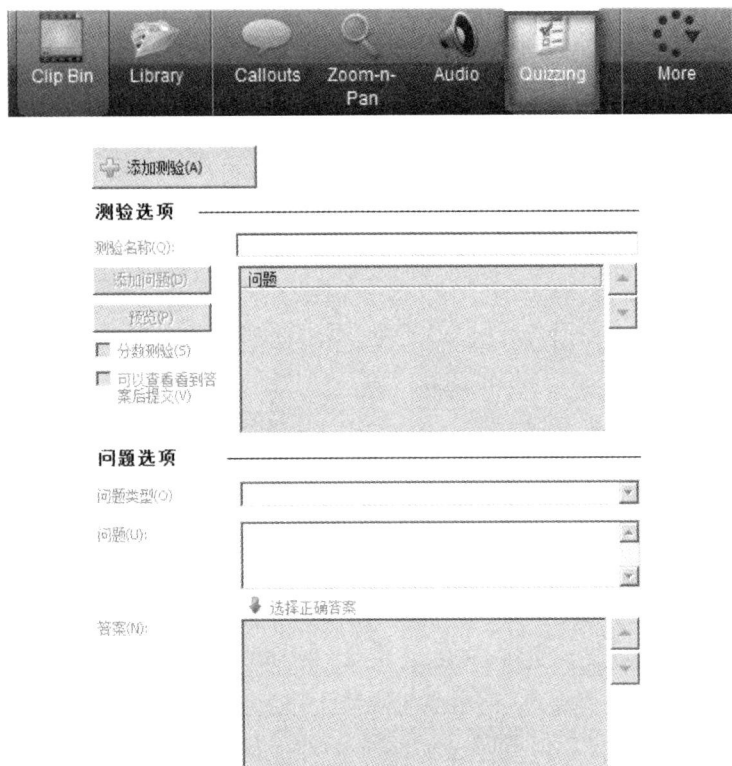

图 10 – 32　添加测试题

【任务实现】

在 Camtasia Studio 中打开"连续数字累加和. camproj"文件，导入片头文件"片头. mp4"如图 10 – 33 所示。

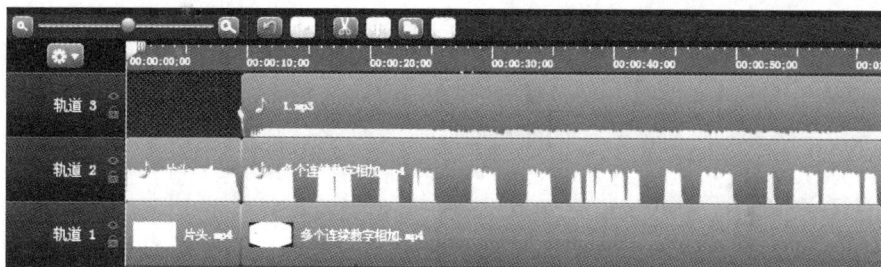

图 10 -33　导入片头

1. 添加标注

在 26 s 处添加动态标注：拖动播放头到视频 26 s 处，选中"Callouts"选项卡，找到动态标注，选中长方形标准，并设置标注的属性与样式。图 10 -34 所示为标注添加成功。

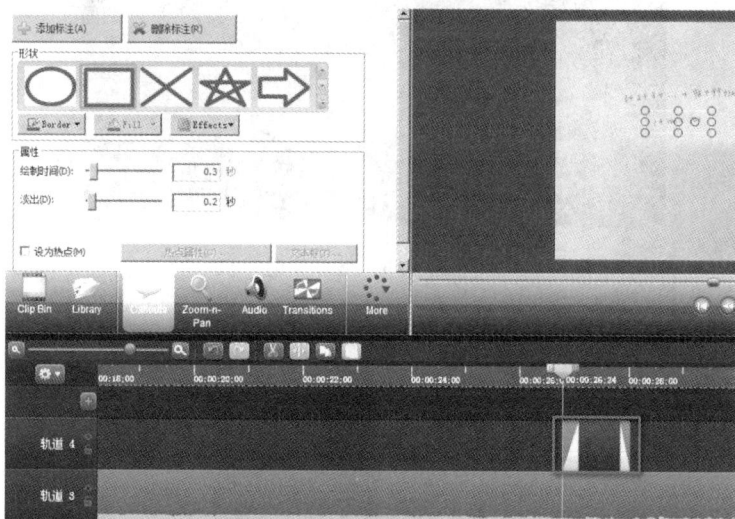

图 10 -34　音量调节

2. 添加转场

在片头之后添加转场效果：将播放头拖动到片头结尾处，选中转场选项卡"Transations"，选择"伸展"转场效果。按住鼠标拖动到播放头位置，转场效果添加完成。设置转场时间为 1 s。如图 10 -35 所示。

3. 添加字幕

将播放头拖动到 21 s 处，在此添加字幕"首先，来看一下规律"。选中"Captions"选项卡，输入文字"首先，来看一下规律"，设置字体"微软雅黑"，大小"16"，颜色"黑色"，背景"无"，调整到合适位置及文字显示时间，如图 10 -36 所示。

图 10 - 35　转场效果

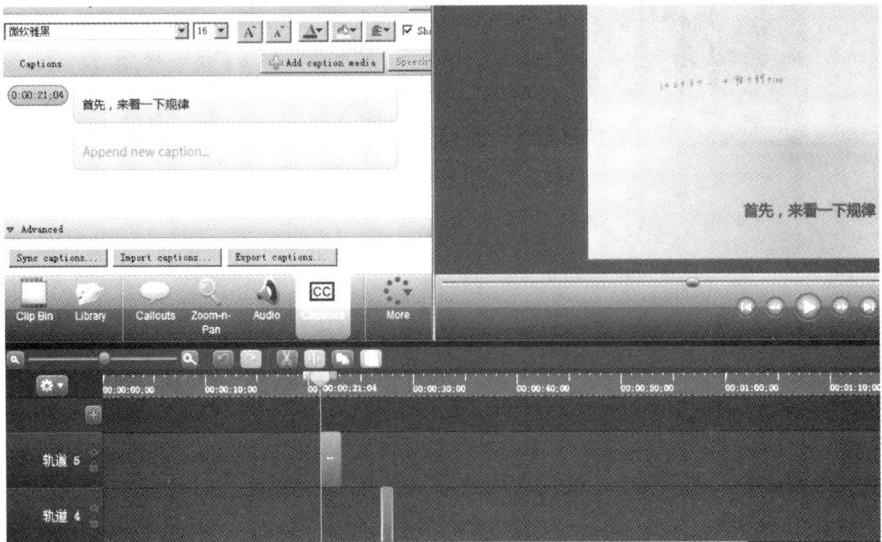

图 10 - 36　添加字幕

4. 添加测试题

将播放头拖动到 53 s 20 ms 处，添加测试题，选中"Quizzing"，点击"添加测验"，输入测验名"测验 1"，选择问题类型"真/假"，在问题文本框输入"1 ~ 100 连续数字相加，共有 50 组 101？"，答案"正确"，并勾选"分数测验""可以查看看到答案后提交复选框"。效果如图 10 – 37 所示。

图 10 – 37　添加测试题

【应用拓展】

使用时间机器字幕制作软件为"多个连续数字累加.mp4"微课增加字幕。

【任务·小·结】

标注的功能是把观众的眼球吸引到重点内容上，使用好标注及转场会让视频变得有声有色，更加出彩。微课的受众群体不同，各个老师普通话标准程度不一，所以，对微课特别是优质微课加上字幕很有必要。在微课中增加测试题，与观看视频者进行互动，提升视频的趣味性，增强学习效果。

任务 10.7　发布和分享微课

【任务分析】

老师们在制作微课后，已经迫不及待地要发布自己的作品了，发布虽然简单，但需要注意一下几个问题：

（1）保存时选择合适的视频格式；

（2）设置正确的视频参数；

（3）发布后仍须校对。

发布微课——
分享你的微课程（V）

🌐【任务资讯】

1. 选择合适的视频格式

微课中常用的视频格式非常丰富,主要包括 MP4、WMV、MOV、AVI、M4V、MP3、GIF 等格式。发布微课视频时推荐使用 MP4 格式,该格式的视频文件带有播放器,可以支持 Flash/HTML 5 文件,MP4 格式也是唯一支持交互、测验和热点功能的一种视频格式。WMV、MOV、AVI 视频格式需要特定播放器的支持。M4V 视频格式是在 iPod、iPhone 等手机上播放的视频。当然若仅需音频文件,则可以选择 MP3 格式。如果需要把视频转换为动画格式可选择 GIF 格式视频。

2. 配置视频正确参数

视频发布前需要设置视频的各参数,确保视频效果最佳。

(1)控制器:建议为视频增加控制器,当视频播放时会有播放控制窗口,如图 10 – 38 所示。

(2)视频大小设置:高清视屏一般设置为 1280×720 像素,标清视频一般设置为 720×576 像素。

图 10 – 38　控制器

(3)视频编码设置:视频要求越清晰,视频编码质量要求就越高,同时视频体积也会增大,一般在质量和体积之间找到一个平衡点即可。视频容量大小最好不超过 100MB。

(4)音频设置:提高视频音质,一般把音频的比特率设置为 128 kbps 即可。

(5)视频选项设置:包括对目录、搜索、标题、测验、视频水印、视频信息、发布信息结果展示等的设置。

(6)视频名称及路径设置:命名视频相关名称,设置输出路径。在发布前可先预览,生成小段视频观看视频效果,看看参数是否有问题。如有问题可进一步修改,无问题可进行发布。

3. 发布后校对

即使发布前对视频进行了校对,但不一定保证发布后就没问题。一定要细心地校对,确保视频准确无误,达到最佳效果。

🎯➤【任务实现】

微课视频制作完成,即可开始发布微课,分享成果。打开已准备好的"多个连续数字累加. camproj"文件。

(1)依次点击【文件】—【生成和共享】(快捷键:Ctrl + P)或直接点击工具栏"produce and share"。

(2)【自定义生成】—【下一步】。如图 10 – 39 所示。

(3)选择【MP4】,如图 10 – 40 所示。

(4)依次单击【下一步】—【控制器】—勾选【生成使用控制器】;选择"大小"选项卡,设置视频宽度为 1276 像素、高度 720 像素,并勾选"保持宽高比";选择"视频设置"选项卡,设置帧速率"15",编码模式"质量—'50'";选择"音频设置"选项卡,勾选"音频编码",比特率设

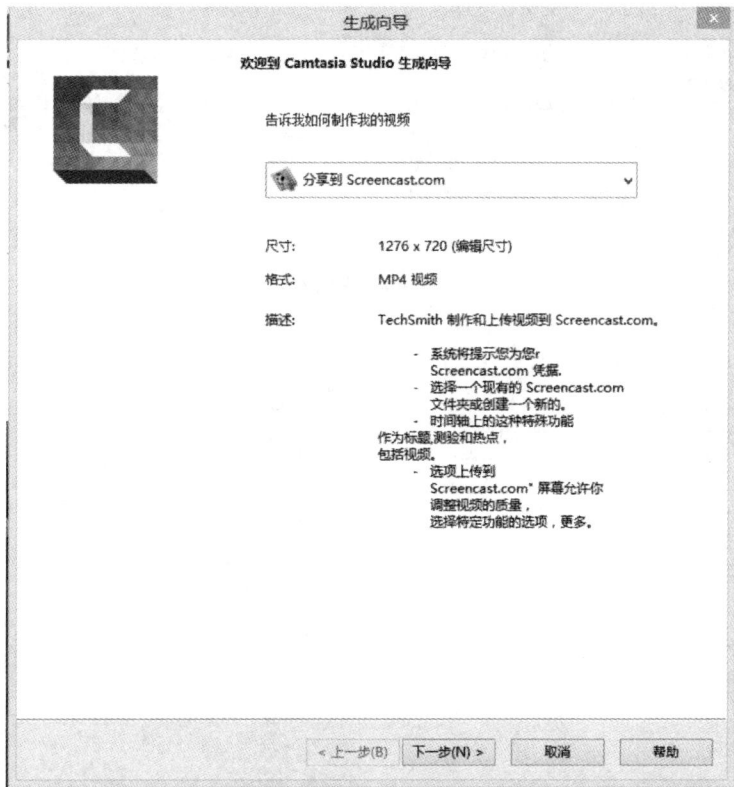

图 10 – 39　生成和共享

置为"128 kbps"；选择"选项"，依次勾选【目录】—【搜索】—【标题】—【测验】；单击"下一步"，此视频不加水印，所以水印复选框不勾选。如图 10 – 41 所示。

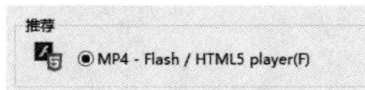

图 10 – 40　格式选择

图 10 – 41　生成使用控制器

（5）设置视频辅助信息。单击"选项"，出现"视频信息选项"对话框，如图 10 – 42、图 10 – 43 所示。

（6）点击"下一步"，如图 10 – 44 所示，输入项目名称"Exp Test"，选择文件夹"D：\2017年上\"。然后点击"预览"生成部分视频，观看视频效果。若效果佳，则点击"完成"按钮，如图 10 – 44 所示。

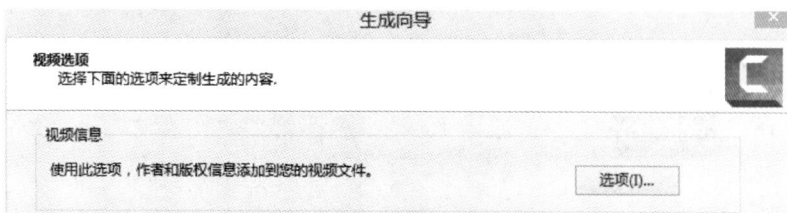

图 10－42　生成向导

图 10－43　视频信息选项

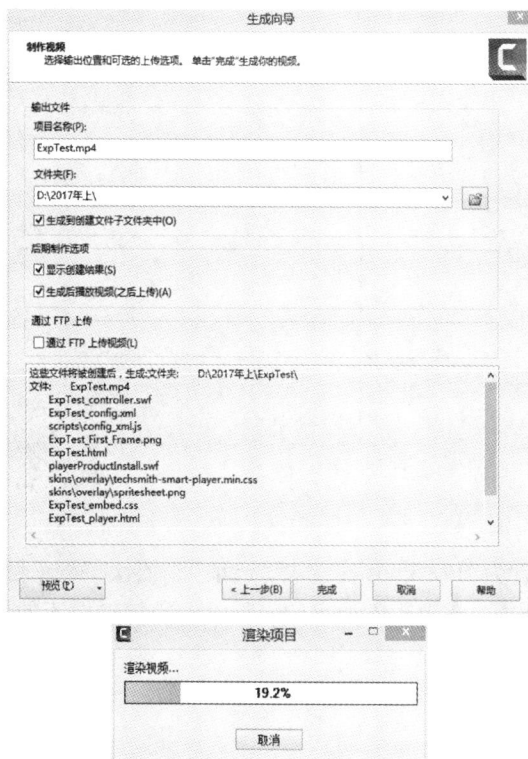

图 10－44　渲染视频

（7）到此微课发布完成，可进一步校对。

【应用拓展】

为"多个连续数字累加. camproj"微课添加水印，水印图为累加和。

【任务小结】

通过自己动手发布"多个连续数字累加. camproj"微课，相信你已经熟练掌握了微课发布中各视频格式的特点，参数的相关设置，校对发布后的微课，以及了解如何提升微课视频质量。

【综合实训】

实训项目一：微课制作

一、项目目标

掌握微课选题技巧，对微课进行精心的教学设计，能熟练使用 Camtasia Sutdio 工具进行微课录制、剪辑、处理音频、特效及分享微课。

二、项目要求

根据自身教学情况选择一门熟悉的课程，选取合适的教学内容，精心设计教学过程，按照如下要求进行微课制作。

1. 微课选题应选取适合的知识点展开，题目要突出重点，能吸引观者眼球。

2. 对选题进行精心的教学设计，分析读者对象，紧扣教学目标，遴选教学策略，精心设计教学过程，突出教学评价标准。

3. 熟练使用 Camtasia Studio 工具录制、剪辑、处理和分享微课，使微课能与观者进行交互并产生共鸣。

三、解决方案

1. 搜集资料和素材。

2. 进行微课教学设计，形成微课脚本。

3. 录制、编辑和分享微课作品。

【思考与探索】

一、选择题

1. 微课一词是(　　　)。

A. 从 Microlecture 这个词翻译过来的　　　B. 从 1 min 课堂转过来的

C. 受了可汗学院的启发　　　　　　　　　D. 中国人编出来的

2. 下面哪一项不是微课选题技巧(　　　)。

A. 选题大小上：必须要足够细

B. 选题内容上：应该是重点、难点、疑点、热点

C. 呈现方式上：应选择适合做视频的知识

D. 要选容易的知识点

3. 微课之所以能吸引更多人的接收和学习，其后台呈现的核心是(　　　)。

A. 视频　　　　　　　　　　　　　　　B. 声音

C. 脚本的设计与编写　　　　　　　　　D. 画面

4. 把相近轨道的内容进行组合，节省轨道，方便管理，应该使用什么操作(　　　)。

A. 剪辑　　　　　　B. 缝合　　　　　　C. 复制　　　　　　D. 成组

5. 进行微课编辑时，发现某一个地方声音需要补充或者需要更改，如果重新录制比较费劲，可用什么方式弥补(　　　)。

A. 降低音量　　　　　B. 静音　　　　　C. 添加音频点　　　　D. 录制旁白

6. 多段视频中，为避免画面跳转太快，一般使用什么(　　　)实现。

A. 标注　　　　　　　　B. 转场　　　　　　　　C. 变焦　　　　　　　　D. 缩放剪辑

二、判断题

1. 微课就是视频(　　　)。

2. 微课选题要以学生为中心(　　　)。

3. 使用摄像机拍摄录制微课，为了使视频在视觉上变得比较生动，形式不呆板，一般使用两台摄像机同时同步拍摄，主机位拍摄景别一般为中景，侧机位拍摄景别为中近景或特写(　　　)。

4. Camtasia Studio 中，素材一旦被放置到轨道上，层次无法改变(　　　)。

5. 增大或降低音量是整体提升或降低音量，音量调节是把高低起伏的声音变成比较稳定均衡的声音(　　　)。

6. 添加多个标注时，后面标注继承了前面标注的样式(　　　)。

三、填空题

1. Camtasia Studio 中，系统自带的标注有(　　　　　)、(　　　　　)、(　　　　　)、(　　　　　)。

2. 发布微课时格式一般选择 MP4，它的优点是(　　　　)、(　　　　)、(　　　　)。

3. Camtasia Studio 导入素材的类型包括(　　　　)、(　　　　)、(　　　　)、(　　　　)。

四、问答题

1. 微课视频可以使用手机、数码相机、DV、录屏软件等方式录制，结合选题内容，请分析这几种录制微课的录制方式的特点？

2. 简述使用 Camtasia Studio 录屏软件进行微课录制的基本步骤？

五、操作题

小刘老师想将"PPT 中插入 Flash 动画"这部分内容做成微课，请你根据这部分内容为小刘老师设计并制作一堂有声有色的微课，具体要求如下：

1. 根据要求进行微课教学设计，完成教学设计文档。

2. 根据内容要求，设计并制作微课课件。

3. 使用 Camtasia Studio 软件进行微课录制。

4. 使用 Camtasia Studio 软件对录制的微课进行剪辑，需要加入片头和片尾，片头片尾需要加背景音乐，需要加入转场、缩放、形状、标注、变焦、字幕、测试题等效果。

5. 将视频文件导出成 MP4 格式。

【本章小结】

从目前我国教育领域的实际情况看，微课是数字化教育资源中一种相对成熟的形式，它传播与播放便捷，开发制作技术门槛低且成本较低，适合教师广泛参与，在教学应用上，微课可以直接被师生所接受，而不需要附加其他技能的支撑，它与其他形式教育资源的结合使用也非常方便。本章以小刘老师设计与制作微课为背景，从使用 Camtasia Studio 工具入手，介绍如何选择微课主题、设计微课、录制微课、剪辑微课、处理微课音频、添加微课特效、发布和分享微课，从而使读者掌握制作微课的操作技能。

作为现代职业教育教师，应具备三师型素质，即具备教学技能，专业技能和信息技术技能三项技能。掌握微课设计与制作相关技术是实现信息技术教学手段的重要部分。本章详细讲述了微课是什么，如何选题，怎样进行教学设计，详细地阐述了微课的录制方式方法，怎样对录制好的微课进行剪辑，怎样处理微课的音频，如何添加微课特效，使读者能够掌握 Camtasia Studio 工具进行剪辑等方面的技巧，最后顺利完成了微课发布与分享，为实现信息化教学做好了铺垫。

需要特别说明的是：微课的应用目的是助力教学模式的探索与改革，提高教学质量，使广大学生受益，不仅仅是为了参加比赛与获得荣誉。微课的开发基础是优秀的教学设计，其次才是信息技术的实现手段与视觉界面的美化。微课的推广就是要开发优质课程，并使微课专题化、系列化，将优质微课资源广泛应用于教学之中。

第 11 章

慕课与翻转课堂教学

【教学情境】

小王是一名新入职的教师，他听说现在慕课很火，教学效果很好，尤其是很多老师都在用慕课进行翻转课堂教学，他想了解慕课和基于慕课的翻转课堂教学的相关知识与教学应用。

【解决方案】

为学习和掌握慕课与翻转课堂教学的技能知识，我们从认识慕课及其特点、了解慕课的发展、了解基于慕课的翻转课堂、规划慕课课程、管理教师账户与个人信息、创建课程与管理章节目录、管理慕课课程基本信息、构建慕课课程内容、监控学生学习进程、管理学生在线学习成绩等方面来对慕课和翻转课堂教学进行学习，从而按不同类型的慕课和翻转课堂教学要求在教学实践活动中去灵活运用。

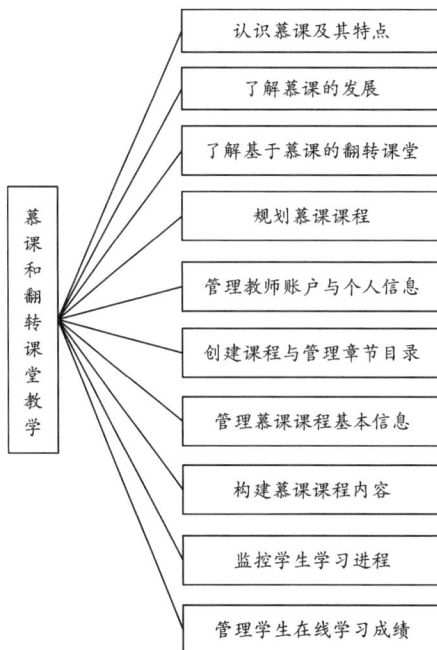

```
                                  ┌──────────────────────┐
                              ┌───│   认识慕课及其特点      │
                              │   └──────────────────────┘
                              │   ┌──────────────────────┐
                              │   │   了解慕课的发展        │
                              │   └──────────────────────┘
                              │   ┌──────────────────────┐
                              │   │   了解基于慕课的翻转课堂 │
              ┌──────┐        │   └──────────────────────┘
              │慕     │        │   ┌──────────────────────┐
              │课     │        │   │   规划慕课课程          │
              │和     │        │   └──────────────────────┘
              │翻     │        │   ┌──────────────────────┐
              │转     │────────┤   │  管理教师账户与个人信息  │
              │课     │        │   └──────────────────────┘
              │堂     │        │   ┌──────────────────────┐
              │教     │        │   │  创建课程与管理章节目录  │
              │学     │        │   └──────────────────────┘
              └──────┘        │   ┌──────────────────────┐
                              │   │  管理慕课课程基本信息    │
                              │   └──────────────────────┘
                              │   ┌──────────────────────┐
                              │   │   构建慕课课程内容       │
                              │   └──────────────────────┘
                              │   ┌──────────────────────┐
                              │   │   监控学生学习进程       │
                              │   └──────────────────────┘
                              │   ┌──────────────────────┐
                              └───│  管理学生在线学习成绩    │
                                  └──────────────────────┘
```

【能力目标】

一名合格的教师不仅要钻研自己的专业知识与技能，同时，也要学习关于教学的技能，并熟知其发展的最新方向。所以掌握慕课及其配套的翻转课堂教学是很有必要的，需要具备以下工作能力：

1. 了解慕课及其特点，区分 MOOC 和 SPOC。
2. 了解慕课的发展，掌握慕课的趋势。
3. 了解基于慕课的翻转课堂，掌握翻转课堂的意义和步骤。
4. 能开展慕课整体设计。
5. 能实现对慕课平台的基本操作。
6. 掌握学习进程监控的几个部分的操作。
7. 掌握成绩管理的具体操作。

任务 11.1　认识慕课及其特点

【任务分析】

为了更好地认识慕课及其特点，小王需要了解当前的主流 MOOC 平台，并查看探索几门慕课课程。

MOOC 的概念
和特点 (V)

【任务资讯】

（1）访问 EDX、Cousera、超星慕课、中国大学慕课等。
（2）分析它们的优点。

【任务实现】

2008 年，加拿大一所大学的老师和一所研究院的研究人员共同提出了 MOOC 这个术语。而慕课则是 Massive Open Online Courses 的缩写 MOOC 所对应的中文谐音翻译，即大型开放式网络课程。它将传统课堂与网络课堂整合，目的就是为了让世界各地的学习者从最好的大学、最好的教师中免费学到最好的课程。这一大规模在线课程正式掀起的风暴始于 2011 年秋天，它被誉为"印刷术发明以来教育界的最大革新"，并呈现出"未来教育"的曙光。

2012 年被《纽约时报》称为"慕课元年"。多家专门提供慕课平台的供应商奋起竞争，Coursera、EDX 和 Udacity 是其中最有影响力的"三巨头"。

目前，全世界有数以万计的学习者参与了 MOOC 模式中的各种学习。MOOC 的目的不是搜集课程，而是用一种方式将分布于世界各地的授课者和学习者通过某一个共同的话题或主题联系起来。

它的主要特征有以下几点：一是规模宏大。授课老师众多，课程学习内容广泛，参与学习的学员数量庞大，且来自全球各地。二是课程结构完整。教师授课方式主要是视频，不是面对面的课程，这些课程材料散布于互联网上，学习在网上完成，不受时空限制。学习以兴趣为导向，凡是想学习的，都可以进来学，不分国籍，只需一个邮箱，就可注册参与。三是学习过程反馈及时，能自动完成测验和评分。四是建立学习者小区，组织线下讨论。

MOOC 学习需要学习者自我管理，会主动解决问题。老师宣讲不必太多，但要对教学有热忱、对学生有热情。

如今，MOOC 已经成为开放式教育世界的一道靓丽风景，是开放教育资源运动中正在迅猛发展的新生事物。

【应用拓展】

(1)下载并查看两篇较新的有关慕课的论文。

(2)阅读有关慕课的著作一本。

【任务小结】

本任务通过查看慕课和相关著作及论文，认识慕课及其特点。

任务11.2　了解慕课的发展

【任务分析】

(1)分析 c – MOOCs 与 x – MOOCs 的区别。

(2)了解两种模式的优劣。

(3)了解慕课的主题设计。

MOOC的发展(V)

【任务资讯】

(1)了解 c – MOOCs 与 x – MOOCs 的定义。

(2)慕课的主题设计的相关知识。

【任务实现】

MOOC 主要有两种模式，一个是 2008 发展起来的 c – MOOCs，另一个是 2012 年发展起来的 x – MOOCs。

c – MOOCs 是基于连接主义，认为学习不只发生在个体，还会发生在组织内。因此，c – MOOCs 没有标准化的教学内容，学习者面对的是非结构化的教学内容。学习者拥有高度的自主性，在自己熟悉的网络中搜集、组织、创造不同的学习内容。由于学生会在自己的网络中和同学互动，与同学建立起长期的关系，因此学习不会终止于一门课程，这种形式非常适合探究式自主学习。老师扮演的角色是课程引导者，其任务是协助大规模在线学生能有效探索主题知识。

x – MOOCs 是基于认知—行为主义的教学法范畴，老师扮演的角色是课程主导设计者，负责录制影片、提供教材内容。它是针对大规模在线学生重新设计课程传递知识。

c – MOOCs 和 x – MOOCs 都是"大规模开放在线课程"，两者都因为开放课程给所有人注册，从而吸引了大量来自多元人口地理背景的参与者；同时因为课程完全在线进行，很依赖学生的自主性，导致中缀率很高。这两种形式一般都是以权威名校或权威教师为主，自然限制了普通学校和普通教师的积极性。

针对上述问题，2013 年春季加州大学伯克利分校的阿曼德·福克斯教授最早提出和使用了 SPOC 这个概念。SPOC 是 small private online course 的编写，即小规模限制性(私有性)在线课程。small 和 private 是相对于 MOOC 中的 massive 和 open 而言的，small 是指学生规模一般在几十人到几百人，private 是指对学生设置限制性准入条件，达到要求的申请者才能被纳入 SPOC 课程。由于其成本低廉，教学效果突出，中缀率较小，最近一两年在全球得到迅猛发展。当前的 SPOC 教学案例，主要是针对在校学生进行设计的，因此也有人称之为校本慕课。

对于普通高校的慕课建设与教学，更大程度上是指的利用 MOOC 资源或平台进行的 SPOC 教学。其主要目标一是激活优质教学资源；二是促进高效自主学习。在我国，精品课程建设可看作慕课的前生，当时大规模的精品课程建设为慕课建设与教学，创建了坚实的基础。无论如何，MOOC 已经是高等教育机构必须快速迎接的挑战，"是一场输不起的教育革命"。

【应用拓展】

慕课的主题创意

"慕课是一场输不起的教育革命"。这场革命的到来自然孕育着许多亟待解决的矛盾。其中一个比较突出的矛盾是缺乏监管的自主学习与学习者学习兴趣之间的矛盾。虽然可汗学院提出"内容为王"，但如果只是单纯注重内容开发，无疑这种在线课程也会由于"低颜值"而丧失吸引力。如果将内容比作"米饭"，则需要给"米饭"增加一些"美味的菜肴"。比如通过新颖设计来促进学习者主动、高效、顺利、开心地享受这些"米饭"。在慕课课程构建中合理地设计趣味化元素。这些趣味化元素正如"美味的菜肴"。主题创意设计正是一种有效的趣味化设计方案。好的主题创意可以增强慕课的屏幕穿透力，帮助学习者更轻松地触及学习的灵魂。

"以学为中心"的教学设计特别强调"学习环境设计"。主题创意设计符合三种学习环境中之一的"开放的、虚拟的学习环境"创设。主题创意使自主学习活动更具活力，同时教师团队也会因为主题创意而充满热情。他们将课程内容以创意的方式呈现出来，并将其蕴含的热情传染给学习者。学习者通过慕课自主学习不仅将主题中的体验迁移到新的知识体验中来，也能将创意中所蕴含的愉悦感传染到知识传递环节，从而有效地实现对新知识的意义建构。

1. 定义

主题创意设计(theme creative design)一词起先来源于音乐和广告设计。"主题"最初在德国只是一个音乐术语，指乐曲中最具特征并处于优越地位的那一段旋律，即主旋律。它表现一个完整的音乐思想，是乐曲的核心。"创意"指的是具有新颖性和创造性的想法与构思。综合起来就是作品核心思想的创造性构思。

结合主题创意的概念，本书将慕课主题创意定义为：借助一个与课程核心思想相关联的新颖主题贯穿慕课课程，以趣味的方式或类比的手法来表达其主旨内容的教学设计。广义的主题创意不仅针对慕课课程，还可针对慕课平台、课程的章节或针对某一知识点微课等层面所进行的主题设计，这些层面都可借助主题创意来增强传达效果。

2. 慕课主题创意内涵的三个层面

根据广义定义，慕课中的主题创意可分为大、中、小三个层面的设计。

"大"，即慕课平台层面的创意设计。包含平台整体色彩格调、定位与愿景、卡通 Agent、logo、激励机制、积分系统、游戏吸引策略等。

"中"，即课程层面的创意设计。指课程整体相关主题，即先根据课程内容选择一个相关的主题。比如笔者在建设《C#(面向对象)程序设计》的慕课课程中，觉察到类与对象的创建与电影《阿凡达》导演设计纳美人的过程极其相似，而且电影中所运用的新技术、创设的新外星文明和新人种与面向对象程序设计思想很吻合。于是团队就用电影《阿凡达》作为该课程的主题风格，并确立电影中的蓝、棕色为主题色彩，继而设计相关风格的 PPT、慕课封面、富媒体美工和开场白情景类比导入等环节。

"小"，即章节微课。指在视频教学中，将主题部分节点与教学内容相关的知识进行类比。比如从阿凡达入手介绍继承与接口等知识点的类比。显然这是整个创意设计中最深入、难度最大的环节。这种基于类比的主题创意最终促成主题与教学内容"骨肉相连"。

3. 慕课中的主题创意的理论依据

从教育技术视角审视主题创意设计，我们可以认为，认知心理学的迁移与类比迁移理论、建构主义的同化和顺应、表象等理论和 ARCS 动机设计模型理论均可从不同视角作为其理论依据。

(1)学习迁移与类比迁移。

学习迁移是指一种学习对另一种学习的影响，或已经获得的知识经验对完成其他活动的影响。迁移广泛存在于各种知识、技能、行为规范与态度的学习中。比如，学会拉二胡的人，学拉小提琴就比较容易；棒球选手打高尔夫球也会打出高水平，这些主要是技能学习领域的迁移。"对一般初学者来说，他们最缺乏的就是经验"。学习者可通过熟知的趣味化的主题创意形成对已有认知的迁移。

成功的学习经常依靠我们从记忆中提取相关的知识和技能，并以此为出发点去学习新的知识和技能。当人们遇到一个新问题(靶问题)时，人们往往想起一个过去已经解决的相似的问题(源问题)，并运用源问题的解决方法和程序去解决靶问题。这一问题解决策略被称之为类比迁移。有关类比迁移的研究表明，类比迁移是学习新技能、学习科学知识和数学知识、进行科学发现和探索、培养创造性的一个重要途径。

(2)建构主义的同化和顺应。

同化是指把外部环境中的有关信息吸收进来并结合到个体已有的认知结构(也称"图式")中，即个体把外界刺激所提供的信息整合到自己原有认知结构内的过程；顺应是指外部环境发生变化，而原有认知结构无法同化新环境提供的信息时所引起的个体认知结构发生重组与改造的过程，即个体的认知结构因外部刺激的影响而发生改变的过程。

可见，同化是认知结构数量的扩充(图式扩充)，而顺应则是认知结构性质的改变(图式改变)。认知个体就是通过同化与顺应这两种形式来达到与周围环境的平衡；当个体能用现有图式去同化新信息时，它是处于一种平衡的认知状态；当现有图式不能同化新信息时，平衡即被破坏，而修改或创造新图式(即顺应)的过程就是寻找新的平衡的过程。个体的认知结构就是通过同化与顺应过程逐步建构起来。

比如，《C#(面向对象)程序设计》慕课中，针对面向对象知识的表达，通过电影《阿凡达》中的"地球人"、潘多拉星球的"纳美人"和地球人杰克化身"阿凡达"三者的关系,借助主题动画方式的微课,来描述继承和接口等概念,帮助学生利用阿凡达的关系图式去同化面向对象程序设计的知识。

（3）表象理论。

表象是形象思维的主要加工材料,而形象思维的形成又依赖于原有的表象材料,这些表象材料正来源于外界客观事物。

面向对象中的类和对象是抽象的。比如,我们通过分析《阿凡达》电影对纳美人这一外星人类的设计,以及通过女主角涅提妮的具体化,学习者就能通过回忆生动的电影场景,在脑海中再造想象,从而更容易记住和理解抽象的概念。

4. 主题创意的素材源

"教育即生活",慕课主题创意的素材也来源于生活。具体归纳为三个方面。

（1）故事。

慕课主题创意最丰富的素材应当首选各类故事,包含小说、电影和电视剧。比如中国古代四大名著、脍炙人口的金庸小说、科幻电影等,这种一般适合于课程层面的主题创意设计。比如,用《三国演义》来作为某管理学的主题,用《西游记》作为团队管理课程的主题。

（2）趣味活动。

很多在线游戏、传统游戏、魔术、各种工作坊等都可以成为素材。比如,我们教学团队就尝试过以"贪吃蛇"游戏为主题进行创意设计,将之融入《C#（面向对象）程序设计》慕课的实训部分。

（3）语言类素材。

寓言、笑话、脱口秀、电台节目、电视综艺等。这种素材一般适合用于第三个层面,即微课层面的设计。比如,用"小和尚要老和尚讲故事"来设计递归算法的微课。效果请扫描右边二维码观看动画微课。

5. 主题创意的两种思维模式

慕课主题创意按照思维过程分为三种模式。一种思维过程是根据慕课内容或教学内容寻找主题创意;一种是依据现有的好素材,定位慕课内容或教学章节。

（1）正向思维主题创意模式。

①通过课程的一个内容核心点抽象其主要特征。

②根据此特征寻找类比源,确定若干候选主题。

③根据课程的其他非核心内容与候选主题进行匹配,挑选出吻合度最高的主题。

④根据主题确定慕课主题风格、统一富媒体要素美工、设计封面。

⑤深入挖掘主题内容,寻求与内容相匹配的亮点,置入理论内容或分解到实训内容的微课中。

比如,C#课程的内容主题,当时搜索了很多故事主题,但发现《阿凡达》较好地与课程匹配;实训主题则选择了"贪吃蛇"游戏,对其进行分解,详见"十二五"职业教育国家规划教材《C#程序设计案例教程》。

（2）逆向思维主题创意模式。

①首先发现有特色和趣味的主题。

②然后,挖掘主题的核心特征。

③根据核心特征寻找课程或微课内容。

④深入挖掘内容与主题的相似度，最大限度地通过类比等手法将主题融入教学内容。

比如发现一个很有趣的明日环魔术，通过分析这个魔术特征，精巧地将之贯穿于微课至信息化教学至 MOOC 最终到 SPOC 整个教学环节。

（3）双向思维主题创意模式。

①在于平时的生活积累、收集多个趣味主题。

②然后将课程或微课内容列表。

③双向选择、确定主题。

④深入挖掘主题与内容的匹配度，最大程度地形成风格与内容的完美结合。

6.设计原则

主题设计如果运用不当也会对慕课产生负面影响。比如可能喧宾夺主，即引导关联失败，学生的注意力被吸引到主题上去后不能回到知识点；或主题牵强，学生不知所云等。因此，应注意几个主题设计的运用原则。

（1）主题必须切合慕课内容原则，即主题必须为慕课知识内容服务。

（2）大众化原则，即尽量选择能被大众所接受或熟知的主题。

（3）主题让位于内容原则，即主题不能占太大篇幅、不能喧宾夺主。

（4）主题健康原则，即主题不能违反道德或超越法律范畴。

（5）类比清晰原则，即类比不能太复杂或弄得不知所云。

7.意义

慕课教学实践和调查结果表明，慕课主题设计有助于提升学生对知识的理解，提高学生对课程的学习兴趣。同时，设计过程中也提升了老师对课程内容的进一步理解、促使教学团队教学工作更具成就感。

【任务小结】

我们有幸迎来了一个伟大的教育时代——基于"互联网 +"的慕课时代。这个时代是一个创新与创意的时代，我们需要培养更多的创造型的革新者。因此培养他们的方式也应具备创意和创新，才能更好地点燃年轻人头脑中的创意和想象的火花。

"我们需要像海盗那样打破教学常规，让教学充满创意。"慕课建设也可打破建设常规，让慕课充满激情，让学习者更容易接受慕课。相信会有更多的教师加入慕课主题设计的创意中来。

任务11.3　了解基于慕课的翻转课堂

【任务分析】

（1）了解翻转课堂的意义。

（2）了解如何去实现翻转课堂。

MOOC与翻转课堂(Ⅴ)

【任务资讯】

（1）了解翻转课堂的定义。
（2）了解翻转课堂的步骤。
（3）观看亚伦的翻转课堂教学视频。
（4）百度搜索中国翻转课堂教学的两个案例。

【任务实现】

在 2007 年春天，学校化学教师乔纳森·伯尔曼和亚伦·萨姆斯开始使用屏幕捕捉软件，录制 PowerPoint 演示文稿的播放和讲解声音。他们把结合实时讲解和 PPT 演示的视频上传到网络，以此帮助课堂缺席的学生补课，而那时 YouTube 才处于起步阶段。

更具开创性的一步是，他们逐渐以学生在家看视频听讲解为基础，开辟出课堂时间来为完成作业或做实验过程中有困难的学生提供帮助。不久，这些在线教学视频被更多的学生接受并广泛传播。"翻转课堂已经改变了我们的教学实践。我们再也不会在学生面前，给他们一节课讲解 45 min。我们可能永远不会回到传统的方式教学了。"这对搭档对此深有感慨。

所谓翻转课堂，就是教师创建视频，学生在家中或课外观看视频中教师的讲解，回到课堂上师生面对面交流和完成作业的这样一种教学形式。

翻转课堂翻转的是什么呢？它翻转的是知识的传递与知识的吸收内化的传统教学模式。从传统的授课形式来看，原本是课内学习，课外消化。而翻转课堂却是课外通过视频和网络自学完成知识传递；课内与同学、老师探讨完成消化吸收。老师将知识的重点、难点、易错点做成了微课，放到了网上。对于学生来说，每一个知识点可以反复多次地观看，直到弄懂为止。课堂上学生再把还没有完全弄懂的知识点与老师进行沟通和交流，结果是所有的问题都能得到圆满的解答。

翻转课堂在两个方面从根本上改变了学习。

1．"翻转"让学生自己掌控学习

翻转课堂后，利用教学视频，学生能根据自身情况来安排和控制自己的学习。学生在课外或回家看教师的视频讲解，完全可以在轻松的氛围中进行，不必像在课堂上教师集体教学那样紧绷神经，担心遗漏什么，或因为分心而跟不上教学节奏。学生观看视频的节奏快慢全在自己掌握，看懂了的快进跳过，没懂的倒退反复观看。也可停下来仔细思考或笔记，甚至还可以通过聊天软件向老师和同伴寻求帮助。

2．"翻转"增加了学习中的互动

翻转课堂最大的好处就是全面提升了课堂的互动，具体表现在教师和学生之间以及学生与学生之间。

由于教师的角色已经从内容的呈现者转变为学习的教练，这让教师有时间与学生交谈，回答学生的问题；甚至参与到学习小组，对每个学生的学习进行个别指导。当学生在完成作业时，我们会注意到部分学生为相同的问题所困扰，可以组织这部分学生成立辅导小组，往往会为这类有相同疑问的学生举行小型讲座。小型讲座的美妙之处是当学生遇到难题准备请教时，教师能及时地给予指导。

翻转课堂注重学生带着问题进入课堂，在课堂上引导学生讨论和探究，将 80% 的知识内化集中于课内，同时促进学生发展较高层面的高级思维。

【任务·小·结】

本任务通过对翻转课堂教学的学习，认识翻转课堂教学的意义和步骤。

任务11.4 规划慕课课程

【任务分析】

了解慕课整体规划。整体规划可以从六个方面的设计来实现，即主题设计、语言风格设计、知识点与技能点规划、微课制作规划、交互设计和进程规划。

【任务资讯】

（1）主题设计。
（2）语言风格设计。
（3）知识点与技能点规划。
（4）微课制作规划。
（5）交互设计。
（6）进程规划。

MOOC课程的
总体设计（V）

【任务实现】

依据 ARCS 动机设计模型理论中的引起注意、建立起教学与学生之间的关联这两个要素，慕课整体规划可以从六个方面的设计来实现，即主题设计、语言风格设计、知识点与技能点规划、微课制作规划、交互设计和进程规划。

1. 主题风格设计

一方面，"以学为中心"的教学设特别强调"学习环境设计"。主题创意设计符合其中三种学习环境之一的"开放的、虚拟的学习环境"创设[1]。显然慕课中的主题设计已不能用"WBLED 模型"[2]来解释，它需要引入一种新的设计模式来阐明。

另一方面，教学充满创意和热情的互动活动。通过主题创意使自主学习活动具有活力，教师团队将热情以一种新的方式表达于主题创意上，将这种热情传染给学习者，并将趣味性从主题创意漫延至学习者心中，帮助学习者将主题创意原有愉悦迁移至新的课程学习当中。

通过主题创意，我们可将慕课平台、课程和慕课视频都充满热情，使学习者沉浸于快乐学习之中。

虽然，没有明晰的地图来表达慕课的发展，但如今确实迎来了一个伟大的教育时代——慕课时代。我们需要培养更多的创造型的革新者，那么培养的方式本身也应具备点燃年轻头脑中的创意和想象的火花。

---

[1] 何克抗，等. 教学系统设计［M］.北京：北京师范大学出版社，2002，10：188-189.
[2] 武法提.基于 Web 的学习环境设计［M］.电化教育研究，2000(5).

"我们需要像海盗那样打破教学常规，让教学充满创意"，让慕课充满激情。

学习者对新知识缺乏"经验"，通过主题创意设计可帮助学习者对趣味主题已成型的结构进行"同化"与"顺应"，并迁移至新课程，实现对新知识的意义建构。这本身也符合"最近发展区原则"。

一旦定位好主题，接下来就是确定主题可能涉及的部分和主题风格。包括整个慕课的封面、首页(含课程简介、课程章节列表、教师风采、片花、教材等)、内容中的富媒体、慕课视频、PPT 资源等。

2. 语言风格设计

既然是慕课，教学资源必然网络化，因此语言表达风格上最好能体现动感和流露开心的元素。"教师腔"较重语言表达风格容易致使学生在家学习的效果不好，因此视频和文本描述应尽量亲和、幽默，具有一对一辅导或者指导的风格①。

慕课内容必须严谨，但慕课的表现形式不必千篇一律地严肃，完全可以用幽默、轻松的方式呈现。引入大话风格可以帮助他们将抽象的概念和事件具体化、形象化。同时，受大学生欢迎的大话风格可增加他们对专业的认同感，从而提高对专业课程的积极性②。

最早的大话模式，诞生于《大话西游》电影中。这是周星驰彩星电影公司和西安电影制片合作拍摄的一部经典的悲喜剧。1999 年《大话西游》受到北大以及清华高校生热捧，悄无声息地开始在内地高校和网络上流传迅速走红，风靡一时，经久不衰，其影响力之大，波及范围之广，至今尚无哪部华语电影能与之相提并论。由此也开创一个理性与幽默并存的语言风格时代。

2003 年 12 月，一家名叫《文学城》的海外中文网站主动推介了《大话新闻》，引起大批海外中国留学生的关注。在很短的时间内，大话的声音出现在北美、欧洲等许多中国学生聚集的地方。此时《大话新闻》逐渐成为一个"播报 + 评论"式的网络脱口秀节目，在参考了一位留学生的留言后，开始确立"理性与幽默并重，正义与调侃共存"的大话风格③。

2007 年，技术书籍的行列出现一种"大话"风格的书籍，从《大话设计模式》开始，随后出现了《大话数据结构》《大话 Java》《大话物联网》等优秀技术书。这种风格给原本枯燥的技术书籍行业注入了一股清泉。这些充满创意的"大话"式的描述，让读者一直沉浸在愉悦的氛围中，有效地激活了读者头脑中更多的书中类似情节或经历，加深读者对相关知识的进一步理解。正如《大话设计模式》作者程杰所言，在大话中可以"感受设计演变过程中所蕴含的大智慧，体会乐与怒的程序人生中值得回味的一幕幕。④"

3. 知识点与技能点规划

根据课标选取哪些理论知识点，考虑实践技能采用哪些案例，如果是大案例，那么如何合理的分解然后贯穿到每一章节；明确要达到的技能目标，明白这些案例如何分解，与知识点之间有何关联。同时如前面所介绍的趣味类比设计思想来传递理论知识。

"有价值"的案例设计实现技能内化。

① 陈玉琨，田爱丽. 慕课与翻转课堂导论【M】. 武汉：华东师范大学出版社，2014，12：84.
② 邓锐，等. 高职计算机专业教材中的"大话"模式探讨，新课程研究，2014.03.
③ 百度百科. 大话新闻【EB】. http://baike.baidu.com/item/大话新闻/4131570？fn = aladdin，2012.03.
④ 程杰. 大话设计模式【M】. 北京：清华大学出版社，2007，12.

提倡"做中学"的教育家杜威曾经提出"不远离行动的学习"。他认为,"对学习者的生活有意义的知识才可能具有长久的生命力"。对于一门课程设计一个"有价值"的案例来整合所学,让学生在做的过程中习得知识,内化技能。

4. 视频制作规划

制作慕课视频前要有规则,有个大体设想。比如,用什么方式引入、用什么方式制作,哪些用动画,哪些用录屏,哪些用摄像,微课分镜头脚本由哪位老师负责,制作由哪位老师负责,等等。由于这些知识和技巧都可在许多微课制作的书籍中找到,本书不再赘述。

5. 交互设计

规划师生线上互动方式、人机互动和学生之间互动方式。如课后训练、通知发送、学生提问及老师应答(图 11 – 1)、主题讨论(图 11 – 2)、过关奖励(图 11 – 3)和 PBL 线上学习等。另外,为促进自主学习,还可针对代码进行防拷贝处理(图 11 – 4),对视频进行一些设置,如防空播小测验(图 11 – 5)和防拖拽设置等(图 11 – 6)。

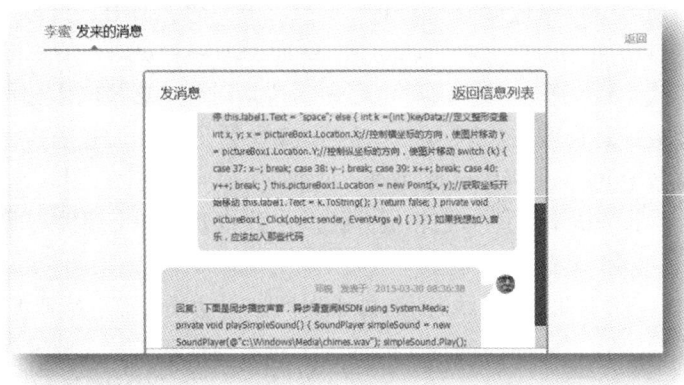

图 11 – 1　学生提问老师应答

图 11 – 2　主题讨论

图 11 – 3　过关奖励

图 11 – 4　代码防拷贝处理

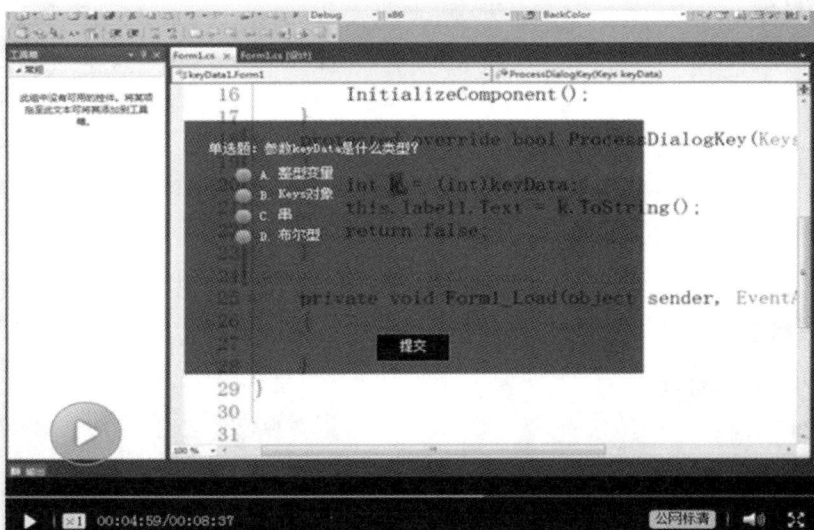

图 11 – 5　防空播设计

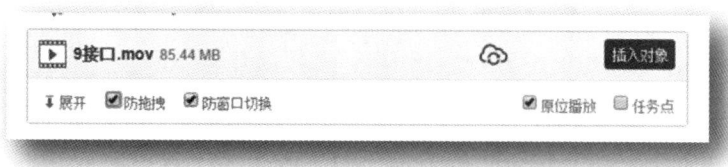

图 11 - 6　视频防拖拽设置

6. 建设进程规划

目标越清晰、计划越具体，实现起来越简单。慕课建设的整体进程规划包括各项目和子项目名称、负责人员、时间规划等，可借助脑图软件将慕课建设的整体进程及安排用树型结构表达出来。

【应用拓展】

（1）以自己熟悉的一门为目标，进行慕课的总体设计。
（2）对该门课进行一个趣味化的主题设计。

【任务小·结】

本任务通过对慕课的总体设计，理清建设方案。

任务 11.5　管理教师账户与个人信息

【任务分析】

账户登录是建设慕课课程的第一环节。同时个人信息管理也是开始慕课建设的必要环节。

账户登录与个人
信息管理（V）

【任务资讯】

（1）登录个人账户。
（2）管理个人信息。

【任务实现】

1. 登录与个人信息管理

慕课系统登录

（1）打开浏览器，键入网址"moocI. chaoxing. com"，或"http：//hnxx. zhiye. chaoxing. com/portal"。

（2）打开主界面，如图 11 - 7 所示。

（3）登录账号。

图 11 – 7　慕课界面

2. 个人信息管理

（1）点击头像，进入个人信息管理页面，如图 11 – 8 所示。

图 11 – 8　个人信息管理界面

（2）查看或修改个人信息，包括基本资料、我的头像、密码管理和应用管理等。

【应用拓展】

用账号登录后查找多门相关课程，了解其结构。

【任务小结】

熟悉账号登录和完善个人信息后进入下一步的创建课程与章节目录管理。

任务11.6　创建课程与管理章节目录

【任务分析】

为了更好地认识慕课及其特点，小王老师需要了解当前的主流 MOOC 平台，并查看探索几门慕课课程。

【任务资讯】

（1）访问 EDX、Cousera、超星慕课、中国大学慕课等。
（2）分析它们的优点。

创建课程与章节
目录管理（Ⅴ）

【任务实现】

（1）创建课程
①点击创建课程图标，如图 11 - 9 所示。
②打开新建课程对话框，如图 11 - 10 所示。
③键入课程名称和自己的姓名等信息，点击"下一步"。
④返回"正在教的课"就可找到刚才创建的课程。

创建课程

图 11 - 9　创建课程

课程名称:	
教师:	
说明:	

下一步　　返回

图 11 - 10　新建课程对话框

2. 归档与删除课程
（1）归档。
点击该课程右上角的归档图标，（刷新页面后）点击右下角的"归档课程"图标，该课程就会被暂时屏蔽。
（2）删除与恢复归档课程。
进入归档课程页面后，当鼠标移向课程图标时，其左右上角分别会出现删除和恢复归档课程的图标，点击相应图标就可对归档课程进行删除和恢复操作。

3. 课程章节目录管理

(1)在"正在教的课"页面中，点击自己创建的课程，进入课程管理页面。如图 11 – 11 所示。

图 11 – 11　课程管理页面

(2)点击绿色"我要编辑"按钮，进入课程编辑页面。如图 11 – 12 所示。

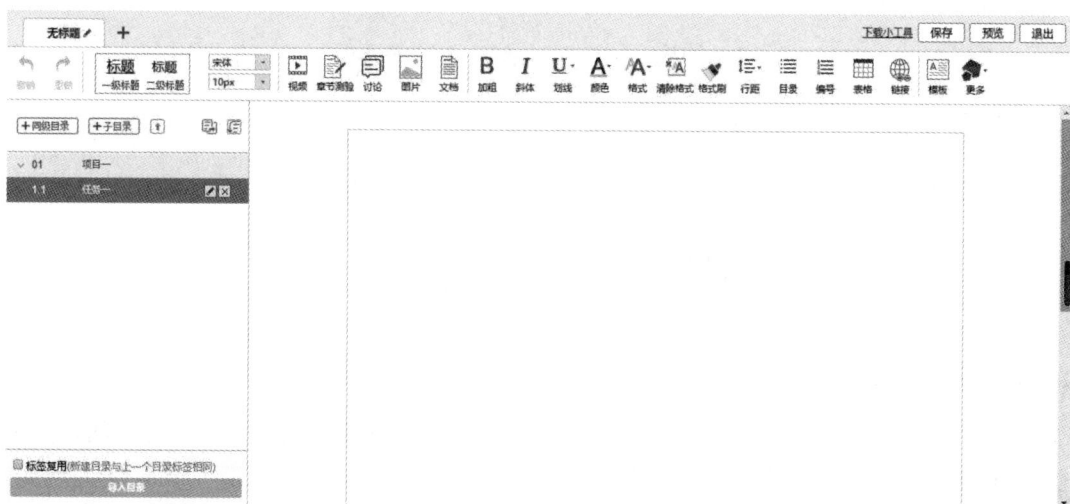

图 11 – 12　课程编辑页面

(3)通过左边的目录操作，就可建立和调整章节目录。如图 11 – 13 所示。

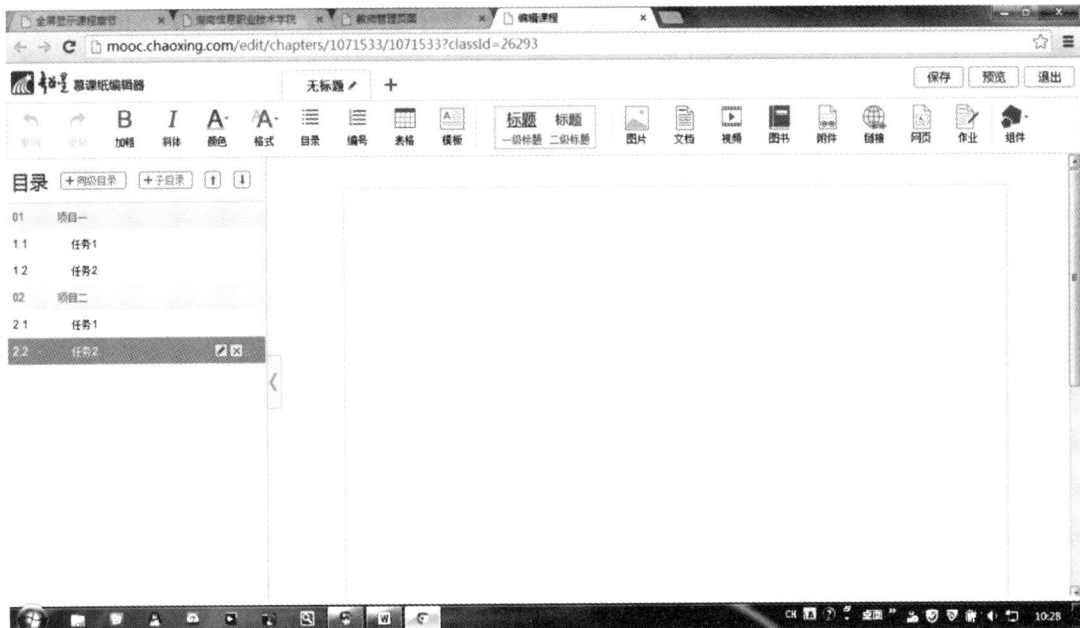

图 11-13　调整章节页面

【应用拓展】

为了更好地认识慕课的目录结构，请探索并查看几门慕课课程的目录结构。

【任务小结】

本任务通过章节目录设置，熟悉操作环节，并了解课程结构。

任务 11.7　管理慕课课程基本信息

【任务分析】

为了更好地展示课程，吸引学习者进入平台学习，小王老师需要策划自己课程的信息描述，以便让学习者了解学习内容和学习方法。

【任务资讯】

（1）了解如何进入课程信息管理页面。

（2）掌握如何编辑课程信息。

MOOC课程信息管理（V）

【任务实现】

1. 进入课程信息管理页面

（1）点击课程左上角的"课程门户"，如图 11 – 14 所示。

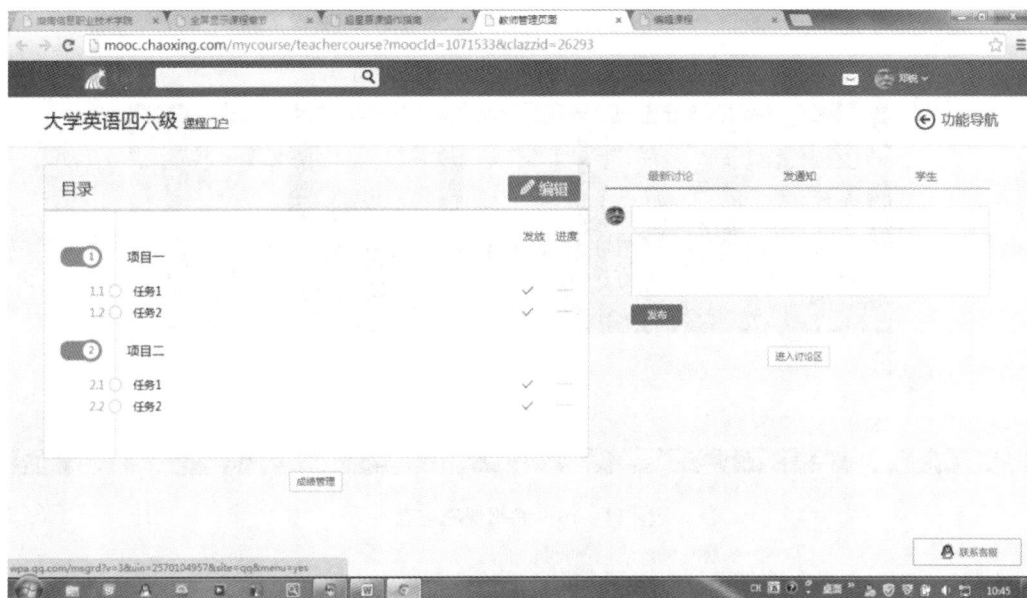

图 11 – 14　课程门户

（2）进入到课程页面，点击"编辑本页"的红色按钮。如图 11 – 15 所示。

图 11 – 15　编辑本页

（3）进入到"编辑课程信息"页面，如图 11 – 16 所示。

图 11 – 16　编辑课程信息

2. 课程相关信息的编辑或设置

（1）选择模板风格。

依据先选模板再编辑内容的习惯思维，页面显示了多种风格的模板供老师选择，分别是极简风格、经典风格、积木风格、纸质印刷风格、Coursera 风格、可汗风格。点击某一个模板，页面下方出现预览模式，可参照选择，如图 11 – 17 所示。

（2）编辑课程封面信息，如图 11 – 18 所示。

（3）上传片花，如图 11 – 19 所示。

（4）选择课程封面。

可以选择系统提供的图片，也可以上传图片文件。但请注意下方的图片信息说明。还可以自行上传竖版图片，主要为课程手机端服务。操作之后，请保存。如图 11 – 20 所示。

（5）编辑课程相关信息。

可以运用系统提供的模板，模板为可选项（左下框）。也可以自定义课程信息（右框）。设置完毕注意保存信息。如图 11 – 21 所示。

（6）课程介绍。

可以修改名称，用精炼且吸引人的语句来概括本门课程，完成后请注意保存。如图 11 – 22 所示。

（7）教学资源。

名称可以修改，可以设置公开权限，上传文件默认是本地上传，支持多个文件上传。如图 11 – 23 所示。

图 11 – 17　选择模板风格

② 课程封面信息

课程名称：　大学英语四六级

教师：

说明：　请输入可行信息说明

保存　取消　注：标题为必填项

图 11 – 18　编辑课程封面信息

③ 上传片花

⊕ 上传文件

- 课程片花，位于课程首页
- 支持rmvb、MP4、flv、mov、mpg、3gp、mpeg、wmv、mkv、vob、f4v格式的视频文件
- 限制2G以内视频文件
- 编码格式为H264
- 只可上传一个片花

保存

图 11 – 19　上传片花

图 11 - 20　课程封面选择

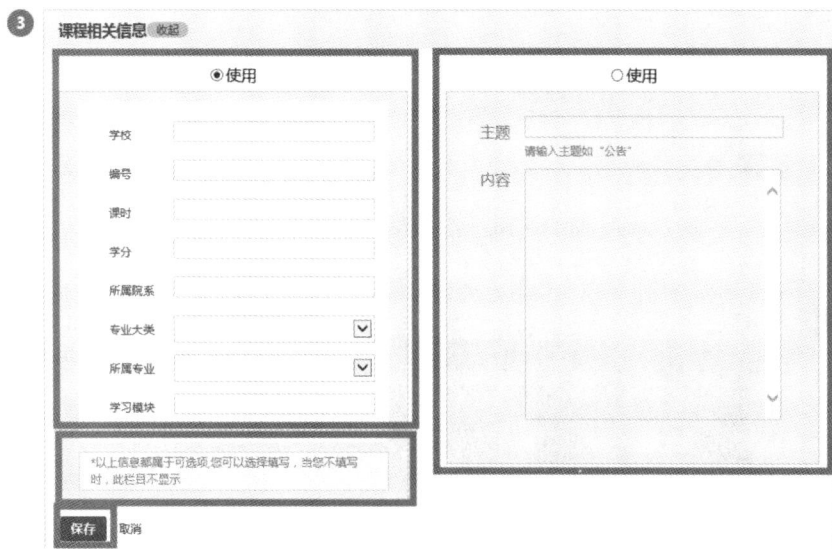

图 11 - 21　课程相关信息编辑

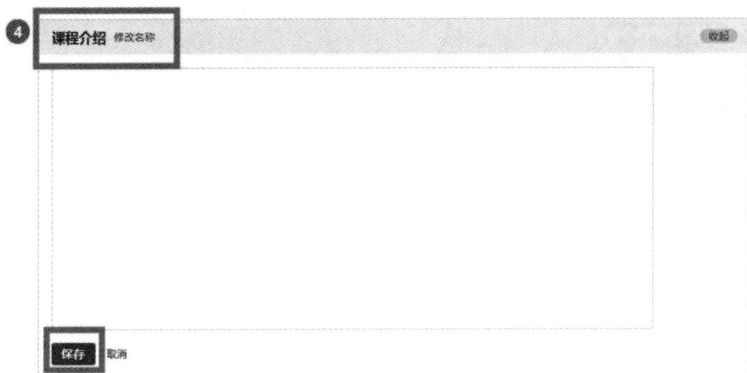

图 11 - 22　课程介绍编辑

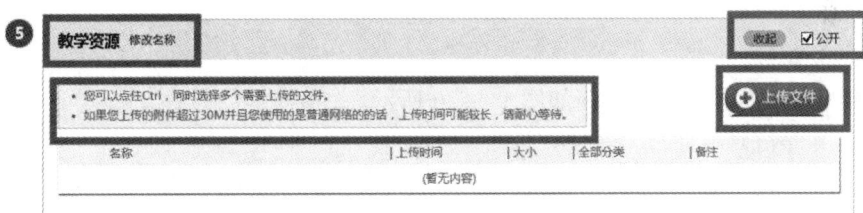

图 11 - 23　教学资源编辑

（8）教学团队。

团队名称可以修改，并设置公开权限。老师可以添加、删除教师姓名，查看名片时可以编辑资料，并且多个老师的顺序可以上下移动。如图 11 - 24 所示。

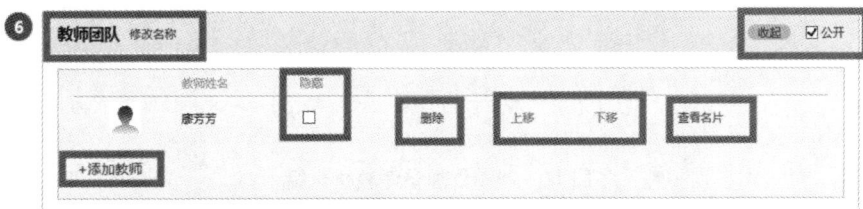

图 11 - 24　添加教学团队成员

（9）教学方法。

在该条目录以下，可以修改名称、删除目录项、上下移动目录项、设置公开权限，且为富文本框，用法见前面个人信息编辑文本框。操作完毕请注意保存。如图 11 - 25 所示。

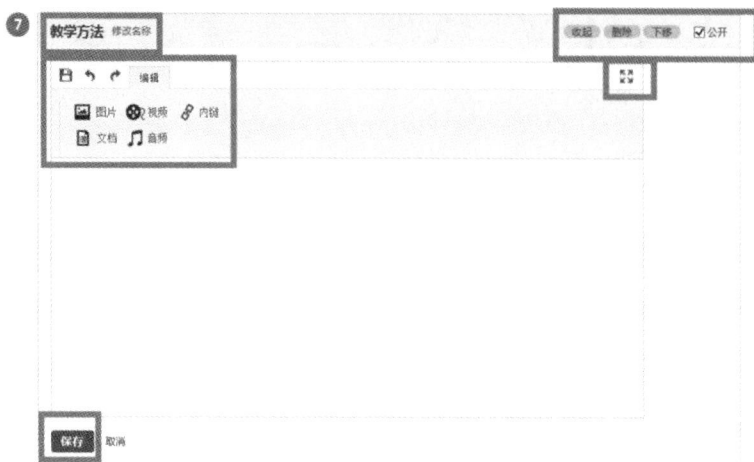

图 11 – 25　教学方法

（10）参考教材。

添加参考教材介绍，操作界面如图 11 – 26 所示。

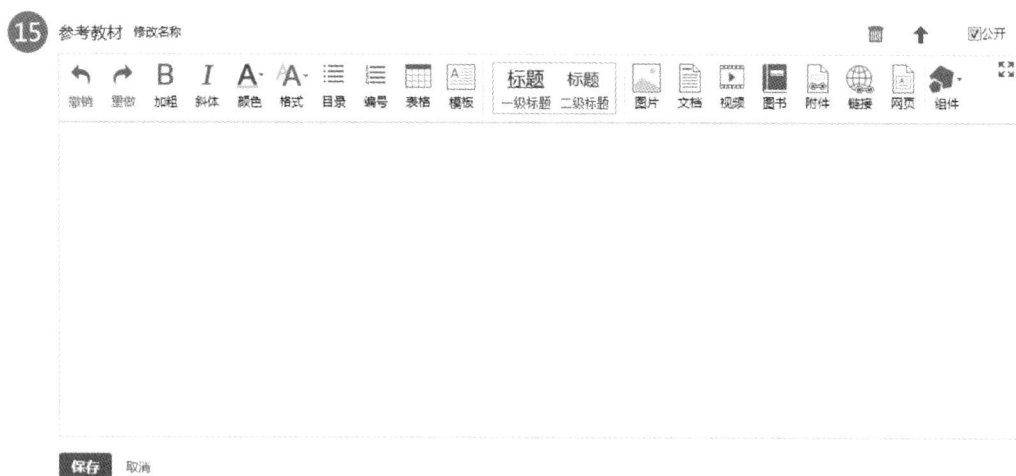

图 11 – 26　添加参考教材介绍

【应用拓展】

搜索几门慕课课程，查看这几门课的课程信息，学习它们的优点。

【任务小结】

通过对慕课课程的信息编辑，用精炼且吸引人的语句来概括本门课程。

任务 11.8　构建慕课课程内容

【任务分析】

掌握了慕课的目录编辑和课程信息编辑后，小王老师需要进入最重要的部分，即进行课程内容建设部分。

MOOC课程内容建设(V)

【任务资讯】

（1）进入章节建设页面。
（2）进行内容编辑。

【任务实现】

1. 进入章节建设页面

（1）点击"编辑课程信息"页面右上角的"课程章节建设"，如图 11 - 27 所示。

图 11 - 27　课程章节建设

（2）还可从前面的课程管理页面点击绿色"编辑"按钮，或点击目录某一章节右边的"编辑"按钮。如图 11 - 28 所示。

图 11 - 28　编辑按钮

（3）进入慕课编辑器，如图 11 - 29 所示，开始课程编辑。

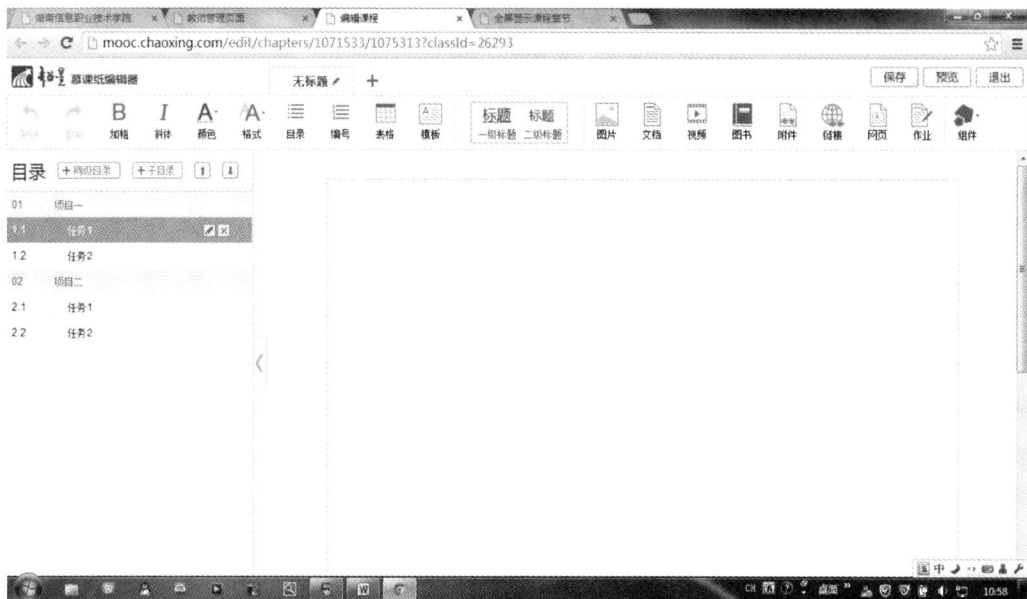

图 11 - 29　慕课课程编辑界面

2. 内容编辑

超星慕课编辑框的功能是比较强大的，可以满足一些基本编辑需求。现在，我们就来讲解一下这些编辑框的功能介绍和使用方法。

（1）文本编辑。

文本编辑器的工具与 Word 类似，如图 11 - 30 所示。

图 11 - 30　文本编辑器工具

功能："文本编辑"包含文字加粗、斜体，提供了和 Word 类似的功能。

使用方法：和 Word 一样，针对所选中的文字进行排版设置。

案例：选中一段选文字，然后点击格式图标中的"底色"，文字底色变为灰色。如图 11 - 31 所示。

图 11 - 31　给文字加上灰色的底色

（2）插入模板。

点击模板图标，进入模板编辑。如图 11 - 32 所示。

功能："模版"提供了几种常见的图文编排模式，可以根据自己的需求选择。

使用方法：点击［模版］—【选择模版】，此时有五套模版可供选择。选择其中一个时，在左边会有一个效果预览区，方便选择。

案例：点击已选好的模版，编辑显示的页面。

图 11 - 32　模板图标

[点击输入文档内容]

[键入文档标题]

[插入一个媒体文件]

图 11 - 33　模板编辑

"点击输入文档内容"可以输入文字内容。

"键入文档标题"，可以输入标题，并会有默认的标题格式。

"插入一个媒体文件"可以插入视频、图片、音频等多媒体文件。

若要更换图片，则选中示例中的图片，选择"修改"，替换成要展示的图片，替换后的图片尺寸为默认示例图片的大小，尺寸可修改。

（3）图片插入。

点击"图片"插入图标，如图 11 - 34 所示，即可从本地或网络插入图片。

功能介绍：选择图片，有三种添加方式，即"远程图片""本地上传""图片搜索"。默认方式为"本地上传"。

图片

图 11 - 34　插入图片图标

使用方法：点击"本地上传"，选择"添加图片"，然后选择路径，找到要添加的图片，选择上传。上传完毕，点击保存。可以选中图片，对图片的尺寸大小、名称、边框等属性进行更改。

"远程图片"与"本地上传"的区别是，远程图片需要我们添加图片的地址，其他同于"本地上传"。

"图片搜索"，添加关键词搜索，然后选择"新闻""壁纸""表情""图像"等大类。

（4）视频上传。

点击"视频上传"图标，如图 11 - 35 所示，即可从本地或网络上传视频。

视频上传：将剪切好的视频节点选择上传。目前支持的上传方式有两种：本地上传、泛雅云盘。

可供支持上传的视频格式有：RMVB\3GP\MPG\MPEG\MOV\WMV\AVI\MKV\MP4\FLV\VOB\F4V。

视频

图 11 - 35　上传视频图标

本地上传，支持 50 MB 以下的视频，超过 50 MB 的要通过泛雅云盘上传。

（5）插入链接。

点击"插入链接"图标，如图 11 - 36 所示，即可将选中的对象（如文字或图片）插入超链接。

功能介绍：链接可以是对内容的一个补充，通过链接，能连接到延伸阅读的关键词、名词等。如果想解释一个词语，可以尝试内链的方式。

链接

使用方法：选择工具栏中的"链接"按钮，弹出如图 11 - 37 所示的对话框。

图 11 - 36　插入链接

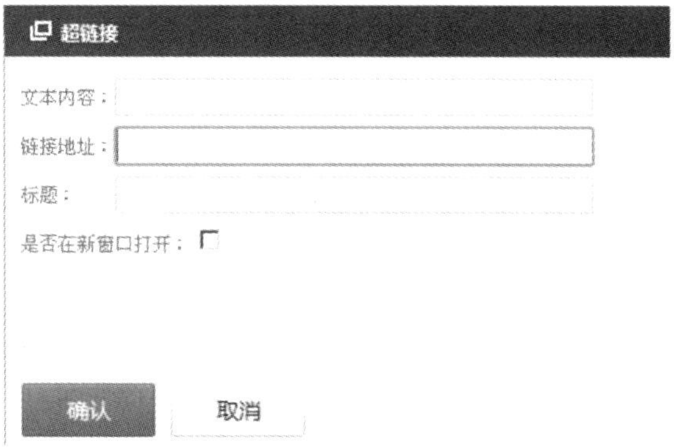

图 11 - 37　超链接

在"文本内容"文本框内填写需要使用链接的词句。例如：慕课编辑技巧。在链接地址栏，填上慕课编辑技巧的 URL（网址）。建议：勾选"是否在新窗口打开"，这样可以在新的网页窗口打开，然后直接确定就行。

（6）文档上传。

点击"文档上传"图标，如图 11 - 38 所示，即可从本地或网络以附件形式上传文档。

文档的上传：使用方式同"视频"的上传，目前文档支持的类型包括：PPT、Word、PDF。

文档

（7）其他多媒体文件的上传。

图 11 - 38　文档上传图标

音频：音频的使用方法和上传方法同"视频"。

图书：用以添加一些超星的天独厚的书籍资源，可以连接读秀等资源库。

图书内页：像调入视频一样，用于插入超星的图书，作为延伸阅读和拓展的内容板块。

组件：用于添加公式、符号和 Flash 动画等。如图 11 - 39 所示。

图 11 −39　其他多媒体文件上传

【应用拓展】

搜索几门慕课课程，查看这几门课的内容建设情况，学习它们的优点。

【任务小·结】

通过内容建设，我们不难发现慕课建设的操作部分很容易，难就难在内容建设。

任务 11.9　监控学生学习进程

【任务分析】

慕课与精品课程的最大区别在于，慕课平台有强大的学习进程管理，特别是班级的学习访问统计图。如果将团队看成一个生命体，那么学习访问统计图反映的就是整个团队的"学习健康状态"心电图。而每个成员既为团队的"心电图"做出贡献，反过来，团队的学习状态心电图也影响每个成员的学习状态。比如全班学习情绪高涨时，个别情绪低落的成员也会在这种学习氛围中被带动起来。因此，依据慕课平台后台的数据管理进行线下教学互动和教学方式和内容及时调整，是基于 SPOC 教学的老师的必要任务。

学习进程监控 (V)

【任务资讯】

（1）名册导入；
（2）分组；
（3）PBL 教学组织；

（4）知识点整体完成情况；

（5）学生名册管理；

（6）课程报名与开设管理；

（7）学习数据统计。

【任务实现】

1. 名册导入

名册导入到慕课平台后，学生的学习行为才能被记录下来，才能进行学习进程管理。同时学生只要登录就可查看到自己该门课程的学习情况和班级情况，从而了解自己的定位。

首先登录进入课程界面后，点击右上角"管理"（即箭头1）进入班级管理。点击箭头2或者"＋"号创建新班级。完成班级创建后，点击箭头3手动添加学生，也可以从已有的学生库中添加学生进入当前班级。如果有大量学生，可点击右下方的"显示高级"，然后进入批量导入。批量导入时可先下载平台的模板，将学生名单录入模板，然后批量导入即可。如图11－40所示。

图11-40　学生名册导入

事实上，名册导入教学团队一般都是提前两个月完成的，也就是在上一个学期结束前就将学生名册导入到慕课平台中，学生只要登录就可以看到自己的该门课程并进行学习。

2. 分组

如果按照前面环节进行了自治型团队建设，那么分组只是在慕课平台上将名单进行组合而已。分组和PBL学习也是自治型学习团队的重要环节，是整个慕课自主学习的一个非常重要的环节，它决定了SPOC翻转教学的成败。特别对于工科科目项目开发分组讨论可形成合力进行头脑风暴，既增加了协作机会又充分发挥了组长和技术能力强的学员的作用和积极性。

分组原则：一是组长有足够能力，即组长能确保提前较好的完成慕课基本学习任务，并有能力指导其他同学。对于新班来说，由于老师开始是不熟悉每个学生的情况，因此不一定要急于分组。二是自愿组合。等有合适的并足够数量的组长人选出现后，可引导学生竞选组长，然后其他同学自愿组合。这种自然形成的小组更便于小组开展工作，特别是制定自己的团队学习计划和团队成员纪律规范。三是组内可按学员特长分工。发挥团队成员的长处，让每个人有事可做并感觉是不可缺的成员。四是小组给自己命名。即小组成员给小组起一个有趣的符合小组特色的名称，并在系统中更名。五是小组制定规则。

以超星泛雅慕课平台为例，首先登录进入"我教的课"首页，在左边菜单单击"PBL"；然后选择所要分组的课程进入分组界面，如图 11 – 41 所示。

图 11 – 41　PBL 与分组设置

然后点击"新建项目"进入"新建项目"界面。根据项目情况进行设置并保存。如图 11 – 42 所示。

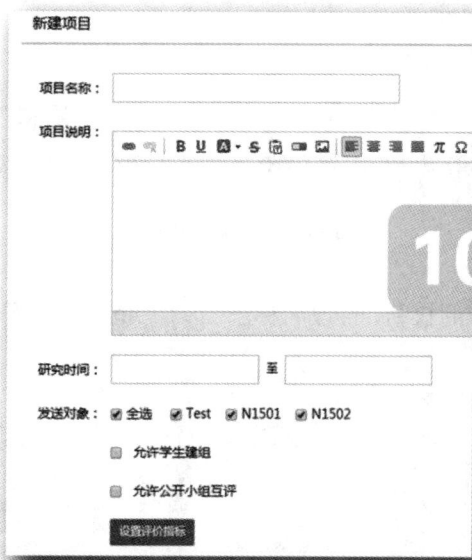

图 11 – 42　建立 PBL 项目小组

针对相应项目，点击红色箭头指向的图标，即可创建小组，如图 11 – 43 所示。

进入"创建小组"界面后，先添加成员，然后在成员中确立一位组长。如图 11 – 44 所示。

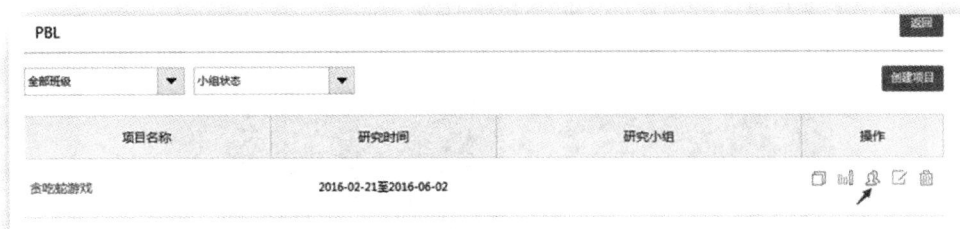

图 11 – 43　创建小组

图 11 – 44　添加成员

组长获得修改小组名称的权利，修改名称。图 11 – 45 为两个班分别给自己组的命名。

图 11 – 45　小组自己命名

学生可以在组中讨论，发布信息，共享资源。图 11 – 46 是其中一个组的自主学习情况。

图 11 – 46　小组学习情况

如图 11 – 47 所示，小组主题讨论细节。

图 11 – 47　小组讨论细节

3. PBL 教学组织

在分组基础上开展 PBL 培训。

以问题为导向的教学方法[①](problem - based learning，PBL)，是基于现实世界的以学生为中心的教育方式。1969 年由美国的神经病学教授 Barrows 在加拿大的麦克马斯特大学首创，目前已成为国际上较流行的一种教学方法。以此类教学法出名的包括荷兰顶级大学马斯特里赫特大学等世界著名院校。

PBL 与传统的以学科为基础的教学法有很大不同。PBL 强调以学生的主动学习为主，而不是传统教学中的以教师讲授为主；PBL 将学习与更大的任务或问题挂钩，使学习者投入于问题中；它设计真实性任务，强调把学习设置到复杂的、有意义的问题情景中，通过学习者的自主探究和合作来解决问题，从而学习隐含在问题背后的科学知识，形成解决问题的技能和自主学习的能力。

PBL 教学法的精髓在于发挥问题对学习过程的指导作用，调动学生的主动性和积极性。

PBL 教学法与案例分析有一个很大的不同点是，PBL 以问题为学习的起点，案例分析是教师先讲解教材，在学生掌握一定的知识前提下，然后做案例分析。

PBL 的基本要素主要有以下方面：

- 以问题为学习的起点，学生的一切学习内容是以问题为主轴所架构的；
- 问题必须是学生在其未来的专业领域可能遭遇的"真实世界"的非结构化的问题，没有固定的解决方法和过程；
- 偏重小组合作学习和自主学习，较少讲述法的教学；学习者能通过社会交往发展能力和协作技巧；
- 以学生为中心，学生必须担负起学习的责任；
- 教师的角色是指导认知学习技巧的教练；
- 在每一个问题完成和每个课程单元结束时要进行自我评价和小组评价。

下面是暑假期间，湖南中职教学国培项目对参加培训的学员进行 PBL 教学的情况。

图 11 - 48 所示为一次培训小组分组情况。

项目名称	研究时间	研究小组	操作
网美信息化培训	2015-08-03至2015-08-15	未打分：第1组 第2组 第3组 第4组 第5组 第6组 第7组 第8组	
信息化教学培训2班	2015-07-25至2015-09-25	未打分：第1组 第2组 第3组 第4组 第5组 第6组 第7组 第8组 第9组 第10组	
信息化教学培训1班	2015-07-25至2015-09-25	未打分：第1组 第2组 第3组 第4组 第5组 第6组 第7组 第8组 第9组 第10组	
信息化培训2班	2015-07-25至2015-09-25	未打分：第1组 第2组 第3组 第4组 第5组 第6组 第7组 第8组 第9组 第10组	

图 11 - 48　PBL 分组

---

① 百度百科，http://baike.baidu.com，关键字：PBL.

所有需要小组组织讨论的主题都可在 PBL 中发布，学生自己也可发布，如图 11 – 49 所示。

图 11 – 49　在 PBL 中发布讨论主题

然后组员可在围绕小组主题进行讨论，如图 11 – 50 所示的是小组讨论细节。

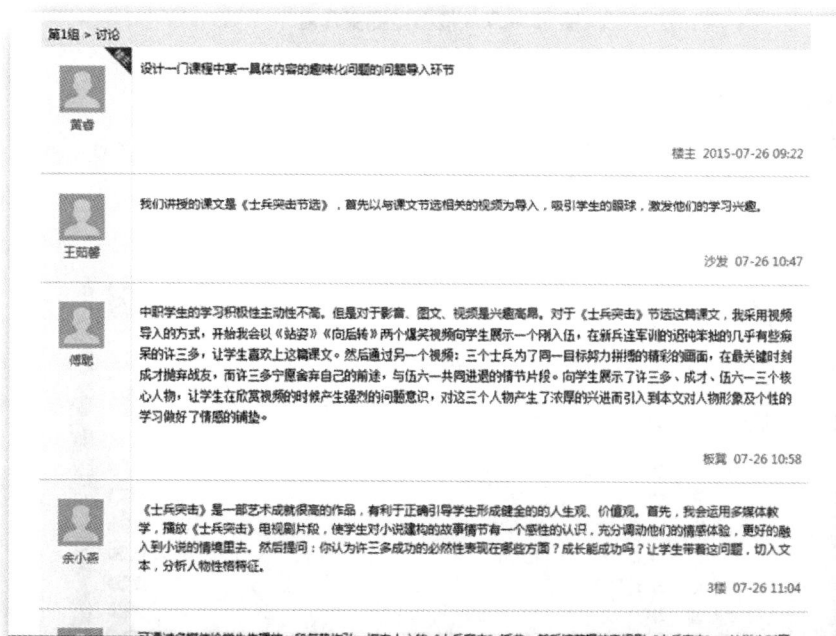

图 11 –50　小组讨论细节

　　某些作业或项目，教师可要求按小组提交，如图 11-51 所示。图片中呈现的是 2015 年寒假"信息化培训"中学员按小组提交的作业。主讲教师可以很清晰地看到已提交的人数和作业待批改的人数。

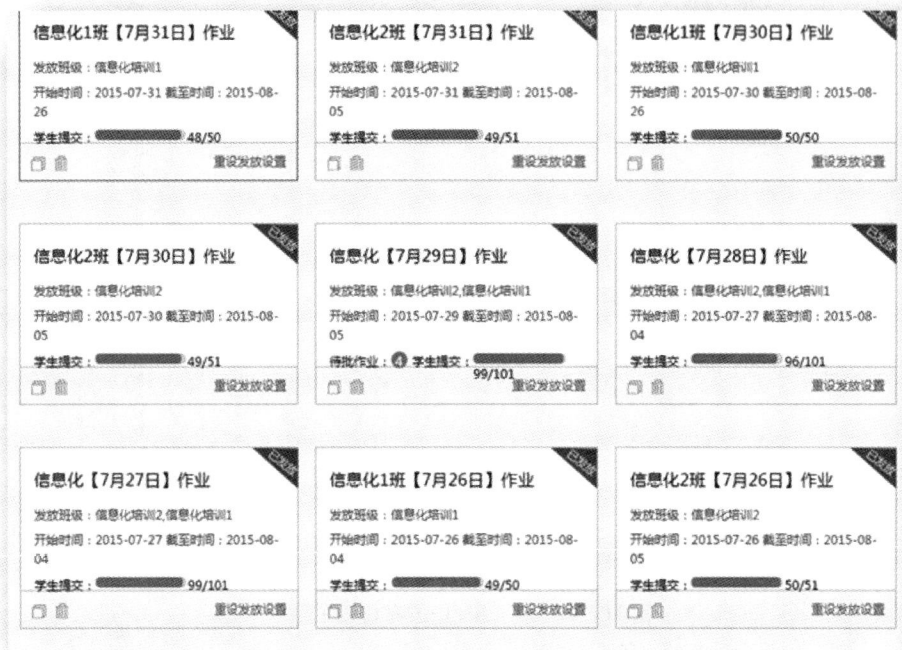

图 11-51　按小组提交作业

4. 知识点整体完成情况

　　进入课程首页后，可在目录区选择对应班级，统计栏中显示当前班级对应章节的学习完成率。如图 11-52 所示。

图 11-52　知识点整体完成情况

5. 学生名册管理

以教师身份登录后点击"管理"进入班级学生列表，如图 11 – 53 所示。

首页　统计　资料　通知　作业　考试　讨论　**管理**

图 11 – 53　点击管理

进入学生名册列表后可进行添加学生、发私信等操作，如图 11 – 54 所示。

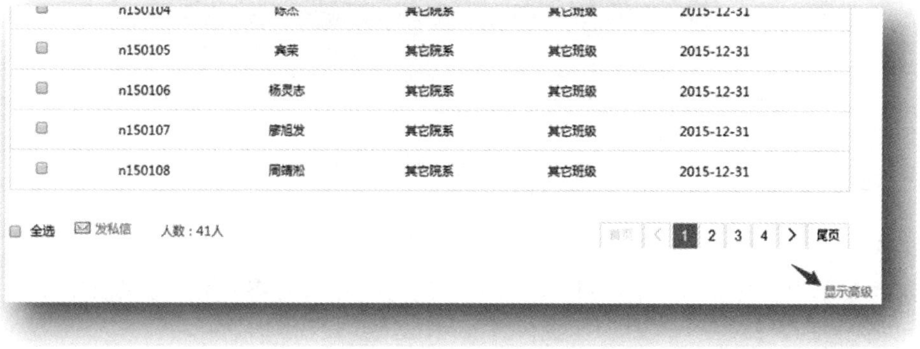

	n150104	陈态	其它院系	其它班级	2015-12-31
	n150105	宾莱	其它院系	其它班级	2015-12-31
	n150106	杨灵志	其它院系	其它班级	2015-12-31
	n150107	廖旭发	其它院系	其它班级	2015-12-31
	n150108	周晴淞	其它院系	其它班级	2015-12-31

全选　发私信　人数：41人　　　　　首页 < **1** 2 3 4 > 尾页

显示高级

图 11 – 54　学生名册列表

6. 课程报名与开设管理

点击"显示高级"，如图 11 – 40 所示新版本为"班级设置"，进入班级课程开放设置，如课程报名，开课时间等设置，如图 11 – 55 所示。

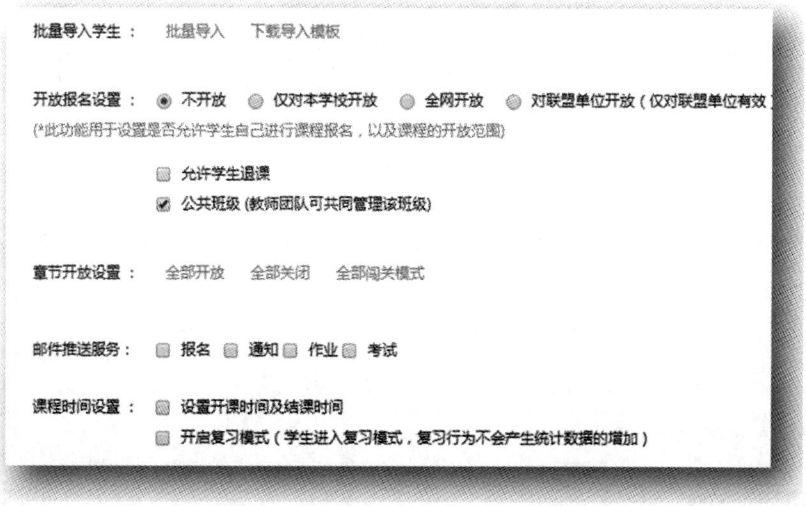

批量导入学生：　批量导入　下载导入模板

开放报名设置：　◉ 不开放　◯ 仅对本学校开放　◯ 全网开放　◯ 对联盟单位开放（仅对联盟单位有效）
（*此功能用于设置是否允许学生自己进行课程报名，以及课程的开放范围）

　　　　　　　　☐ 允许学生退课
　　　　　　　　☑ 公共班级（教师团队可共同管理该班级）

章节开放设置：　全部开放　全部关闭　全部闯关模式

邮件推送服务：　☐ 报名 ☐ 通知 ☐ 作业 ☐ 考试

课程时间设置：　☐ 设置开课时间及结课时间
　　　　　　　　☐ 开启复习模式（学生进入复习模式，复习行为不会产生统计数据的增加）

图 11 – 55　课程报名与开课时间设置

7. 学习数据统计

点击课程首页"统计"，出现统计菜单界面，可查看对应班级详细学习情况，如图 11 - 56 所示。

图 11 - 56　学习数据统计

（1）任务点。

在统计菜单中，点击第一个项目，如图 11 - 57 所示，即任务点相关数据统计。

图 11 - 57　任务点

查看任务点列表，在列表中点击每个任务点最右边的"查看"，如图 11 - 58 所示。

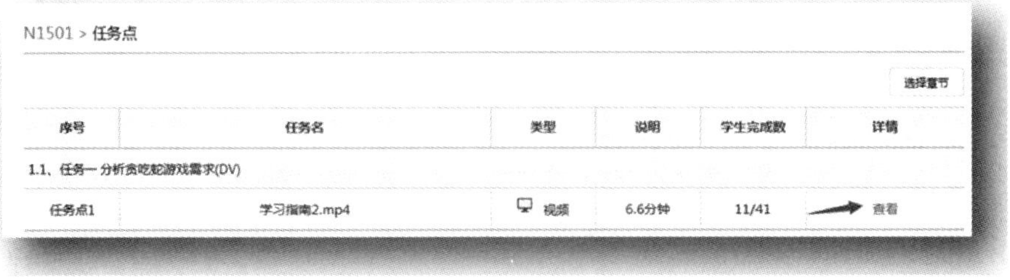

图 11 - 58　任务点列表

此时，会显示该任务点所有学生的学习状况，包含视频观看情况。蓝色条用四种深度表示不同部分该学生观看的次数，以及观看总时长和反刍比。反刍比即观看视频的总时长与原时长之比，它可反映此视频对该同学的难易程度，如图 11 – 59 所示。

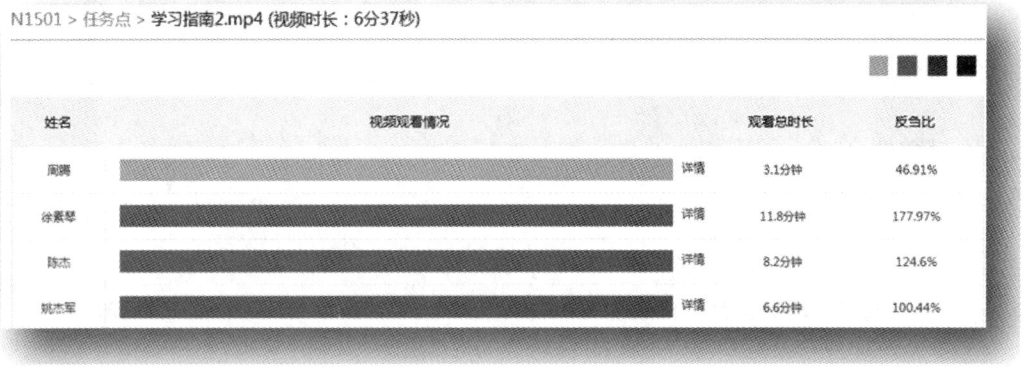

图 11 – 59　视频观看情况

（2）学生数。

在统计界面中点击"学生数"，如图 11 – 60 所示。

图 11 – 60　点击"学生数"

进入学生对任务点的学习情况列表界面，如图 11 – 61 所示。

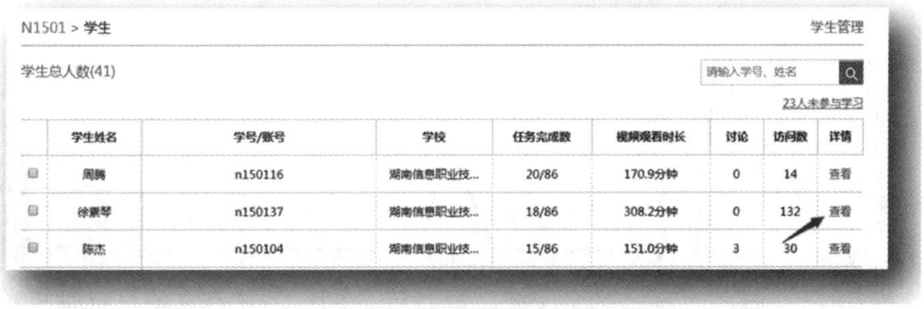

图 11 – 61　学生学习情况列表

点击对某个学生右边的"查看"，进入更详尽的"进度统计""章节统计"和"访问统计"。详情如图 11 –62 ~ 图 11 –68 所示。

- 学习进度统计。

图 11 –62　学习进度统计

- 章节学习情况统计。

图 11 –63　章节统计

- 访问统计。

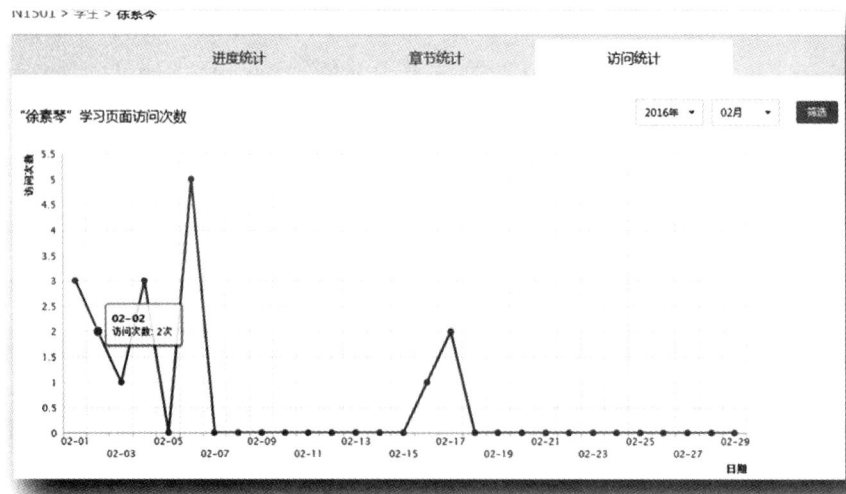

图 11 –64　个人学习访问统计

- 点击总访问数统计。

图 11 – 65 总访问数

- 课程学习进度。

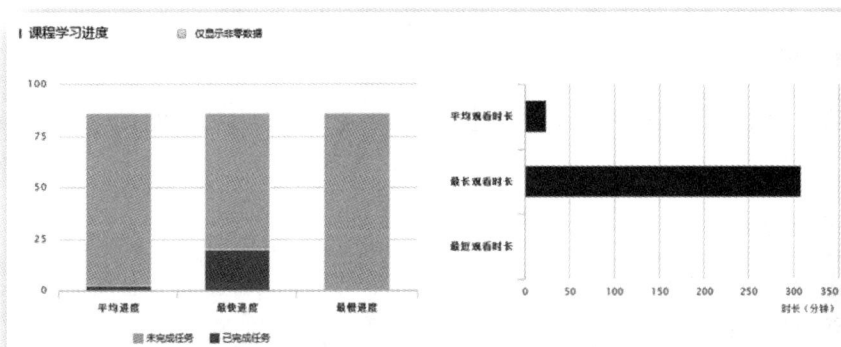

图 11 – 66 课程整体学习进度

- 学生访问统计 1——手机访问比例。

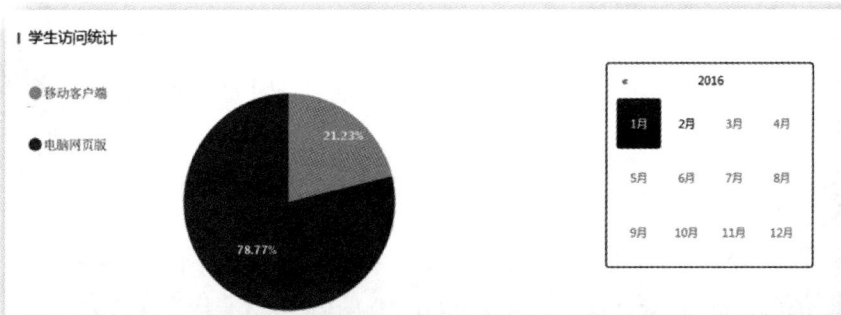

图 11 – 67 手机访问比例

● 学生总体访问统计2——整体学习状况"心电图"。

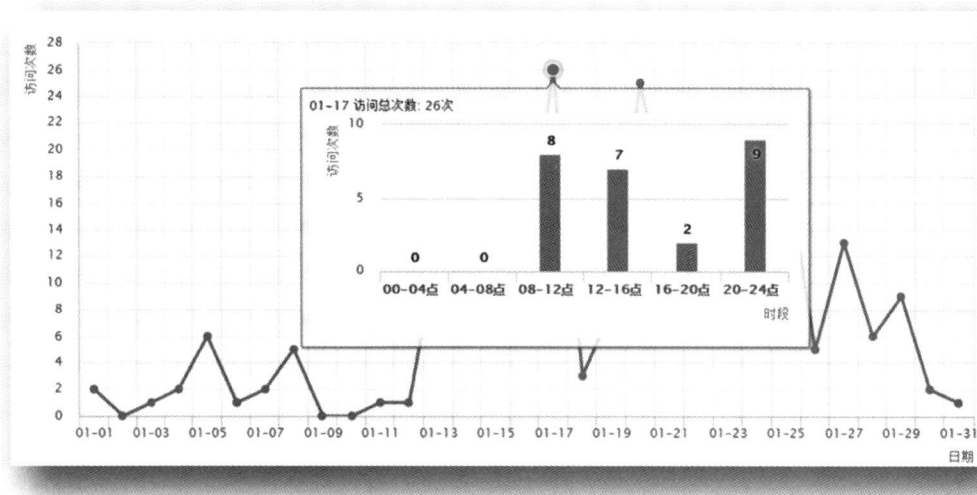

图 11 - 68　整体学习状况"心电图"

【应用拓展】

下载并查看两篇较新的有关慕课学习进程管理的论文,看看如何更有效地进行在线学习进程管理。

【任务小·结】

本任务通过掌握学习进程管理,熟悉教学过程中对学习者学习进程的管理操作,并了解线上管理与线下管理的不同。

任务 11.10　管理学生在线学习成绩

成绩是最终评价学生整个学期学习情况的指标,慕课可将过程性评价与终结性评价、线上评价与线下评价相结合,实现较全面的评价。

【任务分析】

这里特别将成绩管理从数据统计中单独拿出来说明,是因为这个部分相对来说很重要。

成绩管理(V)

【任务资讯】

(1)学生成绩列表。

(2)权重设置。

(3)证书发放。

(4)学生查看自己的课程证书。

【任务实现】

1. 学生成绩列表

点击课程首页“统计”，出现统计菜单界面。点击“成绩管理”查看对应班级成绩详细情况。如图 11－69 所示。

Test
N1501
N1502
已发布任务点 86
总访问数 295
本月访问数44
章节测验
学生数 41
成绩管理
讨论数 6
考试

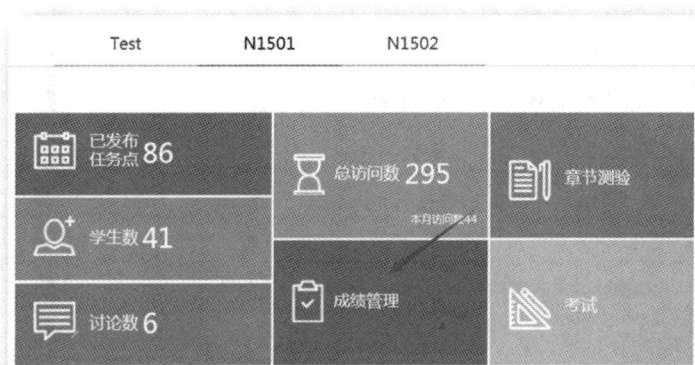

图 11－69　成绩管理

成绩统计由默认的五个部分组成，即课程视频、课程测验、作业、访问次数和考试的加权总分。五个部分的权重是通过权重设置实现的。如图 11－70 所示。

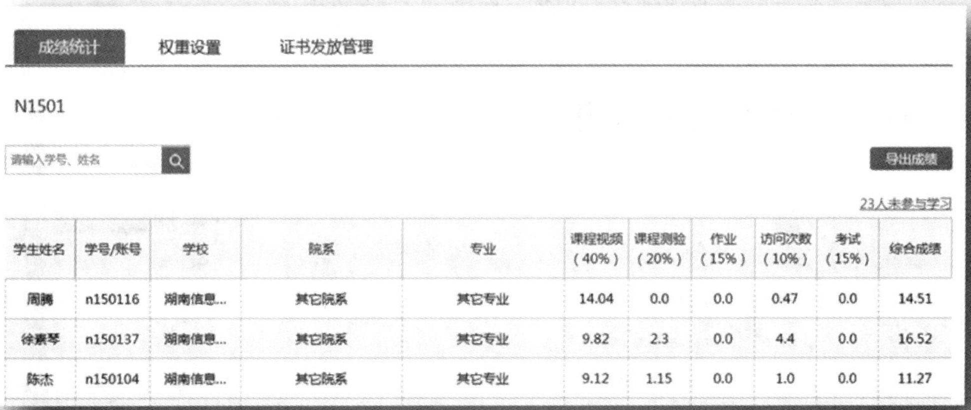

成绩统计
权重设置
证书发放管理
N1501
请输入学号、姓名
导出成绩
23人未参与学习
学生姓名 学号/账号 学校 院系 专业 课程视频（40%） 课程测验（20%） 作业（15%） 访问次数（10%） 考试（15%） 综合成绩
周腾 n150116 湖南信息... 其它院系 其它专业 14.04 0.0 0.0 0.47 0.0 14.51
徐素琴 n150137 湖南信息... 其它院系 其它专业 9.82 2.3 0.0 4.4 0.0 16.52
陈杰 n150104 湖南信息... 其它院系 其它专业 9.12 1.15 0.0 1.0 0.0 11.27

图 11－70　成绩统计

2. 权重设置

教师可点击“权重设置”选项卡进行设置，系统将根据权重自动地计算每个学生的动态成绩。如图 11－71 所示。

图 11 – 71　权重设置

如果要将线上与线下学习情况相结合,则可设置"线下权重"的比例,系统自动计算两者综合成绩。

3. 证书发放

系统可以针对学生的学习情况发放证书,如图 11 – 72 所示。

图 11 – 72　证书发放

按提示导入证书发放名单,如图 11 – 73 所示。学生在学生端就可查看到自己的 PDF 格式的电子证书。

还可选择学生,点击列表左下的"证书发放"单独发放证书。如图 11 – 74 所示。

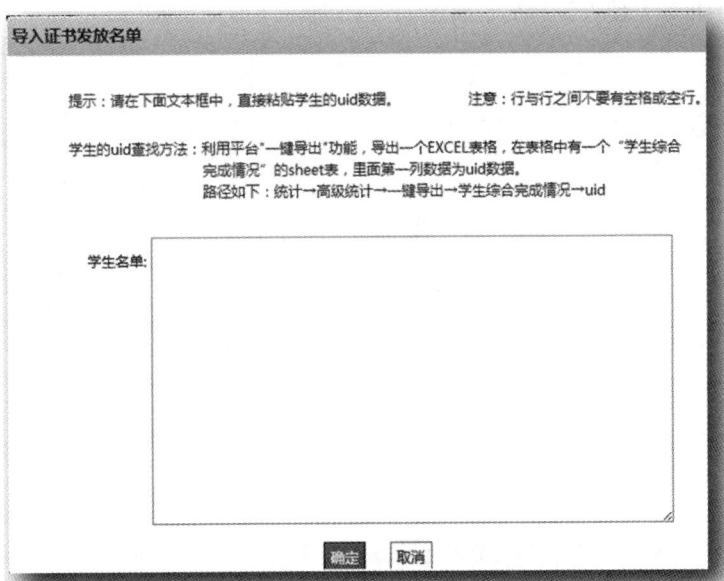

图 11 -73　导入证书发放名单

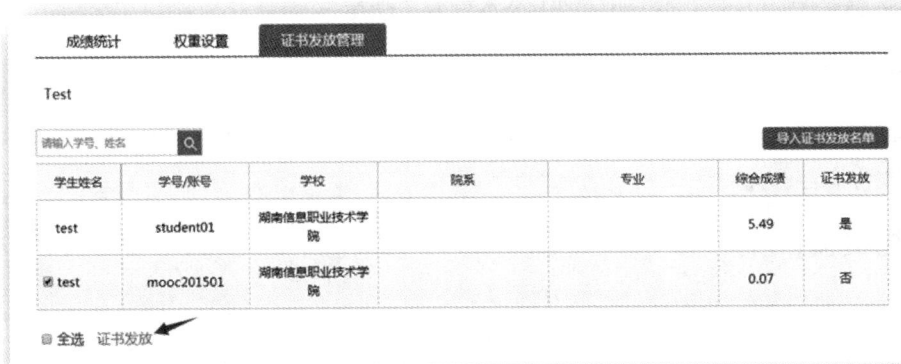

图 11 -74　单独发放

4. 学生查看自己的课程证书

学生登录后就可通过下载查看自己的课程证书, 如图 11 -75 所示。

图 11 -75　学生查看自己的课程证书

证书模块可由美工预先设计好，如图 11 - 76 所示。

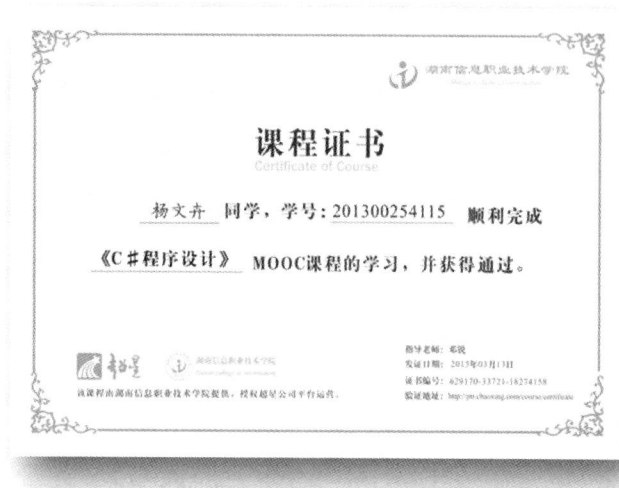

图 11 - 76　课程证书模板

如有必要，教师也可将之打印后加上公章发放给学生。

【任务小结】

通过成绩管理熟悉对成绩管理的相关操作，让学生意识到在线成绩的评分不是教师给的，而是自己给自己打的。

【综合实训】

实训项目一

在超星慕课、网易公开课平台各查找一门与自己课程相关的慕课课程，了解其结构与特点。

一、项目目标

1. 能用熟练查找慕课课程。

2. 能评价慕课课程的优点和不足点。

二、项目要求

熟练查找慕课课程并评价慕课课程的优点和不足点。整体要求如下：

1. 登录超星慕课，查找一门与自己课程相关的课程。

2. 了解其课程结构后，写出评价意见。

3. 浏览其视频，写出评价意见。

4. 访问网易公开课中的课程。

三、解决方案

1. 登录超星慕课。

2. 查找相关慕课课程。

3. 浏览课程结构。

4. 浏览 2 ~ 3 个课程视频。

5. 写出评价及感想。

实训项目二

根据上一任务设计好的两个脑图(思维导图)(即规划图和目录结构图),登录超星慕课(即泛雅平台),完善个人信息、设计课程信息、界面设置和实现课程目录结构。

一、项目目标

1. 能用熟练操作课程信息修改。

2. 能创建课程二级目录。

二、项目要求

熟练修改个人信息、设计课程信息及界面设置和实现课程目录结构。整体要求如下:

1. 登录超星慕课,创建自己的课程。

2. 修改个人信息。

3. 完善课程信息和界面设置。

4. 根据设计好的课程目录结构图创建该课程的目录结构。

三、解决方案

1. 登录超星慕课。

2. 创建自己的课程。

3. 修改个人信息。

4. 完善课程信息和界面设置。

5. 根据设计好的课程目录结构图创建该课程的目录结构。

实训项目三

创建一个班级,完成通知发放、分组、统计分析、成绩管理、课程证书发放等操作。

一、项目目标

1. 能熟练地进行班级名册导入。

2. 能熟练地查看统计分析。

3. 能熟练地发放通知。

4. 能熟练地进行成绩管理。

二、项目要求

能熟练进行通知发放、分组、统计分析、成绩管理、课程证书发放等操作。整体要求如下:

1. 登录超星慕课,进入该门课程。

2. 导入班级名册。

3. 进行通知发放、分组、统计分析、成绩管理、课程证书发放等操作。

三、解决方案

1. 登录超星慕课。

2. 选择自己的课程。

3. 导入班级名册。

4. 进行通知发放、分组、统计分析、成绩管理、课程证书发放等操作。

🔍【思考与探索】

一、选择题

1. SPOC 官方的解释为(　　　)。

A. 小规模私有的在线课程　　　　　　　B. 小规模的慕课

C. 学校自制在线课程　　　　　　　　　D. 精品课程

2. 相对于慕课来说,有关 SPOC 说法正确的是(　　　)。

A. SPOC 通常会限制报名学生的来源。

B. SPOC 也许还可以有一定的收入回报。

C. 可以用于专业教育,用在线课程的优势满足小规模、有特殊要求人群的需要。

D. 对于希望用大数据研究提升教学质量的研究人员来说,SPOC 可能会比慕课更精准地提供有价值的研究数据。

3. 宾夕法尼亚大学沃顿商学院的 Bushee 教授在他的慕课课程《财务会计导论》中加入了虚拟学生(virtual students),这个创意的好处在于(　　　)。

A. 虚拟学生的提问或辩论,让学生们关注到课程的重难点,并加深理解。

B. 把枯燥无味的课程变得非常有趣。

C. 老师在与虚拟学生拌嘴过程中解释了一些学生可能感到疑惑的观点。

D. 把课程变得生动,吸引学生的注意力。

4. 依据先选模板再编辑内容的习惯思维,确定多种风格的模板供老师选择,以下哪几种是超星慕课可选择的模板(　　　)。

A. 极简风格　　　　B. 经典风格　　　　C. 可汗风格　　　　D. Coursera 风格

5. 将剪切好的视频节点选择上传。目前支持的上传方式有(　　　)。

A. 本地上传　　　　B. 泛雅云盘　　　　C. 百度云盘　　　　D. QQ 空间

6. 可供支持上传的视频格式有(　　　)。

A. RMVB　　　　B. MP4　　　　C. MPG　　　　D. MOV

E. WMV　　　　F. FLV　　　　G. F4V

7. 学生可以在组中(　　　)。

A. 讨论　　　　B. 发布信息　　　　C. 共享资源　　　　D. 互评分数

8. 学生可以在慕课系统进行如下操作(　　　)。

A. 申请补考　　　　B. 同步笔记　　　　C. 上传百度云盘　　　　D. 查看 QQ 空间

二、判断题

1. SPOC 作为小型私密网络课程,只可能招收自己的学生。　　　　　　　　　(　　)

2. 教师在进行慕课练习设计时,会受到慕课平台的制约,所以教师只能从平台已有的题型的角度考虑采用何种方式进行测试。　　　　　　　　　　　　　　　　　(　　)

3. 所有的 MOOC 课程都提供认证证书,只是不同的课程证书类型不同而已。　(　　)

4. 点击该课程右上角的归档图标(刷新页面后),点击右下角的"归档课程"图标,该课程

就会被暂时屏蔽。　　　　　　　　　　　　　　　　　　　　　　　　　（　　）

5.上传文件默认是本地上传，支持多个文件上传。　　　　　　　　　　　（　　）

6.依据先选模板再编辑内容的习惯思维，确定多种风格的模板供老师选择。（　　）

7.可以在超星慕课中添加公式、符号和 Flash 动画等。　　　　　　　　　（　　）

8.点击课程首页"统计"，出现统计主要项目的菜单，然后点击成绩管理则可查看对应班级成绩详细情况。　　　　　　　　　　　　　　　　　　　　　　　　（　　）

9.通过成绩管理熟悉对成绩管理的相关操作，让学生意识到在线成绩的评分不是教师给的，而是自己给自己打的。　　　　　　　　　　　　　　　　　　　　　（　　）

10.如果要将线上与线下学习情况相结合，则可设置"线上权重"的比例，系统自动计算两者综合成绩。　　　　　　　　　　　　　　　　　　　　　　　　　（　　）

三、填空题

1.MOOC 主要有两种模式，一个是 2008 发展起来的（　　　　　）；另一个是 2012 年发展起来的（　　　　　）。

2.翻转课堂翻转是（　　　　）与（　　　　）的传统教学模式。

3.慕课是（　　　　　　　　　　）的缩写。

4.SPOC 是（　　　　　　　　　　　）的缩写。

5.（　　　　）可以是对内容的一个补充，我们可以通过它连接到延伸阅读的关键词、名词等，如果我们想解释一个词语，当然可以尝试（　　　　　）的方式。

6.（　　　　）为我们提供了几种常见的图文编排模式，我们可以根据自己的需求来选择。

7.（　　　　）即观看视频的总时长与原时长之比，它可反映此视频对该同学的难易程度。

8.如果要将线上与线下学习情况相结合，则可设置（　　　　　）的比例，系统自动计算两者综合成绩。

9.（　　　　）导入到慕课平台后，学生的学习行为才能被记录下来，才能进行学习进程管理。

四、讨论题

1.在你的慕课中，如何增加慕课的趣味性以吸引学生自主学习？

2.如何在翻转课堂教学中有效实现知识传递与知识内化？

3.如何在翻转课堂教学中激发学生的学习兴趣和潜能？

五、操作题

1.请将一门熟悉的课程设计成慕课，实现如下操作：

(1)查看与该门课程的相关两门慕课。分析它们的目录结构和课程界面。根据两门课程的各自特点，写出分析报告。

(2)用脑图(思维导图)设计慕课建设的安排和规划图，文件最后形成 JPG 格式的图片，文件名统一为"姓名＋规划＋课程名＋"。

(3)用脑图(思维导图)设计该门慕课的课程目录结构图(二级目录，即包含章和节即可)，文件最后形成 JPG 格式的图片，文件名统一为"姓名＋目录结构＋课程名"。

2.请将一门熟悉的课程设计成慕课，实现基本结构：

(1)登录超星泛雅平台，根据设计好的脑图(思维导图)创建相对应的慕课课程。

(2)完善课程背景资料或课程相关介绍。

（3）合理设计该课程的目录结构。

（4）上传其中一章的内容。

3.创建一个班级，完成通知发放、分组、统计分析、成绩管理、课程证书发放等操作，具体操作如下：

（1）登录超星慕课；

（2）选择自己的课程；

（3）导入班级名册；

（4）进行通知发放、分组、统计分析、成绩管理、课程证书发放等操作。

【本章·小·结】

MOOC 的目的是用一种方式方法将分布于世界各地的授课者和学习者通过某一个共同的话题或主题联系起来。MOOC 是开放教育世界的一道靓丽的风景，是开放教育资源运动中正在迅猛发展的新生事物。MOOC 可以提高学习的主动性，学生要自我管理、主动解决问题，老师不必讲太多，但要对教学主题有热忱、有动力，对学生有热情。本章从认识慕课及其特点、了解慕课的发展、了解基于慕课的翻转课堂、规划慕课课程、管理教师账户与个人信息、创建课程与管理章节目录、管理慕课课程基本信息、构建慕课课程内容、监控学生学习进程、管理学生在线学习成绩等方面来对慕课和翻转课堂教学进行学习，从而按不同类型的慕课和翻转课堂教学要求在教学实践活动中去灵活运用。

慕课学习主要是学生通过独自观看在线视频完成的，过程是孤独的且严重缺乏成就感，所以让学习者真切感受到自己是在学习、在为了一个特定的目标而努力非常重要。这就对于课件的交互性提出很高的要求，在交互中让学生体验到学习时自我的参与感。慕课课堂交互应从教学交互和学习过程交互两个方面进行，教学交互主要体现于教师授课技巧和影视制作技术的有机结合，学习过程交互可通过在线答疑、论坛等途径把学生链接在一起，提供更为广阔的交流空间。

需要特别说明的是：慕课课程管理最终目的是为了更好地进行"翻转课堂教学"。"翻转课堂教学"重新调整课堂内外的时间，将学习的决定权从教师转移给学生。在这种教学模式下，课堂内的宝贵时间，学生能够更专注于主动的基于项目的学习，共同研究解决实际问题，从而获得更深层次的理解。教师不再占用课堂的时间来讲授信息，这些信息需要学生在课后完成自主学习，他们可以看视频讲座、听播客、阅读功能增强的电子书，还能在网络上与别的同学讨论，能在任何时候去查阅需要的材料。教师也能有更多的时间关注每个个体并与每个人交流。

在课后，学生自主规划学习内容、学习节奏、风格和呈现知识的方式，教师则采用讲授法和协作法来满足学生的需要和促成他们的个性化学习，其目标是为了让学生通过实践获得更真实的学习。翻转课堂模式是大教育运动的一部分，它与混合式学习、探究性学习、其他教学方法和工具在含义上有所重叠，都是为了让学习更加灵活、主动，让学生的参与度更强。互联网时代，学生通过互联网学习丰富的在线课程，不必一定要到学校接受教师讲授。互联网尤其是移动互联网催生"翻转课堂式"教学模式。"翻转课堂式"是对基于印刷术的传统课堂教学结构与教学流程的彻底颠覆，由此将引发教师角色、课程模式、管理模式等一系列变革。

参考文献

[1]宋新华. 计算机模拟仿真在数控实习教学中的应用[J]. 职业教育研究, 2005(2)：125 – 125.

[2]米娜. 交互式电子白板的全新教学体验[J]. 才智, 2012(12)：68 – 68.

[3]杨雄. 中学多媒体设备使用与维护初探[J]. 新课程(上), 2013(6)：185 – 185.

[4]景亚妮, 刘爱宏. 浅谈网络教学系统平台的建设及应用[J]. 科学技术创新, 2013(13)：294 – 294.

[5]任鹏. 现代多媒体技术为一线课堂教学带来的变化[J]. 学苑教育, 2018(2)：70 – 71.

[6]孙廷志. 多媒体辅助教学的探究[J]. 中华少年, 2019(19)：168 – 168.

[7]吴文春. 多媒体素材采集与制作[M]. 北京：国防工业出版社, 2013

[8]赵莉. 计算机应用能力教程(Windows7 + Office2010)[M]. 北京：电子工业出版社, 2017.

[9]张宁. 玩转 Office 轻松过二级[M]. 北京：清华大学出版社, 2015.

[10]亿瑞设计. Photoshop CS6 数码照片处理从入门到精通[M]. 北京：清华大学出版社, 2013.

[11]亿瑞设计. Photoshop CS6 平面设计从入门到精通[M]. 北京：清华大学出版社, 2013.

[12]百度百科. http://baike.baidu.com. 关键字：flash 动画.

[13]郭晓利. 二维动画设计：Flash 案例教程[M]. 北京：清华大学出版社, 2011.

[14]姚光华, 蒋敏. 二维动画艺术与数码技术[M]. 沈阳：辽宁美术出版社, 2015.

[15]樊宁. 中文版 Premiere Pro CS6 技术大全[M]. 北京：人民邮电出版社, 2014.

[16]美国 Adobe 公司. Adobe Premiere Pro CC 经典教程[M]. 北京：人民邮电出版社, 2015.

[17]新视角文化行. 典藏——Premiere Pro CC 视频编辑剪辑制作完美风暴[M]. 北京：人民邮电出版社, 2014.

[18]@ 秋叶. 说服力：让你的 PPT 会说话[M]. 北京：人民邮电出版社, 2014.

[19]鼎翰文化. Word Excel PPT2016 办公应用从入门到精通[M]. 北京：人民邮电出版社, 2017.

[20]谢力, 张永江. WORD/EXCEL/PPT 办公应用教程从入门到精通[M]. 北京：化学工业出版社, 2017.

[21]教育部职业院校信息化教学指导委员会赛事委员会. 全国职业院校信息化教学大赛部分优秀作品点评[M]. 北京：高等教育出版社, 2016.

[22]缪亮, 袁长征. 让课堂更精彩! 精通微课设计与制作[M]. 北京：清华大学出版社, 2017.

[23]高方根. 信息化教学能力培养教程[M]. 成都：西南交通大学出版社, 2017.

[24]方其桂. 微课制作实例教程[M]. 北京：清华大学出版社, 2017.

[25]刘万辉. 微课开发与制作技术[M]. 北京：高等教育出版社, 2015.

[26]杨上影. 微课设计与制作[M]. 北京：高等教育出版社, 2017.

[27]何克抗, 等. 教学系统设计[M]. 北京：北京师范大学出版社, 2002.

[28]陈玉琨, 田爱丽. 慕课与翻转课堂导论[M]. 上海：华东师范大学出版社, 2014.

[29]百度百科. 大话新闻[EB]. http://baike.baidu.com/. 2012.03.

[30]程杰. 大话设计模式[M]. 北京：清华大学出版社, 2012.

[31]百度百科. http://baike.baidu.com. 关键字：PBL.

后　记

　　为全面提升职业院校教师信息化教学水平，湖南教育厅在职业院校教师素质提升计划中，专门设置了职业院校教师信息化教学能力提升培训项目，目前已连续实施5年，取得了良好的效果。为了进一步规范系统化培训内容，并为广大职业院校教师持续学习提供学习资源支撑，湖南省教育科学研究院组织开发了信息化教学能力提升培训配套的"职业院校教师信息化教学能力提升培训丛书"。《信息化教学技能》是其中之一。

　　本书的开发，历经需求分析、框架确定、样章编写、意见征询、初稿试用、讨论修改、论证定稿等阶段。2016年在深入分析当前职业院校教师信息化教学现状和存在主要问题的基础上，经反复研讨，确定了编写基本框架，2017年形成教程初稿，并在2018年、2019年职业院校教师素质提升计划中试用，根据试用情况优化教程内容，形成定稿。全书基于技术逻辑设置编写内容，内容包括使用现代教学设备、采集教学素材、编辑和整理文档资料、编辑和整理数据资料、编辑和整理图片资料、编辑和整理音频视频资料、制作动画教学资料、制作PPT教学课件、使用辅助教学软件、制作微课、慕课与翻转课堂教学等11章。

　　本书由湖南省教育科学研究院职业教育与成人教育研究所组织编写。湖南信息职业技术学院余国清、湖南省教育科学研究院阚柯拟定了写作提纲，并负责全书统稿和详细修改。各章节分工如下：湖南信息职业技术学院罗奇编写第1章，余柯菲编写第2章，赵莉编写第3章，曾燕编写第6章，郭华威编写第5、7章，谷晓蕾编写第8章，黄睿编写第9章，彭顺生编写第10章，邓锐编写第11章，长沙商贸旅游职业技术学院刘林编写第4章，北京世纪超星信息技术发展有限责任公司陈东来提供了部分案例。全书由吴振峰主审。本书为湖南省职业院校教育教学改革研究重点项目"职业院校'双师型'教学团队建设研究"（项目编号ZJZD2019002）的阶段研究成果。

　　本书在编写过程中得到了湖南省教育厅有关领导和湖南省教育厅职业教育与成人教育处的指导和帮助，得到了湖南信息职业技术学院、湖南铁路科技职业技术学院、湖南铁道职业技术学院、湖南化工职业技术学院等单位的大力支持，在此一并表示感谢。

　　由于水平所限，书中难免有疏忽和不恰当的地方，恳请读者批评指正。

编者

2020年3月